REPETITORIUM

GEWÖHNLICHE DIFFERENTIALGLEICHUNGEN

Steffen Timmann

3. Auflage

Binomi Verlag	**Schützenstr. 9, 30890 Barsinghausen**	
	Telefon	**05105 6624000**
	Telefax	**05105 515798**
	E–Mail	**verlag@binomi.de**
	Internet	**www.binomi.de**

Druck BWH GmbH Die Publishing Company

Zu beziehen beim Verlag oder im Buchhandel

ISBN 978–3–923 923–53–3

Hannover 05/10

Lineare Systeme n-ter Ordnung $\vec{y}\,' = \mathbf{A}(x)\vec{y} + \vec{b}(x)$

Die $\mathbb{K}^n$–wertigen Lösungen bilden einen n–dimensionalen affinen Funktionenraum über $\mathbb{K}$, einen Vektorraum, wenn das System homogen ist.

Die Differenz zweier Lösungen des inhomogenen Systems ist Lösung des zugehörigen homogenen Systems.

Die allgemeine Lösung $\vec{y}$ des inhomogenen Systems ist eine spezielle $\vec{y}_s$ des inhomogenen plus der allgemeinen des homogenen: $\vec{y} = \vec{y}_s + \vec{y}_h$.

Kennt man eine Lösungsbasis des homogenen Systems, kann man eine spezielle Lösung des inhomogenen durch *Variation der Konstanten (VdK)* bestimmen.

Bei konstanten Koeffizienten und speziellen Störgliedern erhält man spezielle Lösungen des inhomogenen Systems durch *spezielle Rateansätze.* (5.2.6)

Analog für lineare Dgln $y^{(n)} + a_{n-1}(x)y^{(n-1)} + \ldots + a_1(x)y' + a_0(x)y = b(x)$.

Superpositionsprinzip (5.3.1)

Seien $\alpha, \beta \in \mathbb{K}$, $\vec{y}_1\,' = \mathbf{A}\,\vec{y}_1 + \vec{b}$ und $\vec{y}_2\,' = \mathbf{A}\,\vec{y}_2 + \vec{c}$.
Dann löst $\vec{y} = \alpha\vec{y}_1 + \beta\vec{y}_2$ die Gleichung $\vec{y}\,' = \mathbf{A}\,\vec{y} + \big(\alpha\,\vec{b} + \beta\,\vec{c}\big)$.
Analog für lineare Dgln.

---

d'Alembert Reduktion

Ansatz für homogene **Systeme**: $\vec{y}(x) = \vec{u}(x)\,p(x) + \begin{pmatrix} 0 \\ \vec{z}(x) \end{pmatrix}$

($\vec{u}\,(x)$ Lösung des homogenen Systems mit 1. Koordinate $u_1 \neq 0$) (5.2.4)
Ansatz für homogene **Gleichungen**: $y = uz$, $y' = u'z + uz'$ usw.
($u \neq 0$ eine Lösung der homogenen Dgl) (5.3.4)

Homogene Systeme $\dot{\vec{x}} = \mathbf{A}\vec{x}$ **mit konstanter Matrix A** (5.2.5)
$\mathbf{X}(t) = \mathrm{e}^{\mathbf{A}t}$ ist eine Fundamentalmatrix, d.h. die Spalten bilden eine Basis des Lösungsraums.
Zu jedem Eigenwert λ der Vielfachheit m gibt es m linear unabhängige Lösungen der Form $\vec{p}_j(t)\,\mathrm{e}^{\lambda t}$ mit Polynomen $\vec{p}_j$ vom Grad $\leq j$ $(j = 0, \ldots, m-1)$.
Ist **A** reell, so erhält man reelle Lösungen aus Real- und Imaginärteil von komplexen.

Homogene Gleichungen mit konstanten Koeffizienten (5.3.5)
Seien $\lambda_1, \ldots, \lambda_k \in \mathbb{C}$ die verschiedenen Nullstellen des charakteristischen Polynoms $\chi(\lambda)$ mit den Vielfachheiten m_ν . Dann bilden die Funktionen

$$y_{\nu,j} := x^j\,\mathrm{e}^{\lambda_\nu x} \quad ; \quad j = 0, \ldots, m_\nu - 1 \; ; \quad \nu = 1, \ldots, k$$

ein komplexes Fundamentalsystem.
Sind die Koeffizienten a_i reell, so erhält man reelle Lösungen aus Real- und Imaginärteil von komplexen.

Vorwort

Das vorliegende *Repetitorium der Gewöhnlichen Differentialgleichungen* ist für Physik-, Mathematik- und Ingenieur-Studenten gedacht zum Gebrauch während der ersten Semester und zur Prüfungsvorbereitung. Es deckt mindestens den Stoff einer Einführungsvorlesung in die Theorie der gewöhnlichen Differentialgleichungen ab, also sicherlich das, was im Mathematik- oder Physik-Vordiplom über DGLn geprüft wird. Allerdings fehlt der numerische Teil fast völlig. Er hätte den Rahmen dieses Bandes gesprengt.

Auf den ersten 120 Seiten findet man eine Wiederholung der wichtigsten Grundlagen, Sätze und Methoden, dazu etliche Kochrezepte und über 50 Beispiele. 280 Aufgaben mit Lösungen füllen die restlichen 180 Seiten, darunter viele aus verschiedenen Anwendungsgebieten. Differentialgleichungen ohne Anwendungen kann man sich nicht vorstellen.

Das Dgl-Rep schließt sich eng an das zweibändige Repetitorium der Analysis an, das seit 1991 vom gleichen Verfasser und im gleichen Verlag erscheint. Die dort im Vorwort gemachten Bemerkungen gelten auch für dies Repetitorium, insbesondere der Hinweis, dass ein Repetitorium keine systematische Einführung in das betreffende Teilgebiet der Mathematik ist, sondern eine komprimierte Zusammenfassung von Ergebnissen und Definitionen. Für Beweise verweise ich auf die Lehrbücher des Literaturverzeichnisses im Anhang.

Vielen Dank an meinen Kollegen H. Viergutz für seine Hilfe beim Erstellen der über 160 Abbildungen.

Die dritte Auflage unterscheidet sich von den ersten beiden nur durch hoffentlich weniger Druckfehler.

Hannover, den 1.4.2010

Inhaltsverzeichnis

Teil II: Aufgaben 126

Teil I
Theorie

1 Existenz- und Eindeutigkeitssätze

1.1 Grundlagen

1.1.1 Explizite Differentialgleichungen

Sei $G \subset \mathbb{R}^{n+1}$ offen, $G \neq \emptyset$ und $f\colon G \to \mathbb{R}$ stetig. Dann heißt

$$y^{(n)} = f\left(x, y, y', y'', \ldots, y^{(n-1)}\right) \tag{1}$$

explizite gewöhnliche Differentialgleichung (Dgl) n-ter Ordnung.

Bei dieser Definition werden nur Gleichungen für reellwertige Funktionen einer reellen Variablen erfasst. Häufig betrachtet man auch Gleichungen komplexwertiger Funktionen. Die Definition ist dann entsprechend abzuändern. Siehe dazu Abschnitt 5.2.2.

'$G \neq \emptyset$ offen, f stetig' sind technische Voraussetzungen und werden manchmal abgeschwächt.

Bei *partiellen Differentialgleichungen* werden Funktionen mehrerer Variabler gesucht, deren partielle Ableitungen gewisse Bedingungen erfüllen. Partielle Differentialgleichungen werden in diesem Rep nicht behandelt.

Allgemeinere Differentialgleichungen der Form $F(x, y, \ldots, y^{(n)}) = 0$ heißen *implizit.* Siehe dazu Abschnitt 3 .

Sei $I \subset \mathbb{R}$ ein *echtes* Intervall, d.h. ein Intervall, das mindestens zwei Punkte enthält. Eine n-mal differenzierbare Funktion $\varphi\colon I \to \mathbb{R}$ heißt *Lösung* von (1), wenn für alle $x \in I$ gilt:

(i) $\left(x, \varphi(x), \varphi'(x), \ldots, \varphi^{(n-1)}(x)\right) \in G$

(ii) $f\left(x, \varphi(x), \varphi'(x), \ldots, \varphi^{(n-1)}(x)\right) = \varphi^{(n)}(x)$.

Beachte: Lösungen sind stets auf echten Intervallen definiert.

Explizite Gleichungen mit stetiger rechter Seite sind stets lösbar (Existenzsatz von Peano, Abschnitt 1.2.1). Man kann sogar noch n Anfangsbedingungen erfüllen. Dies ist aber ein theoretisches Ergebnis. Die explizite Angabe der Lösungen durch Formeln mit elementaren Funktionen ist nur in einfachen Fällen möglich. Man muss oft damit zufrieden sein, die Lösungen implizit oder mit Hilfe von Parameterdarstellungen angeben zu können. Die meisten Gleichungen kann man nur numerisch lösen.

Ist $(\xi, \eta_1, \ldots, \eta_n) \in G$, so heißt

$$y(\xi) \; = \; \eta_1 \; , \quad y'(\xi) \; = \; \eta_2 \; , \; \ldots \; , \quad y^{(n-1)}(\xi) \; = \; \eta_n \tag{2}$$

eine *Anfangsbedingung* für die Gleichung (1) und beides zusammen ein *Anfangswertproblem (AWP) n-ter Ordnung.*

Ist $\varphi\colon I \to \mathbb{R}$ eine Lösung der Gleichung (1) und gilt außerdem

$$\xi \in I \; , \quad \varphi(\xi) = \eta_1 \; , \; \ldots \; , \quad \varphi^{(n-1)}(\xi) = \eta_n \; , \tag{3}$$

so ist φ eine Lösung des AWP's (1),(2).

Das AWP (1),(2) heißt *lösbar*, wenn es ein echtes Intervall $I \subset \mathbb{R}$ mit $\xi \in I$ und eine Lösung $\varphi\colon I \to \mathbb{R}$ des AWP's gibt.

Die Gleichung (1) heißt *lösbar*, wenn es zu jedem $(\xi, \eta_1, \ldots, \eta_n) \in G$ eine Lösung des entsprechenden AWP's gibt.

Zur Fortsetzung von Lösungen siehe Abschnitt 1.2.2.
Zur Eindeutigkeit von Lösungen siehe Abschnitt 1.3.

1.1.2 Systeme

Differentialgleichungen n-ter Ordnung sind äquivalent zu speziellen Systemen von Gleichungen 1. Ordnung. Es ist daher in der Theorie der Differentialgleichungen oft zweckmäßig, Sätze und Methoden für Systeme zu formulieren und zu beweisen und die entsprechenden Aussagen für Gleichungen daraus abzuleiten.

Sei $\emptyset \neq G \subset \mathbb{R}^{n+1}$ offen und $f\colon G \to \mathbb{R}^n$ stetig. Dann heißt

$$(y_1', \ldots, y_n') \; = \; \vec{y}\,' \; = \; f(x, \vec{y}\,) \; = \; f(x, y_1, \ldots, y_n) \tag{4}$$

ein *explizites System von n Differentialgleichungen 1. Ordnung* oder auch ein *System n-ter Ordnung.*

Es gibt natürlich auch Systeme von Gleichungen höherer Ordnung, die man aber alle auf Systeme von Gleichungen 1. Ordnung zurückführen kann. Siehe dazu Abschnitt 1.1.3.

Ist $(\xi, \vec{\eta}\,) := (\xi, \eta_1, \ldots, \eta_n) \in G$, so heißt

$$\vec{y}\,(\xi) \; = \; \vec{\eta} \quad \text{bzw} \quad y_1(\xi) \; = \; \eta_1 \quad , \; \ldots \; , \quad y_n(\xi) \; = \; \eta_n \tag{5}$$

eine *Anfangsbedingung* für das System (4) und beides zusammen ein *Anfangswertproblem (AWP).*

Sei I ein echtes Intervall und $\vec{\varphi}\colon I \to \mathbb{R}^n$ eine differenzierbare Funktion. Dann heißt $\vec{\varphi}$ *Lösung* des Systems (4), falls für alle $x \in I$ gilt:

(i) $(x, \vec{\varphi}(x)) \in G$ also $\operatorname{graph}\vec{\varphi} \subset G$ und

(ii) $\vec{\varphi}\,'(x) = f\left(x, \vec{\varphi}\,(x)\right)$.

Es ist manchmal nützlich, von einer Differential- zu einer Integralgleichung überzugehen, da Integraloperatoren häufig angenehmere Eigenschaften haben als Differentialoperatoren.

Das AWP (4),(5) ist z.B. äquivalent zu der *Integralgleichung*

$$\vec{y} = \vec{\eta} + \int_\xi^x f\left(t, \vec{y}\right)\, dt \ . \tag{6}$$

1.1.3 Zusammenhang von Gleichungen und Systemen

Differentialgleichungen und Systeme n-ter Ordnung sind in gewisser Hinsicht äquivalent. Genauer:

Gegeben sei die explizite Differentialgleichung n-ter Ordnung

$$y^{(n)} = f\left(x, y, y', \ldots, y^{(n-1)}\right) \tag{7}$$

Dabei sei $\emptyset \neq G \subset \mathbb{R}^{n+1}$ offen und $f\colon G \to \mathbb{R}$ stetig. Setzt man

$$y_1 := y\ , \quad y_2 := y'\ , \ \ldots\ , \quad y_n := y^{(n-1)}\ ,$$

so geht die Gleichung (7) über in das System

$$\begin{pmatrix} y_1' \\ \vdots \\ y_{n-1}' \\ y_n' \end{pmatrix} = \begin{pmatrix} y_2 \\ \vdots \\ y_n \\ f(x, y_1, \ldots, y_n) \end{pmatrix} \quad \text{bzw} \tag{8}$$
$$\vec{y}\,' = \left(y_2, \ldots, y_n, f(x, \vec{y})\right) .$$

(8) heißt das zur Gleichung (7) gehörende System.

Ist $(\xi, \vec{\eta}) = (\xi, \eta_1, \ldots, \eta_n) \in G$, so sind $y(\xi) = \eta_1$, ... , $y^{(n-1)}(\xi) = \eta_n$ und $\vec{y}\,(\xi) = \vec{\eta}$ entsprechende Anfangsbedingungen.

Die Gleichung (7) und das System (8) sind äquivalent in folgendem Sinne:

Ist $y = \varphi(x)$ Lösung der Gleichung (7), so ist $\vec{\varphi} = (\varphi, \varphi', \ldots, \varphi^{(n-1)})$ Lösung des Systems (8).
Ist umgekehrt $\vec{\varphi} = (\varphi_1, \ldots, \varphi_n)$ Lösung des Systems (8), so ist $\varphi = \varphi_1$ Lösung der Gleichung (7).

Analoges gilt für die entsprechenden Anfangswertprobleme. Auf Grund dieser Äquivalenz lassen sich Ergebnisse über Systeme oft leicht auf Differentialgleichungen übertragen.

Beispiel:

Die Differentialgleichung 2. Ordnung $y'' + y = 0$ ist äquivalent zu dem System $\begin{pmatrix} y_1' \\ y_2' \end{pmatrix} = \begin{pmatrix} y_2 \\ -y_1 \end{pmatrix}$.

$y = \sin x$ ist eine Lösung der Gleichung. $\begin{pmatrix} y_1 \\ y_2 \end{pmatrix} = \begin{pmatrix} \sin x \\ \cos x \end{pmatrix}$ ist eine Lösung des Systems.

Das System (8) ist von einer speziellen Bauart. Man kann nicht nur diese speziellen Systeme in Differentialgleichungen umwandeln. Ist z.B. ein explizites System

$$\begin{aligned} y_1' &= f_1(y_1, y_2) \\ y_2' &= f_2(y_1, y_2) \end{aligned}$$

von zwei Gleichungen 1. Ordnung gegeben, so kann man etwa die 1. Gleichung $y_1' = f_1(y_1, y_2)$ nach x differenzieren und erhält

$$y_1'' = D_1 f_1(y_1, y_2) y_1' + D_2 f_1(y_1, y_2) y_2' .$$

Dabei ist $D_j f$ die Ableitung von f nach der j-ten Variablen. Man ersetzt $y_2' = f_2(y_1, y_2)$ und kann dann i.a. y_2 mit Hilfe der ersten Gleichung eliminieren. Man erhält so eine Gleichung 2. Ordnung für y_1. Bei Systemen 2. Ordnung ist dies ein nützliches Verfahren (sog. *Eliminationsmethode*). Für Beispiele siehe Aufgabe 12.2.A und 12.3.C.

1.2 Existenz von Lösungen

Für die Lösbarkeit eines expliziten Anfangswertproblems reicht die Stetigkeit der rechten Seite. Für die eindeutige Lösbarkeit muss man Zusatzbedingungen stellen, wie z.B. die Lipschitz-Stetigkeit bzgl $\vec{y}$. Das ist der Inhalt der zentralen Sätze von *Peano* und *Picard-Lindelöf*.

Die Situation bei Randwertproblemen ist komplizierter. Siehe Abschnitt 8 .

1.2.1 Existenzsatz von Peano

Existenzsatz von Peano

Für die lokale Lösbarkeit des Systems $\vec{y}\,' = f(x,\vec{y})$ bzw der Gleichung $y^{(n)} = f\left(x, y, y', \ldots, y^{(n-1)}\right)$ reicht die Stetigkeit der rechten Seite.

Auch wenn die rechte Seite $f(x,\vec{y})$ in einem Streifen $[a,b] \times \mathbb{R}^n$ stetig ist, kann man nicht erwarten, dass die Lösungen des AWP's (1) im größtmöglichen Intervall $[a,b]$ definiert sind.

Beispiel: $y = \tan(x + C)$ ist die allgemeine Lösung der Gleichung $y' = 1 + y^2$, deren rechte Seite $f(x,y) = 1 + y^2$ im ganzen $\mathbb{R}^2$ stetig ist. Die Lösungen sind nur in Intervallen der Länge π definiert.

Es gilt aber

Existenzsatz (Streifenversion)

Seien $[a,b] \subset \mathbb{R}$ ein echtes Intervall, $x_0 \in [a,b]$, $\vec{y}_0 \in \mathbb{R}^n$ und $f\colon [a,b] \times \mathbb{R}^n \to \mathbb{R}^n$ im ganzen Streifen $[a,b] \times \mathbb{R}^n$ stetig und beschränkt. Dann besitzt das AWP $y' = f(x,\vec{y})$, $\vec{y}(x_0) = \vec{y}_0$ eine Lösung $\vec{\varphi}\colon [a,b] \to \mathbb{R}^n$.

Die folgende lokale Version des Existenzsatzes macht ebenfalls eine Aussage über die Größe des Existenzintervalls:

Existenzsatz (Lokale Version)

Seien $c, d > 0$, $x_0 \in \mathbb{R}$, $\vec{y}_0 \in \mathbb{R}^n$ und Q der Quader

$$Q := \left\{ (x,\vec{y}) \in \mathbb{R}^{n+1} ;\, |x - x_0| \le c,\ \|\vec{y} - \vec{y}_0\| \le d \right\} .$$

Seien ferner $f\colon Q \to \mathbb{R}^n$ stetig, $M := \max\{ \|f(x,\vec{y})\| ;\, (x,\vec{y}) \in Q \}$ und $\varepsilon := \min(c, d/M)$. Dann hat das AWP $\vec{y}\,' = f(x,\vec{y})$; $\vec{y}(x_0) = \vec{y}_0$ mindestens eine Lösung $\vec{y}\colon [x_0 - \varepsilon, x_0 + \varepsilon] \to \mathbb{R}^n$.

Der Satz wird oft mit Hilfe des *Eulerschen Polygonzugverfahrens* und des Satzes von *Arzela-Ascoli* (siehe [RA II, 6.3.8]) bewiesen. Bei der Definition des

Quaders Q und der Schranke M ist dieselbe Norm im $\mathbb{R}^n$ zu verwenden.

Beweisskizze:

Sei $Z := (x_0 < x_1 < \ldots < x_m = x_0 + \varepsilon)$ eine Zerlegung des Intervalls $[x_0, x_0+\varepsilon]$ mit den Teilintervallen $I_k := [x_{k-1}, x_k]$. Ausgehend vom gegebenen Anfangswert $\vec{y}_0$ definiert man induktiv

$$\vec{y}_{k+1} := \vec{y}_k + (x_{k+1} - x_k)\, f(x_k, \vec{y}_k) \ .$$

Hier muss man sich natürlich überlegen, dass alle Stützstellen $(x_k, \vec{y}_k)$ und damit der sie verbindende Polygonzug noch ganz im Quader Q liegen. Der Streckenzug mit den Stützstellen $(x_k, \vec{y}_k)$ heißt der *Euler-Polygonzug* zur Zerlegung Z.

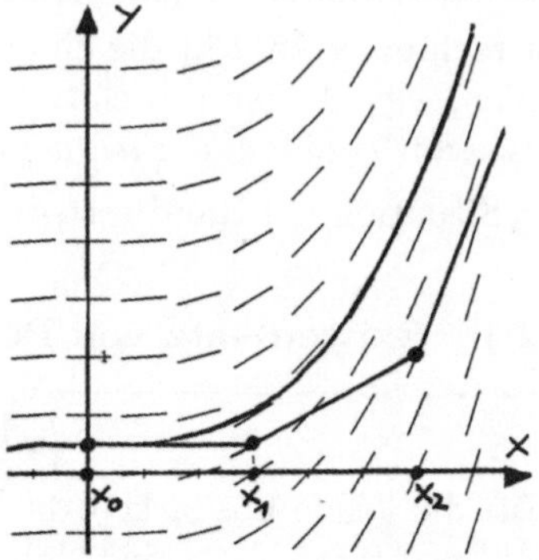

Euler-Polygonzug

Ist (Z_j) eine Folge von Zerlegungen, deren Feinheit gegen Null geht, so wird die zugehörige Folge der Euler-Polygonzüge i.a. nicht konvergieren. Sie ist aber *gleichgradig stetig* und nach dem Satz von Arzela-Ascoli gibt es eine gleichmäßig konvergente Teilfolge. Die Grenzfunktion löst das AWP im Teilintervall $[x_0, x_0+\varepsilon]$. Entsprechend findet man eine Lösung in $[x_0 - \varepsilon, x_0[$.

In Aufgabe 10.1.E finden Sie ein Beispiel eines AWP's, für das die volle Folge der Euler-Polygonzüge nicht konvergiert.

Im Eulerschen Polygonzugverfahren steckt eine numerische Methode zum Lösen von Differentialgleichungen und Dgl-Systemen. Für die Praxis gibt es wesentlich effektivere numerische Verfahren. Siehe dazu Abschnitt 9 .

1.2.2 Fortsetzung von Lösungen

Seien $G \subset \mathbb{R}^{n+1}$ offen, $f\colon G \to \mathbb{R}^n$ stetig und $(x_0, \vec{y}_0) \in G$. Seien ferner $I_0, I \subset \mathbb{R}$ echte Intervalle und $\vec{\varphi}_0\colon I_0 \to \mathbb{R}$ und $\vec{\varphi}\colon I \to \mathbb{R}$ Lösungen des Anfangswertproblems

$$\vec{y}\,' = f(x, \vec{y}) \quad ; \quad \vec{y}(x_0) = \vec{y}_0 \ . \tag{1}$$

Man sagt, $\vec{\varphi}$ ist *Fortsetzung* von $\vec{\varphi}_0$, oder auch *$\vec{\varphi}_0$ ist in $\vec{\varphi}$ enthalten*, wenn $I_0 \subset I$ und $\vec{\varphi}(x) = \vec{\varphi}_0(x)$ für alle $x \in I_0$.

Eine Lösung $\vec{y}\colon I \to \mathbb{R}^n$ des AWP's (1) heißt *nicht fortsetzbare bzw. maximal fortgesetzte Lösung* und I heißt *maximales Existenzintervall*, wenn es keine Lösung von (1) gibt, die $\vec{y}$ echt enthält.

Mit Hilfe des *Zorn'schen Lemmas* kann man zeigen:

Satz über die Existenz nicht-fortsetzbarer Lösungen

Jede Lösung des AWP's (1) ist in einer nicht fortsetzbaren enthalten.

Wenn die rechte Seite $f(x, \vec{y})$ in einem Streifen $[a, b] \times \mathbb{R}^n$ stetig und beschränkt ist, so ist jede maximal fortgesetzte Lösung eines AWP's (1) im gesamten Intervall $[a, b]$ definiert. Das besagt gerade die Streifenversion des Existenzsatzes von Peano.

Allgemein kann man zeigen, dass die maximal fortgesetzten Lösungen nach links und rechts bis zum Rand des Definitionsgebietes $G \subset \mathbb{R}^{n+1}$ der rechten Seite laufen. Was heißt das genauer?

Seien I ein Intervall, x_0 ein innerer Punkt von I , $G \subset \mathbb{R}^{n+1}$ ein Gebiet und $\vec{y}\colon I \to \mathbb{R}^n$ eine Funktion mit graph $\vec{y} \subset G$.
Man sagt, $\vec{y}$ *kommt nach rechts dem Rand* ∂G *von* G *beliebig nahe*, falls der sog. *rechte Teilgraph*

$$G_+ := \{ (x, \vec{y}(x)) \,;\, x \in I \,, x \geq x_0 \}$$

in keiner kompakten Teilmenge von G enthalten ist.

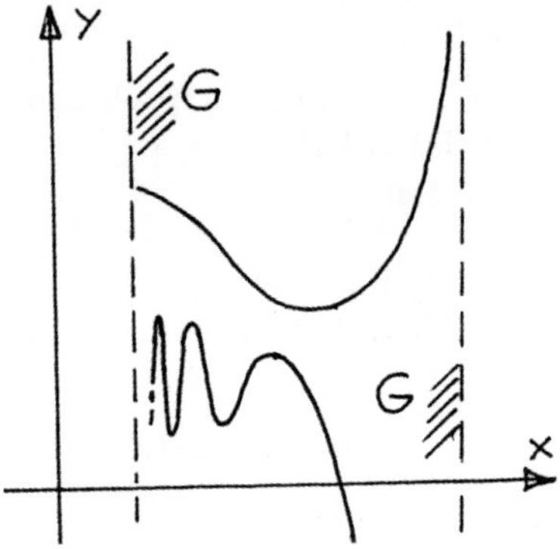

Lösungen zum Rand

Diese Bedingung ist äquivalent zu

1) $\sup I = \infty$ oder

2) $\sup I =: b < \infty$ und $\limsup\limits_{x \to b^-} \|\vec{y}(x)\| = \infty$ oder

3) $\sup I =: b < \infty$ und $\liminf\limits_{x \to b^-} d((x, \vec{y}(x)), \partial G) = 0$.

Analog definiert man die Annäherung an den Rand nach links.
Es gilt

Globaler Existenzsatz

Sei $G \subset \mathbb{R}^{n+1}$ ein Gebiet, $f\colon G \to \mathbb{R}^n$ stetig und $(x_0, \vec{y}_0) \in G$. Dann hat das AWP (1) eine nicht fortsetzbare Lösung. Jede nicht fortsetzbare Lösung kommt nach links und rechts dem Rand von G beliebig nahe.

Zur Eindeutigkeit maximal fortgesetzter Lösungen siehe Abschnitt 1.3.1.

1.3 Eindeutigkeit von Lösungen

Gegeben sei das AWP

$$\vec{y}\,' = f(x,\vec{y}) \quad ; \quad \vec{y}\,'(x_0) = \vec{y}_0 \,. \tag{1}$$

Dabei sei wie üblich $\emptyset \neq G \subset \mathbb{R}^{n+1}$ offen und $f\colon G \to \mathbb{R}^n$ stetig.

Man sagt, das *AWP ist eindeutig lösbar*, wenn es ein Intervall I gibt, das x_0 im Inneren enthält, sowie eine Lösung $\vec{\varphi}\colon I \to \mathbb{R}^n$ derart, dass jede Lösung $\vec{\psi}\colon I \to \mathbb{R}^n$ mit $\vec{\varphi}$ übereinstimmt. Manchmal redet man auch von eindeutiger Lösbarkeit nach links oder rechts und lässt zu, dass x_0 Randpunkt von I ist.

Man sagt, *die Gleichung* $\vec{y}\,' = f(x,\vec{y})$ *ist in* G *eindeutig lösbar*, wenn jedes AWP (1) mit $(x_0,\vec{y}_0) \in G$ eindeutig lösbar ist.

Es gibt Anfangswertprobleme, die lösbar, aber nicht eindeutig lösbar sind. Z.B. hat das AWP

$$y' = \sqrt{|y|} \quad ; \quad y(0) = 0$$

u.a. die Lösungen $y_1 :\equiv 0$ und $y_2 := \operatorname{sgn} x(x^2/4)$. Die rechte Seite $\sqrt{|y|}$ der Dgl ist zwar stetig, aber nicht Lipschitz-stetig bzgl y ! (Siehe Aufgabe 10.4.A.2)

1.3.1 Picard-Lindelöf

Der Existenz- und Eindeutigkeitssatz von Picard-Lindelöf besagt in Kurzform:

<u>*Satz von Picard-Lindelöf*</u>

Ist die rechte Seite des expliziten Systems $\vec{y}\,' = f(x,\vec{y})$ stetig und (lokal) Lipschitz-stetig bzgl $\vec{y}$, so ist es eindeutig lösbar.

Zur Lipschitz-Stetigkeit bzgl $\vec{y}$ siehe Abschnitt 1.3.3.

Eine analoge Aussage gilt für explizite Differentialgleichungen n–ter Ordnung.

Die Existenzaussage des Satzes von Picard-Lindelöf folgt direkt aus dem Existenzsatz von Peano (1.2.1).

Den Satz von Picard-Lindelöf beweist man oft mit dem *Banachschen Fixpunktsatz* (siehe z.B. [RA 2, 6.3.4.9]) oder dem *Picard'schen Iterationsverfahrens* (siehe Abschnitt 1.3.2).

Die Eindeutigkeit kann man auch mit Hilfe des Gronwall-Lemmas beweisen. Siehe dazu Aufgaben 10.1.G und 11.1.A.

Lemma von Gronwall

Seien $I \subset \mathbb{R}$ ein echtes Intervall, $x_0 \in I$ und $\alpha, \beta, \varphi \colon I \to [0, \infty[$ stetige, nicht-negative Funktionen. Es gelte die Integralungleichung

$$\varphi(x) \;\leq\; \alpha(x) + \left| \int_{x_0}^{x} \beta(t)\, \varphi(t)\, dt \right| \qquad (x \in I)\,.$$

Dann gilt

$$\varphi(x) \leq \alpha(x) + \left| \int_{x_0}^{x} \alpha(t)\, \beta(t) \exp\left(\left| \int_{t}^{x} \beta(u)\, du \right| \right) dt \right| \qquad (x \in I)\,.$$

Für den zentralen Satz von Picard-Lindelöf gibt es verschiedene Formulierungen. Interessant sind dabei auch Aussagen über die Größe des Existenzintervalls.

Picard-Lindelöf (Streifenversion)

Sei $x_0 \in [a, b] \subset \mathbb{R}$ und f im Streifen $[a, b] \times \mathbb{R}^n$ stetig und global Lipschitz-stetig bzgl $\vec{y}$.
Dann besitzt das System (1) genau eine Lösung $\vec{\varphi} \colon [a, b] \to \mathbb{R}^n$.

Die Forderung der globalen Lipschitz-Stetigkeit kann man abschwächen zu lokal Lipschitz-stetig und linear beschränkt. Siehe Knobloch & Kappel [KK]. Eine lokale Version ist die folgende:

Picard-Lindelöf (Lokale Version)

Seien $\alpha, \beta > 0$, $x_0 \in \mathbb{R}$, $\vec{y}_0 \in \mathbb{R}^{n+1}$ und Q der Quader

$$Q \;:=\; \{\, (x, \vec{y}) \in \mathbb{R}^n \,;\, |x - x_0| \leq \alpha,\; \|\vec{y} - \vec{y}_0\| \leq \beta \,\}\ .$$

Sei $f \colon Q \to \mathbb{R}^n$ stetig und in Q Lipschitz-stetig bzgl $\vec{y}$ mit der Lipschitz-Konstanten L. Sei $M > 0$ derart, dass $\|f(x, \vec{y})\| \leq M$ für alle $(x, \vec{y}) \in Q$.
Schließlich sei $\varepsilon := \min(\alpha, \beta/M)$ und $I := [x_0 - \varepsilon, x_0 + \varepsilon]$.
Dann hat das AWP (1) eine eindeutig bestimmte Lösung $\vec{\varphi} \colon I \to \mathbb{R}^n$.

Dabei muss man zur Definition des Quaders Q und der Lipschitz-Konstanten L dieselbe Norm im $\mathbb{R}^n$ benutzen. Eine relativ leichte Folgerung davon ist:

Picard-Lindelöf (Globale Version für Systeme)

Seien $G \subset \mathbb{R}^{n+1}$ offen, $(x_0, \vec{y}_0) \in G$ und $f\colon G \to \mathbb{R}^n$ stetig und lokal Lipschitz-stetig bzgl $\vec{y}$.
Dann hat das AWP (1) genau eine nicht fortsetzbare Lösung $\vec{y}$.
Diese maximal fortgesetzte Lösung kommt nach links und rechts dem Rand von G beliebig nahe. Sie enthält jede andere Lösung und ihr maximales Existenzintervall ist offen.

Zur Definition des Randverhaltens siehe Abschnitt 1.2.2.

Ein entsprechender Satz gilt auch für Gleichungen $y^{(n)} = f\left(x, y, y', \ldots, y^{(n-1)}\right)$ n–ter Ordnung. Für das Randverhalten maximal fortgesetzter Lösungen φ etwa im rechten Endpunkt $\beta := \sup I$ des maximalen Existenzintervalls gilt dabei

1) $\beta = \infty$ oder
2) $\beta < \infty$ und $\left(\varphi, \varphi', \ldots, \varphi^{(n-1)}\right)$ ist auf $[x_0, \beta[$ unbeschränkt oder
3) $\beta < \infty$ und $\liminf\limits_{x \to \beta^-} d\left(\partial G, \left(x, \varphi(x), \ldots, \varphi^{(n-1)}(x)\right)\right) = 0$.

1.3.2 Picard'sches Iterationsverfahren

Gegeben sei das AWP (1), dessen rechte Seite $f(x, \vec{y})$ stetig und lokal Lipschitz-stetig bzgl $\vec{y}$ ist. Dann konvergiert die durch

Picard'sches Interationsverfahren

$$\vec{\phi}_0(x) :\equiv \vec{y}_0 \quad ; \quad \vec{\phi}_{k+1}(x) := \vec{y}_0 + \int_{x_0}^{x} f\left(t, \vec{\phi}_k(t)\right)\, dt \qquad (2)$$

definierte Funktionenfolge $(\vec{\phi}_k)_k$ in einem Intervall I um x_0 gleichmäßig gegen die eindeutig bestimmte Lösung $\vec{\varphi}$ des AWP's (1).

Bei diesem Verfahren wird, ausgehend von der Startfunktion $\vec{\phi}_0(x) \equiv \vec{y}_0$, der durch

$$(T\vec{\phi})(x) := \vec{y}_0 + \int_{x_0}^{x} f\left(t, \vec{\phi}(t)\right)\, dt$$

definierte Operator $T\colon C(I) \to C(I)$ iteriert. Dieser Operator ist (bei geeigneter Wahl des Intervalls I) eine Kontraktion auf dem Banachraum $C(I)$ der auf I stetigen Funktionen. Nach dem Banachschen Fixpunktsatz besitzt der Operator T genau einen Fixpunkt. Außerdem konvergiert die Iterationsfolge im Sinne der Banachraum-Norm gegen diesen Fixpunkt. Die Banachraum-Norm ist die Supremumsnorm, also konvergiert die Iterationsfolge $(\vec{\phi}_k)_k$ gleichmäßig gegen die eindeutig bestimmte Lösung der Integralgleichung

$$\vec{y} = \vec{y}_0 + \int_{x_0}^{x} f(t, \vec{y})\, dt$$

und damit gegen die Lösung des AWP's $\vec{y}\,' = f(x, \vec{y})$, $\vec{y}(x_0) = \vec{y}_0$.

Interessant sind natürlich Fehlerabschätzungen für den Unterschied zwischen den Iterierten und der Lösung. Z.B. gilt

Fehlerabschätzung in der Streifenversion

Sei $x_0 \in [a, b] \subset \mathbb{R}$ und f im Streifen $[a, b] \times \mathbb{R}^n$ stetig und global Lipschitz-stetig bzgl $\vec{y}$. Seien $\vec{\phi}_k$ die Iterierten des Picard-Verfahrens und $\vec{\varphi}\colon [a, b] \to \mathbb{R}^n$ die Lösung des AWP's (1).
Dann gilt die Fehlerabschätzung:

$$\|\vec{\phi}_k(x) - \vec{\varphi}(x)\| \leq K \sum_{j=k}^{\infty} \frac{1}{j!} L^j |x - x_0|^j .$$

Dabei ist $K := \max\limits_{a \leq x \leq b} \left\|\vec{\phi}_1(x) - \vec{\phi}_0(x)\right\|$ und L die Lipschitzkonstante von f im Streifen $[a, b] \times \mathbb{R}^n$. Als Norm im $\mathbb{R}^n$ muss man dieselbe Norm nehmen, die bei der Definition der Lipschitz-Konstanten L benutzt wurde.

Fehlerabschätzung für die lokale Version

Seien $\alpha, \beta > 0$, $x_0 \in \mathbb{R}$, $\vec{y}_0 \subset \mathbb{R}^{n+1}$ und Q der Quader

$$Q := \{ (x, \vec{y}) \in \mathbb{R}^n \,;\, |x - x_0| \leq \alpha,\ \|\vec{y} - \vec{y}_0\| \leq \beta \} .$$

Sei $f\colon Q \to \mathbb{R}^n$ stetig und in Q Lipschitz-stetig bzgl $\vec{y}$ mit der Lipschitz-Konstanten L. Sei $M > 0$ derart, dass $\|f(x, \vec{y})\| \leq M$ für alle $(x, \vec{y}) \in Q$. Schließlich seien $\varepsilon := \min(\alpha, \beta/M)$ und $\phi_{k,\nu}$ bzw φ_ν die Koordinaten der Iterierten $\vec{\phi}_k$ des Picard-Verfahrens bzw der Lösung $\vec{\varphi}\colon [x_0 - \varepsilon, x_0 + \varepsilon] \to \mathbb{R}^n$.
Dann gilt die Fehlerabschätzung:

$$\left|\phi_{k,\nu}(x) - \varphi_\nu(x)\right| \leq \frac{M}{L} \sum_{j=k+1}^{\infty} \frac{1}{j!} L^j |x - x_0|^j .$$

Als Norm im $\mathbb{R}^n$ ist dabei durchgehend dieselbe Norm zu nehmen.

Beispiele zum Picardschen Iterationsverfahren siehe Aufgabe 11.3.

1.3.3 Lipschitz-Stetigkeit bzgl $\vec{y}$

Sei $G \subset \mathbb{R}^{n+1}$ offen und f eine Funktion von G in den $\mathbb{R}^n$. Wir fassen die letzten n Argumente von f zu einem Vektor $\vec{y} = (y_1, \ldots, y_n)$ zusammen und schreiben $(x, \vec{y}) = (x, y_1, \ldots, y_n)$ für die Elemente von G. Man sagt, f ist in G *Lipschitz-stetig bzgl* $\vec{y}$, wenn es eine sog. *Lipschitz-Konstante* $L > 0$ gibt derart, dass

$$\forall\,(x,\vec{y}_1),(x,\vec{y}_2) \in G \;:\; \|f(x,\vec{y}_1) - f(x,\vec{y}_2)\| \;<\; L\,\|\vec{y}_1 - \vec{y}_2\|\,. \qquad (3)$$

f ist *lokal Lipschitz-stetig bzgl* $\vec{y}$, wenn es zu jedem Punkt $(x_0, \vec{y}_0) \in G$ eine Umgebung $U \subset G$ gibt, in der f Lipschitz-stetig bzgl $\vec{y}$ ist.

Ist f auf einer offenen Menge $G \subset \mathbb{R}^{n+1}$ lokal Lipschitz-stetig bzgl $\vec{y}$, so ist f auf jeder kompakten Teilmenge $K \subset G$ global Lipschitz-stetig bzgl $\vec{y}$.

Die Größe der Lipschitz-Konstanten L kann von der im $\mathbb{R}^n$ gewählten Norm abhängen, nicht aber die Lipschitz-Stetigkeit selbst.

Aus der Lipschitz-Bedingung (3) allein folgt übrigens nur die Stetigkeit von f auf den Hyperebenen $x \equiv const$ und nicht die Stetigkeit von f in G. Diese muss daher - falls benötigt - extra gefordert werden.

Eine hinreichende und oft leicht zu überprüfende Bedingung für die Lipschitz-Stetigkeit bzgl $\vec{y}$ ist die folgende:

Hinreichendes Kriterium für lokale Lipschitz-Stetigkeit

Ist f in G stetig partiell differenzierbar nach den Variablen $y_1, \ldots, y_n$, so ist f in G lokal Lipschitz-stetig bzgl. $\vec{y}$.

1.3.4 Weitere Eindeutigkeitssätze

Existenz- und Eindeutigkeitssätze für spezielle Gleichungen wie z.B. lineare oder mit getrennten Variablen finden Sie in dem betreffenden Abschnitt. Hier folgt ein allgemeines Resultat aus [WA]:

Allgemeiner Eindeutigkeitssatz

Sei $I = [x_0, x_0 + a] \subset \mathbb{R}$ ein reelles Intervall $(a > 0)$. Die reellwertige Funktion $\omega\colon I \times [0,\infty[\to [0,\infty[$ habe die folgende Eigenschaft:
Für jedes $\varepsilon > 0$ existiert ein $\delta > 0$ und eine differenzierbare Funktion $\rho\colon I \to \mathbb{R}$ mit

$$\rho'(x) > \delta + \omega(x, \rho(x)) \quad \text{und} \quad 0 < \delta < \rho(x) < \varepsilon \quad \text{für alle } x \in I\,.$$

Sei $G \subset I \times \mathbb{R}^n$ offen, $(x_0, \vec{y}_0) \in G$ und für $f\colon G \to \mathbb{R}^n$ gelte

$$\|f(x,\vec{y}_1) - f(x,\vec{y}_2)\| \;\le\; \omega\left(x, \|\vec{y}_1 - \vec{y}_2\|\right) \quad \text{für alle } (x,\vec{y}_1),(x,\vec{y}_2) \in G\,.$$

Dann hat das AWP (1): $\vec{y}\,' = f(x,\vec{y}\,)$, $\vec{y}\,(x_0) = \vec{y}_0$ höchstens eine Lösung und diese hängt stetig vom Anfangswert und von der rechten Seite der Dgl ab.

Zur Definition der stetigen Abhängigkeit siehe Abschnitt 1.4.1.

Jede Funktion ω, die die obigen Bedingungen erfüllt liefert eine Eindeutigkeitsaussage. Spezialfälle sind:

1) $\omega(x,z) := Lz$ mit $L > 0$. Dies liefert den Eindeutigkeitssatz von *Picard Lindelöf.*

2) Jedes ω von der Form $\omega(x,z) := q(z)$ mit einer stetigen Funktion $q\colon [0,\infty[\to \mathbb{R}$ derart, dass $q(0) = 0$, $q(z) > 0$ für $z > 0$ und $\displaystyle\int_0^1 \frac{dz}{q(z)} = \infty$.

   Dies ergibt den Eindeutigkeitssatz von *Osgood.*

3) Jedes stetige $\omega\colon I \times [0,\infty[\to [0,\infty[$ mit $\omega(x,0) = 0$ und der Eigenschaft: Ist $\varphi(x) \geq 0$ Lösung des AWP's $y' = \omega(x,y)$, $y(x_0) = 0$ in $[x_0, x_0 + \varepsilon[$, so ist $\varphi \equiv 0$ in $[x_0, x_0 + \varepsilon[$.

   Dies liefert den Eindeutigkeitssatz von *Bompiani.*

Die Lipschitz-Stetigkeit ist ein Spezialfall der Osgood-Bedingung und diese wiederum ein Spezialfall der Bedingung von Bompiani.

Abschließend geben wir noch ein Resultat von *Nagumo* an:

Eindeutigkeitssatz von Nagumo

Seien $a, b > 0$, $(x_0, \vec{y}_0) \in \mathbb{R}^{n+1}$ und R der Quader

$$R := \{ (x,\vec{y}) ; |x - x_0| < a \ , \ \|\vec{y} - \vec{y}_0\| < b \} \subset \mathbb{R}^{n+1} .$$

$f\colon R \to \mathbb{R}^n$ sei stetig und beschränkt und genüge in R der *Nagumo-Bedingung:*

$$|x - x_0| \cdot \|f(x,\vec{y}_2) - f(x,\vec{y}_1)\| \leq \|\vec{y}_2 - \vec{y}_1\| \quad \text{für alle } (x,\vec{y}_1), (x,\vec{y}_2) \in R .$$

Dann ist das Anfangswertproblem

$$y' = f(x,y) \quad ; \quad y(x_0) = y_0$$

eindeutig lösbar.

Die Lösbarkeit ist klar wegen der Stetigkeit von f (Peano). Einen Beweis des Satzes findet man bei E.Hille [HI, 2.6]. Siehe auch Aufgabe 10.1.F für den Fall 1. Ordnung.

1.4 Abhängigkeit der Lösungen

Gegeben ist das Anfangswertproblem

$$\vec{y}\,' = f(x, \vec{y}) \quad ; \quad \vec{y}(x_0) = \vec{y}_0 \tag{1}$$

Dabei ist wie üblich $G \subset \mathbb{R}^{n+1}$ offen, $(x_0, \vec{y}_0) \in G$ und $f\colon G \to \mathbb{R}^n$ stetig. Zusätzlich fordern wir, dass f lokal Lipschitz-stetig bzgl $\vec{y}$ ist. Das AWP (1) ist also eindeutig lösbar (Picard-Lindelöf).

In diesem Abschnitt interessiert die Frage, wie die eindeutig bestimmte Lösung von (1) vom Anfangswert $\vec{y}_0$ und von der rechten Seite f abhängt.

Das folgende Beispiel zeigt, dass die Lösungen global ein wesentlich verschiedenes Verhalten haben können, obwohl sich die Anfangswerte nur wenig unterscheiden.

Beispiel:
Die Gleichung 1. Ordnung $y' = \mathrm{e}^y \sin x$ kann man durch Trennung der Variablen lösen. Sie hat die Lösungen

$$y = -\ln(\cos x + \mathrm{e}^{-y(0)} - 1) .$$

Für Anfangswerte $y(0) < -\ln 2$ sind die Lösungen in ganz $\mathbb{R}$ definiert. Dagegen existieren sie für $y(0) \geq -\ln 2$ nur in einem beschränkten Intervall.
Siehe dazu Aufgabe 10.1.B.

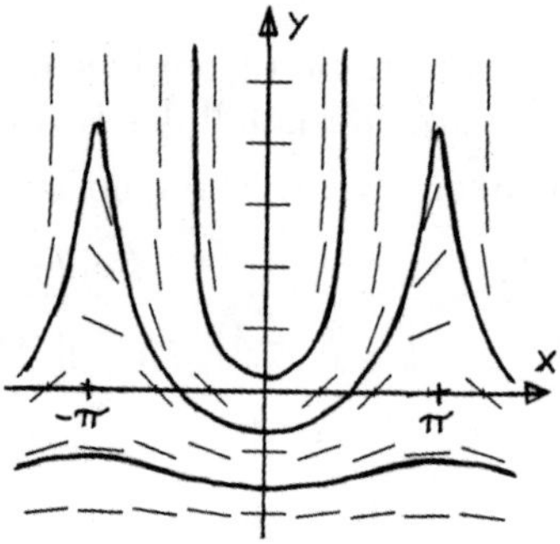

$y' = \mathrm{e}^y \sin x$

1.4.1 Stetige Abhängigkeit der Lösungen

Es gilt der folgende

> <u>*Satz über die stetige Abhängigkeit*</u>
>
> Bei Lipschitz-stetigem f hängt die Lösung des AWP's (1) stetig vom Anfangswert und von der rechten Seite ab.

Genauer:

Sei $\vec{\varphi}\colon I \to \mathbb{R}^n$ Lösung des AWP's (1) im kompakten Intervall I.
Sei $S_\alpha := \{\,(x, \vec{y})\,;\, \|\vec{y} - \vec{\varphi}(x)\| \leq \alpha, x \in I\,\}$ der α–Streifen um graph $\vec{\varphi}$. f sei in S_α stetig und Lipschitz-stetig bzgl $\vec{y}$.

Dann gibt es zu jedem $\varepsilon > 0$ ein $\delta > 0$ derart, dass für alle stetigen Funktionen $g\colon S_\alpha \to \mathbb{R}^n$ mit $\|g(x, \vec{y}) - f(x, \vec{y})\| < \delta$ in S_α und alle Anfangswerte $\vec{z}_0$ mit $\|\vec{y}_0 - \vec{z}_0\| < \delta$ jede Lösung $\vec{\psi}(x)$ des 'gestörten' AWP's

$$\vec{z}\,' = g(x, \vec{z}) \quad ; \quad \vec{z}(x_0) = \vec{z}_0 \tag{2}$$

in ganz I existiert und der Ungleichung $\|\vec{\varphi}(x) - \vec{\psi}(x)\| < \varepsilon$ in I genügt.

Insbesondere gilt dann für alle stetig differenzierbaren Funktionen $\vec{\psi}\colon I \to \mathbb{R}^n$:

$$\|\vec{y}_0 - \vec{\psi}(x_0)\| < \delta\ ,\ \|\psi'(x) - f\left(x, \psi(x)\right)\| < \delta \text{ für alle } x \in I$$
$$\Longrightarrow \quad \|\vec{\varphi}(x) - \vec{\psi}(x)\| < \varepsilon \text{ für alle } x \in I\ .$$

Man kann das δ zu dem vorgegebenen $\varepsilon > 0$ sogar recht konkret angeben. Dies ergibt sich aus der folgenden

Abschätzung bei Lipschitz-Bedingung

Seien $G \in \mathbb{R}^{n+1}$ offen, $f\colon G \to \mathbb{R}^n$ stetig und Lipschitz-stetig bzgl $\vec{y}$ mit der Lipschitz-Konstanten L. Sei $I := [x_0, x_0 + a]$.
$\vec{\varphi},\ \vec{\psi}\colon I \to \mathbb{R}^n$ seien differenzierbar mit graph $\vec{\varphi}$, graph $\vec{\psi} \subset G$.
In I gelte $\vec{\varphi}\,'(x) = f\left(x, \vec{\varphi}(x)\right)$ und $\left\|\vec{\psi}\,'(x) - f(x, \vec{\psi}(x))\right\| \le \delta$.
Dann gilt für alle $x \in I$:

$$\|\vec{\varphi}\,(x) - \vec{\psi}\,(x)\| \ \le\ \|\vec{\varphi}\,(x_0) - \vec{\psi}\,(x_0)\|\ \mathrm{e}^{L|x-x_0|} + \frac{\delta}{L}\left(\mathrm{e}^{L|x-x_0|} - 1\right)\ .$$

Aus dieser Abschätzung folgt für $\delta = 0$ und $\vec{\varphi}(x_0) = \vec{\psi}(x_0)$ wieder die Eindeutigkeitsaussage des Satzes von Picard-Lindelöf.

1.4.2 Differenzierbare Abhängigkeit der Lösungen

Die Lösungen eines Anfangswertproblems hängen nicht nur stetig, sondern unter gewissen Voraussetzungen auch differenzierbar von den Anfangswerten ab.

Gegeben sei weiterhin das Gleichungssystem

$$\vec{y}\,' \ =\ f(x, \vec{y})\ . \tag{3}$$

Dabei sei $G \subset \mathbb{R}^{n+1}$ offen und $f\colon G \to \mathbb{R}^n$ stetig. Zusätzlich fordern wir, dass f nach den Variablen $y_1, \ldots y_n$ stetig differenzierbar ist. Die lokale Lipschitz-Stetigkeit von f bzgl $\vec{y}$ folgt dann.

Die sog. *charakterische Funktion* $\vec{\phi}(x, x_0, \vec{y}_0)$ des Systems ist definiert durch $\vec{\phi}(x, x_0, \vec{y}_0) := \vec{\varphi}(x)$, wobei $\vec{\varphi}$ die eindeutig bestimmte Lösung des Systems (3) ist mit $\vec{\varphi}(x_0) = \vec{y}_0$.

Es gilt:

Satz über die differenzierbare Abhängigkeit

Unter den obigen Voraussetzungen ist die charakteristische Funktion $\vec{\phi}$ in ihrem Definitionsbereich stetig differenzierbar, also nach allen ihren Variablen stetig partiell differenzierbar.

In den Anwendungen hängt die rechte Seite eines Dgl-Systems häufig noch von irgendwelchen Parametern p_j ab. In einem solchen Fall interessiert auch die Abhängigkeit der Lösungen von den Parametern.

Theoretisch kann man die Frage nach der Abhängigkeit von Parametern zurückführen auf das Problem der Abhängigkeit von den Anfangswerten. Es ist nämlich das Anfangswertproblem

$$\vec{y}\,' = f\left(x, \vec{y}, p_1, \ldots, p_m\right) \quad ; \quad \vec{y}\,(x_0) = \vec{y}_0$$

mit den Parametern $p_1, \ldots, p_m \in \mathbb{R}$ äquivalent zu dem erweiterten AWP

$$\begin{array}{rcl} \vec{y}\,' &=& f\left(x, \vec{y}, z_1, \ldots, z_m\right) \quad ; \quad \vec{y}\,(x_0) = \vec{y}_0 \\ z_1' &=& 0 \qquad\qquad\qquad\quad ; \quad z_1(x_0) = p_1 \\ &\vdots& \qquad\qquad\qquad\qquad\qquad\quad \vdots \\ z_m' &=& 0 \qquad\qquad\qquad\quad ; \quad z_m(x_0) = p_m \end{array}$$

Die Lösungen hängen also unter den entsprechenden Voraussetzungen auch stetig bzw differenzierbar von den Parametern ab.

2 Explizite Gleichungen 1. Ordnung

Sei $G \subset \mathbb{R}^2$ offen, $(x_0, y_0) \in G$ und $f\colon G \to \mathbb{R}$ stetig. Dann ist

$$y' = f(x,y) \tag{1}$$

eine *explizite Differentialgleichung 1. Ordnung* und

$$y' = f(x,y) \quad ; \quad y(x_0) = y_0 \tag{2}$$

ein entsprechendes *Anfangswertproblem (AWP).*

Aus dem Satz von Peano (1.2.1) und der Stetigkeit von f folgt sofort die Lösbarkeit der Gleichung (1), bzw des Anfangswertproblems (2).

Der Satz von Picard-Lindelöf (1.3.1) liefert:

Eindeutigkeitssatz für explizite Gleichungen 1. Ordnung

Ist f stetig und lokal Lipschitz-stetig bzgl y, so ist das Anfangswertproblem (2) eindeutig lösbar.
Insbesondere gilt dies für stetige Funktionen f mit stetiger partieller Ableitung $f_y(x,y)$.

2.1 Richtungsfelder, Geometrische Interpretation

Gegeben sei die explizite Differentialgleichung 1. Ordnung (1): $y' = f(x,y)$.

Für $(x,y) \in G$ heißt $(x, y, f(x,y))$ ein *Linienelement* der Gleichung (1) und die Menge $\{ (x, y, f(x,y)) \; ; \; (x,y) \in G \}$ der Linienelemente heißt *Richtungsfeld.* Linienelemente werden skizziert als kleine Striche durch (x,y) mit der Steigung $f(x,y)$. Die Niveaulinien von f, also die Kurven der Form $f(x,y) = C$ heißen *Isoklinen* des Richtungsfeldes. Die Linienelemente durch Punkte einer Isokline haben alle dieselbe Steigung.

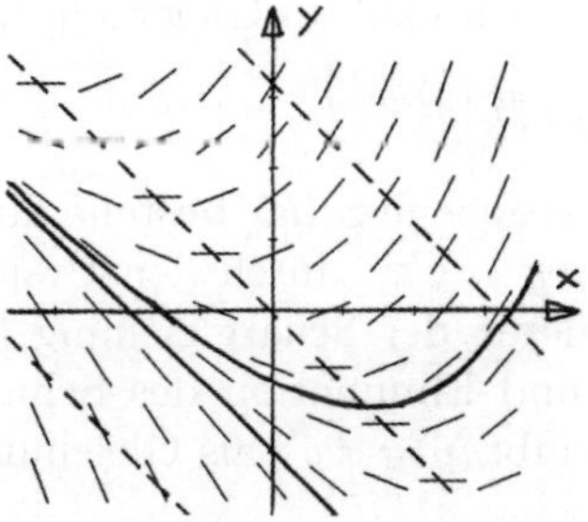

Richtungsfeld mit Isoklinen und Lösungen

Lösungskurven $y = \varphi(x)$ von (1) laufen derart durch das Richtungsfeld, dass in jedem Punkt $(x, \varphi(x))$ des Graphen das betreffende Linienelement tangential zur Lösungskurve liegt.

Ist die Gleichung (1) eindeutig lösbar, so bilden die Lösungskurven eine das Gebiet G *einfach überdeckende* Kurvenschar, d.h. durch jeden Punkt (x_0, y_0) aus G geht genau eine Kurve dieser Schar.

2.1.1 Orthogonale Trajektorien

Manchmal müssen die *orthogonalen Trajektorien* einer gegebenen Kurvenschar bestimmt werden. Dies sind die Kurven, die die gegebene Schar in jedem Punkt senkrecht schneiden. Z.B. sind die Äquipotentiallinien orthogonale Trajektorien zu den Feldlinien eines Kraftfeldes.

Man kann orthogonale Trajektorien natürlich nur zu einer glatten Kurvenschar bestimmen, die ein Gebiet einfach überdeckt.

Die Steigungen m und $-1/m$ sind senkrecht zueinander. Daraus ergibt sich das folgende

Kochrezept für orthogonale Trajektorien

Gesucht sind die orthogonalen Trajektorien der Kurvenschar

$$F(x,y,C) = 0 \qquad (*)$$

1) Man differenziere die Schargleichung $(*)$ nach x:

$$F_x(x,y,C) + F_y(x,y,C)\,y' = 0 \qquad (**)$$

2) Aus $(*)$ und $(**)$ erhält man durch Elimination des Scharparameters C eine Gleichung $f(x,y,y') = 0$ für die gegebene Kurvenschar.

3) Dann ist $f(x,y,-1/y') = 0$ eine Gleichung für die gesuchten orthogonalen Trajektorien.

Sind die gegebenen Kurven von der speziellen Form $F(x,y) = C$, so ist $F_x\,dx + F_y\,dy = 0$ eine (exakte) Dgl dieser Schar und $F_y\,dx - F_x\,dy = 0$ eine (i.a. nicht exakte) Gleichung für die orthogonalen Trajektorien.

Beispiel:

Die gegebene Schar bestehe aus den Geraden $y = Cx$ durch den Ursprung. Differenzieren der Schargleichung liefert $y' = C$ und Elimination des Scharparameters C ergibt $y = x\,y'$ als Gleichung der Geradenschar.
Eine Differentialgleichung für die orthogonalen Trajektorien ist daher

$$y' = -\frac{x}{y} \quad \text{bzw} \quad x\,dx + y\,dy = 0\,.$$

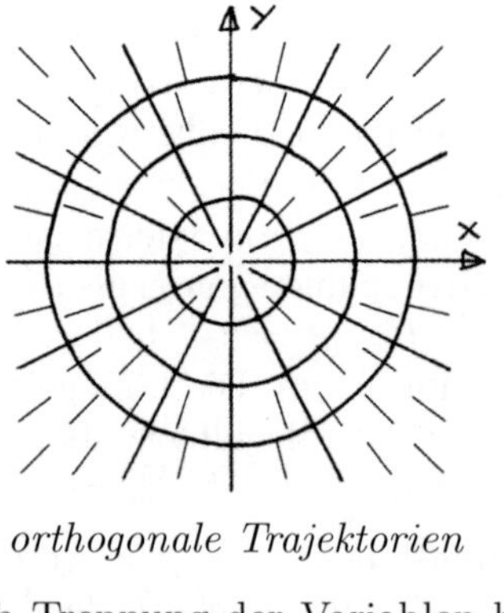

orthogonale Trajektorien

Diese Gleichung kann man als exakte oder durch Trennung der Variablen behandeln. Ihre Lösungsschar ist die Schar der Kreise $x^2 + y^2 = r^2$.

Weitere Beispiele finden Sie in Aufgabe 10.3.D.

Isogonale Trajektorien einer gegebenen Kurvenschar sind Kurven, die die gegebene Schar unter einem festen Winkel α schneiden. Für $0 < \alpha < \frac{\pi}{2}$ (o.B.d.A.) gibt es jeweils zwei Scharen isogonaler Trajektorien zum Schnittwinkel α.

Ist $y' = f(x,y)$ eine explizite Dgl 1. Ordnung der gegebenen Kurvenschar, so ist $y' = \dfrac{\tan\alpha + f(x,y)}{1 - f(x,y)\,\tan\alpha}$ eine Dgl für eine der beiden Scharen. Ersetzt man α durch $-\alpha$, so erhält man die andere. Für $\alpha = \pm\pi/2$ hat man den orthogonalen Fall.

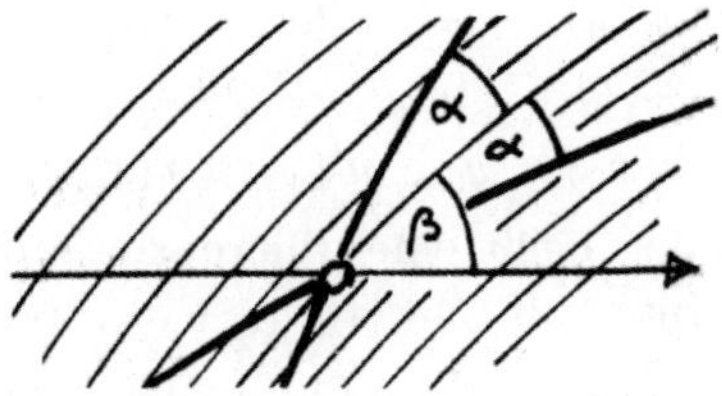

Die Formel folgt aus dem Additionstheorem des Tangens. Für den Steigungswinkel β der gegebenen Kurvenschar gilt $\tan\beta = y' = f(x,y)$. Die gesuchten isogonalen Trajektorien haben den Steigungswinkel $\beta \pm \alpha$. Also erfüllen die Isogonaltrajektorien die Differentialgleichung

$$y' = \tan(\beta \pm \alpha) = \frac{\pm\tan\alpha + \tan\beta}{1 \mp \tan\beta\tan\alpha} = \frac{\pm\tan\alpha + f(x,y)}{1 \mp f(x,y)\tan\alpha} .$$

Für ein Beispiel siehe Aufgabe 10.3.F.

2.2 Differentialungleichungen

Betrachtet wird wieder das Anfangswertproblem

$$y' = f(x,y) \quad ; \quad y(x_0) = y_0 \tag{3}$$

mit stetigem $f\colon G \to \mathbb{R}$, $G \subset \mathbb{R}^2$ offen und $(x_0, y_0) \in G$.

Zur Abschätzung der häufig nicht explizit angebbaren Lösungen sind sog. *Unter-* bzw. *Oberfunktionen* nützlich. Dies sind Lösungen von *Differentialungleichungen* der folgenden Bauart:

> *Satz über Differentialungleichungen*
>
> Sei $y\colon I \to \mathbb{R}$ eine Lösung von (3) in einem Intervall $I := [x_0, x_0 + a[$ und $u\colon I \to \mathbb{R}$ eine Lösung der Differentialungleichung
>
> $$u' < f(x,u) \quad ; \quad u(x_0) < y_0 . \tag{4}$$
>
> Dann gilt $u(x) < y(x)$ für alle $x \in I$.

Ein entsprechender Satz gilt für Abschätzungen nach oben. Dagegen ist ein entsprechender Satz, in dem überall ‚$<$' durch ‚$\leq$' ersetzt wird, falsch, nämlich dann, wenn das AWP nicht eindeutig lösbar ist. Ein Beispiel und den Beweis des Satzes finden Sie in Aufgabe 10.2.D.

Lösungen der Differentialungleichung (4) heißen auch *Unterfunktionen für das AWP* (3). Häufig definiert man Unter- und Oberfunktionen etwas allgemeiner:

Definition:

Eine differenzierbare Funktion u heißt *Unterfunktion* für das AWP (3) im Intervall $I =]x_0, x_0 + a]$, $a > 0$, wenn gilt

1) $u(x_0) < y_0$, $u'(x) \le f(x, u(x))$ in $\overline{I} = [x_0, x_0 + a]$ und $u'(x) < f(x, u(x))$ in I oder

2) $u(x_0) = y_0$, $u'(x) < f(x, u(x))$ in $\overline{I}$.

Analog heißt eine differenzierbare Funktion v *Oberfunktion* für das AWP (3) im Intervall $I =]x_0, x_0 + a]$, wenn gilt

1) $v(x_0) > y_0$, $v'(x) \ge f(x, v(x))$ in $\overline{I}$, $v'(x) > f(x, v(x))$ in I oder

2) $v(x_0) = y_0$, $v'(x) > f(x, v(x))$ in $\overline{I}$.

Der obige Satz gilt auch für die allgemeineren Unter- und Oberfunktionen: (Beweis siehe Aufgabe 10.2.E)

Satz über Unter- und Oberfunktionen

Seien u, v Unter- bzw Oberfunktionen für das AWP (3) im Intervall $I =]x_0, x_0 + a]$. Dann gilt für jede Lösung $y\colon \overline{I} \to \mathbb{R}$ von (3):

$$u(x) < y(x) < v(x) \quad \text{für alle } x \in I .$$

Mit diesen Sätzen erhält man nicht nur Abschätzungen für die Lösungen, sondern auch für ihre maximalen Existenzintervalle. Beispiel siehe Aufgabe 10.2.F.

Analog betrachtet man Unter- und Oberfunktionen *'nach links'*, also in Intervallen der Form $I = [x_0 - a, x_0[$, $a > 0$.

2.2.1 Maximal- und Minimallösung

Fordert man nur die Stetigkeit der rechten Seite, so ist das AWP (3) i.a. nicht eindeutig lösbar. Es gibt aber eindeutig bestimmte Maximal- und Minimallösungen.

Satz über Maximal- und Minimallösungen

Zu dem gegebenen AWP (3) mit stetiger rechter Seite gibt es ein offenes Intervall $x_0 \in I \subset \mathbb{R}$ und Lösungen $y_{max}, y_{min}\colon I \to \mathbb{R}$ derart, dass

$$y_{min}(x) \le y(x) \le y_{max}(x) \quad \text{für jede Lösung } y\colon I \to \mathbb{R} \text{ des AWP's.}$$

Ist $x_1 \in I$ und $y_{min}(x_1) \le y_1 \le y_{max}(x_1)$, so gibt es eine Lösung des AWP's mit $y(x_1) = y_1$.

Das AWP (3) ist genau dann eindeutig lösbar, wenn Maximal- und Minimallösung in einer Umgebung von x_0 übereinstimmen.

Man kann zeigen, dass das AWP (3) genau eine nicht fortsetzbare Maximal- und genau eine nicht fortsetzbare Minimallösung besitzt.

Ist $x_0 \in [a,b]$ und die rechte Seite $f(x,y)$ in dem Streifen $[a,b] \times \mathbb{R}$ beschränkt, so existieren die maximal fortgesetzten Maximal- und Minimallösungen mindestens in $[a,b]$.

Beispiel:
Für das AWP $y' = 2\sqrt{|y|}\ ;\ y(0) = 0$ ist

$$y_{max} = \begin{cases} x^2 & \text{falls } x \geq 0 \\ 0 & \text{falls } x \leq 0 \end{cases}$$

die Maximallösung und

$$y_{min} = \begin{cases} -x^2 & \text{falls } x \leq 0 \\ 0 & \text{falls } x \geq 0 \end{cases}$$

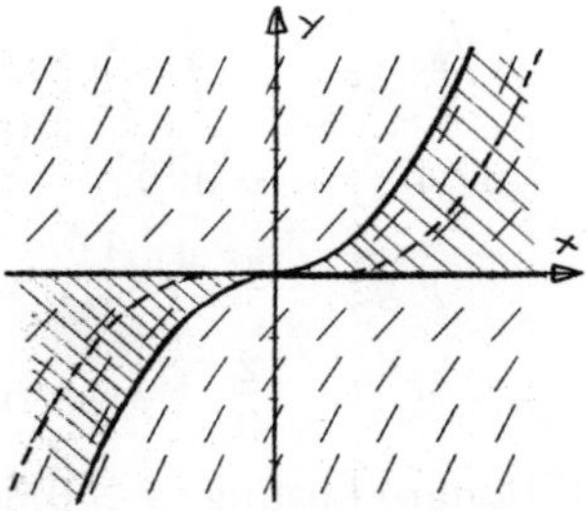

Maximal- und Minimallösung

die Minimallösung. Beide sind in ganz $\mathbb{R}$ definiert. Siehe dazu Aufgabe 10.1.D.

2.3 Gleichungen mit getrennten Variablen (TdV)

Eine Differentialgleichung vom Typ

$$y' = f(x)\, g(y) \tag{5}$$

heißt eine Gleichung mit *getrennten Variablen.*
Dabei seien $f\colon I \to \mathbb{R}$ und $g\colon J \to \mathbb{R}$ stetig in reellen Intervallen $I, J \subset \mathbb{R}$.

Differentialgleichungen mit getrennten Variablen kann man als spezielle exakte Gleichungen auffassen (siehe 3.3.1).

Die Stetigkeit der rechten Seite wird vorausgesetzt. Also sind Gleichungen (5) mit getrennten Variablen nach Peano (1.2.1) lösbar. Zur Eindeutigkeit siehe unten.

Gleichungen mit getrennten Variablen kann man zumindest implizit bis auf einfache Integration lösen. Zur Begründung des folgenden Kochrezepts siehe Aufgabe 10.4.G.

Kochrezept: Trennung der Variablen (TdV)

1) Variablen trennen: $\dfrac{dy}{g(y)} = f(x)\, dx$
2) Integrieren: $G(y) := \displaystyle\int \frac{dy}{g(y)} = \int f(x)\, dx =: F(x) + C$
3) Bei Anfangswertproblemen die Integrationskonstante C der Anfangsbedingung anpassen.
4) Evt die implizite Gleichung nach y oder auch nach x auflösen.
5) Die *stationären Lösungen* $\varphi(x) \equiv y_0$ mit $g(y_0) = 0$ nicht vergessen.

Beispiel: $y' = -y/x \ ; \ y(2) = 1$

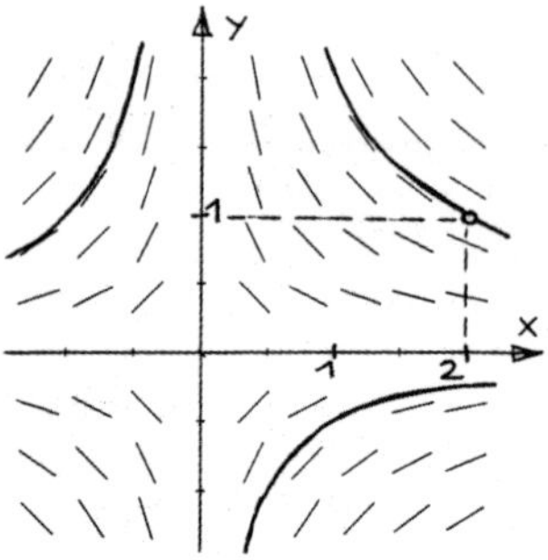

$$\begin{aligned} y' = \frac{dy}{dx} &= -y/x \\ \int \frac{dy}{y} &= -\int \frac{dx}{x} \\ \ln|y| &= -\ln|x| + C_1 \\ y &= \pm e^{C_1} \frac{1}{|x|} = C_2 \frac{1}{x} \\ y &= \frac{2}{x} \qquad \text{wegen } y(2) = 1\ ! \end{aligned}$$

Die stationäre Lösung $y \equiv 0$ ist für $C_2 = 0$ in der oben angegebenen Lösungsschar enthalten. Die genaue Vorzeichendiskussion kann hier übersprungen werden, da es sich um eine lineare homogene Dgl 1. Ordnung handelt. Von diesen weiß man, dass ihre Lösungen einen eindimensionalen Vektorraum bilden. Man braucht in diesem Fall also nur eine Basislösung zu bestimmen und davon alle (reellen) Vielfachen zu nehmen.

Der Eindeutigkeitssatz von Picard-Lindelöf (1.3.1) liefert:

Ist g lokal Lipschitz-stetig in J , $(x_0, y_0) \in I \times J$, so ist das Anfangswertproblem

$$y' = f(x)\, g(y) \quad ; \quad y(x_0) = y_0 \tag{6}$$

eindeutig lösbar. Insbesondere gilt dies für differenzierbares g mit lokal beschränkter Ableitung.

Im Fall getrennter Variablen gilt außerdem folgender

Eindeutigkeitssatz für Gleichungen mit getrennten Variablen

Ist $(x_0, y_0) \in I \times J$ und $g(y_0) \neq 0$, so ist das Anfangswertproblem (6) eindeutig lösbar.
Ist G eine Stammfunktion von $\frac{1}{g}$ mit $G(y_0) = 0$ und F eine Stammfunktion von f mit $F(x_0) = 0$, so erhält man die eindeutig bestimmte Lösung $y = \varphi(x)$ von (6) durch Auflösen der impliziten Gleichung

$$G(y) = F(x) .$$

Beweis siehe Aufgabe 10.4.G.

Ist $g(y_0) = 0$, $y_0 \in J$, so ist $y \equiv y_0$ eine konstante (sog *stationäre*) Lösung von (6). Es kann sein, dass andere Lösungen von oben oder unten in diese konstante Lösung einmünden. D.h. das Anfangswertproblem (6) ist für $g(y_0) = 0$ i.a. mehrdeutig lösbar. Z.B. hat

$$y' = 2\sqrt{|y|} \quad ; \quad y(0) = 0$$

außer der stationären Lösung $y \equiv 0$ die in jeder Umgebung von 0 von ihr verschiedene Lösung $\psi(x) = \operatorname{sgn} x \cdot x^2$. Ein weiteres Beispiel finden Sie in Aufgabe 10.1.A.

Eine Eindeutigkeitsaussage für die stationären Lösungen finden Sie in Aufgabe 10.4.H.

Der Typ $\boxed{y' = f(x)}$ ist ein einfacher Spezialfall der Dgl mit getrennten Variablen.

Nach dem Hauptsatz der Analysis haben hier die Lösungen in jedem Stetigkeitsintervall von f die Form $\quad y(x) = y_0 + \int_{x_0}^{x} f(t)\, dt$.

Der Typ $\boxed{y' = g(y)}$ kennzeichnet die expliziten autonomen Gleichungen 1. Ordnung. Ist y_s eine spezielle Lösung, so ist die allgemeine Lösung von der Form $y = y_s(x + C)$. Die Lösungen sind stets monoton (siehe Aufgabe 10.2.A).

Eine solche Gleichung kann man auch als Dgl vom Typ $x' = 1/g(y)$ für die Umkehrfunktion $x = x(y)$ auffassen. Ihre Lösungen sind $x(y) = x_0 + \int_{y_0}^{y} \frac{dt}{g(t)}$.

2.4 Lineare Differentialgleichungen 1. Ordnung

Seien $I \subset \mathbb{R}$ ein Intervall, $x_0 \in I$, $y_0 \in \mathbb{R}$ und $a, b\colon I \to \mathbb{R}$ stetige Funktionen. Eine Differentialgleichung der Form

$$y' = a(x)\,y + b(x) \tag{7}$$

heißt *lineare Differentialgleichung 1.Ordnung* und

$$y' = a(x)\,y + b(x) \quad ; \quad y(x_0) = y_0 \tag{8}$$

ein lineares Anfangswertproblem 1. Ordnung. $b(x)$ heißt *Störglied* oder *Inhomogenität.* Die lineare Gleichung heißt *homogen*, falls $b \equiv 0$, sonst *inhomogen.*

$$y' = a(x)\,y \tag{9}$$

heißt die *zu* (7) *gehörende homogene Gleichung.*

Lineare Gleichungen 1. Ordnung sind nach Peano lösbar (Abschnitt 1.2.1). Da die rechte Seite lokal Lipschitz-stetig bzgl y ist, sind sie eindeutig lösbar (Picard-Lindelöf, Abschnitt 1.3.1). Ist J ein kompaktes Teilintervall von I, so ist die rechte Seite im Streifen $J \times \mathbb{R}$ sogar global Lipschitz-stetig bzgl y.

Man kann so zeigen, dass alle Lösungen auf das gesamte Grundintervall I fortgesetzt werden können. Dies folgt auch aus der unten angegebenen expliziten Darstellung der Lösung.

Struktursatz für lineare Gleichungen 1. Ordnung

Man erhält alle Lösungen der inhomogenen Differentialgleichung (7) in der Form

$$y(x) = y_s(x) + y_h(x) = y_s(x) + C y_1(x)\ , \quad C \in \mathbb{R}\ .$$

Dabei ist y_s eine *spezielle* Lösung der inhomogenen und y_h eine beliebige, y_1 eine Basislösung der zugehörigen homogenen Differentialgleichung.
Die Lösungsschar der inhomogenen Gleichung bildet also einen eindimensionalen affinen Funktionenraum.
Die Lösungen einer homogenen linearen Gleichung 1. Ordnung bilden einen eindimensionalen Vektorraum.

Die Lösungen der homogenen Gleichung $y' = a(x)\,y$ erhält man durch Trennung der Variablen (TdV) in der Form $y_h = C\ \mathrm{e}^{A(x)}$, wobei $A(x)$ eine Stammfunktion von $a(x)$ und $C \in \mathbb{R}$ ist. Jede Lösung der homogenen Gleichung ist Vielfaches einer Basislösung

$$y_0(x) := \exp\left(\int_{x_0}^{x} a(t)dt\right)$$

ist die eindeutig bestimmte Basislösung der homogenen Differentialgleichung mit der Anfangsbedingung $y_0(x_0) = 1$. Für $a(x) \equiv a$ konstant ergibt sich $y_0(x) = e^{a(x-x_0)}$.

Ist eine Basislösung y_1 der zugehörigen homogenen Gleichung bekannt, so erhält man eine spezielle Lösung y_s der inhomogenen Gleichung (7) mit dem Ansatz $y_s = C(x)\, y_1$ (sog. *Variation der Konstanten, VdK*) . Siehe Kochrezept unten.

Man kann die Lösungen des inhomogenen Anfangswertproblems (8) sogar (bis auf Integration) explizit angeben:

Die eindeutig bestimmte Lösung von (8) ist

$$y(x) \;=\; \left[y_0 + \int_{x_0}^{x} b(t) \exp\left(- \int_{x_0}^{t} a(s)\, ds\right) dt\right] \exp\left(\int_{x_0}^{x} a(t)\, dt\right) .$$

Einfacher ist das folgende

Kochrezept für die lineare Gleichung $y' = a(x)\, y + b(x)$

1) Bestimme eine Stammfunktion $A(x) := \int a(x)\, dx$
2) $y_1 := e^{A(x)}$ ist eine Basislösung der homogenen Gleichung $y' = a(x)\, y$
3) Bestimme eine spezielle Lösung y_s der inhomogenen Gleichung durch den Ansatz *(Variation der Konstanten, VdK)*

$$y_s \;=\; C(x) y_1(x)$$

4) Für $C(x)$ erhält man die direkt zu integrierende Gleichung

$$C'(x)\, y_1(x) \;=\; b(x) \;.$$

5) Integrieren und Einsetzen liefert eine spezielle Lösung y_s .
6) Die allgemeine Lösung der inhomogenen Dgl ist $y = y_s + C y_1$.
7) Integrationskonstante C der Anfangsbedingung anpassen.

Manchmal kann man eine spezielle Lösung y_s der inhomogenen Gleichung statt durch Variation der Konstanten schneller durch Raten oder spezielle Ansätze bestimmen, insbesondere im Fall $a(x) \equiv const$. Siehe dazu Aufgabe 10.5.E und Abschnitt 5.3.6.b.

Nützlich ist auch das folgende

Superpositionsprinzip

Sei $y_1' = a(x)\, y_1 + f(x)$ und $y_2' = a(x)\, y_2 + g(x)$.

Dann löst $y = \alpha y_1 + \beta y_2$ die Gleichung $y' = a(x)y + \big(\alpha f(x) + \beta g(x)\big)$.

Die allgemeine lineare Gleichung $y' = a(x)\,y + b(x)$ ist i.a. nicht exakt. Man kann aber zeigen, dass $\mu(x) := \exp\big(-\int a(x)\,dx\big)$ ein Euler-Multiplikator für sie ist. Siehe dazu Aufgabe 10.9.D.

Beispiel: Stromkreis

Die Stromstärke $I = I(t)$ in einem Stromkreis mit Ohmschen Widerstand R und Induktivität L und angelegter Spannung $U_0 \equiv const$ erfüllt die Dgl

$$\frac{dI}{dt} + \frac{R}{L} I = \frac{U_0}{L} .$$

Die homogene Gleichung $\dot{I} + RI/L = 0$ ist eine mit konstanten Koeffizienten. Sie hat die allgemeine Lösung $I_h(t) = e^{-Rt/L}$.

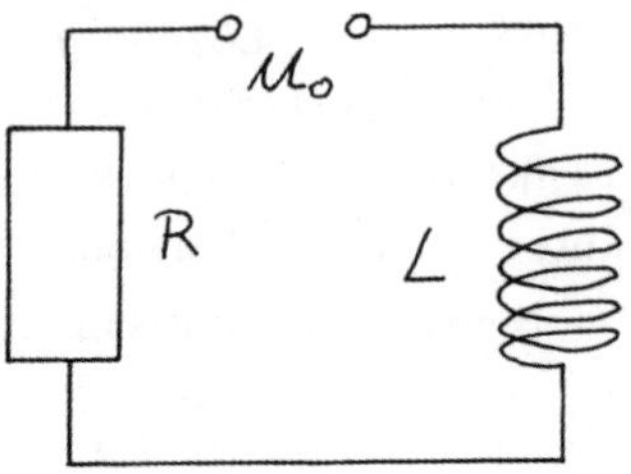

Stromkreis

Für eine spezielle Lösung der inhomogenen Gleichung kann man den Variationsansatz $I_s = C(t)\,I_h$ machen. Bei der speziellen Form des Störglieds $U_0/L \equiv const$ oder mit etwas physikalischem Verständnis kann man eine spezielle Lösung auch raten. $I_s :\equiv \frac{U_0}{R}$ ist eine stationäre Lösung. Damit erhält man die allgemeine Lösung

$$I(t) = \frac{U_0}{R} + C\,e^{-Rt/L} .$$

Die spezielle Lösung mit dem Anfangswert $I(0) = 0$ ist

$$I(t) = \frac{U_0}{R}\left(1 - e^{-Rt/L}\right) .$$

Die inhomogene Gleichung ist hier übrigens auch eine mit getrennten Variablen, da $a(x)$ und $b(x)$ konstant sind.

Weitere Beispiele siehe Aufgaben 10.5.

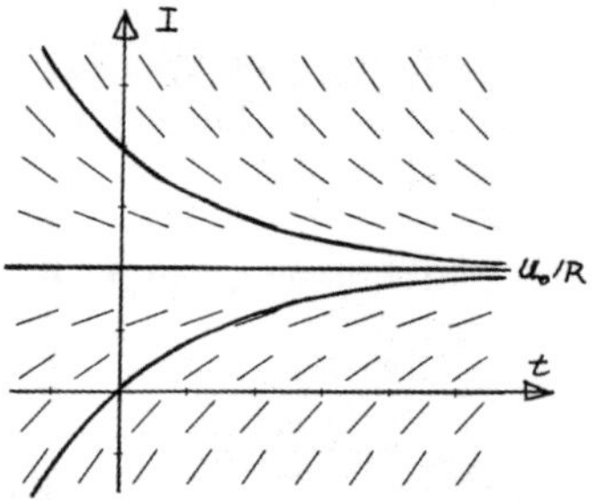

$$I(t) = \frac{U_0}{R} + C\,e^{-Rt/L}$$

2.5 Spezielle integrierbare Gleichungen

In den letzten beiden Abschnitten wurden lineare Differentialgleichungen und solche mit getrennten Variablen behandelt. Es folgt eine natürlich unvollständige Liste anderer elementar integrierbarer Gleichungen. Einige weitere Typen finden Sie in den Aufgaben (10.6). Eine sehr viel umfangreichere Sammlung findet man bei Kamke [KA2].

Egal wie umfangreich so eine Liste ist, nur wenige Gleichungen sind elementar lösbar. Nämlich im wesentlichen nur die, die man durch mehr oder weniger naheliegende Substitutionen auf lineare oder mit getrennten Variablen zurückführen kann. Unter diesen wenigen integrierbaren Typen sind andererseits erstaunlich viele von den Gleichungen, die für die Anwendungen wichtig sind.

Bei den im folgenden angegebenen Kochrezepten beachte man, dass viele Gleichungen auf verschiedene Art und Weise gelöst werden können und dass die vorgestellten allgemeinen Verfahren evt umständlicher sind als Ad-Hoc-Methoden.

Oft ist es sinnvoll, die zu lösenden Gleichungen erst umzuformen. So kann es z.B. einfacher sein, die Umkehrfunktion $x = x(y)$ zu bestimmen, statt $y = y(x)$ zu suchen.

2.5.1 $y' = f(ax + by + c)$

Für $b = 0$ ist dies eine Gleichung mit getrennten Variablen. Ansonsten kann sie durch die Substitution $z = ax + by + c$ auf eine mit getrennten Variablen zurückgeführt werden.

Genauer:

Seien $a, b, c \in \mathbb{R}$, $b \neq 0$ und f stetig in einem Intervall I. Dann gilt:

Ist $y = \varphi(x)$ eine Lösung der Differentialgleichung $y' = f(ax + by + c)$, so ist $z = \psi(x) := ax + b\varphi(x) + c$ eine Lösung der Differentialgleichung $z' = a + bf(z)$ vom Typ TdV und umgekehrt.

<u>*Kochrezept für den Typ* $y' = f(ax + by + c)$</u>

1) Substitutiere $z = ax + by + c$; $z' = a + by'$
2) Dies ergibt die Dgl $z' = a + bf(z)$ mit getrennten Variablen.
3) Die Lösungen sind implizit in $x - x_0 = \int \frac{dz}{a+bf(z)}$ enthalten.

Beispiel: $\boxed{y' = (x+y)^2}$

Die Substitution $z(x) = x + y(x)$,
$z'(x) = 1 + y'(x)$ liefert für $z(x)$ die Gleichung
$z' = 1 + z^2$. Trennung der Variablen ergibt

$$\arctan z = \int \frac{dz}{1+z^2} = \int dx = x + C$$
$$x + y = z = \tan(x + C)$$
$$y = \tan(x + C) - x$$

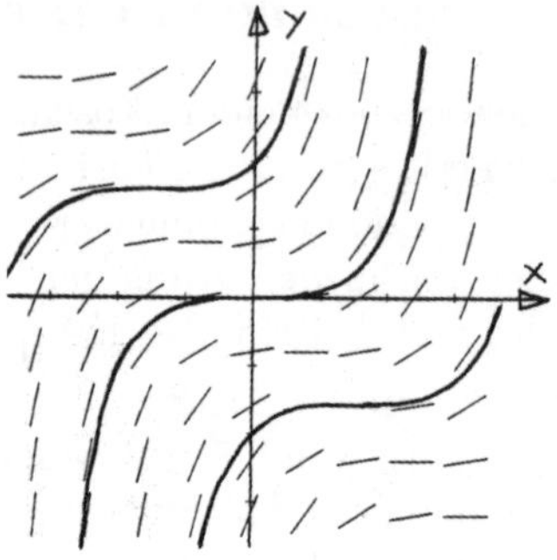

$y' = (x+y)^2$

Weitere Beispiele siehe Aufgabe 10.6.B.

2.5.2 Homogene oder Ähnlichkeits-Dgl $\boxed{y' = f(y/x)}$

Achtung: Die hier betrachteten *homogenen* Gleichungen haben nichts mit den im letzten Abschnitt betrachteten linearen homogenen Dgln zu tun.

Sei $f: I \to \mathbb{R}$ stetig in einem reellen Intervall $I \subset \mathbb{R}$. Dann heißt

$$y' = f(\tfrac{y}{x}), \quad x \neq 0, \tag{1}$$

eine *homogene* oder *Ähnlichkeits-Dgl.*

Derartige Gleichungen können durch die Substitution $z = y/x$ bzw $y = xz$ auf eine mit getrennten Variablen zurückgeführt werden.

Genauer:

Ist $y = \varphi(x)$ eine Lösung der homogenen Dgl (1), so ist $z = \psi(x) := \frac{y(x)}{x}$ eine Lösung der Gleichung

$$x\,z' + z = f(z) \quad \text{bzw} \quad z' = \frac{f(z) - z}{x} \tag{2}$$

und umgekehrt. Dies ist eine Gleichung mit getrennten Variablen.

In Polarkoordinaten ist $y/x = \tan\varphi$. Die Isoklinen des Richtungsfelds einer Dgl vom Typ $y' = f(y/x)$ sind also die vom Ursprung ausgehenden Strahlen. Derartige Gleichungen tauchen häufig bei Zentralproblemen auf, bei denen der Übergang zu Polarkoordinaten sinnvoll ist.

<u>*Kochrezept für den Typ* $y' = f(y/x)$</u>

1) Substituiere $y = zx$, $y' = z + xz'$

2) Man erhält die Gleichung $x\,z' + z = f(z)$

3) Löse diese Dgl durch TdV: $\displaystyle\int \frac{dz}{f(z)-z} = \int \frac{dx}{x}$.

Beispiel: $$y' = \frac{y+x}{y-x} = \frac{y/x+1}{y/x-1}$$

Diese Gleichung ist übrigens einfacher als exakte Gleichung in der Form $(y+x)\,dx - (y-x)\,dy = 0$ zu behandeln (siehe Aufgabe 10.9.A).

Die Substitution $y = zx$, $y' = z + xz'$ liefert die Gleichung

$$x\,z' = \frac{z+1}{z-1} - z = -\frac{z^2-2z-1}{z-1} .$$

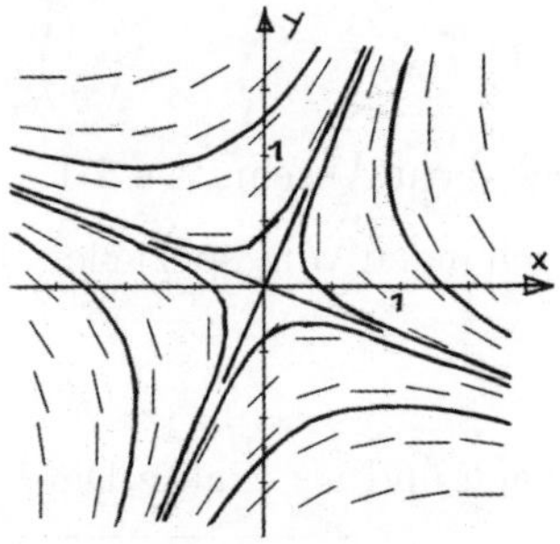

Trennung der Variablen ergibt

$$\int \frac{z-1}{z^2-2z-1}\,dz = -\int \frac{dx}{x}$$

$$\frac{1}{2}\ln|z^2-2z-1| = -\ln|x| + C_1$$

$$z^2-2z-1 = C_2\,\frac{1}{x^2}$$

$$y^2-2xy-x^2 = C_2$$

Für $C_2 = 0$ erhält man die speziellen Lösungen $y = (1 \pm \sqrt{2}\,)x$.

Übrigens kann man auch Gleichungen vom Typ $y' = \frac{y}{x} + g(x)\,f(\frac{y}{x})$ durch die Substitution $z = y/x$ auf Dgln mit getrennten Variabeln reduzieren.

Weitere Beispiele siehe Aufgabe 10.6.A.

2.5.3 $y' = f\left(\frac{ax+by+c}{\alpha x+\beta y+\gamma}\right)$

Sind die Koeffizienten a, b beide $= 0$, so ist dies eine Dgl vom Typ (2.5.1) und ebenso, falls $\alpha = \beta = 0$. Sind die Koeffizienten $c = \gamma = 0$, so kann die Gleichung leicht auf die Form $y' = g(y/x)$ gebracht werden (siehe letztes Beispiel). Diese Fälle seien jetzt ausgeschlossen.

Ist die Determinante $a\beta - \alpha b = 0$, so gibt es Konstanten $s, r \in \mathbb{R}$ mit

$$\frac{ax+by+c}{\alpha x+\beta y+\gamma} = s + \frac{r}{\alpha x+\beta y+\gamma} ,$$

und es liegt wiederum eine Gleichung vom Typ (2.5.1) vor.

Ist die Determinante $a\beta - \alpha b \neq 0$, so hat das Gleichungssystem

$$ax + by + c = 0 \quad ; \quad \alpha x + \beta y + \gamma = 0$$

genau eine Lösung (x_0, y_0) . Die Substitution

$$u := x - x_0 \quad ; \quad v(u) := y(x) - y_0 \quad ; \quad v'(u) = y'(x)$$

liefert für $v = v(u)$ die homogene Gleichung (siehe 2.5.2)

$$v' = \frac{dv}{du} = f\Big(\frac{au + bv}{\alpha u + \beta v}\Big) = f\Big(\frac{a + b\frac{v}{u}}{\alpha + \beta\frac{v}{u}}\Big) .$$

Gleichungen der Form $y' = \frac{ax+by+c}{\alpha x+\beta y+\gamma}$ entsprechen ebenen autonomen Systemen

$$\begin{pmatrix}\dot{x}\\ \dot{y}\end{pmatrix} = \begin{pmatrix}\alpha & \beta\\ a & b\end{pmatrix}\begin{pmatrix}x\\ y\end{pmatrix} + \begin{pmatrix}\gamma\\ c\end{pmatrix} .$$

Siehe dazu Abschnitt 4.2.1.

Gleichungen vom speziellen Typ $y' = \frac{ax+by+c}{-bx+\beta y+\gamma}$ sollte man auf die Form

$$(ax + by + c)\,dx - (-bx + \beta y + \gamma)\,dy = 0$$

bringen und als exakte Dgl behandeln.

Beispiel: $\boxed{y' = \frac{x-y+1}{x+y-2}}$

Leichte Umformung ergibt die exakte Gleichung

$$(x - y + 1)\,dx - (x + y - 2)\,dy = 0 .$$

Eine Stammfunktion ist

$$F(x,y) := \frac{x^2}{2} - xy + x - \frac{y^2}{2} + 2y .$$

Lösungen sind daher in impliziter Form

$$x^2 - 2xy - y^2 + 2x + 4y = C .$$

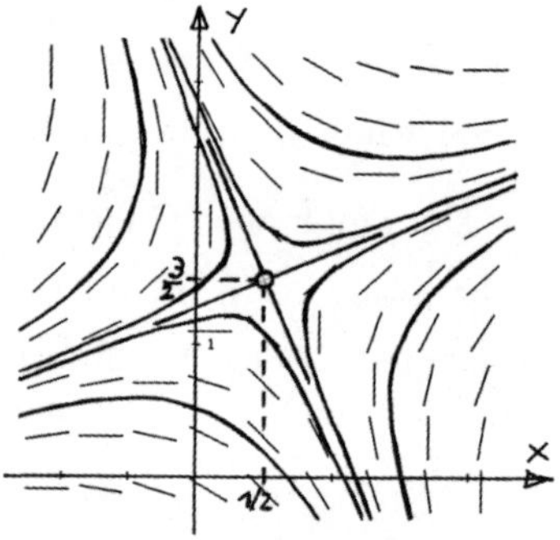

$y' = \frac{x-y+1}{x+y-2}$

Für $C = -\frac{7}{2}$ erhält man die speziellen Lösungen $y - \frac{3}{2} = -(1 \pm \sqrt{2})(x - \frac{1}{2})$. Nach Kochrezept würde man $u := x - \frac{1}{2}$, $v := y - \frac{3}{2}$ substituieren. Dies führt auf die Gleichung $v' = \frac{dv}{du} = \frac{u-v}{u+v}$. Weiter wie im Beispiel aus Abschnitt 2.5.2. Siehe Aufgabe 10.6.B.3 .

2.5.4 Bernoulli-Gleichung $\boxed{y' = a(x)\,y + b(x)\,y^{\alpha}}$

Seien $\alpha \in \mathbb{R}$, $I \subset \mathbb{R}$ ein offenes Intervall und $a, b\colon I \to \mathbb{R}$ stetig. Dann heißt

$$y' = a(x)\,y + b(x)\,y^{\alpha} \tag{3}$$

Bernoulli-Differentialgleichung mit dem Exponenten α.

Für $\alpha = 0$ oder 1 ist (3) eine lineare Dgl 1. Ordnung (homogen für $\alpha = 1$) .
Für $a(x) \equiv 0$ ist (3) eine Gleichung mit getrennten Variablen.
Diese Fälle werden daher meist ausgeschlossen.

Die rechte Seite $a(x)\,y + b(x)\,y^{\alpha}$ der Bernoulli-Dgl (3) ist in $I \times \mathbb{R}_{>0}$ stetig und lokal Lipschitz-stetig bzgl y. Also sind Bernoulli-Gleichungen in $I \times \mathbb{R}_{>0}$ eindeutig lösbar. Für $y \leq 0$ sind Fallunterscheidungen nötig.

Kochrezept für den Typ $y' = a(x)\,y + b(x)\,y^{\alpha}$

1) Multipliziere mit $y^{-\alpha}$
2) Substituiere $z := y^{1-\alpha}$, $y = z^{1/(1-\alpha)}$, $z' = (1-\alpha)\,y^{-\alpha}\,y'$
3) Man erhält die lineare Gleichung

$$z' = (1-\alpha)\,a(x)\,z + (1-\alpha)\,b(x) \tag{4}$$

4) Weiter mit dem Kochrezept für lineare Dgln aus Abschnitt 2.4.

Genauer:
Sei $y = \varphi(x) > 0$, $\varphi\colon I_0 \to \mathbb{R}$, eine positive Lösung der Bernoulli-Dgl (3) in einem Teilintervall I_0 von I . Dann ist $\psi\colon I_0 \to \mathbb{R}$, $z = \psi(x) := \varphi(x)^{1-\alpha}$ positive Lösung der linearen Differentialgleichung (4) und umgekehrt. (Beachte $\alpha \neq 0$.)

Ist $\alpha \notin \mathbb{Z}$, so ist y^{α} nur für $y > 0$ definiert. Also können auch nur positive Funktionen $y = y(x)$ Lösungen der Bernoulli-Gleichung (3) sein.

Ist $\alpha \geq 0$, so ist $y \equiv 0$ eine spezielle Lösung. Es kann sein, dass weitere Lösungen in die x–Achse einmünden. Z.B. ist dies bei $y' = \sqrt{|y|}$ der Fall.

Ist $\alpha \in \mathbb{Z}$, so kann es auch negative Lösungen der Bernoulli-Dgl (3) geben.

Ist $\alpha \in \mathbb{Z}$ ungerade, so ist mit y auch $-y$ eine Lösung von (3). Aus den positiven Lösungen $z(x)$ von (4) erhält man also bis auf $y \equiv 0$ alle Lösungen von (3) in der Form $y(x) = \pm\, z(x)^{1/(1-\alpha)}$.

Ist $\alpha \in \mathbb{Z}$ gerade und y eine negative Lösung von (3), so ist $u(x) := -y(x)$ eine Lösung der geänderten Bernoulli-Dgl

$$y' = a(x)\,y - b(x)\,y^{\alpha} . \tag{5}$$

Gegenüber (3) wurde hier $b(x)$ durch $-b(x)$ ersetzt. Also ist $z := -u^{1-\alpha}$ eine Lösung der ursprünglichen linearen Dgl (4). Aus den Lösungen $z(x)$ der

Gleichung (4) erhält man also bis auf $y \equiv 0$ alle Lösungen von (3) in der Form $y(x) = (\operatorname{sgn} z)\,|z(x)|^{1/(1-\alpha)}$.

Beispiel: $y' + xy = x\,y^3$

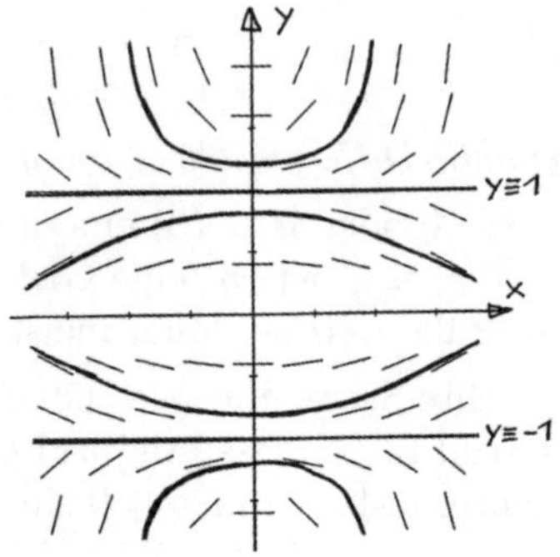

(Die Gleichung ist auch mit TdV lösbar.) $y \equiv 0$ und $y \equiv \pm 1$ sind offensichtlich Lösungen. Multiplikation mit y^{-3} liefert

$$y'\,y^{-3} + x\,y^{-2} = x\ .$$

Die Standardsubstitution

$$z = y^{-2}\ ,\quad z' = -2y^{-3}\,y'$$

ergibt die lineare Gleichung

$$z' - 2xz = -2x\ .$$

Die homogene Gleichung $z' = 2xz$ hat die allgemeine Lösung $z_h = C\,\mathrm{e}^{x^2}$. Eine spezielle Lösung der inhomogenen Dgl ist $z_s \equiv 1$ (kann man raten). Daraus ergibt sich die allgemeine Lösung $z = 1 + C\,\mathrm{e}^{x^2}$.

Die allgemeine Lösung der ursprünglichen Bernoulli-Gleichung ist daher

$$y = \frac{\pm 1}{\sqrt{1+C\,\mathrm{e}^{x^2}}} \quad \text{und} \quad y \equiv 0\ .$$

Weitere Beispiele siehe Aufgabe 10.6.D.

2.5.5 Riccati Gleichung $y' = a(x) + b(x)\,y + c(x)\,y^2$

Seien $a, b, c\colon I \to \mathbb{R}$ stetige Funktionen auf einem reellen Intervall $I \subset \mathbb{R}$. Dann heißt

$$y' = a(x) + b(x)\,y + c(x)\,y^2 \tag{6}$$

eine *Riccati-Gleichung*.

Für $c \equiv 0$ ist sie eine lineare Dgl 1. Ordnung, für $a \equiv 0$ eine Bernoulli-Gleichung mit Exponenten 2. Diese Fälle werden daher meist ausgeschlossen.

Die rechte Seite der Riccati-Gleichung (6) ist in $I \times \mathbb{R}$ stetig und lokal Lipschitz-stetig bzgl y. Also sind Riccati-Dgln in $I \times \mathbb{R}$ eindeutig lösbar. (Achtung! Das heißt nicht, dass die Lösungen auf ganz I definiert sind.)

Kennt man eine spezielle Lösung der Riccati-Gleichung, so kann man alle weiteren bis auf Integrationen angeben. Sonst sind Riccati-Gleichungen i.a. nicht elementar lösbar.

Kochrezept für den Typ $y' = a(x) + b(x)\,y + c(x)\,y^2$

1) Versuche evt durch sinnvolle Rateansätze eine spezielle Lösung y_1 der Riccati-Gleichung (6) zu bestimmen.

2) Die Substitution $z = \frac{1}{y-y_1}$ liefert für $z = z(x)$ die lineare Dgl

$$z' = -\left[\,b(x) + 2c(x)\,y_1(x)\,\right] z - c(x)\ . \tag{7}$$

3) Löse diese lineare Dgl. Evt die Anfangsbedingung einarbeiten!

4) $y = \frac{1}{z} + y_1$ und y_1 sind die Lösungen der Riccati-Dgl (6).

Genauer:
Ist $y_1 = \varphi(x)$ eine spezielle Lösung der Riccati-Gleichung (6), so erhält man alle anderen Lösungen von (6) in der Form $y(x) = \varphi(x) + \frac{1}{z(x)}$, wobei z eine Lösung der linearen Gleichung (7) ist.
Zum Beweis siehe Aufgabe 10.7.D.

Beispiel: $y' + (2x+1)y - y^2 = 1 + x + x^2$

bzw. $y' = (x-y) + (x-y)^2 + 1$.

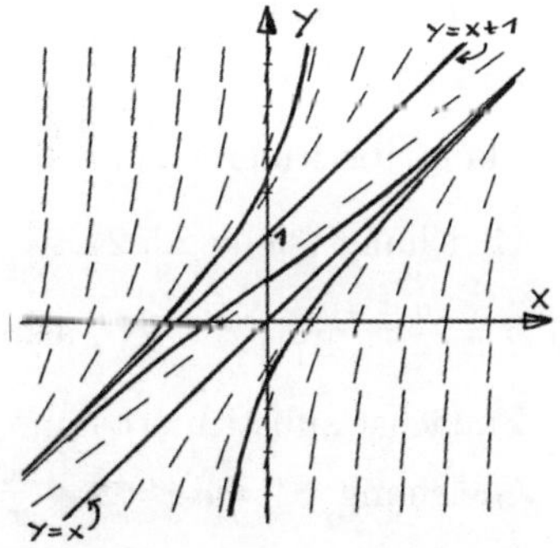

$y_1 = x$ ist eine spezielle Lösung. Die Substitution

$$z = \frac{1}{y-x}\ , \quad -\frac{z'}{z^2} = y' - 1$$

liefert für $z = z(x)$ die lineare Dgl $z' = z - 1$. Sie hat die allgemeine Lösung $z = 1 + C\,\mathrm{e}^x$.

Die ursprüngliche Riccati-Gleichung hat daher die Lösungen

$$y = x + \frac{1}{1+C\,\mathrm{e}^x} \quad \text{und} \quad y = x\ .$$

Für $C \geq 0$ sind die Lösungen in ganz $\mathbb{R}$ definiert, ebenso die speziellen Lösungen $y = x$ und $y = x + 1$. Für $C < 0$ treten Pole auf.

Sind $y_1, \ldots, y_4$ vier Lösungen der Riccati-Gleichung (6) mit gemeinsamen Existenzintervall I, so ist das Doppelverhältnis $\frac{y_3-y_1}{y_4-y_1}\,\frac{y_4-y_2}{y_3-y_2}$ in I konstant.
Zum Beweis siehe Aufgabe 10.7.F.

Daraus folgt: Sind y_1, y_2, y_3 drei verschiedene Lösungen der Riccati-Dgl (6), so erhält man die allgemeine Lösung y in der Form

$$\frac{y-y_1}{y-y_2}\,\frac{y_3-y_2}{y_3-y_1} = C \qquad (C \in \mathbb{R})\,.$$

Man kann eine Riccati-Dgl stets durch die Substitution $y = u(x)\,\exp\big(\int b(x)\,dx\big)$ auf die Form $u' = \alpha(x) + \gamma(x)\,u^2$ transformieren, also das lineare Glied zum Verschwinden bringen. Siehe dazu Aufgabe 10.7.E.

Die Lösung einer Riccati-Gleichung ist äquivalent zur Lösung einer homogenen linearen Gleichung 2. Ordnung. Siehe dazu Aufgabe 10.7.G.

2.5.6 Spezielle Riccati Gleichung $\boxed{y' = a\,x^\alpha + c\,y^2}$

Sind $a, c, \alpha \in \mathbb{R}$, so heißt

$$y' = a\,x^\alpha + c\,y^2 \tag{8}$$

eine *spezielle Riccati Gleichung.* Sie ist genau in den folgenden Fällen 'elementar' integrierbar:

1) $\alpha = 0$
   In diesem Fall ist (8) eine Gleichung mit getrennten Variablen.
2) $\alpha = -2$
   Man substituiere $z(x) := \dfrac{1}{y(x)}$, $z' = \dfrac{-y'}{y^2}$ und erhält für z die homogene Gleichung (siehe 2.5.2) $\quad -z' = a\,\big(z/x\big)^2 + c\,.$
3) $\alpha = -\dfrac{4n}{2n-1}$, $n \in \mathbb{N}$, also $\alpha = -4,\ -8/3,\ -12/5, \ldots$
   Zunächst substituiert man $z(x) = x^2\,y(x) + \dfrac{x}{c}$ und erhält die Riccati-Gleichung $z' = a\,x^{\alpha+2} + \frac{c}{x^2}\,z^2$.
   Die zweite Substitution

$$u = x^{\alpha+3} \quad ; \quad v(u) = \frac{1}{z(x)}$$

   ergibt wegen $\dfrac{dz}{dx} = \dfrac{dz}{dv}\dfrac{dv}{du}\dfrac{du}{dx}$ die spezielle Riccati-Gleichung

$$v' = -\frac{c}{\alpha+3}\,u^{-(\alpha+4)/(\alpha+3)} - \frac{a}{\alpha+3}\,v^2\,.$$

   Für $\alpha = -\dfrac{4n}{2n-1}$ ist $\dfrac{\alpha+4}{\alpha+3} = \dfrac{4(n-1)}{2(n-1)-1}$. Man kommt daher durch endlich viele derartige Substitutionen auf den Fall $\alpha = 0$.

   Im Fall $\alpha = -4$ kann man $u := \dfrac{1}{x}$ und $\dfrac{1}{v(u)} := x^2\,y(x) - \dfrac{x}{a}$ substituieren.

4) $\alpha = -\dfrac{4n}{2n+1}$, $n \in \mathbb{N}$, also $\alpha = -4/3,\ -8/5,\ -12/7, \ldots$.

   Die Substitutionen von Fall (3) in umgekehrter Reihenfolge reduzieren diesen Fall ebenfalls nach endlich vielen Schritten auf den Fall $\alpha = 0$.

Näheres dazu siehe Kamke [KA1], Abschnitt I.4.20.

Beispiele siehe Aufgabe 10.7.B.

Die spezielle Riccati-Gleichung $y' = x^2 + y^2$ ist z.B. nicht 'elementar' lösbar. Siehe Abschnitt 4.3.1 für eine Behandlung mit Potenzreihenansatz.

3 Implizite Gleichungen 1. Ordnung

Eine implizite Differentialgleichung 1. Ordnung ist eine Gleichung der Form

$$F(x, y, y') = 0 \tag{1}$$

mit stetiger Funktion $F\colon G \to \mathbb{R}$ und $G \subset \mathbb{R}^3$. Man wird i.a. fordern, dass es überhaupt Tripel (x, y, p) gibt, die diese Gleichung erfüllen.

Sei $I \subset \mathbb{R}$ ein echtes Intervall. Eine differenzierbare Funktion $\varphi\colon I \to \mathbb{R}$ heißt *Lösung* der impliziten Gleichung (1), wenn für alle $x \in I$ gilt

(i) $\big(x, \varphi(x), \varphi'(x)\big) \in G$ und

(ii) $F\big(x, \varphi(x), \varphi'(x)\big) = 0$.

Für weitreichende Methoden oder Sätze ist die implizite Form zu allgemein. Man kann jede Gleichung 1. Ordnung in dieser Form darstellen. Eindeutigkeit der Lösungen ist nicht mehr zu erwarten. I.a. werden mehrere Lösungen durch einen Punkt (x, y) gehen. Auch Existenzaussagen wird man nur für den Fall machen können, dass die Gleichung (1) wenigstens teilweise nach y' aufgelöst werden kann. Siehe dazu Abschnitt 3.1.

Man ist bei impliziten Gleichungen oft damit zufrieden, überhaupt ein paar Lösungen bestimmen zu können. Ein Ansatz dafür ist, die Ableitung y' als Parameter zu benutzen. Siehe dazu Abschnitt 3.2. Zwei Spezialfälle (Clairault und d'Alembert) werden in den Abschnitten 3.2.4 und 3.2.5 behandelt.

Ist F analytisch, so kann man für die Lösungen $y(x)$ einen Potenzreihenansatz machen (siehe 4.3).

Man kann auch bei impliziten Gleichungen das Richtungsfeld betrachten und auf diesem Wege Aussagen über das Lösungsverhalten oder sogar Näherungslösungen gewinnen. Auch dafür ist der Unterschied zwischen regulären und singulären Linienelementen wichtig.

3.1 Reguläre und singuläre Linienelemente

Bei der Behandlung impliziter Gleichungen, besonders bei der Verwendung von y' als Parameter, schreibt man häufig p für y'. Ein *Linienelement* der Gleichung (1) ist ein Tripel $(x, y, p) \in G \subset \mathbb{R}^3$, für das $F(x, y, p) = 0$ gilt. Man sagt dann, *das Linienelement geht durch den* oder *gehört zu dem Punkt* (x, y) .

Im Gegensatz zu expliziten Gleichungen

$$y' = f(x, y) \qquad \text{bzw} \qquad F(x, y, y') := y' - f(x, y) = 0 \tag{2}$$

kann es zu einem Punkt (x, y) mehrere Linienelemente (x, y, p) geben. Ein triviales Beispiel ist die Gleichung $(y')^2 = 1$. Hier gibt es durch jeden Punkt (x, y) die Linienelemente $(x, y, 1)$ und $(x, y, -1)$.

<u>*Definition regulärer und singulärer Linienelemente*</u>

Ein Linienelement (x_1, y_1, p_1) von (1) heißt *regulär*, wenn die Gleichung $F(x, y, p) = 0$ in einer Umgebung von (x_1, y_1, p_1) lokal stetig nach p auflösbar ist. Andernfalls heißt das Linienelement *singulär*.
Eine Lösung $y = \varphi(x)$ der impliziten Gleichung (1) heißt *regulär* bzw *singulär*, wenn alle Linienelemente $\big(x, \varphi(x), \varphi'(x)\big)$ regulär bzw singulär sind.

Beispiel: $(y')^2 - 4|y| = 0$

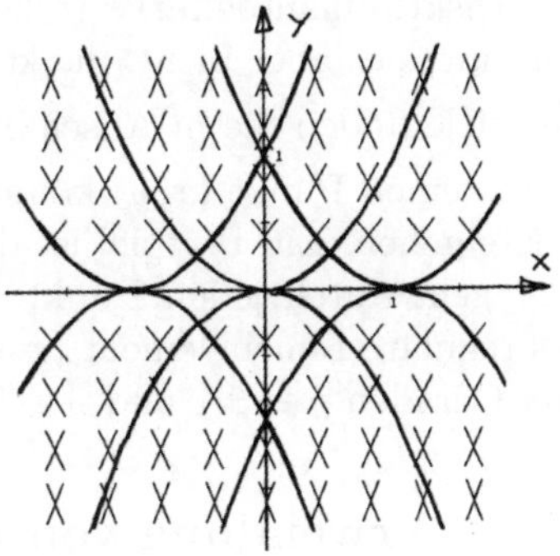

Durch jeden Punkt $(x, y) \in \mathbb{R}^2$ mit $y \neq 0$ gehen die zwei regulären Linienelemente $\left(x, y, \pm 2\sqrt{|y|}\right)$.
Singuläre Linienelemente sind genau die Tripel $(x, 0, 0)$, die Diskriminantenkurve ist die x–Achse. Sie ist eine singuläre Lösung.
Lösungen der Gleichung sind die Parabeln $y = \pm(x + C)^2$ und die aus ihnen und Stücken der x-Achse zusammengesetzten differenzierbaren Funktionen.

Eine explizite Gleichung (2) hat nur reguläre Linienelemente.

Genauer bedeutet die lokale stetige Auflösbarkeit bei (x_1, y_1, p_1), dass es Umgebungen U von (x_1, y_1) und V von p_1, sowie eine stetige Funktion $g : U \to V$ gibt derart, dass

$$\forall (x, y, p) \in U \times V \ : \ F(x, y, p) = 0 \quad \Longleftrightarrow \quad p = g(x, y) \ .$$

Siehe dazu z.B. [RA 7.3.1].

Zu regulären Linienelementen (x_1, y_1, p_1) gibt es eine stetige lokale Auflösungsfunktion $p = g(x, y)$. Aus dem Existenzsatz von Peano (1.2.1) folgt damit die Existenz einer Lösung $y = \varphi(x)$ mit $\varphi(x_1) = y_1$ und $\varphi'(x_1) = p_1$.

Ist die Auflösungsfunktion $p = g(x, y)$ zusätzlich Lipschitz-stetig bzgl y, so folgt die Eindeutigkeit einer solchen Lösung. Das heißt aber nicht, dass nicht doch mehrere Lösungen (mit anderen Steigungen $\varphi'(x_1)$) durch (x_1, y_1) gehen können.

Für die Existenz von Lösungen reicht natürlich auch, dass $F(x, y, p) = 0$ bei (x_1, y_1, p_1) *teilweise aufgelöst* werden kann, d.h. dass es Umgebungen U, V wie oben gibt und eine stetige Funktion $g \colon U \to V$ mit $F\big(x, y, g(x, y)\big) = 0$.

Ist die rechte Seite $F(x, y, p)$ stetig differenzierbar, so ist ein Linienelement (x_1, y_1, p_1) der Gleichung (1) insbesondere dann regulär, wenn die partielle

Ableitung F_p stetig und $F_p(x_1, y_1, p_1) \neq 0$ ist. Siehe *Satz über implizite Funktionen*, [RA 7.3.2]. Diese Bedingung ist aber nur hinreichend.

> *Achtung:* In manchen Büchern wird die Regularität von Linienelementen anders, z.B. gerade durch $F_p(x_1, y_1, p_1) \neq 0$ definiert. Wir folgen Kamke [KA] oder auch Walter [WA].

Die Menge aller Paare (x, y), die zu singulären Linienelementen von (1) gehören, heißt *Diskriminantenkurve* von (1). Sie kann leer sein oder aus isolierten Punkten bestehen, braucht also im strengen Sinne keine Kurve zu sein.

Die Diskriminantenkurve (oder ein Teil von ihr) kann Lösung der Gleichung sein, muss es aber nicht. Sie kann sogar eine reguläre Lösung sein.

Beispiele finden Sie in Abschnitt 10.8.A.

Durch einen Punkt (x, y) können sowohl reguläre als auch singuläre Linienelemente gehen. Ein Beispiel ist die Gleichung $\left[(y'-1)^2 - y^2\right] y' = 0$.
Hier geht durch jeden Punkt $(x, 0)$ das singuläre Linienelement $(x, 0, 1)$ und das reguläre Linienelement $(x, 0, 0)$. Die Diskriminantenkurve besteht aus den drei Geraden $y \equiv \pm 1$ und $y \equiv 0$. Siehe Aufgabe 10.8.A.

3.2 Verwendung von $p = y'$ als Parameter

Eine glatte Kurve mit der Parameterdarstellung $(x, y) = \big(x(p), y(p)\big)$ hat genau dann im Punkt $\big(x(p), y(p)\big)$, $\dot{x}(p) \neq 0$, die Steigung p, wenn

$$\frac{\dot{y}(p)}{\dot{x}(p)} = \frac{dy/dp}{dx/dp}(p) = p \,. \tag{3}$$

In diesem Fall ist sie genau dann Lösungskurve der Dgl $F(x, y, y') = 0$, wenn

$$F\left(x, y, \dot{y}/\dot{x}\right) = F\left(x(p), y(p), p\right) \equiv 0 \,. \tag{4}$$

Die Methode, $p = y'$ als Parameter zu verwenden, besteht darin, aus den beiden Gleichungen (3) und (4) die Funktionen $x(p)$ und $y(p)$ zu bestimmen.

Durch Differenzieren der Gleichung $F(x, y, p) = 0$ nach p erhält man

$$F_x(x, y, p)\, \dot{x}(p) + F_y(x, y, p)\, \dot{y}(p) + F_p(x, y, p) = 0 \,. \tag{5}$$

Zusammen mit (3) ergeben sich für $F_x + pF_y \neq 0$ daraus die folgenden Differentialgleichungen für $x(p)$ und $y(p)$:

$$\dot{x} = \frac{dx}{dp} = -\frac{F_p}{F_x + p\,F_y} \quad ; \quad \dot{y} = \frac{dy}{dp} = -\frac{p\,F_p}{F_x + p\,F_y} \,. \tag{6}$$

Kann man dieses System von zwei Gleichungen lösen, so erhält man Lösungen der ursprünglichen Gleichung mit $p = y'$ als Parameter.

Diese Methode heißt auch *Integration durch Differentiation.*

Wann gibt es überhaupt zu einer explizit gegebenen Kurve $y = \varphi(x)$ eine Parameterdarstellung mit $p = y'$ als Parameter? Geraden $y = ax + b$ lassen sich sicher nicht in dieser Form darstellen, können aber Lösungen der gegebenen Dgl sein. Sie müssen extra überprüft werden. Ist dagegen φ zweimal stetig differenzierbar mit 2. Ableitung $\varphi'' \neq 0$, so ist φ' (wenigstens lokal) umkehrbar. Die Gleichung $p = y' = \varphi'(x)$ kann daher nach x aufgelöst werden. $x = (\varphi')^{-1}(p)$ in $y = \varphi(x)$ eingesetzt liefert eine Parameterdarstellung mit $p = y'$ als Parameter.

Es folgen einige Typen impliziter Gleichungen, die man mit dieser Methode behandeln kann.

3.2.1 $y = f(x, y')$

Hier ist $F(x, y, p) = f(x, p) - y$ und aus (6) folgt für $p - f_x \neq 0$:

> Ist $x = x(p)$ eine Lösung von $\dot{x} = \dfrac{dx}{dp} = \dfrac{f_p(x,p)}{p - f_x(x,p)}$, so ist
>
> $x = x(p)$, $y = f(x(p), p)$ eine Lösung mit $p = y'$ als Parameter.

Im Spezialfall $y = h(y')$ erhält man die Lösungs- kurven

$$y(p) = h(p) \quad ; \quad x(p) = C + \int \frac{h'(p)}{p}\, dp\,.$$

Außerdem ist $y \equiv h(0)$ eine konstante Lösung, falls $h(0)$ definiert ist.

Ist h stetig umkehrbar, so kann man die Gleichung $y = h(y')$ zur expliziten Gleichung $y' = h^{-1}(y)$ umformen und anschließend die Variablen trennen. Der andere Weg ist häufig praktischer.

3.2.2 $x = g(y, y')$

Hier ist $F(x, y, p) = g(y, p) - x$ und aus (6) folgt für $1 - p\,g_y \neq 0$:

> Ist $y = y(p)$ eine Lösung von $\dot{y} = \dfrac{dy}{dp} = \dfrac{p\,g_p(y,p)}{1 - p\,g_y(y,p)}$, so ist
>
> $x = g\big(y(p), p\big)$, $y = y(p)$ eine Lösung mit $p = y'$ als Parameter.

Im Spezialfall $x = h(y')$ erhält man mit partieller Integration die Lösungskurven

$$x(p) = h(p) \quad ; \quad y(p) = C + \int p\,h'(p)\,dp = C + p\,h(p) - \int h(p)\,dp\,.$$

Ist h stetig umkehrbar, so wird die Gleichung $x = h(y')$ trivialerweise durch $y = \int h^{-1}(x)\,dx$ gelöst. In der Praxis ist es aber oft nützlich, dass man Lösungskurven von $x = h(y')$ auch erhalten kann, ohne erst die Umkehrfunktion h^{-1} zu bilden.

Beispiel: $\boxed{x = (y')^2}$

Linienelemente gibt es nur für $x \geq 0$. Die Diskriminantenkurve ist die y-Achse. Sie ist keine Lösung. Durch jeden Punkt (x, y) mit $x > 0$ gehen genau zwei reguläre Linienelemente. Das obige Verfahren liefert die Lösungen

$$x(p) = p^2$$
$$y(p) = \int 2p^2\,dp = \frac{2}{3}p^3 + C\,.$$

Man kann den Parameter p eliminieren und erhält die algebraische Gleichung

$$\left[\tfrac{3}{2}(y - C)\right]^2 = x^3\,.$$

Die Lösungskurven bilden zwei Scharen Neil'scher Parabeln.

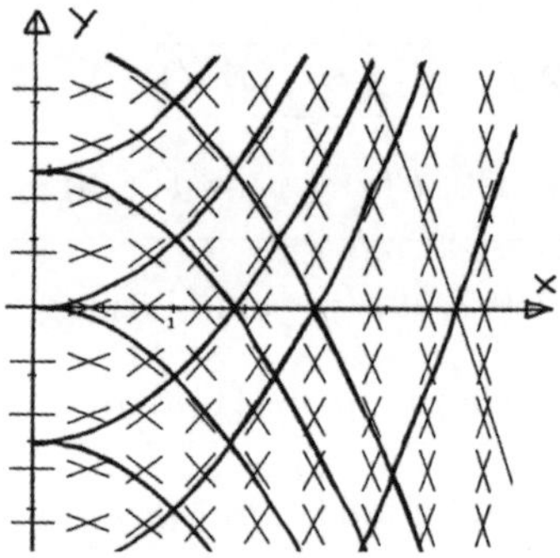

3.2.3 Legendre-Transformation

Sei $y = y(x)$ eine in $[a, b]$ zweimal differenzierbare Funktion mit $y''(x) \neq 0$. Dann ist $\xi = y'(x)$ streng monoton, besitzt also eine ebenfalls streng monotone differenzierbare Umkehrfunktion, etwa $x = h(\xi)$.

Jetzt wird $\boxed{\eta = x\,y' - y}$ substituiert. Genauer: Man betrachtet die Funktion

$$\eta(\xi) := x\,y' - y = \xi\,h(\xi) - y\left(h(\xi)\right)\,.$$

Für sie gilt $\quad \eta'(\xi) = h(\xi) + \xi\,h'(\xi) - y'\left(h(\xi)\right)h'(\xi) = h(\xi) = x\,.$

Die *Legendre Transformation* oder auch *Berührungstransformation* besteht aus dem Übergang

$$\begin{aligned} \xi &= \varphi'(x)\,; \quad & \eta(\xi) &= xy'(x) - y(x)\,; \quad & \eta'(\xi) &= x \quad \text{bzw} \\ x &= \eta'(\xi)\,; \quad & y(x) &= \xi\,\eta'(\xi) - \eta(\xi)\,; \quad & y'(x) &= \xi\,. \end{aligned} \tag{7}$$

Durch die Legendre-Transformation wird also eine Differentialgleichung vom

Typ $F(x, xy' - y, y') = 0$ in eine vom Typ $F(\eta', \eta, \xi) = 0$ überführt. Diese ist evt leichter zu lösen als die ursprüngliche Gleichung.

Ist $\eta = \eta(\xi)$ eine Lösung der transformierten Gleichung, so ist

$$x = \eta'(\xi) \quad ; \quad y = \xi\,\eta'(\xi) - \eta(\xi)$$

eine Lösung der ursprünglichen Gleichung in Parameterform.

Beispiel:

Die Clairault'sche Gleichung $\boxed{y = xy' - g(y')}$ (siehe Abschnitt 3.2.4) geht durch die Legendre-Transformation über in die Gleichung $-\eta = g(\xi)$. Hier ist nichts mehr zu integrieren. Also ist

$$x = -g'(\xi) = -g'(p) \quad ; \quad y = -pg'(p) + g(p)$$

eine Lösung der Clairault-Gleichung.

3.2.4 $\boxed{y = xy' + g(y')}$ Clairault-Gleichung

Sei $I \subset \mathbb{R}$ ein Intervall und $g\colon I \to \mathbb{R}$ stetig. Dann heißt

$$y = x\,y' + g(y') \tag{8}$$

Clairault'sche Differentialgleichung. Sie ist ein Spezialfall der d'Alembertschen Gleichung (siehe Abschnitt 3.2.5) und vom Typ $y = f(x, y')$ (3.2.1) .

Hier ist allerdings $p - f_x = 0$, so dass das Kochrezept aus Abschnitt 3.2.1 nicht angewendet werden kann.

<u>*Kochrezept für den Typ* $y = xy' + g(y')$</u>
Lösungen der Clairault-Gleichung (8) sind in jedem Fall die Geraden
(G) $\qquad y = cx + g(c)$ mit $c \in I$,
die sog. *linearen Lösungen.*
Ist g in einem echten Intervall stetig differenzierbar mit streng monotoner Ableitung, so gibt es außerdem die sog. *nicht-lineare* oder *Enveloppen-Lösung* mit der Parameterdarstellung
(E) $\quad x(p) = -g'(p) \quad ; \quad y(p) = p\,x(p) + g(p) = -p\,g'(p) + g(p)$.
Eine Gerade der Schar (G) ist Tangente an die Kurve (E), und zwar im Punkt $\big(-g'(c), -cg'(c) + g(c)\big)$.
Die Kurve (E) ist die *Enveloppe* der Geradenschar (G).

Die Enveloppenlösung erhält man mit Hilfe der Legendre-Transformation (3.2.3) oder direkt aus Gleichung (8). Differenzieren nach p liefert nämlich

$$\dot{y}(p) \;=\; p\,\dot{x}(p) + x(p) + g'(p) \qquad \text{also} \qquad 0 \;=\; x(p) + g'(p)\;.$$

Weitere Lösungen kann man aus den Geraden (G) und der Enveloppe (E) zusammensetzen.

Ist g nicht streng konkav oder konvex (etwa $g' \equiv const$), so kann die Enveloppenlösung entfallen.

Die Enveloppenkurve einer Clairault'schen Gleichung enthält sämtliche singulären Linienelemente.

Beispiel: $y = x\,y' + \sqrt{1 + y'^2}$

Die Enveloppenlösung (E) ist hier die Kurve mit der Parameterdarstellung

$$x(p) = -\frac{p}{\sqrt{1+p^2}} \quad ; \quad y(p) \;=\; \frac{1}{\sqrt{1+p^2}}$$

also $x^2 + y^2 = 1$ und wegen $y(p) \geq 0$ ist dies die obere Hälfte des Einheitskreises. Lineare Lösungen (G) sind die Geraden $y = Cx + \sqrt{1 + C^2}$ mit $C \in]-\infty, \infty[$. Das sind die Tangenten an den Halbkreis (E).

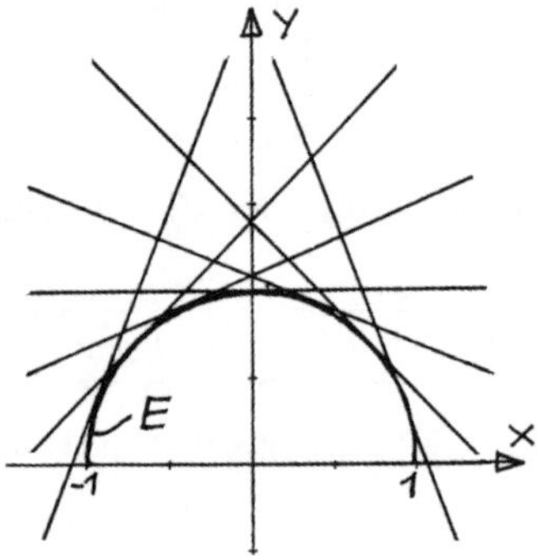

3.2.5 $y \;=\; xf(y') + g(y')$ d'Alembert-Gleichung

Seien $I \subset \mathbb{R}$ ein Intervall und $f, g\colon I \to \mathbb{R}$ einmal stetig differenzierbar. Die implizite Gleichung

$$y \;=\; xf(y') + g(y') \tag{9}$$

heißt *d'Alembert'sche Differentialgleichung.* Sie ist ein Spezialfall des Typs $y = f(x, y')$ (3.2.1) . Für $f(y') \equiv y'$ ist sie eine Clairault'sche Gleichung.

Isoklinen des Richtungsfeldes sind die Geraden $y = xf(c) + g(c)$. Umgekehrt ist auch jede Gleichung, deren Isoklinen Geraden sind, äquivalent zu einer d'Alembertschen Gleichung. Beweis siehe Aufgabe 10.3.B.

Geraden $y = \alpha x + \beta$ sind genau dann Lösungen der d'Alembert-Gleichung (9), wenn $f(\alpha) = \alpha$ und $g(\alpha) = \beta$.

Einführen von $p = y'$ als Parameter und Integration durch Differentiation liefert

$$\dot{y} \;=\; p\dot{x} \;=\; \dot{x}f + xf' + g' \qquad \text{bzw} \qquad \dot{x}\left(p - f(p)\right) \;=\; x\,f'(p) + g'(p)\;.$$

Dies ist eine lineare Dgl 1. Ordnung für $x = x(p)$. Zusammen mit (3) $\dot{y} = p\dot{x}$ erhält man Lösungen der d'Alembert-Dgl (9) mit $p = y'$ als Parameter.

Weitere Lösungen sind evt in $f(p) = p$ oder in $xf'(p) + g'(p) = 0$ versteckt.

Beispiel: $\boxed{y \;=\; 2x\,y' - y'^2}$

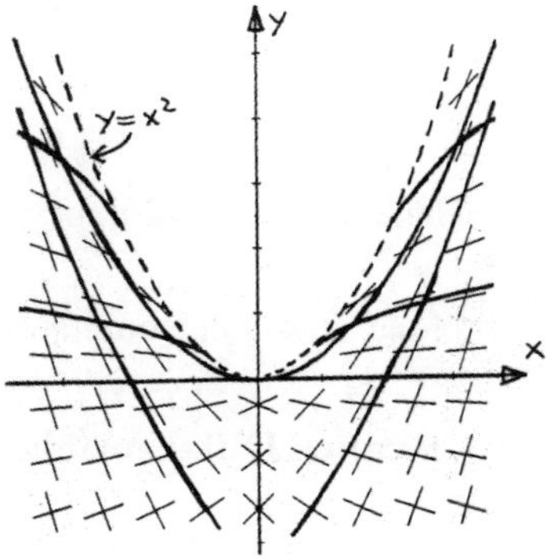

$y \equiv 0$ ist die einzige lineare Lösung.
Als lineare Gleichung für $x(p)$ erhält man

$$p\,\dot{x} + 2x \;=\; 2p\ .$$

Eine spezielle Lösung ist $x_s = 2p/3$.
Die homogene Lösung ist $x_h = C/p^2$.
Man erhält die Integralkurven
$x(p) \;=\; \frac{2}{3}p + C/p^2 \quad ; \quad y(p) \;=\; \frac{1}{3}p^2 + C/p.$
Ausführlicher siehe Aufgabe 10.8.F.1.

3.3 Gleichungen der Form $\boxed{P\,dx + Q\,dy \;=\; 0}$

Seien $G \subset \mathbb{R}^2$ offen, $P, Q\colon G \to \mathbb{R}$ stetig und $P^2 + Q^2 > 0$. Betrachtet wird die Differentialgleichung

$$P(x,y)\,dx + Q(x,y)\,dy \;=\; 0\ . \tag{10}$$

Formal unterscheidet sie sich nur in der Schreibweise von einer expliziten Gleichung 1. Ordnung. Man kann sie leicht auf die explizite Form $y' = -\dfrac{P(x,y)}{Q(x,y)}$ bringen. Umgekehrt kann man jede explizite Gleichung $y' = f(x,y)$ formal als $f(x,y)\,dx - dy = 0$ schreiben.

In der Form (10) sind die beiden Variablen x und y gleichberechtigt. Bei den im wesentlichen äquivalenten Schreibweisen

$$P(x,y) + Q(x,y)\,\frac{dy}{dx} \;=\; 0 \qquad \text{bzw.} \qquad P(x,y)\,\frac{dx}{dy} + Q(x,y) \;=\; 0 \tag{11}$$

wird suggeriert, dass man vor allem Lösungen $y = y(x)$ bzw $x = x(y)$ sucht. Man sagt, eine Funktion $\Phi\colon I \to \mathbb{R}^2$, $\Phi(t) = \big(x(t), y(t)\big)$ ist Lösungskurve von (10), wenn gilt

(i) $I \subset \mathbb{R}$ ist ein echtes Intervall, Φ ist stetig differenzierbar, $\Phi(I) \subset G$ und $\dot{x}^2(t) + \dot{y}^2(t) > 0$ in I,

(ii) $P\big(x(t), y(t)\big)\,\dot{x}(t) + Q\big(x(t), y(t)\big)\,\dot{y}(t) \;=\; 0$ in I.

Sind $x = x(y)$ bzw $y = y(x)$ Lösungen der expliziten Gleichung (11), so sind $\Phi(x) := (x, y(x))$ bzw $\Phi(y) := (x(y), y)$ Lösungskurven von (10).

Ist umgekehrt $\Phi(t) = \big(\Phi_1(t), \Phi_2(t)\big)$ Lösungskurve von (10), so kann wegen $\dot{\Phi}_1^2 + \dot{\Phi}_2^2 > 0$ eine der beiden Gleichungen $y = \Phi_2(t)$ oder $x = \Phi_1(t)$ lokal nach t aufgelöst werden. Einsetzen in die jeweils andere Gleichung liefert eine lokale Darstellung der Lösungskurve in der Form $y = y(x)$ oder $x = x(y)$.

Eine Gleichung der Form (10) erhält man z.B. aus ebenen *autonomen Systemen* (siehe Abschnitt 4.2)

$$\dot{x}(t) = Q(x,y) \quad ; \quad \dot{y}(t) = -P(x,y) \; .$$

Jede nicht konstante Bahnkurve $\big(x(t), y(t)\big)$ dieses Systems liefert Lösungen der Gleichung (10).

Für die folgenden Gleichungen der Form (10) kann man Lösungen angeben:

3.3.1 Exakte Differentialgleichungen

> *Definition*
>
> Die Differentialgleichung $P(x,y)\,dx + Q(x,y)\,dy = 0$ heißt *exakt*, wenn es eine stetig differenzierbare Funktion $F : G \to \mathbb{R}$ gibt mit
>
> $$\operatorname{grad} F = (P,Q) \qquad \text{bzw} \qquad \big(F_x, F_y\big)(x,y) = \big(P,Q\big)(x,y) \; .$$
>
> Eine solche Funktion F heißt *Stammfunktion* der exakten Differentialgleichung.

Zum Lösen einer exakten Gleichung braucht man nur eine Stammfunktion zu bestimmen. Das besagt das folgende

> *Kochrezept für exakte Gleichungen*
>
> Ist F Stammfunktion der exakten Differentialgleichung $P\,dx + Q\,dy = 0$, so erhält man alle Lösungskurven als *Niveaulinien* von F, also durch Auflösen der Gleichungen $F(x,y) = C \quad (C \in \mathbb{R})$.

Eine Stammfunktion der Gleichung $P\,dx + Q\,dy = 0$ ist auch eine Stammfunktion des Vektorfeldes (P,Q) . Beispiele und Aufgaben siehe [RA 8.3.3.d] und Abschnitt 10.9.A.

Wann hat die Gleichung (10) eine Stammfunktion? Es gilt das folgende

> *Exaktheitskriterium*
>
> Sind P und Q stetig differenzierbar in dem *sternförmigen* Gebiet G, dann ist die Differentialgleichung $P\,dx + Q\,dy = 0$ genau dann exakt, wenn $\operatorname{rot}(P,Q) = Q_x - P_y \equiv 0$ in G .

Für beliebige Gebiete ist dies Kriterium nur notwendig. I.A. ist man aber mit *lokaler Exaktheit* zufrieden und dafür ist es notwendig und hinreichend.

Zur Lösung der Gleichung (10) wird man in Praxis meist versuchen, eine Stammfunktion durch Integration zu finden. Wenn man dabei einen Widerspruch erhält, war sie nicht exakt. Wenn man eine findet, hat man die Lösungen in impliziter Form.

Beispiel: $\boxed{P\,dx + Q\,dy \;=\; 2x \sin y\,dx + x^2 \cos y\,dy \;=\; 0}$

Wegen $P_y = 2x\cos y = Q_x$ ist die Gleichung in ganz $\mathbb{R}^2$ exakt.
Eine Stammfunktion ist

$$F(x,y) \;:=\; x^2 \sin y\;.$$

Die Lösung mit der Anfangsbedingung $y(1) = \pi/4$ ist

$$x^2 \sin y \;=\; F(1,\pi/4) \;= 1/\sqrt{2} \quad \text{bzw}$$

$$y(x) \;=\; \arcsin \frac{1}{\sqrt{2}\,x^2}\;.$$

Natürlich kann man diese Gleichung auch durch TdV lösen.

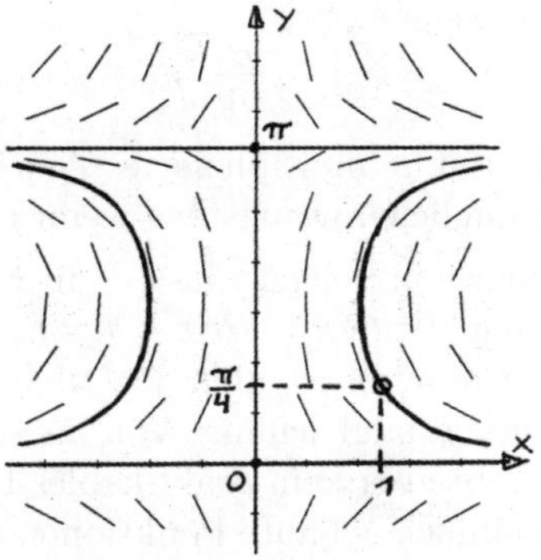

Achtung: Wenn die Gleichung $Pdx + Qdy = 0$ exakt ist, ist es die Gleichung $dx + \frac{Q}{P}dy = 0$ i.a. nicht. Die Exaktheit hängt also von der Art und Weise ab, wie man die Gleichung aufschreibt. Ist die Gleichung nicht exakt, so kann man sie evt durch Multiplikation mit einem *integrierenden Faktor* in eine exakte umwandeln. Siehe dazu den nächsten Abschnitt 3.3.2.

Eine Differentialgleichung der impliziten Form $f(x,y,y') = 0$ heißt *exakt*, wenn es eine Funktion $F(x,y)$ gibt derart, dass

$$D_1F(x,y) + y'D_2F(x,y) \;=\; f(x,y,y')\;.$$

Dabei ist D_kF die partielle Ableitung von F nach der k-ten Variablen.
In diesem Sinne ist eine Gleichung $P + Qy' = 0$ exakt genau dann, wenn $Pdx + Qdy = 0$ exakt ist.

Für eine Verallgemeinerung auf Gleichungen höherer Ordnung siehe Abschnitt 4.1.5.

Differentialgleichungen vom Typ $\boxed{y' = f(x)\,g(y)}$, also mit getrennten Variablen, können als exakte Gleichungen $\frac{1}{g(y)}\,dy - f(x)\,dx = 0$ aufgefasst werden.

Sind H eine Stammfunktion von $1/g$ und F eine von f, so ist $H(y) - F(x)$ eine Stammfunktion der exakten Gleichung. Lösungen sind die Niveaulinien $H(y) = F(x) + C$. Vergleiche Abschnitt 2.3.

3.3.2 Euler Multiplikatoren

Eine stetig differenzierbare Funktion $\mu\colon G \to \mathbb{R}$, $\mu \neq 0$, heißt *integrierender Faktor (Eulerscher Multiplikator)* der Differentialgleichung $P\,dx + Q\,dy = 0$, wenn die mit μ multiplizierte Gleichung $\mu P\,dx + \mu Q\,dy = 0$ lokal exakt ist, also wenn

$$\frac{\partial}{\partial y}\left[\mu(x,y)P(x,y)\right] \;=\; \frac{\partial}{\partial x}\left[\mu(x,y)Q(x,y)\right] \;. \tag{12}$$

Die mit μ multiplizierte Gleichung hat dieselben Lösungskurven wie die ursprüngliche, wenigstens wenn $\mu(x,y) \neq 0$ ist.

Man kann zeigen, dass es in hinreichend kleinen Umgebungen zu jeder Gleichung der Form $Pdx + Qdy = 0$ integrierende Faktoren gibt. Ihre explizite Bestimmung ist aber i.a. nicht möglich. Die Gleichung (12) ist eine *partielle* Differentialgleichung. Von ihr kann man zwar zeigen, dass sie Lösungen besitzt. Es gibt aber kein praktikables Lösungsverfahren. In der Regel wird man testen, ob einfach gebaute Funktionen ausreichen, die etwa nur von x oder y abhängen. Siehe dazu Aufgabe 10.9.C.

Beispiel: $\boxed{xy\,dx - dy = 0}$

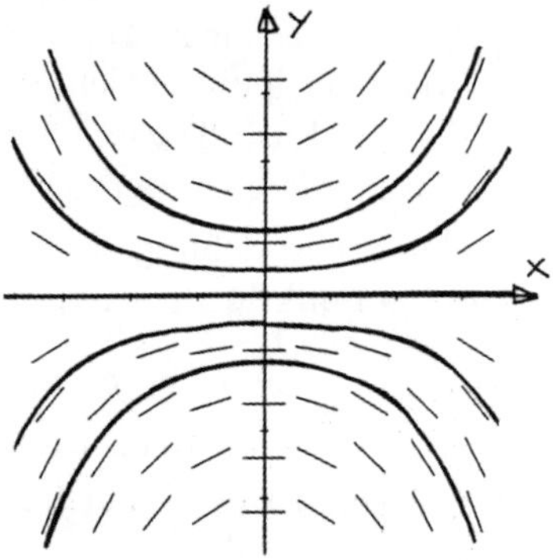

Die Gleichung ist nicht exakt. Sie geht nach Multiplikation mit dem integrierenden Faktor $\mu(x,y) = 1/y$ über in die exakte Gleichung

$$x\,dx - \frac{1}{y}\,dy \;=\; 0\;.$$

Eine Stammfunktion ist

$$F(x,y) \;=\; \frac{x^2}{2} - \ln y\;.$$

Lösungskurven sind also von der Form

$$y = \exp\left(\frac{x^2}{2} + C_1\right) = C_2\;\mathrm{e}^{x^2/2}\;.$$

Man kann die Gleichung natürlich auch als homogene lineare Dgl 1. Ordnung $y' = xy$ auffassen und mit TdV lösen.

Weitere Beispiele siehe 10.9.B .

4 Differentialgleichungen und Systeme höherer Ordnung

Explizite Gleichungen und Systeme sind (bei stetiger rechter Seite) stets lösbar. Man kann sogar noch Anfangsbedingungen vorgeben (Existenzsatz von Peano, 1.2.1). Dies ist aber ein rein theoretisches Resultat. Die Lösungen kann man nur selten explizit mit Hilfe 'elementarer' Funktionen angeben. Schon Differentialgleichungen 1. Ordnung sind meist nicht elementar integrierbar. Bei höherer Ordnung ist die Lage noch hoffnungsloser. Außer im linearen Fall – und auch da im wesentlichen nur im Fall konstanter Koeffizienten – sind keine weitreichenden elementaren Lösungsverfahren vorhanden. In Praxis muss man numerisch arbeiten.

Es folgen einige Typen, bei denen man die Ordnung um 1 reduzieren kann.

4.1 Spezielle Gleichungen höherer Ordnung

4.1.1 Typ 'y kommt nicht vor' $\boxed{y^{(n)} = f\left(x, y', \dots, y^{(n-1)}\right)}$

Die Differentialgleichung $y^{(n)} = f\left(x, y', \dots, y^{(n-1)}\right)$ n-ter Ordnung für y ist eine Gleichung $(n–1)$–ter Ordnung für y'. Also wird die Ordnung durch die Substitution $z = y'$ um 1 reduziert.

Beispiel: $\boxed{y'' = 2x\,y'}$

Die Substitution $z = y'$ liefert die lineare Gleichung 1.Ordnung $z' = 2xz$ mit der allgemeinen Lösung $z = C_1\,\mathrm{e}^{x^2}$.

Die allgemeine Lösung der Ausgangsgleichung ist daher

$$y \;=\; C_1 \int \mathrm{e}^{x^2}\,dx + C_2 \quad ; \quad C_1, C_2 \in \mathbb{R}\ .$$

e^{x^2} kann nicht elementar integriert werden.

Weitere Beispiele siehe 11.2.

4.1.2 Typ 'x kommt nicht vor' $\boxed{y'' = f(y, y')}$

Eine Gleichung der Form $y'' = f(y, y')$ oder $\ddot{x} = f(x, \dot{x})$ heißt *autonom* (griech.: selbständig, unabhängig), da die unabhängige Variable nicht auftritt. Siehe dazu auch Abschnitt 4.2. Autonome Gleichungen kommen z.B. dann ins Spiel, wenn die Zustandsänderung einer skalaren Größe nur vom Zustand $(x, \dot{x})$ und nicht von der Zeit abhängt.

Autonome Gleichungen kann man reduzieren, indem man y' als Funktion von y sucht.

Kochrezept für den Typ $y'' = f(y, y')$

1) Lösungen von $f(\eta, 0) = 0$ liefern stationäre Lösungen (*Ruhelagen*) .
2) Substituiere $y' = p(y)$, $y'' = p\,p'$
3) Man erhält für $p(y)$ die Dgl 1. Ordnung $p\,p' = f(y, p)$
4) Bestimme die allgemeine Lösung $p = p(y)$ dieser Gleichung.
5) Evt Anfangsbedingung $y'(x_0) = p(y_0) = v_0$ einarbeiten.
6) Löse $y' = p(y)$ durch TdV (2. Integration) $x = \int \frac{dy}{p(y)}$
7) Evt die Anfangsbedingung $y(x_0) = y_0$ einarbeiten.

Genauer: Ist $y = y(x)$ eine stetig differenzierbare Lösung von $y'' = f(y, y')$ mit $y' \neq 0$, so existiert die Umkehrfunktion $x = x(y)$. Für die Hilfsfunktion

$$p = p(y) = y'\left(x(y)\right) = \left(x'(y)\right)^{-1}$$

gilt $p' = f(y, p)/p$, also eine Gleichung 1. Ordnung.

Ist umgekehrt $p = p(y)$, $p \neq 0$, eine Lösung von $p' = f(y, p)/p$, so kann man die Gleichung $x(y) = \int \frac{dy}{p(y)}$ nach y auflösen und erhält eine Lösung von $y'' = f(y, y')$.

Beispiel: $5yy'' + y'^2 = 0$, $y(0) = y'(0) = 1$

Die konstanten Funktionen $y \equiv const$ sind stationäre Lösungen. Sie kommen für die Lösung des AWP's nicht in Frage.

Substitution von $p = p(y)$ führt auf die Gleichung $5y\,p\,p' = -p^2$, die man durch Trennung der Variablen lösen kann.

Sie hat die allgemeine Lösung $p = C_1\, y^{-1/5}$.

Die Anfangsbedingung $y(0) = y'(0) = p(y(0)) = 1$ liefert $C_1 = 1$, also $p(y) = y^{-1/5}$. Die 2. Integration ergibt $x = \int y^{1/5}\, dy = \frac{5}{6} y^{6/5} + C_2$.

Die Anfangsbedingung $y(0) = 1$ liefert $C_2 = -5/6$.

Also ist $y(x) = \left(\frac{6}{5}\, x + 1\right)^{5/6}$ die Lösung des AWP's.

Weitere Beispiele siehe 11.2.

Die Methode, y' als Funktion von y zu suchen, reduziert auch Gleichungen höherer Ordnung, in denen x nicht vorkommt. Für $y' = p(y)$ gilt

$$y'' = \frac{dp}{dy}\, y' = p'\, p \quad ; \quad y''' = p''\, p^2 + p'^2\, p \qquad \text{usw.}$$

Aus einer Gleichung vom Typ $F\left(y, y', \ldots, y^{(n)}\right) = 0$ für $y(x)$ erhält man dadurch eine vom Typ $G\left(p, p', \ldots, p^{(n-1)}\right) = 0$ für $y' = p(y)$.

4.1.3 Typ $y'' = g(y)$

Dies ist ein häufig auftretender Sonderfall des letzten Typs, bei dem ein abgekürztes Verfahren die sog. *Energiemethode* zu Ziel führt.

Multiplikation mit y' liefert für jede Lösung $y = y(x)$

$$\begin{aligned} y'y'' - y'g(y) &= 0 \\ \text{bzw} \qquad E(y, y') &:= \tfrac{1}{2}(y')^2 - \int_{x_0}^{x} y'g(y)\, d\xi \\ &= \tfrac{1}{2}(y')^2 - \int_{y_0}^{y} g(\eta)\, d\eta \;=\; const\, . \end{aligned}$$

Physiker interpretieren dies gerne als *Energiegleichung* : *'Die Summe von kinetischer und potentieller Energie ist konstant.'*

Kochrezept für den Typ $y'' = g(y)$

1) Nullstellen $g(\eta) = 0$ liefern stationäre Lösungen $y \equiv \eta$ ('Ruhelagen').
2) Bestimme Stammfunktion $G(y) = \int g(y)\, dy$
3) Löse die Energiegleichung $y'^2 = 2G(y) + C_1$ nach y' auf
$$y' = \pm\sqrt{2G(y) + C_1}\, .$$
4) Vorzeichen und 1. Integrationskonstante C_1 den Anfangsbedingungen anpassen.
5) Die Gleichung 3) durch Trennung der Variablen lösen:
$$x = \int \frac{dy}{\pm\sqrt{2G(y)+C_1}} + C_2$$
6) Evt nach y auflösen und C_2 den Anfangsbedingungen anpassen.

Beispiel: $\ddot{x} + \gamma \sin x = 0$ (*Pendelgleichung*)

Dabei ist $\gamma > 0$ eine positive Konstante, in die die Gravitationsbeschleunigung und die Pendellänge eingehen. Ruhelagen sind $x \equiv k\pi$ $(k \in \mathbb{Z})$.

Die Energiemethode liefert

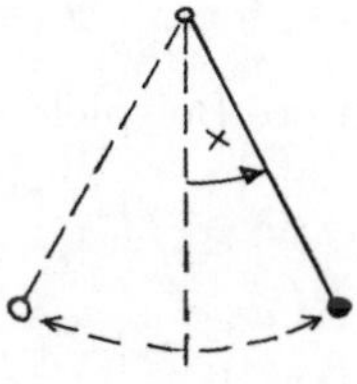

Pendel

$$\dot{x}(t) = \pm\sqrt{C_1 + 2\gamma \cos x} = \pm\sqrt{C_2 + 4\gamma \sin^2 x/2}\, .$$

Die Anfangsbedingungen $x(0) = 0$ und $\dot{x}(0) = v_0 > 0$ (etwa) ergeben

$$\dot{x}(t) = \sqrt{v_0^2 - 4\gamma \sin^2 x/2} \ .$$

Dies aber nur, solange der Radikand ≥ 0 ist, also solange $|\sin x/2| \leq v_0/2\sqrt{\gamma}$.

Für diesen Bereich erhält man für t als Funktion von x das elliptische Integral $t = t(x) = \int_0^x \frac{du}{\sqrt{v_0^2 - 4\gamma \sin^2 u/2}}$. Auflösen nach $x = x(t)$ ist nur numerisch oder mit Hilfe elliptischer Funktionen möglich.

Genauere Diskussion siehe Aufgabe 11.2.D.2 . Weitere Beispiele siehe 11.2.

4.1.4 Typ $F\left(x, \frac{y'}{y}, \ldots, \frac{y^{(n)}}{y}\right) = 0$

Derartige Gleichungen können mit der Substitution $z(x) = \frac{y'(x)}{y(x)}$ reduziert werden. Wegen

$$\frac{y''}{y} = z' + z^2 \ ; \quad \frac{y'''}{y} = z'' + 3zz' + z^3 \ ; \quad \frac{y^{(4)}}{y} = z''' + +4zz'' + 6z^2z' + 3z'^2 + z^4 \ ; \ \ldots$$

usw erhält man dadurch eine Gleichung der Ordnung $(n-1)$ für $z(x)$.

Ein Spezialfall ist die homogene lineare Gleichung 2. Ordnung

$$a_2(x)\, y'' + a_1(x)\, y' + a_0(x)\, y \ = \ 0 \ .$$

Mit der Substitution $z = y'/y$ erhält man aus ihr eine Riccati-Gleichung für z. Siehe dazu Aufgabe 10.7.G.

Beispiel: $y\, y'' - y'^2 + xy^2 = 0$ bzw $\frac{y''}{y} - \left(\frac{y'}{y}\right)^2 + x = 0$.

Die Substitution $z = y'/y$ ergibt $z' = -x$, also

$$z \ = \ \frac{y'}{y} \ = \ -\frac{x^2}{2} + C_1 \ .$$

Die Variablen sind bereits getrennt. Die 2. Integration ergibt

$$y \ = \ \exp\left(-\tfrac{1}{6}\, x^3 + C_1 x \right) + C_2 \quad (C_1, C_2 \in \mathbb{R}) \ .$$

Weitere Beispiele siehe 11.2.

4.1.5 Exakte Gleichungen höherer Ordnung

Eine Differentialgleichung n-ter Ordnung heißt *exakt*, wenn sie durch Differentiation aus einer Gleichung der Ordnung $(n-1)$ entstanden ist.

Genauer: Eine Gleichung der Form

$$F\left(x, y, y', \ldots, y^{(n)}\right) = g(x) \tag{1}$$

heißt *exakt*, wenn es eine Funktion $\Phi = \Phi\left(x, y, y', \ldots, y^{(n-1)}\right)$ gibt derart, dass

$$F\left(x, y, \ldots, y^{(n)}\right) = \left(D_1\Phi + y' D_2\Phi + \ldots + y^{(n)} D_n\Phi\right)\left(x, y, \ldots, y^{(n-1)}\right).$$

Eine solche Funktion Φ heißt *Stammfunktion* der Gleichung (1). $D_k\Phi$ ist die partielle Ableitung von Φ nach der k-ten Variablen.

Ist Φ Stammfunktion der Gleichung (1), so ist (1) äquivalent zur Gleichung

$$\Phi\left(x, y, y', \ldots, y^{(n-1)}\right) = \int g(x)\, dx + C \tag{2}$$

der Ordnung $n-1$. Die Gleichung (1) entsteht durch Differentiation nach x aus der Gleichung (2). Man nennt auch (2) ein 1. Integral der Gleichung (1). Eine n-mal differenzierbare Funktion $y = \varphi(x)$ ist genau dann Lösung von (1), wenn sie Lösung von (2) ist.

In einer exakten Gleichung n-ter Ordnung darf $y^{(n)}$ nur linear vorkommen. Der Koeffizient von $y^{(n)}$ muss gerade $D_n\Phi$ sein. Um zu testen, ob eine Gleichung exakt ist, wird man diese Bedingung integrieren. Einsetzen in die Gleichung liefert $D_{n-1}\Phi$ usw. Fortsetzung des Verfahrens ergibt entweder einen Widerspruch oder eine Stammfunktion Φ.

Beispiel: $y'y'' - x^2yy' - xy^2 = 0\,; \quad y(0) = 1\,, \quad y'(0) = 0$

Gesucht ist eine Funktion $\Phi(x, y, y')$ derart, dass

$$D_1\Phi + y'\, D_2\Phi + y''\, D_3\Phi = y'\, y'' - x^2\, y\, y' - x\, y^2\,.$$

Für so ein Φ muss $D_3\Phi(x, y, y') = y'$ sein. Integration nach y' liefert

$$\Phi(x, y, y') = \tfrac{1}{2}y'^2 + \Psi_1(x, y)\,.$$

Die 'Integrationskonstante' Ψ_1 darf nur noch von x und y abhängen. Einsetzen liefert

$$D_1\Psi_1(x, y) + y' D_2\Psi_1(x, y) = -x^2\, y\, y' - x\, y^2\,.$$

Es folgt $D_2\Psi_1(x, y) = -x^2 y$ und Integration nach y liefert

$$\Psi_1(x, y) = -\tfrac{1}{2}x^2y^2 + \Psi_2(x)\,.$$

Einsetzen liefert $\Psi_2'(x) = 0$. $\Psi_2(x) :\equiv 0$ leistet das gewünschte. Die gegebene Differentialgleichung ist exakt und

$$\Phi(x,y,y') \;:=\; \frac{1}{2}\,y'^2 - \frac{1}{2}\,x^2\,y^2 x\,y^2$$

ist eine Stammfunktion. Die Lösungen ergeben sich damit aus der Gleichung 1. Grades

$$\Phi(x,y,y') \;=\; y'^2 - x^2y^2 \;=\; C_1 .$$

Die Anfangsbedingungen $y(0) = 1,\ y'(0) = 0$ liefern $C_1 = 0$, also $y' = \pm xy$. Trennung der Variablen ergibt $y = C_2\ \mathrm{e}^{\pm x^2/2}$. Wegen $y(0) = 1$ folgt $C_2 = 1$.

Das AWP ist nicht eindeutig lösbar! Dies ist kein Widerspruch zu Picard-Lindelöf, da die Dgl in impliziter Form vorliegt. Bringt man sie in die explizite Form, ist die rechte Seite bei $y' = 0$ unstetig.

Weitere Beispiele siehe Aufgaben 12.4.C und 11.2.C.

Eine lineare Gleichung n-ter Ordnung

$$a_n(x)y^{(n)} + a_{n-1}(x)\,y^{(n-1)} + \ldots + a_1(x)\,y' + a_0(x)\,y \;=\; g(x)$$

ist genau dann exakt, wenn

$$a_0 - a_1' + - \ldots + (-1)^n a_n^{(n)} \;\equiv\; 0\ .$$

In diesem Fall ist

$$a_ny^{(n-1)} + \left(a_{n-1} - a_n'\right) y^{(n-1)} + \ldots + \left(a_1 - a_2' + \ldots + (-1)^n a_n^{(n-1)}\right) y \;=\; \int g(x)\,dx$$

ein erstes Integral. Zum Beweis siehe Aufgabe 12.1.I.

Für nicht-lineare Gleichungen n-ter Ordnung gibt es kein praktikables Exaktheitskriterium.

Für den Fall $n = 1$ ist die in diesem Abschnitt gegebene Definition exakter Gleichungen äquivalent zu der aus Abschnitt 3.3.1. Eine Gleichung erster Ordnung der Form

$$F\left(x,y,y'\right) \;=\; g(x) \tag{3}$$

ist nämlich nach obiger Definition genau dann exakt, wenn es eine Funktion $\Phi(x,y)$ gibt derart, dass

$$F(x,y,y') \;=\; \Phi_x(x,y) + y'\,\Phi_y(x,y)\ .$$

Eine Gleichung $\Phi_x(x,y) + y'\,\Phi_y(x,y) = 0$ bzw $\Phi_x dx + \Phi_y dy = 0$ ist aber auch exakt im Sinn von Abschnitt 3.3.1 und umgekehrt.

4.2 Autonome Gleichungen und Systeme

In der Physik und anderen Anwendungen begegnet man oft Vorgängen, die nur von dem zur Zeit t erreichten Zustand $\vec{x}$, aber nicht von t selbst abhängen. Man nennt solche Prozesse *autonom.*

Bei der Behandlung autonomer Systeme verwendet man häufig t als unabhängige Variable. Gesucht werden dann vektorwertige Funktionen $\vec{x} = \vec{x}\,(t)$, die ein explizites Gleichungssystem der Form

$$\dot{\vec{x}} = f(\vec{x}) . \tag{1}$$

erfüllen. Dabei sei $G \subset \mathbb{R}^n$ ein offenes Gebiet und $f\colon G \to \mathbb{R}^n$ stetig. Wir fordern zusätzlich, dass f lokal Lipschitz-stetig ist. Derartige autonome Systeme sind also eindeutig lösbar (siehe Picard-Lindelöf 1.3.1).

Autonome Gleichungen $x^{(n)} = f\left(x, \dot{x}, \ddot{x}, \dots, x^{(n-1)}\right)$ können wie üblich auf Systeme der Form (1) zurückgeführt werden (siehe Abschnitt 1.1.3).

Beispielsweise sind lineare Systeme und lineare Gleichungen mit konstanten Koeffizienten und konstantem Störglied autonom. Sie werden in den Abschnitten 5.2.5 und 5.3.5 behandelt.

Spezielle Lösungen eines autonomen Systems sind die Ruhelagen $\vec{x}(t) \equiv \vec{x}_0$ wobei $f(\vec{x}_0) = 0$.

Mit jeder Lösung $\vec{x} = \vec{\varphi}(t)$ von (1) ist auch $\vec{z} := \vec{\varphi}(t + t_0)$ eine Lösung. Das ist gerade die Zeitunabhängigkeit.

Die Lösungen eines autonomen Systems sind Funktionen $\{t \mapsto \vec{\varphi}(t)\}$, die in einem gewissen Zeit-Intervall I definiert sind. Bei autonomen Systemen interessiert man sich auch für die Bildkurven $\{\,\vec{\varphi}(t)\,;\, t \in I\,\} \subset \mathbb{R}^n$. Sie heißen *Bahnen, Orbits* oder *Trajektorien.* Die Lösungen des Systems sind Parameterdarstellungen dieser Bahnen. In manchen Büchern werden aber auch die Bahnen als Lösungen des autonomen Systems bezeichnet.

Definition:

Sei $\vec{x}_0 \in G$ und $\vec{x} = \vec{\varphi}(t)$ die maximal fortgesetzte Lösung des autonomen Systems (1) mit $\vec{\varphi}(0) = \vec{x}_0$. $\vec{\varphi}$ existiert unter den obigen Voraussetzungen und ist eindeutig bestimmt. $I(\vec{x}_0)$ sei ihr Existenzintervall.

Ihre Bildmenge $\Gamma(\vec{x}_0) := \{\,\vec{\varphi}(t)\,;\, t \in I(\vec{x}_0)\,\}$ ist ein Bogen in G. Er heißt *Bahn (Orbit, Trajektorie)* durch $\vec{x}_0$.

Jeder Punkt $\vec{x} \in G$ liegt in genau einem Orbit. Die Faserung von G in Bahnen heißt *Phasenporträt* von (1). $G \subset \mathbb{R}^n$ heißt auch *Phasenraum* des Systems. Der Phasenraum einer autonomen Gleichung $x^{(n)} = f(x, \dot{x}, \dots, x^{(n-1)})$ hat die Koordinaten $\left(x, \dot{x}, \ddot{x}, \dots, x^{(n-1)}\right)$.

Es gibt drei verschiedene Typen von Bahnen:

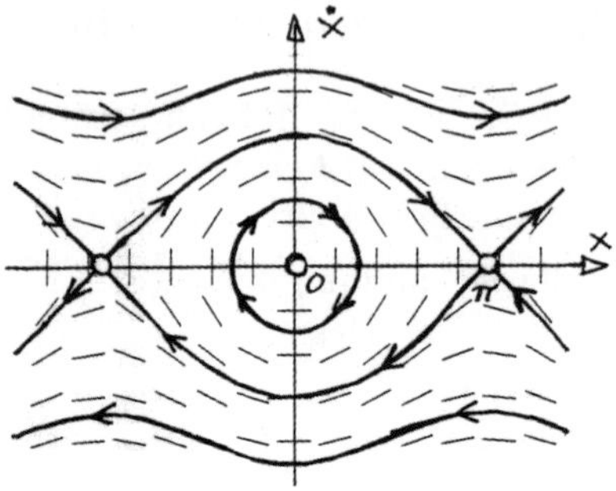

Phasenporträt

1) Die Bahn besteht aus einem einzigen Punkt $\vec{x}_0$.

   Die entsprechende maximal fortgesetzte Lösung ist konstant $\vec{\varphi}(t) \equiv \vec{x}_0$. $\vec{x}_0$ heißt *Ruhepunkt* oder *Gleichgewichtspunkt* des Systems (1).

2) Die Bahn ist ein geschlossener doppelpunktfreier glatter Jordanbogen.

   Die zugehörige maximal fortgesetzte Lösung $\vec{\varphi}(t)$ ist periodisch und nicht konstant.
   In diesem Fall gibt es eine kleinste positive Periode $p > 0$ mit $\vec{\varphi}(t) = \vec{\varphi}(t+p)$ für alle t.

3) Die Bahn ist ein glatter doppelpunktfreier offener Bogen. Er kann einen oder zwei Endpunkte besitzen. Diese sind dann Ruhepunkte und bilden eigene Bahnen.

   Die entsprechende maximal fortgesetzte Lösung ist injektiv.

   Es kann sein, dass der Orbit von einem Ruhepunkt ausgeht und (evt mit anderer Tangente) zu ihm zurückläuft.

Oben ist das Phasenporträt der Pendelgleichung $\ddot{x} + \gamma \sin x = 0$ skizziert. Dort tauchen alle drei Typen auf. Von der dritten Sorte gibt es einmal die wellenförmigen Bögen, die von $-\infty$ bis ∞ laufen. Sie entsprechen einem Pendel, das unentwegt um den Aufhängepunkt kreist. Zum anderen tauchen Bahnen des dritten Typs auf, die von einem Ruhepunkt ausgehend zum nächsten Ruhepunkt hinlaufen. Sie entsprechen einem Pendel, das von einer instabilen Hochstellung aus in unendlich langer Zeit abwärts und wieder hoch schwingt.

Folgerungen

1) Jeder Punkt $\vec{x} \in G$ liegt in genau einer Bahn.
2) $\vec{x}_0$ ist genau dann Ruhepunkt des autonomen Systems (1), wenn $f(\vec{x}_0) = \vec{0}$.
3) Eine Lösung $\vec{x} = \vec{\varphi}(t)$ von (1) ist genau dann periodisch, wenn es $t_2 > t_1$ gibt mit $\vec{\varphi}(t_1) = \vec{\varphi}(t_2)$.
4) Ist $\vec{x} = \vec{\varphi}(t)$ Lösung von (1) und gilt $\vec{\varphi}(t) \to \vec{\xi} \in G$ für $t \to \infty$, so ist $\vec{\xi}$ ein Ruhepunkt von (1). Zum Beweis siehe Aufgabe 10.2.A.2.
5) Die Bahnen sind glatte Bögen oder punktförmig. Ihre Parameterdarstellungen $\vec{\varphi}(t)$ sind als Lösungen des autonomen Systems (1) stetig differenzierbar. Verschwindet die Ableitung $\vec{\varphi}\,'(t_0) = \vec{0}$ für ein t_0 , so ist $\vec{\varphi}(t_0)$ ein Ruhepunkt des Systems.

Zur Stabilität von Ruhepunkten autonomer Systeme siehe Abschnitt 7.3.

4.2.1 Autonome Systeme 2. Ordnung

Homogene lineare ebene autonome Systeme sind von der Form

$$\dot{\vec{x}} = \begin{pmatrix} \dot{x} \\ \dot{y} \end{pmatrix} = \begin{pmatrix} a_{11} & a_{12} \\ a_{21} & a_{22} \end{pmatrix} \begin{pmatrix} x \\ y \end{pmatrix} = \mathbf{A}\,\vec{x} \tag{2}$$

mit konstanter Koeffizientenmatrix $\mathbf{A} \in \mathbb{R}^{2\times 2}$. Einen Überblick über ihre möglichen Phasenporträts finden Sie in Aufgabe 11.5.B.

Allgemeine ebene autonome Systeme bzw autonome Systeme 2. Ordnung

$$\begin{pmatrix} \dot{x} \\ \dot{y} \end{pmatrix} = \begin{pmatrix} f(x,y) \\ g(x,y) \end{pmatrix} \tag{3}$$

kann man in einem ersten Schritt auf eine Gleichung 1. Ordnung reduzieren. Die (nicht punktförmigen) Bahnen eines solchen Systems sind Lösungen der Gleichung

$$g(x,y)\,dx - f(x,y)\,dy = 0 \qquad \text{bzw} \qquad y' = \frac{dy}{dx} = \frac{g(x,y)}{f(x,y)}\,, \tag{4}$$

der sog. *Bahnen- oder Phasen-Dgl* von (3). Die Lösungen des Systems (3) sind Parameterdarstellungen der Lösungskurven der Phasendgl (4).

Beispiel: $\begin{pmatrix} \dot{x} \\ \dot{y} \end{pmatrix} = \begin{pmatrix} y(x+y-1) \\ x(1-x-y) \end{pmatrix}$

Ruhepunkte sind alle Punkte der Geraden $x + y = 1$ und der Ursprung $(0,0)$. Die nicht punktförmigen Orbits sind Lösungen der (exakten) Phasen-Gleichung

$$x\,dx + y\,dy = 0\,.$$

Es sind Bögen auf den Kreisen $x^2 + y^2 = r^2$.

Z.B. ist $\dot{x} > 0$ für $x + y > 1$ und $y > 0$. Aus solchen Überlegungen erhält man die Durchlaufungsrichtung der Bahnen.

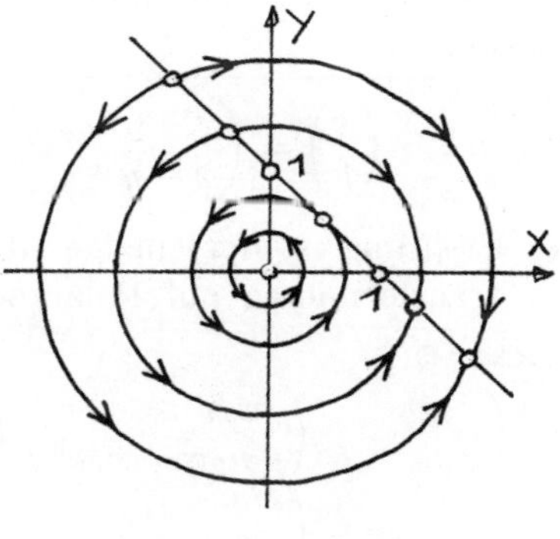

Phasenporträt

Ein Ruhepunkt $\vec{x}_0$ eines ebenen autonomen Systems heißt *Zentrum*, wenn in einer Umgebung U von $\vec{x}_0$ kein weiterer Ruhepunkt liegt und alle Bahnen in U geschlossen sind.

Angenommen, das ebene autonome System (3) besitzt eine periodische nicht konstante Lösung. Die entsprechende Bahn ist also geschlossen. Dann können zwei Fälle auftreten.

1) Benachbarte Bahnen sind ebenfalls geschlossen. Beispielsweise Bahnen in der Umgebung eines Zentrums.
2) Benachbarte Bahnen laufen spiralförmig von ihr weg oder auf sie zu. In diesem Fall heißt die geschlossene Bahn *Grenzzyklus*.

Es können Mischformen auftreten.

Interessant ist die Frage nach der Existenz periodischer Lösungen ebener autonomer Systeme. Eine negative Aussage ist das

Bendixson Kriterium

Sei $G \subset \mathbb{R}^2$ einfach zusammenhängend und (f, g) ein stetig differenzierbares Vektorfeld auf G derart, dass bis auf eine Nullmenge $\operatorname{div}(f,g) = f_x + g_y > 0$ (oder stets < 0).
Dann hat das autonome System (3) keine echt periodische Lösung.

Eine positive Aussage ist der

Satz von Poincaré - Bendixson

Sei $G \subset \mathbb{R}^2$ offen und zusammenhängend und (f, g) ein stetig differenzierbares Vektorfeld auf G. Sei $B \subset G$ abgeschlossen und beschränkt. Kein Ruhepunkt des Systems (3) liege in B. Schließlich sei $\vec{\varphi}\colon [0, \infty[\to B$ eine Lösung des autonomen Systems (3).
Dann ist $\vec{\varphi}\colon [0, \infty[\to B$ periodisch oder nähert sich für $t \to \infty$ einem Grenzzyklus. Das autonome System (3) besitzt also eine echt periodische Lösung.

Beispiel: $\begin{pmatrix} \dot{x} \\ \dot{y} \end{pmatrix} = \begin{pmatrix} x - y - x\sqrt{x^2+y^2} \\ x + y - y\sqrt{x^2+y^2} \end{pmatrix}$

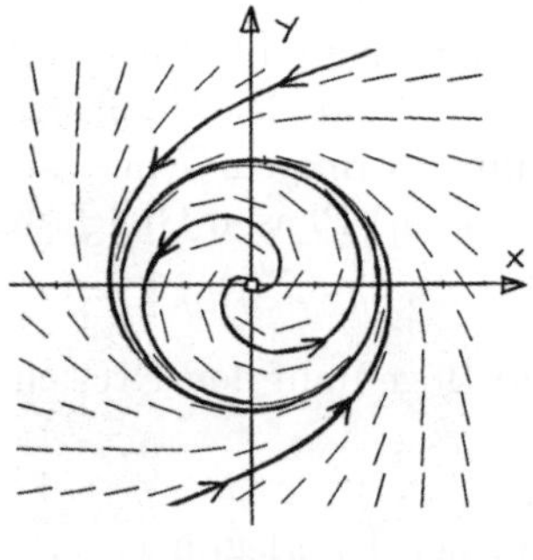

Der Ursprung ist der einzige Ruhepunkt. Wir transformieren auf Polarkoordinaten (r, φ) . Es ist

$$\begin{pmatrix} \dot{r} \\ \dot{\varphi} \end{pmatrix} = \begin{pmatrix} x/r & y/r \\ -y/r^2 & x/r^2 \end{pmatrix} \begin{pmatrix} \dot{x} \\ \dot{y} \end{pmatrix} = \begin{pmatrix} r(1-r) \\ 1 \end{pmatrix}$$

Die Phasen-Gleichung lautet in Polarkoordinaten also $\dfrac{dr}{d\varphi} = r(1-r)$.

Als Bahnen erhält man

1) für $r = 0$ den einzigen Ruhepunkt $(0, 0)$ (instabiler Strudel)
2) für $r = 1$ den Einheitskreisrand (stabiler Grenzzyklus)
3) die Spiralen $r = (1 + C\,\mathrm{e}^{-\varphi})^{-1}$ $(C \in \mathbb{R} \setminus \{0\})$, die sich dem Einheitskreisrand annähern.

Eine autonome Gleichung 2. Ordnung $\ddot{x} = f(x, \dot{x})$ kann man wie üblich durch die Substitution $x_1 := x$, $x_2 := \dot{x}$ in das äquivalente autonome System

$$\begin{pmatrix} \dot{x}_1 \\ \dot{x}_2 \end{pmatrix} = \begin{pmatrix} x_2 \\ f(x_1, x_2) \end{pmatrix} . \qquad (5)$$

umwandeln. Die Koordinaten des Phasenraumes sind also x und $\dot{x}$.

In Abschnitt 4.1.2 wurden autonome Gleichungen 2. Ordnung mit der Substitution $\dot{x} = p(x)$ behandelt. Dies lieferte für $p = p(x)$ die Gleichung 1. Ordnung $pp' = f(x, p)$ und das ist genau die Phasen-Gleichung des Systems (5).

Allgemeine Aussagen zu autonomen Gleichungen 2. Ordnung finden Sie auch in den Aufgaben 11.1.B und 11.1.C.

4.3 Potenzreihenansatz

Die Frage, ob eine Funktion in eine Potenzreihe entwickelbar ist, gehört eigentlich in die komplexe Funktionentheorie. Auf Differentialgleichungen im Komplexen können wir in diesem Repetitorium nicht eingehen. Wir bleiben im Reellen.

'Ist die rechte Seite in eine Potenzreihe entwickelbar, so auch die Lösung'.

Das ist kurz gesagt der Inhalt des folgenden Satzes:

Satz über Potenzreihen als Lösungen

Seien $G \subset \mathbb{R}^{n+1}$ offen und $(x_0, \vec{y}_0) \in G$. Die Koordinatenfunktionen f_k von $f\colon G \to \mathbb{R}^n$ seien um $(x_0, \vec{y}_0)$ in Potenzreihen entwickelbar.
(Das sind Potenzreihen in $(n+1)$ Variablen, siehe dazu [RA 2, 6.3.7.b].)
Dann ist das Anfangswertproblem

$$\vec{y}\,' = f(x, \vec{y}) \quad ; \quad \vec{y}(x_0) = \vec{y}_0 \tag{1}$$

eindeutig lösbar und die Lösung lässt sich um x_0 in eine vektorwertige Potenzreihe $\vec{y} = \sum_{k=0}^{\infty} \vec{a}_k (x - x_0)^k$ entwickeln.

Einen Beweis findet man z.B. bei Erwe [ER]. Die eindeutige Lösbarkeit ist klar nach Picard-Lindelöf.

Über den Konvergenzradius der Lösungsreihe lässt sich keine allgemeine Aussage machen. Für lineare Gleichungen 2. Ordnung gilt:

Gegeben sei das AWP

$$y'' + a(x)\,y' + b(x) = 0 \quad ; \quad y(0) = c_0 \ , \ y'(0) = c_1 \ . \tag{2}$$

Die Koeffizientenfunktionen a, b seien um $x_0 = 0$, etwa in $\{|x| < R\}$ in Potenzreihen entwickelbar.

Dann lässt sich die eindeutig bestimmte Lösung von (2) ebenfalls mindestens in $\{|x| < R\}$ in eine Potenzreihe entwickeln.

Auf diesen oder ähnlichen Sätzen beruht die Methode des *Potenzreihenansatzes*:

Dabei nimmt man an, dass sich die Lösung in eine Potenzreihe entwickeln lässt, und versucht, die Koeffizienten (zumindest die ersten) zu bestimmen. Man kann sie u.a. durch Koeffizientenvergleich oder durch fortgesetzte Differentiation berechnen.

4.3.1 Koeffizientenvergleich

Wir skizzieren das Verfahren für den Fall einer expliziten Dgl n–ter Ordnung

$$y^{(n)} = f\left(x, y, y', \ldots, y^{(n-1)}\right) . \tag{3}$$

Die Anfangsbedingungen $y(x_0) = y_0$, $y'(x_0) = y_1$ usw müssen alle an derselben Stelle $x = x_0$ gegeben sein. Dann macht man den Ansatz

$$y = \sum_{k=0}^{\infty} a_k (x - x_0)^k .$$

Für die Ableitungen gilt

$$y' = \sum_{k=1}^{\infty} k a_k (x - x_0)^{k-1} = \sum_{k=0}^{\infty} (k+1) a_{k+1} (x - x_0)^k$$

$$y'' = \sum_{k=2}^{\infty} k(k-1) a_k (x - x_0)^{k-2} = \sum_{k=0}^{\infty} (k+2)(k+1) a_{k+2} (x - x_0)^k$$

usw. Diese Reihen werden in die Gleichung eingesetzt. Dann wird solange umgeformt, bis man einen Koeffizientenvergleich durchführen kann.

Man erhält dadurch eine Rekursionsformel für die Koeffizienten a_k, aus der man, beginnend mit den Anfangsbedingungen

$$a_0 = y(x_0) = y_0 ; \quad a_1 = y'(x_0) = y_1 , \ \ldots , \quad (n-1)! a_{n-1} = y^{(n-1)}(x_0) = y_{n-1}$$

beliebig viele Koeffizienten bestimmen kann. In Ausnahmefällen kann man eine explizite Formel für die Koeffizienten oder sogar eine geschlossene Darstellung der Lösung herleiten.

Beispiel: $\boxed{y' = x^2 + y^2 \ , \ y(0) = 1}$

Für dies spezielle Riccati-AWP macht man den Ansatz $y = \sum_{k=0}^{\infty} a_k x^k$ und erhält (Cauchy-Produkt):

$$y' = \sum_{k=0}^{\infty} (k+1) a_{k+1} x^k = x^2 + \left(\sum_{k=0}^{\infty} a_k x^k \right)^2$$

$$= x^2 + \sum_{k=0}^{\infty} \left(\sum_{j=0}^{k} a_j a_{k-j} \right) x^k .$$

Aus der Anfangsbedingung $a_0 = y(0) = 1$ und durch Koeffizientenvergleich erhält man:

$$\begin{array}{lrcl} \underline{x^0:} & a_1 & = & a_0 a_0 \;=\; 1 \\ \underline{x^1:} & 2a_2 & = & a_0 a_1 + a_1 a_0 \;=\; 1 \\ \underline{x^2:} & 3a_3 & = & 1 + \big(a_0 a_2 + a_1 a_1 + a_2 a_0\big) \;=\; 4 \end{array}$$

und für $k \geq 3$ die Rekursionsformel $(k+1)a_{k+1} = \sum_{j=0}^{k} a_j a_{k-j}$.

Der Anfang der Potenzreihenentwicklung der eindeutig bestimmten Lösung ist daher

$$y \;=\; 1 + x + x^2 + \tfrac{4}{3}x^3 + \tfrac{7}{6}x^4 + \dots \;.$$

In Aufgabe 11.3.A.2 wird dies AWP mit dem Picard'schen Iterationsverfahren behandelt.

Weitere Beispiele in Abschnitt 11.4.

4.3.2 Fortgesetzte Differentiation

Dies Verfahren ist i.a. aufwendiger. Wir skizzieren es nur für den Fall eines expliziten Problems 1. Ordnung mit analytischer rechter Seite:

$$y' \;=\; f(x,y) \quad ; \quad y(x_0) \;=\; y_0 \;. \tag{4}$$

Dies AWP ist eindeutig lösbar und die Lösung lässt sich um x_0 in eine Potenzreihe $y = \sum_{k=0}^{\infty} a_k (x-x_0)^k$ entwickeln.

Wegen der Anfangsbedingung gilt $a_0 = y(x_0) = y_0$.

Die Gleichung (4) liefert $a_1 = y'(x_0) = f(x_0, y_0)$.

Differenzieren der Gleichung (4) ergibt $y'' = f_x(x,y) + f_y(x,y)\,y'$, also

$$2!\,a_2 \;=\; y''(x_0) \;=\; f_x(x_0,y_0) + f_y(x_0,y_0)y'(x_0) \;.$$

Erneutes Differenzieren liefert $y''' = f_{xx} + 2f_{xy}y' + f_{yy}y'^2 + f_y y''$.

Beachte, dass $f_{xy} = f_{yx}$. Es folgt

$$3!\,a_3 \;=\; y'''(x_0) \;=\; \Big(f_{xx} + 2f_{xy}y' + f_{yy}\,(y')^2 + f_y y''\Big)\Big|_{(x_0,y_0)} \;.$$

Usw. Für das bereits oben behandelte AWP $y' = x^2 + y^2$, $y(0) = 1$ erhält man mit dieser Methode:

$$\begin{array}{rcl} a_0 & = & y(0) \;=\; 1 \\ a_1 & = & y'(0) \;=\; x^2 + y^2\big|_{x=0} \;=\; 1 \\ 2!\,a_2 & = & y''(0) \;=\; 2x + 2yy'\big|_{x=0} \;=\; 2 \\ 3!\,a_3 & = & y'''(0) \;=\; 2 + 2y'^2 + 2yy''\big|_{x=0} \;=\; 8 \\ 4!\,a_4 & = & y^{(4)}(0) \;=\; 6y'y'' + 2yy'''\big|_{x=0} \;=\; 28 \quad \text{usw.} \end{array}$$

4.3.3 Lineare Gleichungen 2. Ordnung mit singulären Stellen

Gegeben sei die homogene lineare Gleichung 2. Ordnung

$$p(x)\,y'' + q(x)\,y' + r(x)\,y \;=\; 0 \tag{5}$$

mit Funktionen $p, q, r\colon I \to \mathbb{R}$, die in einem offenen Intervall I analytisch sind. D.h. sie lassen sich um jeden Punkt $x_0 \in I$ in eine Potenzreihe entwickeln.

In Teilintervallen, in denen $p(x) \neq 0$ ist, bilden die Lösungen einen zweidimensionalen Funktionenraum. Es reicht dann, zwei linear unabhängige Lösungen zu bestimmen. Siehe Abschnitt 5.3.2 zur allgemeinen Theorie linearer Gleichungen.

Man sagt, $x_0 \in I$ ist eine *singuläre Stelle* der Gleichung (5), wenn $p(x_0) = 0$ ist und sich die Funktionen q/p und r/p nicht beide in x_0 stetig ergänzen lassen. Eine singuläre Stelle x_0 heißt *schwach-singulär*, wenn die Dgl von der Form

$$(x - x_0)^2\, p_2(x)\, y'' + (x - x_0)\, p_1(x)\, y' + p_0(x)\, y \;=\; 0 \tag{6}$$

ist mit analytischen Funktionen p_k und $p_2(x_0) \neq 0$.

Z.B. hat die *Laguerre-Gleichung* $xy'' + (1 - x)y' + my = 0$ bei $x_0 = 0$ eine schwach-singuläre Stelle (siehe Aufgabe 11.4.E).

Die *Legendre-Dgl* $(1 - x^2)y'' - 2xy' + p(p+1)y = 0$ hat in $x_0 = \pm 1$ schwach singuläre Stellen (siehe Aufgabe 11.4.D).

Wir nehmen im folgenden an, dass $x_0 = 0$ ist und betrachten die Gleichung

$$x^2\, p_2(x)\, y'' + x\, p_1(x)\, y' + p_0(x)\, y \;=\; 0 \quad ; \quad p_2(0) \neq 0\,. \tag{7}$$

Sind p_2, p_1 und p_0 konstant, so haben wir eine homogene Euler-Dgl 2. Ordnung. Siehe dazu Abschnitt 5.3.7.

Der Ansatz $y = x^r \sum\limits_{k=0}^{\infty} a_k x^k$ für Lösungen dieser Gleichung führt auf die sog. *Indexgleichung*

$$r(r-1)\, p_2(0) + r\, p_1(0) + p_0(0) \;=\; 0\,. \tag{8}$$

Diese Indexgleichung hat zwei i.a. komplexe und nicht notwendig verschiedene Lösungen, die sog. *(exponierten) Indizes* r_1, r_2 der Dgl. Man muss die folgenden Fälle unterscheiden:

$r_1 - r_2 \notin \mathbb{Z}$:

In diesem Fall hat die Dgl (6) zwei linear unabhängige Lösungen der Form

$$y_1(x) \;=\; x^{r_1} \sum_{k=0}^{\infty} c_k x^k \qquad \text{und} \qquad y_2(x) \;=\; x^{r_2} \sum_{k=0}^{\infty} d_k x^k\,.$$

Dabei sind $c_0, d_0 \neq 0$.

Evt sind die Exponenten r_k echt komplex. Die Potenz x^r mit komplexem Exponenten $r = \alpha + i\beta \in \mathbb{C} \setminus \mathbb{R}$, $\alpha, \beta \in \mathbb{R}$ ist dann definiert als der sog. Hauptwert

$$x^r \;:=\; x^\alpha \left[\cos(\beta \ln|x|) + i \sin(\beta \ln|x|)\right] \;.$$

Die oben angegebenen Basislösungen sind in diesem Fall komplexwertig. Real- und Imaginärteil einer der beiden bilden ein reelles Fundamentalsystem.

$r_1 - r_2 \in \mathbb{Z},\ r_1 > r_2$:

In diesem Fall hat die Dgl (6) zwei linear unabhängige Lösungen der Form

$$y_1(x) \;=\; x^{r_1} \sum_{k=0}^{\infty} c_k x^k \qquad \text{und} \qquad y_2(x) \;=\; A\, y_1(x) \ln x + x^{r_2} \sum_{k=0}^{\infty} d_k x^k \;.$$

Dabei sind $c_0, d_0 \neq 0$. Evt ist $A = 0$.

Ein Beispiel mit $A = 0$ ist die Bessel'sche Dgl $x^2 y'' + x y' + (x^2 - \frac{1}{4}) y = 0$ der Ordnung 1/2 mit den Indizes $r_1, r_2 = \pm 1/2$.

Basislösungen sind hier $y_1 := x^{1/2} \dfrac{\sin x}{x}$ und $y_2 := x^{-1/2} \cos x$. Siehe dazu Aufgabe 11.4.F.

$r_1 = r_2 =: r \in \mathbb{R}$:

In diesem Fall hat die Dgl (6) zwei linear unabhängige Lösungen der Form

$$y_1(x) \;=\; x^r \left(1 + \sum_{k=1}^{\infty} c_k x^k\right) \qquad \text{und} \qquad y_2(x) \;=\; y_1(x) \ln x + x^r \sum_{k=1}^{\infty} d_k x^k \;.$$

Ein Beispiel ist die Bessel'sche Dgl $x^2 y'' + x y' + x^2 y = 0$ der Ordnung 0 mit den Indizes $r_1 = r_2 = 0$ (siehe Aufgabe 11.4.F.2) oder auch die Laguerre-Dgl $x y'' + (1 - x) y' + m y \;=\; 0$ (siehe 11.4.E).

5 Lineare Gleichungen und Systeme

Bei der Behandlung linearer Differentialgleichungen und Systeme empfiehlt es sich, komplexwertige Funktionen als Lösungen zuzulassen. Resultate und Methoden können dadurch einheitlicher formuliert und kürzer bewiesen werden. Die Definitionen aus Abschnitt 1.1.1 sind entsprechend abzuändern.

Als wichtiges Hilfsmittel wird die Matrizen-Exponentialfunktion gebraucht. Daher ein vorbereitender Abschnitt über

5.1 Komplex- und matrixwertige Funktionen

Im Folgenden sei $\mathbb{K} = \mathbb{R}$ oder $\mathbb{K} = \mathbb{C}$. Der $\mathbb{K}^n$ besteht aus den n–tupeln reeller bzw komplexer Zahlen mit den üblichen Operationen. Die n-tupel werden in aller Regel als Spaltenvektoren aufgefasst. Dies spielt erst eine Rolle bei der Multiplikation mit Matrizen.

Sei $I \subset \mathbb{R}$ ein nicht-leeres offenes Intervall. Wir betrachten Funktionen

$$y\colon I \to \mathbb{K} \quad , \quad \vec{y}\colon I \to \mathbb{K}^n \quad , \quad \mathbf{A}\colon I \to \mathbb{K}^{n\times m} \ .$$

Für Matrizen schreiben wir

$$\mathbf{A} = \mathbf{A}(x) = \big(a_{ij}(x)\big)_{i,j} = \begin{pmatrix} a_{11}(x) & \cdots & a_{1m}(x) \\ \vdots & \ddots & \vdots \\ a_{n1}(x) & \cdots & a_{nm}(x) \end{pmatrix} = \big(\vec{a}_1(x), \ldots, \vec{a}_m(x)\big) \,.$$

$\mathbf{E} = \big(\vec{e}_1, \ldots, \vec{e}_n\big)$ sei die $(n \times n)$–Einheitsmatrix.

Alle Normen in einem endlich-dimensionalen $\mathbb{K}$-Vektorraum wie z.B. $\mathbb{K}^n$ oder $\mathbb{K}^{n\times n}$ sind äquivalent (siehe z.B. [RA 2, 6.2.8-10]).

Wir arbeiten nur mit multiplikativen Matrixnormen und Vektornormen, die miteinander verträglich sind, also Normen, für die gilt

$$\|\mathbf{A}\cdot\mathbf{B}\| \le \|\mathbf{A}\|\cdot\|\mathbf{B}\| \quad \text{und} \quad \|\mathbf{A}\,\vec{y}\,\| \le \|\mathbf{A}\|\cdot\|\vec{y}\,\| \,.$$

Beispielsweise sind die euklidische und die Summennorm multiplikativ.

Es ist klar, wie *Real-* und *Imaginärteil* komplexer Vektoren und Matrizen definiert sind. Auch Ableitungen und Integrale komplex-, vektor- und matrixwertiger Funktionen einer reellen Veränderlichen werden koordinatenweise definiert, also z.B.

$$y'(x) = u'(x) + iv'(x)\,, \quad \vec{y}\,'(x) = \big(y_j'(x)\big)_j\,, \quad \int \mathbf{A}(x)\,dx = \Big(\int a_{ij}(x)\,dx\Big)_{i,j} \,.$$

Ein wichtiges Beispiel einer matrixwertigen Funktion ist die

5.1.1 Matrix-Exponentialfunktion

Die (koordinatenweise gebildete) Matrizenreihe

$$\sum_{k=0}^{\infty} \frac{\mathbf{A}^k}{k!} = \mathbf{E} + \mathbf{A} + \frac{1}{2!}\mathbf{A}^2 + \frac{1}{3!}\mathbf{A}^3 + \ldots =: \exp \mathbf{A} = \mathrm{e}^{\mathbf{A}}$$

konvergiert für alle Matrizen $\mathbf{A} \in \mathbb{K}^{n \times n}$ und heißt *Matrix-Exponentialfunktion.*

Eine Matrizenreihe konvergiert genau dann, wenn die Reihe der jeweiligen Koeffizienten konvergiert. Die Matrizen-Exponentialreihe konvergiert bzgl jeder Norm im $\mathbb{K}^{n \times n}$ absolut und gleichmäßig auf Kompakta. Für multiplikative Normen gilt

$$\| \mathrm{e}^{\mathbf{A}} \| = \left\| \sum_{k=0}^{\infty} \frac{\mathbf{A}^k}{k!} \right\| \leq \sum_{k=0}^{\infty} \frac{1}{k!} \|\mathbf{A}\|^k = \mathrm{e}^{\|\mathbf{A}\|} .$$

Beispiele: (siehe Aufgabe 12.1.A)

1) $\exp \begin{pmatrix} z & 0 \\ 0 & w \end{pmatrix} = \begin{pmatrix} \mathrm{e}^z & 0 \\ 0 & \mathrm{e}^w \end{pmatrix}$

2) $\exp \begin{pmatrix} x & -y \\ y & x \end{pmatrix} = \mathrm{e}^x \begin{pmatrix} \cos y & -\sin y \\ \sin y & \cos y \end{pmatrix}$

3) $\exp \begin{pmatrix} z & 1 & 0 \\ 0 & z & 1 \\ 0 & 0 & z \end{pmatrix} = \mathrm{e}^z \begin{pmatrix} 1 & 1 & 1/2 \\ 0 & 1 & 1 \\ 0 & 0 & 1 \end{pmatrix}$

Rechenregeln

Für Matrizen $\mathbf{A}, \mathbf{B}, \ldots$, für die die jeweiligen Produkte definiert sind, gilt:

1) $(\mathbf{AB})' = \mathbf{A}'\mathbf{B} + \mathbf{AB}'$

2) $(\det \mathbf{A})' = \sum_{k=1}^{n} \det(\vec{a}_1, \ldots, \vec{a}_{k-1}, \vec{a}_k', \vec{a}_{k+1}, \ldots, \vec{a}_n)$

3) $\left\| \int_a^b \mathbf{A}(t)\, dt \right\| \leq \int_a^b \|\mathbf{A}(t)\|\, dt \qquad (a < b)$.
(Beweis siehe [RA 2, 10.6.9.A])

4) Für stetig differenzierbare Matrizenfunktionen $\mathbf{A}\colon I \to \mathbb{K}^{n \times n}$ gilt

$$\mathbf{A} \cdot \mathbf{A}' = \mathbf{A}' \cdot \mathbf{A} \implies \left(\mathrm{e}^{\mathbf{A}}\right)' = \mathbf{A}' \cdot \mathrm{e}^{\mathbf{A}} = \mathrm{e}^{\mathbf{A}} \cdot \mathbf{A}' .$$

Achtung: Es gibt Beispiele von Matrizen $\mathbf{A}(x)$, für die

$$\left(\mathrm{e}^{\mathbf{A}}\right)' \neq \mathbf{A}' \cdot \mathrm{e}^{\mathbf{A}} \neq \mathrm{e}^{\mathbf{A}} \cdot \mathbf{A}' \neq \left(\mathrm{e}^{\mathbf{A}}\right)' .$$

Beweis und Beispiel siehe Aufgabe 12.1.C.

5) Für konstante Matrizen $\mathbf{A} \in \mathbb{K}^{n \times n}$ gilt $\left(e^{\mathbf{A}x}\right)' = \mathbf{A}\, e^{\mathbf{A}x}$.

6) Für Matrizen $\mathbf{A}, \mathbf{B} \in \mathbb{K}^{n \times n}$ gilt

$$\mathbf{A} \cdot \mathbf{B} = \mathbf{B} \cdot \mathbf{A} \implies e^{\mathbf{A}}\, e^{\mathbf{B}} = e^{\mathbf{A}+\mathbf{B}} = e^{\mathbf{B}}\, e^{\mathbf{A}} .$$

Insbesondere ist $e^{\mathbf{A}}\, e^{-\mathbf{A}} = \mathbf{E} =$ Einheitsmatrix. Also ist $e^{\mathbf{A}}$ umkehrbar für alle quadratischen Matrizen $\mathbf{A}$ und zwar ist $\left(e^{\mathbf{A}}\right)^{-1} = e^{-\mathbf{A}}$.

7) Seien $\mathbf{A}, \mathbf{B} \in \mathbb{K}^{n \times n}$ und $\mathbf{B}$ regulär. Dann gilt $e^{\mathbf{BAB}^{-1}} = \mathbf{B}\, e^{\mathbf{A}}\, \mathbf{B}^{-1}$.

8) $\det e^{\mathbf{A}} = e^{\operatorname{spur} \mathbf{A}}$

9) *Logarithmen regulärer Matrizen:*

Zu jeder regulären Matrix $\mathbf{A}$ existiert ein *'Logarithmus'* $\mathbf{B} = \log \mathbf{A}$, d.h. eine Matrix $\mathbf{B}$ mit $e^{\mathbf{B}} = \mathbf{A}$. Der Logarithmus $\mathbf{B}$ ist nicht eindeutig bestimmt und auch für reelle Matrizen $\mathbf{A}$ i.a. komplex.

Für die Eigenwerte gilt:

1) Ist μ ein m-facher Eigenwert von $\mathbf{B}$, so ist e^{μ} ein m-facher Eigenwert von $\mathbf{A} = e^{\mathbf{B}}$.

2) Ist λ ein m-facher Eigenwert von $\mathbf{A} = e^{\mathbf{B}}$, so existieren m Eigenwerte μ von $\mathbf{B}$ mit $e^{\mu} = \lambda$.

5.2 Lineare Systeme

Sei weiterhin $\mathbb{K} = \mathbb{C}$ oder $\mathbb{K} = \mathbb{R}$. Seien $\emptyset \neq I \subset \mathbb{R}$ ein offenes Intervall, $x_0 \in I$, $\vec{y}_0 \in \mathbb{K}^n$, $\mathbf{A}\colon I \to \mathbb{K}^{n\times n}$ und $\vec{b}\colon I \to \mathbb{K}^n$ stetige matrix- bzw vektorwertige Funktionen.

Wir betrachten komplexe bzw reelle *lineare (Dgl-) Systeme n–ter Ordnung:*

$$\vec{y}\,' = \mathbf{A}(x)\,\vec{y} + \vec{b}(x) . \tag{1}$$

Der Term $\vec{b}(x)$ heißt auch *Störfunktion* oder *Störglied.* Das System heißt *homogen,* falls $\vec{b}(x) \equiv \vec{0}$ ist, sonst *inhomogen.*

$$\vec{y}\,' = \mathbf{A}(x)\,\vec{y} \tag{2}$$

heißt das zu (1) gehörende homogene System.

$$\vec{y}\,' = \mathbf{A}(x)\,\vec{y} + \vec{b}(x) \quad ; \quad \vec{y}(x_0) = \vec{y}_0 \tag{3}$$

heißt *lineares Anfangswertprobleme (AWP) n–ter Ordnung.*

Lineare Anfangswertprobleme sind nach Peano lösbar. Ist $J \subset I$ ein kompaktes Teilintervall, so ist die rechte Seite in dem Streifen $J \times \mathbb{R}^n$ stetig und global Lipschitz-stetig bzgl $\vec{y}$. Also sind lineare Anfangswertprobleme nach Picard-Lindelöf eindeutig lösbar und die Lösungen können sämtlich auf das gesamte Grundintervall I fortgesetzt werden.

Existenz- und Eindeutigkeitssatz für lineare Systeme

Das AWP (3) besitzt genau eine nicht fortsetzbare Lösung und diese ist im ganzen Grundintervall I definiert.
Für reelle AWP's ist auch die Lösung reell.

Das Wachstum der Lösungen kann man abschätzen:

Abschätzungssatz für lineare Systeme

Gegeben sei das AWP (3) und ein kompaktes Teilintervall J von I.
Seien $L, \delta > 0$, $x_0 \in J$. In J gelte $\|\mathbf{A}(x)\| \leq L$ und $\|\vec{b}\,(x)\| \leq \delta$.
Dann gilt für die eindeutig bestimmte Lösung $\vec{y}$ des AWP's:

$$\|\vec{y}\,(x)\| \;\leq\; \|\vec{y}_0\|\, \mathrm{e}^{L|x-x_0|} + \frac{\delta}{L}\left(\mathrm{e}^{L|x-x_0|} - 1\right) \quad \text{für alle } x \in J .$$

Aus dieser Abschätzung folgt übrigens wieder der Eindeutigkeitssatz.

5.2.1 Struktur der Lösungen

Die Lösungen eines linearen Systems bilden einen n–dimensionalen Funktionenraum. Es gilt der

Struktursatz für lineare Systeme

Die $\mathbb{K}^n$–wertigen Lösungen eines linearen Systems n-ter Ordnung bilden einen n–dimensionalen affinen Funktionenraum über $\mathbb{K}$. Sie bilden einen Vektorraum, wenn das System homogen ist.
Die Differenz zweier Lösungen des inhomogenen Systems ist Lösung des zugehörigen homogenen Systems.
Man erhält alle Lösungen des inhomogenen Systems in der Form

$$\vec{y}(x) = \vec{y}_s(x) + \vec{y}_h(x) = \vec{y}_s(x) + C_1\,\vec{y}_1(x) + \ldots + C_n\,\vec{y}_n(x)\,, \quad C_k \in \mathbb{K}\,.$$

Dabei ist $\vec{y}_s$ eine *spezielle* Lösung des inhomogenen und $\vec{y}_h$ eine beliebige Lösung des zugehörigen homogenen Systems.
$\vec{y}_1, \ldots, \vec{y}_n$ sind Basislösungen des homogenen Systems.

Um ein lineares System zu lösen, braucht man daher

1) eine Basis des homogenen Lösungsraums, (siehe dazu Abschnitt 5.2.3)

2) eine spezielle Lösung des inhomogenen Systems (siehe dazu Abschnitt 5.2.6).

Außer für Systeme mit konstanten Koeffizienten gibt es kein allgemeines Verfahren zur Bestimmung einer Lösungsbasis für das homogene System. Sind Basislösungen des zugehörigen homogenen Systems bekannt, so erhält man eine spezielle Lösung $\vec{y}_s$ des inhomogenen Systems zumindest bis auf Integrationen durch Variation der Konstanten (siehe 5.2.6.a). Manchmal helfen auch spezielle Rateansätze.

Nützlich ist das folgende

Superpositionsprinzip

Seien $\alpha, \beta \in \mathbb{K}$, $\vec{y}_1{}' = \mathbf{A}(x)\,\vec{y}_1 + \vec{b}(x)$ und $\vec{y}_2{}' = \mathbf{A}(x)\,\vec{y}_2 + \vec{c}(x)$.

Dann löst $\vec{y} = \alpha\vec{y}_1 + \beta\vec{y}_2$ die Gleichung $\vec{y}\,' = \mathbf{A}(x)\,\vec{y} + \Big(\alpha\,\vec{b}(x) + \beta\,\vec{c}(x)\Big)$.

5.2.2 Zusammenhang von reellen und komplexen Systemen

Ein komplexes System (1) : $\vec{y}\,' = \mathbf{A}(x)\vec{y} + \vec{b}(x)$ ist äquivalent zu dem reellen linearen System

$$\begin{pmatrix} \vec{u}\,' \\ \vec{v}\,' \end{pmatrix} = \begin{pmatrix} \operatorname{Re}\mathbf{A}(x) & -\operatorname{Im}\mathbf{A}(x) \\ \operatorname{Im}\mathbf{A}(x) & \operatorname{Re}\mathbf{A}(x) \end{pmatrix} \cdot \begin{pmatrix} \vec{u} \\ \vec{v} \end{pmatrix} + \begin{pmatrix} \operatorname{Re}\vec{b}(x) \\ \operatorname{Im}\vec{b}(x) \end{pmatrix} \tag{4}$$

d.h. $\vec{y} = \vec{u} + i\vec{v}$ ist Lösung von (1) genau dann, wenn $(\vec{u}, \vec{v})^\top$ eine Lösung von (4) ist.

Daraus folgt:

> *Satz:*
> Sei $\mathbf{A}$ reell, also $\mathsf{Im}\,\mathbf{A} = \mathbf{0}$, und $\vec{\varphi}\colon I \to \mathbb{C}$ Lösung des Systems (1) : $\vec{y}\,' = \mathbf{A}(x)\vec{y} + \vec{b}(x)$.
> Dann ist $\mathsf{Re}\,\vec{\varphi}$ Lösung des Systems $\vec{y}\,' = \mathbf{A}(x)\vec{y} + \mathsf{Re}\,\vec{b}(x)$ und $\mathsf{Im}\,\vec{\varphi}$ ist Lösung des Systems $\vec{y}\,' = \mathbf{A}(x)\vec{y} + \mathsf{Im}\,\vec{b}(x)$.

Insbesondere sind Real- und Imaginärteil einer Lösung eines reellen homogenen Systems ebenfalls Lösungen.

5.2.3 Homogene Systeme

Wir betrachten das homogene lineare System n-ter Ordnung

$$\vec{y}\,' = \mathbf{A}(x)\,\vec{y}\,. \tag{5}$$

Dabei sei wie üblich $\mathbf{A}\colon I \to \mathbb{K}^{n\times n}$ stetig, $\emptyset \neq I \subset \mathbb{R}$ ein offenes Intervall.

> <u>*Struktursatz für homogene Systeme*</u>
>
> Die $\mathbb{K}^n$–wertigen Lösungen $\vec{y}\colon I \to \mathbb{K}^n$ eines homogenen Systems (5) bilden einen n-dimensionalen Vektorraum über $\mathbb{K}$.
> Sei $x_0 \in I$ fest gewählt. Dann ist die Abbildung, die jedem Vektor $\vec{y}_0 \in \mathbb{K}^n$ die eindeutig bestimmte Lösung des AWP's
>
> $$\vec{y}\,' = \mathbf{A}(x)\,\vec{y} \quad ; \quad \vec{y}(x_0) = \vec{y}_0$$
>
> zuordnet, ein Vektorraum-Isomorphismus vom $\mathbb{K}^n$ auf den Lösungsraum.

Eine Basis des Lösungsraums heißt auch *Fundamentalsystem.* Es gibt (außer bei konstanten Koeffizienten) kein allgemeines Verfahren, eine Lösungsbasis eines homogenen Systems zu finden. Kennt man eine Lösung, so kann man für die Suche nach weiteren die Ordnung des Systems durch den d'Alembertschen Reduktionsansatz verringern (siehe Abschnitt 5.2.4). Man kann das System n-ter Ordnung in eine lineare Gleichung n-ter Ordnung umwandeln und versuchen, für diese Lösungen zu finden. Siehe dazu z. B. Aufgabe 12.2.B.

Eine Matrix $\mathbf{Y} = (\vec{y}_1, \ldots, \vec{y}_m)$ heißt *Lösungsmatrix* des homogenen Systems (5), wenn die Spalten $\vec{y}_k$ Lösungen sind. Für Lösungsmatrizen gilt die sog. *Matrix-Differentialgleichung* $\mathbf{Y}' = \mathbf{A}(x)\,\mathbf{Y}$.

Eine Lösungsmatrix heißt *Wronski-Matrix,* falls $m = n$ ist. Sie heißt *Fundamentalmatrix,* falls die Spalten $\vec{y}_k$ außerdem linear unabhängig sind, also ein Fundamentalsystem bilden.

Ist $\mathbf{Y} = (\vec{y}_1, \ldots, \vec{y}_n)$ Wronski-Matrix von (5), so heißt $\det \mathbf{Y}$ *Wronski-Determinante* des Lösungssystems $\vec{y}_1, \ldots, \vec{y}_n$.

Eine Wronski-Determinante ist entweder $\equiv 0$ oder nirgends $= 0$. Sie erfüllt eine lineare Differentialgleichung 1. Ordnung:

Satz von Liouville

Sei $\mathbf{Y} = \mathbf{Y}(x)$ Wronski-Matrix von $\vec{y}\,' = \mathbf{A}(x)\vec{y}$ und $W(x) = \det \mathbf{Y}(x)$ ihre Determinante.
Dann ist $W(x)$ differenzierbar und mit $\mathrm{spur}\mathbf{A} := a_{11} + \ldots + a_{nn}$ gilt

$$W'(x) = \mathrm{spur}\mathbf{A}(x)\, W(x) \quad \text{bzw} \quad W(x) = W(x_0)\, \exp\left(\int_{x_0}^{x} \mathrm{spur}\mathbf{A}(t)\, dt \right) .$$

Folgerungen

1) Seien $C_1, \ldots, C_m \in \mathbb{K}$ und $\vec{y}_1, \ldots, \vec{y}_m$ Lösungen des homogenen Systems (5). Dann gilt

$$C_1 \vec{y}_1 + \ldots + C_m \vec{y}_m \equiv 0 \iff C_1 \vec{y}_1(x_0) + \ldots + C_m \vec{y}_m(x_0) = \vec{0} \quad \text{für ein} \quad x_0 \in I .$$

2) Sei $x_0 \in I$ und $\mathbf{Y}_0(x)$ die (eindeutig bestimmte) Fundamentalmatrix des homogenen Systems (5) mit $\mathbf{Y}_0(x_0) = \mathbf{E} =$ Einheitsmatrix.

   Dann ist $\vec{y}\,(x) := \mathbf{Y}_0(x)\, \vec{y}_0$ die eindeutig bestimmte Lösung von (5) mit $\vec{y}\,(x_0) = \vec{y}_0$.

   Für jede Lösungsmatrix $\mathbf{Y}(x)$ gilt $\mathbf{Y}(x) = \mathbf{Y}_0(x)\, \mathbf{Y}(x_0)$.

3) Sei $\mathbf{Y} = (\vec{y}_1, \ldots, \vec{y}_n)$ eine Fundamentalmatrix und $\mathbf{C} \in \mathbb{K}^{n \times m}$ konstant.

   Dann ist $\mathbf{YC}$ Lösungsmatrix und jede Lösungsmatrix ist von dieser Form.

4) Ist $\mathbf{Y}$ Fundamentalmatrix, $\mathbf{C} \in \mathbb{K}^{n \times n}$ konstant und regulär, so ist auch $\mathbf{YC}$ Fundamentalmatrix.

In bestimmten Fällen erhält man Fundamentalmatrizen mit Hilfe der Matrix-Exponentialfunktion.

Exponentiallösung des homogenen Systems

Sei $\mathbf{B}\colon I \to \mathbb{K}^{n \times n}$ derart, dass $\mathbf{B}(x) \cdot \mathbf{B}'(x) = \mathbf{B}'(x) \cdot \mathbf{B}(x)$. Dann ist $\mathbf{Y} = \mathrm{e}^{\mathbf{B}(x)}$ Fundamentalmatrix des homogenen Systems $\vec{y}\,' = \mathbf{B}'(x)\, \vec{y}$.

Ist $\mathbf{A} \in \mathbb{K}^{n \times n}$ konstant, so erfüllt $\mathbf{B}(x) := \mathbf{A}x$ die Voraussetzungen dieses Satzes. Es ist $\mathbf{B}'(x) = \mathbf{A}$. Also ist $\mathbf{Y} := \mathrm{e}^{\mathbf{A}x}$ Fundamentalmatrix des Systems $\vec{y}\,' = \mathbf{A}\vec{y}$.

Für die Lösung konkreter Systeme mit konstanten Koeffizienten gibt es aber geeignetere Verfahren (siehe 5.2.5).

5.2.4 Reduktionsverfahren von d'Alembert

Sei $\vec{u} = \vec{u}\,(x)$, $\vec{u}\colon I \to \mathbb{K}^n$, eine spezielle nicht-triviale Lösung des homogenen Systems (5) $\vec{y}\,' = \mathbf{A}(x)\,\vec{y}$.
Sei o.B.d.A. die 1. Koordinate $u_1 \neq 0$. Der d'Alembertsche Reduktionsansatz zur Bestimmung weiterer Lösungen lautet dann

$$\vec{y}(x) \;=\; \vec{u}(x)\,p(x) + \begin{pmatrix} 0 \\ \vec{z}(x) \end{pmatrix} \tag{6}$$

mit noch zu bestimmenden Hilfsfunktionen $p\colon I \to \mathbb{K}$, $\vec{z}\colon I \to \mathbb{K}^{n-1}$. Einsetzen in das System (5) führt auf ein Differentialgleichungssystem für p und $\vec{z}$, in dem p rausfällt (aber nicht p').

Die erste Gleichung kann man nach p' auflösen, in den Rest einsetzen und erhält so ein lineares homogenes System $(*)$ der Ordnung $n-1$ für $\vec{z} = \vec{z}\,(x)$.

Hat man eine Lösung $\vec{z}$ von $(*)$, so muss man rückwärts das zugehörige $p'(x)$ berechnen, dies integrieren und erhält so aus dem Ansatz (6) eine Lösung $\vec{y}$ von (5). Ein Fundamentalsystem von $(*)$ liefert auf diese Weise zusammen mit der vorgegebenen speziellen Lösung $\vec{u}$ ein Fundamentalsystem von (5).

Kennt man zu Beginn bereits mehrere linear unabhängige Lösungen von (5), etwa k Lösungen, so kann man mit einem analogen Ansatz die Systemordnung in einem Schritt auf $n-k$ reduzieren.

Genauer: Seien $\vec{y}_1, \ldots, \vec{y}_k$ linear unabhängige Lösungen von (5) derart, dass die Untermatrix $\begin{pmatrix} y_{1,1} & \cdots & y_{1,k} \\ \vdots & & \vdots \\ y_{k,1} & \cdots & y_{k,k} \end{pmatrix}$ regulär ist. Dann macht man den Ansatz

$$\vec{y}(x) \;=\; \sum_{j=1}^{k} \vec{y}_j(x)\,p_j(x) + \begin{pmatrix} \vec{0} \\ \vec{z}(x) \end{pmatrix} \tag{7}$$

mit noch zu bestimmenden Hilfsfunktionen $p_j\colon I \to \mathbb{K}$, $\vec{z}\colon I \to \mathbb{K}^{n-k}$. Einsetzen in das System (5) führt auf ein Differentialgleichungssystem für die p_j und $\vec{z}$, in dem die p_j rausfallen, aber nicht die Ableitungen p_j'. Die ersten k Gleichungen kann man nach den p_j' auflösen, in den Rest einsetzen und erhält so ein lineares homogenes System der Ordnung $n-k$ für $\vec{z} = \vec{z}\,(x)$. Usw.

Beispiel:

$\vec{u}\,(x) := \begin{pmatrix} x^2 \\ -x \end{pmatrix}$ ist eine spezielle Lösung des Systems

$$\begin{pmatrix} y_1' \\ y_2' \end{pmatrix} \;=\; \begin{pmatrix} 1/x & -1 \\ 1/x^2 & 2/x \end{pmatrix} \begin{pmatrix} y_1 \\ y_2 \end{pmatrix} . \tag{8}$$

$\vec{y} = \vec{u}\,(x)\,p(x) + \begin{pmatrix} 0 \\ z(x) \end{pmatrix}$ ist der Reduktionsansatz für ein System 2. Ordnung, falls die erste Koordinate $u_1 \neq 0$ ist. Einsetzen liefert das System

$$x^2\,p' \;=\; -z \qquad ; \qquad -x\,p' + z' \;=\; \frac{2}{x}\,z\,. \tag{9}$$

Die erste Gleichung in die zweite eingesetzt ergibt $xz' = z$. Diese lineare Gleichung 1. Ordnung besitzt $z(x) = x$ als Basislösung.

Aus der 1. Gleichung von (9) erhält man rückwärts $p' = -1/x$, $p(x) = -\ln x$ und damit $\vec{y}(x) := \begin{pmatrix} -x^2 \ln x \\ x\,(\ln x + 1) \end{pmatrix}$ als eine weitere Lösung des Ausgangssystems (8) im Intervall $]0, \infty[$.
$\vec{y}$ und $\vec{u}$ bilden zusammen ein Fundamentalsystem.

In Aufgabe 12.2.B wird das System durch Umwandlung in eine Gleichung 2. Ordnung gelöst.

Bei linearen Systemen 2.-ter Ordnung kann man den d'Alembert Ansatz auch in die inhomogene Gleichung einsetzen. Siehe dazu Aufgabe 12.2.H.

5.2.5 Homogene Systeme mit konstanten Koeffizienten

Homogene Systeme mit konstanten Koeffizienten sind spezielle *autonome Systeme* (siehe Abschnitt 4.2). Wir verwenden t als unabhängige Variable, schreiben $\dot{\vec{x}}\,(t) = \frac{d}{dt}\,\vec{x}\,(t)$ und betrachten das homogene System

$$\dot{\vec{x}} \;=\; \mathbf{A}\vec{x}\,, \tag{10}$$

wobei $\mathbf{A} \in \mathbb{K}^{n \times n}$ eine konstante Matrix ist.

Derartige Anfangswertprobleme sind wie alle linearen AWP's eindeutig lösbar. Wie für beliebige homogene Systeme gilt auch hier, dass die $\mathbb{K}^n$–wertigen Lösungen einen n–dimensionalen Vektorraum über $\mathbb{K}$ bilden. Die maximal fortgesetzten Lösungen sind im ganzen Grundintervall, hier also in ganz $\mathbb{R}$ definiert.

Bei konstanter Koeffizientenmatrix **A** kann man zusätzlich zeigen:

Satz:
1) $\mathbf{X} = \mathrm{e}^{\mathbf{A}t}$ ist eine Fundamentalmatrix des homogenen Systems (10), d.h. die Spalten von $\mathbf{X} = \mathrm{e}^{\mathbf{A}t}$ bilden eine Basis des Lösungsraums.
2) Für $(t_0, \vec{x}_0) \in \mathbb{R} \times \mathbb{K}^n$ ist $\vec{x}\,(t) := \mathrm{e}^{\mathbf{A}(t-t_0)}\,\vec{x}_0$ die eindeutig bestimmte Lösung von (10) mit $\vec{x}\,(t_0) = \vec{x}_0$.

Andere Verfahren zur Lösung von Systemen mit konstanten Koeffizienten liefern die *Laplace-Transformation* (siehe Abschnitt 6) und die *Eigenwertmethode*.

Bei Systemen niedriger Ordnung kann man auch zu einer äquivalenten Gleichung entsprechender Ordnung übergehen, die meist bequemer zu lösen ist *(Eliminationsmethode)*. Siehe z.B. Aufgabe 12.2.B.

Kochrezept (Eigenwertmethode)

Gesucht ist eine Lösungsbasis für das System $\dot{\vec{x}} = \mathbf{A}\vec{x}$ mit konstanter Koeffizientenmatrix $\mathbf{A} \in \mathbb{K}^{n \times n}$.

1) Bestimme die Eigenwerte λ_ν von $\mathbf{A}$ und ihre Vielfachheiten m_ν, also die Nullstellen des charakteristischen Polynoms $\chi(\lambda) = \det(\mathbf{A} - \lambda\mathbf{E})$.
2) Zu jedem Eigenwert λ der Vielfachheit m bestimme man m linear unabhängige Lösungen der Form $\vec{p}_j(t)\,\mathrm{e}^{\lambda t}$ mit Vektorpolynomen $\vec{p}_j(t)$ vom Grad $\leq j$ $(j = 0, \ldots, m-1)$.
3) Das so bestimmte Fundamentalsystem ist i.a. komplex. Ist die Matrix $\mathbf{A}$ reell, so liefern Real- und Imaginärteile eines komplexen Fundamentalsystems ein reelles Fundamentalsystem.

Zu 1): Über $\mathbb{C}$ zerfällt das charakteristische Polynom völlig in Linearfaktoren. Die Bestimmung der Nullstellen ist aber ein numerisches Problem, auf das wir nicht eingehen können. Die Summe der Vielfachheiten ist $\sum m_\nu = n$.

Zu 2): Man wird zu jedem Eigenwert λ zunächst zugehörige Eigenvektoren $\vec{c} \in \mathbb{K}^n$ bestimmen. Es gilt nämlich der Satz:

> $\vec{x} = \vec{c}\,\mathrm{e}^{\lambda t}$ mit konstantem Vektor $\vec{c} \in \mathbb{K}^n \setminus \{\vec{0}\}$ ist genau dann Lösung von (10), wenn $\vec{c}$ Eigenvektor der Matrix $\mathbf{A}$ zum Eigenwert λ ist.

Wenn man Glück hat, so ist $\mathbf{A}$ diagonalisierbar, d.h. zu jedem Eigenwert λ der Vielfachheit m existieren m linear unabhängige Eigenvektoren $\vec{c}_j$. In diesem Fall bilden die entsprechenden Lösungen $\vec{x} = \vec{c}_j\,\mathrm{e}^{\lambda t}$ bereits ein Fundamentalsystem.

Ist die Koeffizientenmatrix $\mathbf{A}$ nicht diagonalisierbar, muss man sich mehr anstrengen. Gibt es zum Eigenwert λ der Vielfachheit m nur $k < m$ linear unabhängige Eigenvektoren, so müssen noch $m-k$ weitere Basislösungen der Form $\vec{p}_j(t)\,\mathrm{e}^{\lambda t}$ mit Vektorpolynomen $\vec{p}_j$ gefunden werden. Zunächst wird man solche mit Grad 1, dann mit Grad 2 usw bestimmen, bis man insgesamt m Basislösungen hat.

Man macht dafür einen Ansatz mit unbestimmten (Vektor-) Koeffizienten, setzt ihn in das homogene System ein und berechnet die Koeffizienten durch Koeffizientenvergleich.

Evt hilft auch die Theorie der *Jordanschen Normalform* (siehe z.B. [RLA2], Kap. 3). Ist z.B. $\vec{d} \in \mathbb{K}^n$ ein Hauptvektor zweiter Stufe zum Eigenwert λ, so ist $(\mathbf{A} - \lambda\mathbf{E})\vec{d} =: \vec{c}$ ein Eigenvektor und $(\vec{c}t + \vec{d})\,\mathrm{e}^{\lambda t}$ ist Lösung des gegebenen Systems. Man rechne dies nach!

Zu 3): Ist $\mathbf{A}$ reell, so treten die echt komplexen Eigenwerte von $\mathbf{A}$ in konjugiert komplexen Paaren mit gleicher Vielfachheit auf. Konjugiert komplexe Eigenwerte λ und $\overline{\lambda}$ besitzen konjugiert komplexe Eigenvektoren und liefern konjugiert komplexe Basislösungen. Für ein reelles Fundamentalsystem reichen Real- und Imaginärteil der zu λ gehörenden Basislösungen.

Ist $\lambda = \alpha + i\beta \in \mathbb{C} \setminus \mathbb{R}$ ein echt komplexer Eigenwert, so kann man die zugehörigen reellen Basislösungen aber auch rein reell mit dem Ansatz

$$\vec{x} \;=\; \mathrm{e}^{\alpha t}\left(\vec{p}_j(t)\cos\beta t + \vec{q}_j(t)\sin\beta t\right)$$

bestimmen mit reellen vektorwertigen Polynomen $\vec{p}_j$ und $\vec{q}_j$.

Zusammengefasst steckt dieses Kochrezept in den folgenden beiden Sätzen. Zum Beweis braucht man Ergebnisse über die Jordansche Normalform einer quadratischen Matrix aus $\mathbb{K}^{n\times n}$ und natürlich auch die Tatsache, dass eine komplexe $n \times n$–Matrix n nicht notwendig verschiedene komplexe Eigenwerte hat (mit Vielfachheit gezählt).

Komplexe Fundamentalsysteme für Systeme mit konstanten Koeffizienten

Seien $\mathbf{A} \in \mathbb{C}^{n\times n}$ und λ_ν ($\nu = 1,\ldots,r$) die verschiedenen, i.a. komplexen Eigenwerte von $\mathbf{A}$ jeweils mit der Vielfachheit m_ν.
Dann existiert ein Fundamentalsystem von (10) bestehend aus $n = m_1 + \ldots + m_r$ linear unabhängigen Lösungen der Form

$$\vec{x}_{\nu,j} \;=\; \mathrm{e}^{\lambda_\nu t}\,\vec{p}_{\nu,j}(t)\;,\quad j = 0,\ldots,m_\nu - 1\;,\; \nu = 1,\ldots,r\;.$$

Dabei sind die $\vec{p}_{\nu,j}(t)$ vektorwertige Polynome vom Grad $\leq j$. Sie können bei reellem $\mathbf{A}$ und λ_ν reell gewählt werden.

Reelle Fundamentalsysteme für Systeme mit konstanten Koeffizienten

Seien $\mathbf{A} \in \mathbb{R}^{n\times n}$ eine konstante reelle Matrix, $\lambda_1,\ldots,\lambda_k$ die verschiedenen reellen und $\lambda_{k+1} = \alpha_{k+1} + i\beta_{k+1},\ldots,\lambda_s$, $\overline{\lambda_{k+1}},\ldots,\overline{\lambda_s} = \alpha_s - i\beta_s$ die verschiedenen echt komplexen Eigenwerte von $\mathbf{A}$, jeweils mit der Vielfachheit m_ν.
Dann existiert ein reelles Fundamentalsystem von (10) der Form:

$$\mathrm{e}^{\lambda_\nu t}\,\vec{p}_{\nu,j}(t) \qquad (0 \leq j < m_\nu\;;\; 1 \leq \nu \leq k)$$

$$\mathrm{Re}\left(\mathrm{e}^{\lambda_\mu t}\,\vec{p}_{\mu,j}(t)\right)\;,\;\mathrm{Im}\left(\mathrm{e}^{\lambda_\mu t}\,\vec{p}_{\mu,j}(t)\right) \quad (0 \leq j < m_\mu\;; k < \mu \leq s)$$

Dabei sind die $\vec{p}_{\nu,j}(t)$ vektorwertige Polynome vom Grad $\leq j$ und reell für $\nu = 1,\ldots,k$.
Man kann ein derartiges reelles Fundamentalsystem aus einem komplexen durch Übergang zu Real- und Imaginärteil erhalten.

Beispiele in Abschnitt 12.3.

Stabilitätsaussagen für lineare Systeme mit konstanten Koeffizienten finden Sie in Abschnitt 7.2.a.

Zu Phasenräumen linearer autonomer Systeme 2. Ordnung siehe Aufgabe 11.5.B.

5.2.6 Inhomogene Systeme

Wir betrachten wiederum das lineare System

$$\vec{y}\,' = \mathbf{A}(x)\,\vec{y} + \vec{b}\,(x) \tag{11}$$

und das zugehörige homogene System

$$\vec{y}\,' = \mathbf{A}(x)\,\vec{y}\;. \tag{12}$$

Kennt man den Lösungsvektorraum des homogenen Systems (12), so muss man auf Grund des Struktursatzes aus 5.2.1 nur noch eine spezielle Lösung des inhomogenen Systems finden. Denn jede Lösung von (11) ist von der Form

$$\vec{y} = \vec{y}_s + \vec{y}_h\;,$$

wobei $\vec{y}_s$ eine spezielle Lösung des inhomogenen Systems (11) und $\vec{y}_h$ eine beliebige Lösung des homogenen Systems (12) ist.

Möglichkeiten, eine solche spezielle Lösung $\vec{y}_s$ zu finden, sind u.a. die Variation der Konstanten, spezielle Rateansätze und bei konstanten Koeffizienten die Laplace-Transformation.

a) Variation der Konstanten (VdK)

Die sog. *Variation der Konstanten* liefert stets bis auf Integration eine spezielle Lösung.

Ist $\mathbf{Y}(x) = \big(\vec{y}_1\,(x), \ldots, \vec{y}_n\,(x)\big)$ ein Fundamentalsystem des homogenen Systems (12), so erhält man eine spezielle Lösung des inhomogenen Systems (11) durch den Ansatz

$$\vec{y} = \vec{y}_s(x) = \mathbf{Y}(x)\,\vec{C}\,(x) = C_1(x)\vec{y}_1\,(x) + \ldots + C_n(x)\vec{y}_n\,(x)\;. \tag{13}$$

Einsetzen liefert $\mathbf{Y}(x)\,\vec{C}' = \vec{b}(x)$ bzw $\vec{C}' = \mathbf{Y}^{-1}\,\vec{b}$.
$\mathbf{Y}$ ist eine Fundamentalmatrix, also invertierbar.
Man erhält $\vec{C}(x) = \int \mathbf{Y}^{-1}(x)\,\vec{b}\,(x)\,dx$ und damit die spezielle Lösung

$$\vec{y}_s(x) = \mathbf{Y}(x) \int_{x_0}^{x} \mathbf{Y}^{-1}(\xi)\,\vec{b}\,(\xi)\,d\xi\;.$$

Ist die Koeffizientenmatrix $\mathbf{A}$ konstant, so ist $\mathbf{Y} := \mathrm{e}^{\mathbf{A}x}$ eine Fundamentalmatrix des homogenen Systems. Variation der Konstanten liefert daher für konstante Matrizen **A** die spezielle Lösung

$$\vec{y}_s(x) = e^{\mathbf{A}x} \int_{x_0}^{x} e^{-\mathbf{A}\xi}\, \vec{b}(\xi)\, d\xi = \int_{x_0}^{x} e^{\mathbf{A}(x-\xi)}\, \vec{b}(\xi)\, d\xi .$$

$\vec{y}(x) = e^{\mathbf{A}(x-x_0)}\, \vec{y}_0 + \int_{x_0}^{x} e^{\mathbf{A}(x-\xi)}\, \vec{b}(\xi)\, d\xi$ ist dann die eindeutig bestimmte spezielle Lösung mit $\vec{y}(x_0) = \vec{y}_0$.

b) Spezielle Ansätze für die inhomogene Lösung

Die Variation der Konstanten führt prinzipiell stets zum Ziel, ist in der Praxis aber recht aufwendig. Beispiele siehe Aufgabe 12.2. Man ist daher für einfachere Methoden dankbar. Manchmal führen geeignete *Rateansätze* zum Ziel. Für spezielle Störglieder und konstante Matrizen **A** gibt es Rateansätze, die immer funktionieren:

Ist bei dem System (11) die Koeffizientenmatrix **A** konstant und die Störfunktion von der Form

$$\vec{b}(x) = \vec{p}(x)\, e^{\lambda x} ,$$

mit einem vektorwertigen Polynom $\vec{p}(x)$, so existiert eine spezielle Lösung der Form

$$\vec{y}_s(x) = \vec{q}(x)\, e^{\lambda x}$$

mit einem vektorwertigen Polynom $\vec{q}(x)$. Der Grad von $\vec{q}$ hängt davon ab, ob *Resonanz* vorliegt oder nicht.

Man sagt, dass in dem System *m-fache Resonanz* vorliegt, wenn der Koeffizient λ im Exponenten des Störglieds $\vec{b}(x) = \vec{p}(x)\, e^{\lambda x}$ ein m–facher Eigenwert von **A** ist.

Ist der Grad von $\vec{p}(x)$ gleich k und liegt m-fache Resonanz vor, so gibt es eine spezielle Lösung der Form $\vec{y}_s(x) = \vec{q}(x)\, e^{\lambda x}$ mit Grad $\vec{q} \le m + k$.

Ist die Störfunktion Summe von solchen speziellen Störgliedern, so kommt man mit der Summe der entsprechenden Ansätze weiter (*Superpositionsprinzip*).

Ist die Matrix **A** reell und die Störfunktion von der Form

$$\vec{b}(x) = \mathsf{Re}\left[\vec{p}(x)\, e^{\lambda x}\right] = e^{\alpha x}\left(\vec{r}(x)\cos\beta x - \vec{s}(x)\sin\beta x\right) ,$$

so kann man zunächst eine spezielle Lösung des Systems mit der komplexen Störfunktion $\vec{b}(x) = \vec{p}(x)\, e^{\lambda x}$ bestimmen und von dieser komplexen Lösung den Realteil nehmen. Dabei sei $\vec{p} = \vec{r} + i\vec{s}$ und $\lambda = \alpha + i\beta$ die übliche Zerlegung in Real- und Imaginärteil, $\vec{p}$, $\vec{r}$, $\vec{s}$ komplexe bzw reelle vektorwertige Polynome.

Man kann auch rein reell rechnen und bei Störgliedern der Form $e^{\alpha x}\left(\vec{r}(x)\cos\beta x + \vec{s}(x)\sin\beta x\right)$ mit dem Ansatz $e^{\alpha x}\left(\vec{u}(x)\cos\beta x + \vec{v}(x)\sin\beta x\right)$ in die inhomogene Gleichung gehen. Für den Grad von $\vec{u}$ und $\vec{v}$ ist wiederum wesentlich, ob Resonanz vorliegt oder nicht.

Beispiele siehe Aufgabe 12.3.B.

5.3 Lineare Differentialgleichungen

Sei weiterhin $\mathbb{K} = \mathbb{C}$ oder $\mathbb{K} = \mathbb{R}$. Seien $I \subset \mathbb{R}$ ein offenes Intervall, $a_i \colon I \to \mathbb{K}$, $b \colon I \to \mathbb{K}$ stetige Funktionen, $x_0 \in I$, $c_j \in \mathbb{K}$. Wir betrachten die komplexe bzw reelle lineare Differentialgleichung n–ter Ordnung

$$L[y] \;:=\; y^{(n)} + a_{n-1}(x)\, y^{(n-1)} + \ldots + a_1(x)\, y' + a_0(x)\, y \;=\; b(x) \tag{1}$$

bzw entsprechende Anfangswertprobleme

$$\begin{aligned} L[y] \;&:=\; y^{(n)} + a_{n-1}(x)\, y^{(n-1)} + \ldots + a_1(x)\, y' + a_0(x)\, y \;=\; b(x) \;, \\ y(x_0) \;&=\; c_0 \;, \quad y'(x_0) = c_1 \;, \;\ldots\;, \; y^{(n-1)}(x_0) \;=\; c_{n-1} \;. \end{aligned} \tag{2}$$

Die rechte Seite $b(x)$ heißt auch *Störfunktion* oder *Störglied.* Die Gleichung heißt *homogen*, falls $b(x) \equiv 0$ ist, sonst *inhomogen.* Die zugehörige homogene Gleichung ist

$$L[y] \;:=\; y^{(n)} + a_{n-1}(x)\, y^{n-1} + \ldots + a_1(x)\, y' + a_0(x)\, y \;=\; 0 \;. \tag{3}$$

Die lineare Differentialgleichung n-ter Ordnung (1) ist äquivalent zu einem System von n linearen Gleichungen 1. Ordnung. Geht man nämlich über zu

$$\vec{y} = (y_1, y_2, \ldots, y_n)^\top \quad ; \quad y_1 := y \;,\; y_2 := y' \;,\; \ldots \;,\; y_n := y^{(n-1)} \;,$$

so entspricht die Gleichung (1) dem System

$$\vec{y}\,' \;=\; \begin{pmatrix} 0 & 1 & 0 & \cdots & 0 \\ \vdots & & & & \vdots \\ 0 & 0 & \cdots & 0 & 1 \\ -a_0 & -a_1 & \cdots & -a_{n-2} & -a_{n-1} \end{pmatrix} \vec{y} \;+\; \begin{pmatrix} 0 \\ \vdots \\ 0 \\ b \end{pmatrix} . \tag{4}$$

Dadurch können viele Sätze für Systeme auf lineare Differentialgleichungen übertragen werden.

Ist z.B. $J \subset I$ ein kompaktes Teilintervall, so ist die rechte Seite des zur linearen Gleichung (1) gehörenden Systems (4) auf dem Streifen $J \times \mathbb{R}^n$ stetig und global Lipschitz-stetig bzgl $\vec{y}$. Also gilt der

Existenz- und Eindeutigkeitssatz für lineare Differentialgleichungen

Das Anfangswertproblem (2) besitzt genau eine nicht fortsetzbare Lösung und diese ist im ganzen Grundintervall I definiert.
Für reelle Anfangswertprobleme ist auch die Lösung reell.

5.3.1 Struktur der Lösungen

Auch der Struktursatz für die Lösungen folgt sofort aus dem für Systeme:

Struktursatz für lineare Differentialgleichungen

Die $\mathbb{K}$–wertigen Lösungen der linearen Gleichung n-ter Ordnung (1) bilden einen n-dimensionalen affinen Funktionenraum über $\mathbb{K}$. Sie bilden einen Vektorraum, wenn die Gleichung homogen ist.
Sind y_1, y_2 zwei Lösungen der linearen Gleichung (1), so ist $y_1 - y_2$ eine Lösung der zugehörigen homogenen Gleichung (3).
Jede Lösung der linearen Gleichung (1) ist von der Form

$$y = y_s + y_h = y_s(x) + C_1\, y_1(x) + \ldots + C_n\, y_n(x)\ , \quad C_k \in \mathbb{K}\ ,$$

wobei y_s eine spezielle Lösung der inhomogenen Gleichung (1) und y_h eine beliebige Lösung der homogenen Gleichung (3) ist.
$y_1, \ldots, y_n$ sind Basislösungen der homogenen Gleichung.

Um eine lineare Gleichung zu lösen, braucht man daher

1) eine Basis des Lösungsraums der homogenen Gleichung (siehe 5.3.2)

2) eine spezielle Lösung der inhomogenen Gleichung (siehe 5.3.6).

Außer für Gleichungen mit konstanten Koeffizienten bzw Gleichungen, die man auf solche zurückführen kann, wie z.B. die Eulerschen Dgln, gibt es kein allgemeines Verfahren zur Bestimmung einer Lösungsbasis der homogenen Gleichung. Sind Basislösungen der zugehörigen homogenen Gleichung bekannt, so erhält man eine spezielle Lösung $\vec{y}_s$ der inhomogenen Gleichung – zumindest bis auf Integrationen – durch Variation der Konstanten (siehe 5.3.6.a). Manchmal helfen spezielle Ratensätze.

Nützlich ist das folgende

Superpositionsprinzip

Seien $\alpha, \beta \in \mathbb{K}$, y_1 Lösung der linearen Gleichung $L[y] = b(x)$ und y_2 Lösung der Gleichung $L[y] = c(x)$.

Dann löst $y := \alpha y_1 + \beta y_2$ die Gleichung $L[y] = \alpha\, b(x) + \beta\, c(x)$.

5.3.2 Homogene Gleichungen

Die $\mathbb{K}$–wertigen Lösungen einer homogenen Differentialgleichung n-ter Ordnung bilden einen n-dimensionalen Vektorraum über $\mathbb{K}$.

Es ist i.a. nicht möglich, Basislösungen explizit anzugeben. Für Gleichungen mit konstanten Koeffizienten siehe Abschnitt 5.3.5. Kennt man eine oder mehrere linear unabhängige Lösungen, so kann man mit dem Reduktionsverfahren von d'Alembert die Ordnung der Gleichung erniedrigen und danach versuchen, weitere zu finden. Siehe Abschnitt 5.3.4.

Man kann versuchen, mit einem Potenzreihenansatz analytische Lösungen zu bestimmen. Siehe dazu Abschnitt 4.3, insbesondere 4.3.3.

Man kann durch eine geeignete Substitution den zweithöchsten Koeffizienten $a_{n-1}(x)$ beseitigen, wenigstens wenn dieser $(n-1)$–mal stetig differenzierbar ist. Siehe Aufgabe 12.4.H für den Beweis.

5.3.3 Wronski-Determinante

Sind n Funktionen $y_1, \ldots, y_n$ in einem echten Intervall $I \subset \mathbb{R}$ $(n-1)$–mal differenzierbar, so heißt

$$W(x) \;:=W(y_1,\ldots,y_n)(x) \;:=\; \det \begin{pmatrix} y_1 & \cdots & y_n \\ y_1' & \cdots & y_n' \\ \vdots & & \vdots \\ y_1^{(n-1)} & \cdots & y_n^{(n-1)} \end{pmatrix} (x)$$

die *Wronski-Determinante* dieses Funktionensystems.

Z.B. ist die Wronski-Determinante der Funktionen $\varphi_k(x) := \mathrm{e}^{\lambda_k x}$ $(k = 1, \ldots, n)$

$$W\left(\varphi_1,\ldots,\varphi_n\right)(x) \;=\; \det \begin{pmatrix} 1 & 1 & \ldots & 1 \\ \lambda_1 & \lambda_2 & \ldots & \lambda_n \\ \vdots & \vdots & \ddots & \vdots \\ \lambda_1^{n-1} & \lambda_2^{n-1} & \ldots & \lambda_n^{n-1} \end{pmatrix} \mathrm{e}^{(\lambda_1+\ldots+\lambda_n)x} \;.$$

Siehe dazu Aufgabe 12.4.F.

Sind die Funktionen auf I linear abhängig, d.h. gibt es Koeffizienten $c_k \in \mathbb{K}$, die nicht alle verschwinden, mit $c_1 y_1(x) + \ldots + c_n y_n(x) = 0$ für alle $x \in I$, so ist $W(x) \equiv 0$ in I.

Die Umkehrung ist i.a. falsch. Z.B. sind die Funkionen

$$\varphi_1(x) \;:=\; \begin{cases} x^2 & \text{für } x \geq 0 \\ 0 & \text{für } x \leq 0 \end{cases} \qquad \text{und} \qquad \varphi_2(x) \;:=\; \begin{cases} 0 & \text{für } x \geq 0 \\ x^2 & \text{für } x \leq 0 \end{cases}$$

in $\mathbb{R}$ stetig differenzierbar. Ihre Wronski-Determinante verschwindet identisch in $\mathbb{R}$. φ_1 und φ_2 sind zwar über $]-\infty, 0]$ und über $[0, \infty[$, aber nicht über ganz $\mathbb{R}$ linear abhängig.

Dagegen gilt für die Lösungen einer homogenen Differentialgleichung:

<u>*Satz über Fundamentalsysteme und Wronski-Determinante*</u>

n Lösungen $y_1, \ldots, y_n$ der homogenen Gleichung (3) bilden genau dann ein Fundamentalsystem, wenn ihre *Wronski-Determinante* ungleich 0 ist.

Es gilt auch umgekehrt: Sind die Funktionen $y_1, \ldots, y_n$ in einem Intervall stetig differenzierbar, und ist ihre Wronski-Determinante $W(x) \neq 0$, so gibt es genau eine homogene Gleichung n-ter Ordnung mit Leitkoeffizienten 1, für die sie ein Fundamentalsystem bilden. Siehe Aufgabe 12.4.E für den Beweis.

Ist die Wronski-Determinante eines Lösungssystems in einem Punkt x_0 ungleich 0, so auch im ganzen Intervall I. Sie erfüllt die Differentialgleichung

$$W'(x) = -a_{n-1}(x)\, W(x) .$$

Infolgedessen gilt die Liouville-Formel

$$W(x) = W(x_0) \exp\left(- \int_{x_0}^{x} a_{n-1}(t)\, dt \right) .$$

Insbesondere ist $W(x) \equiv const$, falls der 2. Koeffizient $a_{n-1} \equiv 0$ ist.

Ist speziell $n = 2$, und $y_1 = \varphi(x) \not\equiv 0$ eine Lösung, so erhält man aus der Liouville-Formel eine lineare Gleichung 1. Ordnung für die allgemeine Lösung y, nämlich

$$y_1 y' - y_1' y = W(x) = C \exp\left(- \int_{x_0}^{x} a_1(t)\, dt \right) \quad ; \quad C \in \mathbb{K} .$$

Siehe Aufgabe 12.4.G für den Beweis und ein Beispiel.

5.3.4 Reduktionsverfahren von d'Alembert

Ist eine Basislösung der homogenen Differentialgleichung bekannt, so kann man durch den *d'Alembert'schen Reduktionsansatz* die Ordnung reduzieren.

Ist $u = u(x)$, $u \neq 0$, eine spezielle Lösung der homogenen Gleichung

$$L[y] := y^{(n)} + a_{n-1}(x)\, y^{(n-1)} + \ldots + a_1(x)\, y' + a_0(x)\, y = 0 \qquad (5)$$

so liefert der Ansatz $\boxed{y(x) = u(x)\, z(x)}$ die reduzierte Gleichung

$$\widetilde{L}[z'] := \sum_{j=1}^{n} \sum_{k=j}^{n} a_k(x) \binom{k}{j} z^{(j)} u^{(k-j)} = 0 \qquad (a_n :\equiv 1) . \qquad (6)$$

Dies ist eine Differentialgleichung (n–1)–ter Ordnung für z'. Bilden $z_2', \ldots, z_n'$ ein Fundamentalsystem für (6), und sind die z_ν Stammfunktionen von z_ν' , so bilden $u, uz_2, \ldots, uz_n$ ein Fundamentalsystem von (5).

Reduktionsverfahren von d'Alembert für lineare Gleichungen

1) Bestimme oder rate eine spezielle Lösung $u \neq 0$ der homogenen Dgl (5).
2) Setze $y = uz$, $y' = u'z + uz'$, $y'' = u''z + 2u'z' + uz''$ usw in die Gleichung (5) ein. Zur Leibniz-Regel für die n-te Ableitung eines Produkts siehe z.B. [RA 2, 4.1.3.f] .
3) Sortieren und Ausnutzen, dass u Lösung von (5) ist, liefert die homogene Gleichung (6) der Ordnung $(n-1)$ für die Ableitung $z'(x)$.
4) Bestimme ein Fundamentalsystem $z_2', \ldots, z_n'$ von (6).
5) Bestimme dazu Stammfunktionen $z_2, \ldots, z_n$.
6) $u, uz_2, \ldots, uz_n$ ist ein Fundamentalsystem von (5).

Beispiel: $y'' - x\,y' + y = 0$

Eine spezielle Lösung ist $u(x) := x$.
Der Reduktionsansatz ist $y = uz = xz(x)$.
Er liefert wegen $y' = z + xz'$ und $y'' = 2z' + xz''$ die Gleichung

$$xz'' + (2 - x^2)z' = 0 . \tag{7}$$

Dies ist eine homogene lineare Dgl 1. Ordnung für z', bei der man wie bei jeder homogenen Dgl 1. Ordnung die Variablen trennen kann. Man erhält

$$z' = \frac{C}{x^2}\,\mathrm{e}^{x^2/2} \quad \text{bzw} \quad z = C\int \frac{\mathrm{e}^{x^2/2}}{x^2}\,dx + D \quad (C, D \in \mathbb{R}) .$$

$z_1 :\equiv 1$ und $z_2 := \int \frac{\mathrm{e}^{x^2/2}}{x^2}\,dx$ bilden ein Fundamentalsystem der Hilfsgleichung (7). Das Integral ist nicht elementar lösbar.

Ein Fundamentalsystem der Ausgangsgleichung bilden die Funktionen

$$\varphi_1(x) = x \qquad \text{und} \qquad \varphi_2(x) = x\int \frac{\mathrm{e}^{x^2/2}}{x^2}\,dx .$$

Weitere Beispiele u.a. in den Aufgaben 11.4.D, 12.4.A.

Man kann mit dem Reduktions-Ansatz $y = uz$ auch in die inhomogene Gleichung (1) gehen. Man erhält dann eine inhomogene Gleichung für z' . Siehe dazu Aufgabe 12.4.J.

5.3.5 Homogene Gleichungen mit konstanten Koeffizienten

Gegeben sei die homogene lineare Differentialgleichung

$$L[y] \; := \; y^{(n)} + a_{n-1}\, y^{(n-1)} + \ldots + a_1\, y' + a_0\, y \; = \; 0 \qquad (8)$$

mit konstanten Koeffizienten $a_i \in \mathbb{K}$.

$$\chi(\lambda) \; := \; \lambda^n + a_{n-1}\lambda^{n-1} + \ldots + a_1\lambda + a_0$$

heißt das *charakteristische Polynom* der Gleichung (8). Über $\mathbb{C}$ zerfällt das charakteristische Polynom vollständig in Linearfaktoren, ist also von der Form $\chi(\lambda) = \prod_{j=1}^{n}(\lambda - \lambda_j)$. Die Nullstellen λ_j des charakterischen Polynoms heißen auch *Eigenwerte* der Gleichung.

Mit den Eigenwerten λ_j und dem Ableitungsoperator $D := \dfrac{d}{dx}$ kann man die Gleichung (8) auch in der Form $L[y] = \left(\prod_{j=1}^{n}(D - \lambda_j)\right)[y]$ schreiben.

Das charakteristische Polynom der Gleichung (8) ist (bis auf das Vorzeichen) genau das charakteristische Polynom der Koeffizientenmatrix des zugehörigen linearen Systems, die Eigenwerte der Gleichung sind also auch die Eigenwerte des zugehörigen Systems.

Man erhält die *charakteristische Gleichung* $\chi(\lambda) = 0$ auch direkt, indem man mit dem sog. *Exponential-Ansatz* $y = \mathrm{e}^{\lambda x}$ in die homogene Gleichung geht.

Aus den Ergebnissen für lineare Systeme mit konstanten Koeffizienten (siehe Abschnitt 5.2.5) folgt

Komplexe Fundamentalsysteme bei konstanten Koeffizienten

Seien $\lambda_1, \ldots, \lambda_k$ die verschiedenen, i.a. komplexen Nullstellen des charakteristischen Polynoms $\chi(\lambda)$ mit den Vielfachheiten $m_1, \ldots, m_k$.
Dann bilden die $n = m_1 + \ldots + m_k$ Funktionen

$$y_{\nu,j} \; := \; x^j \, \mathrm{e}^{\lambda_\nu x} \quad ; \quad j = 0, \ldots, m_\nu - 1 \; ; \quad \nu = 1, \ldots, k$$

ein komplexes Fundamentalsystem der homogenen Gleichung (8).

Sind die Koeffizienten a_i der homogenen Gleichung (8) reell, so ist mit jeder Lösung $y(x)$ auch die konjugiert komplexe Funktion $\overline{y}\,(x) := \overline{y(x)}$ eine Lösung. Wegen der Linearität sind daher auch $\mathrm{Re}\, y$ und $\mathrm{Im}\, y$ Lösungen. Aus den obigen komplexen Fundamentalsystemen erhält man dadurch die folgenden reellen Lösungsbasen:

Reelle Fundamentalsysteme bei konstanten Koeffizienten

Die Koeffizienten a_i der homogenen Gleichung (8) seien reell.
Seien ferner $\lambda_1, \ldots, \lambda_r$ die verschiedenen reellen und $\lambda_{r+1} = \alpha_{r+1} + i\beta_{r+1}, \ldots, \lambda_s, \overline{\lambda}_{r+1}, \ldots, \overline{\lambda}_s = \alpha_s - i\beta_s$ die verschiedenen echt komplexen Nullstellen des charakteristischen Polynoms $\chi(\lambda)$ jeweils mit der Vielfachheit m_ν .
Dann bilden die folgenden $n = m_1 + \ldots + m_r + 2m_{r+1} + \ldots + 2m_s$ Funktionen ein reelles Fundamentalsystem der homogenen Gleichung (8):

$$x^j \, e^{\lambda_\nu x} \qquad j = 0, \ldots, m_\nu - 1 \,, \quad \nu = 1, \ldots, r$$

$$\left.\begin{array}{l} x^j \, e^{\alpha_\mu x} \cos(\beta_\mu x) \\ x^j \, e^{\alpha_\mu x} \sin(\beta_\mu x) \end{array}\right\} \qquad j = 0, \ldots, m_\mu - 1 \,, \quad \mu = r+1, \ldots, s.$$

Beispiele siehe Aufgabe 12.5.A.

5.3.6 Inhomogene Gleichungen

Wir betrachten jetzt die inhomogene lineare Gleichung

$$L[y] \;:=\; y^{(n)} + a_{n-1}(x)\, y^{(n-1)} + \ldots + a_1(x)\, y' + a_0(x)\, y \;=\; b(x) \tag{9}$$

und die zugehörige homogene Gleichung

$$L[y] \;:=\; y^{(n)} + a_{n-1}(x)\, y^{(n-1)} + \ldots + a_1(x)\, y' + a_0(x)\, y \;=\; 0 \,. \tag{10}$$

Kennt man ein Fundamentalsystem und damit den Lösungsvektorraum der homogenen Gleichung (10), so muss man nur noch *eine* spezielle Lösung der inhomogenen Gleichung finden. Denn jede Lösung von (9) ist von der Form

$$y \;=\; y_s \;+\; y_h \;.$$

Dabei ist y_s eine spezielle Lösung der inhomogenen Gleichung (9) und y_h eine beliebige Lösung der zugehörigen homogenen Gleichung (10).

Es gibt verschiedene Methoden, solche speziellen Lösungen zu finden. Die Variation der Konstanten führt bis auf Integrationen immer zum Ziel, wenn man die homogene Lösung kennt. Laplace Transformation und spezielle Rateansätze sind vor allem im Fall konstanter Koeffizienten erfolgreich. Außerdem kann man die spezielle Lösung als Potenz- oder Fourierreihe ansetzen.

a) Variation der Konstanten (VdK)

Ist $(y_1, \ldots, y_n)$ eine Lösungsbasis der homogenen Gleichung (10), so macht man den sog. *Variations-Ansatz*

$$y_s \;=\; C_1(x)\, y_1(x) + \;\ldots\; + C_n(x)\, y_n(x)$$

mit unbestimmten Funktionen $C_j(x)$ und fordert zusätzlich

$$\begin{aligned} 0 &= C_1'(x)\, y_1(x) + \ldots + C_n'(x)\, y_n(x) \\ 0 &= C_1'(x)\, y_1'(x) + \ldots + C_n'(x)\, y_n'(x) \\ &\vdots \\ 0 &= C_1'(x)\, y_1^{(n-2)}(x) + \ldots + C_n'(x)\, y_n^{(n-2)}(x)\ . \end{aligned}$$

Dies entspricht genau dem VdK-Ansatz für das zugehörige System (siehe Abschnitt 5.2.6.a). Einsetzen in die inhomogene Gleichung (9) liefert

$$b(x) = C_1'(x)\, y_1^{(n-1)}(x) + \ldots + C_n'(x)\, y_n^{(n-1)}(x)\ .$$

Zusammen mit den obigen n–1 Gleichungen ist dies ein inhomogenes lineares $(n \times n)$–Gleichungssystem für die Ableitungen $C_j'(x)$. Es ist eindeutig lösbar, da die Koeffizientenmatrix gerade die Wronskimatrix des gegebenen Fundamentalsystems, ihre Determinante also ungleich Null ist.

Für ein Beispiel siehe Aufgaben 12.4.B.3 und 12.5.B.

Man kann die Lösung mit Hilfe der Cramerschen Regel bis auf Integration explizit angeben:

Spezielle Lösung der inhomogenen Gleichung

Sei $(y_1, \ldots, y_n)$ ein Fundamentalsystem der homogenen Gleichung (10),

$W(x) = \det \begin{pmatrix} y_1 & \cdots & y_n \\ \vdots & & \vdots \\ y_1^{(n-1)} & \cdots & y_n^{(n-1)} \end{pmatrix}$ die zugehörige Wronski-Determinante

und W_j diejenige Determinante, die man erhält, wenn man die j–te Spalte und n-te Zeile von W streicht. Dann ist

$$y_s = \sum_{j=1}^{n} \left[(-1)^{n+j}\, y_j(x) \int_{x_0}^{x} \frac{W_j(t)}{W(t)}\, b(t)\, dt \right]$$

eine spezielle Lösung der inhomogenen Gleichung (9).

Speziell für $n = 2$ erhält man:

Sei (y_1, y_2) ein Fundamentalsystem der homogenen Gleichung 2. Ordnung $y'' + a_1(x)y' + a_0(x)y = 0$ und $W(t) = y_1(t)y_2'(t) - y_1'(t)y_2(t)$ die zugehörige Wronski-Determinante. Dann ist

$$y_s = -y_1(x) \int_{x_0}^{x} \frac{y_2(t)}{W(t)}\, b(t)\, dt + y_2(x) \int_{x_0}^{x} \frac{y_1(t)}{W(t)}\, b(t)\, dt$$

eine spezielle Lösung der inhomogenen Dgl $y'' + a_1(x)y' + a_0(x)y = b(x)$.

b) Spezielle Ansätze bei konstanten Koeffizienten

Bei konstanten Koeffizienten und speziellen Störfunktionen führen 'Rateansätze' oft schneller zu einer speziellen Lösung der inhomogenen Gleichung als Variation der Konstanten.

Wir betrachten die lineare Gleichung

$$L[y] \; := \; y^{(n)} + a_{n-1}\, y^{(n-1)} + \ldots + a_1\, y' + a_0\, y \; = \; b(x) \qquad (11)$$

mit konstanten Koeffizienten a_j und die zugehörige homogene Gleichung

$$L[y] \; := \; y^{(n)} + a_{n-1}\, y^{(n-1)} + \ldots + a_1\, y' + a_0\, y \; = \; 0\,. \qquad (12)$$

Die Störfunktionen seien von der speziellen Form

$$\begin{aligned}
b(x) &= p(x)\,\mathrm{e}^{\lambda x} \quad \text{oder}\\
b(x) &= p(x)\,\mathrm{e}^{\alpha x}\cos\beta x \;=\; \mathsf{Re}\left[p(x)\,\mathrm{e}^{\lambda x}\right] \quad \text{oder}\\
b(x) &= p(x)\,\mathrm{e}^{\alpha x}\sin\beta x \;=\; \mathsf{Im}\left[p(x)\,\mathrm{e}^{\lambda x}\right] \quad \text{oder}\\
b(x) &= p(x)\,\mathrm{e}^{\alpha x}\cos\beta x + q(x)\,\mathrm{e}^{\alpha x}\sin\beta x \;=\; \mathsf{Re}\left[\,\big(p(x) - iq(x)\big)\;\mathrm{e}^{\lambda x}\right]\,.
\end{aligned}$$

Dabei seien p, q reelle Polynome und $\lambda = \alpha + i\beta,\;\; \alpha, \beta \in \mathbb{R}$.

Man sagt, dass in der Gleichung (11) mit einem solchen Störglied *m-fache Resonanz* vorliegt, wenn $\lambda = \alpha + i\beta$ eine m-fache Nullstelle des charakteristischen Polynoms ist.

Eine lineare Gleichung (11) mit reellen Koeffizienten a_j und einem solchen Störglied besitzt stets eine spezielle Lösung der folgenden Form:

Störglied	Spezielle Lösung
$p_k(x)\,\mathrm{e}^{\lambda x}$	$x^m\, R_k(x)\,\mathrm{e}^{\lambda x}$
$p_k(x)\,\mathrm{e}^{\alpha x}\cos\beta x$ $p_k(x)\,\mathrm{e}^{\alpha x}\sin\beta x$ $p_k(x)\,\mathrm{e}^{\alpha x}\cos\beta x + q_k(x)\,\mathrm{e}^{\alpha x}\sin\beta x$	$x^m\,\mathrm{e}^{\alpha x}\left[R_k(x)\cos\beta x + S_k(x)\sin\beta x\right]$

Dabei sind p_k, q_k, R_k, S_k reelle Polynome vom Grad $\leq k$. Der Nicht-Resonanzfall ($m = 0$) ist aus Platzgründen mit dem Resonanzfall ($m > 0$) zusammengefasst.

Statt $\mathrm{e}^{\alpha x}\left(A\cos\beta x + B\sin\beta x\right)$ ist manchmal der Ansatz $C\,\mathrm{e}^{\alpha x}\cos(\beta x + \gamma)$ mit einer sog. *Phasenverschiebung* γ günstiger.

Zur Bestimmung einer speziellen Lösung wird man den entsprechenden Ansatz in die inhomogene Gleichung (11) einsetzen und die Koeffizienten der unbekannten Polynome R_k und S_k durch Koeffizientenvergleich bestimmen.

Bei Störgliedern der 2. - 4. Bauart kann man zu dem entsprechenden komplexen Störglied übergehen, dazu eine komplexe Lösung bestimmen und von dieser den Real- bzw Imaginärteil nehmen. (Die Koeffizienten a_j sind reell vorausgesetzt.) Manchmal rechnet man mit dem komplexen Ansatz schneller als mit dem reellen.

Ist das Störglied die Summe von speziellen Störgliedern der obigen Bauart, so führt die Summe der entsprechenden Ansätze zum Ziel *(Superpositionsprinzip)*. Dabei ist für jeden Summanden getrennt die Resonanzfrage zu stellen.

Beispiele siehe Aufgabe 12.5.A. In Aufgabe 12.5.F wird der Fall betrachtet, dass das charakteristische Polynom von der Form $\chi(\lambda) = (\lambda - \lambda_0)^n$ ist.

Für den Spezialfall einer linearen Gleichung 1. Ordnung siehe auch 10.5.E.

5.3.7 Eulersche Gleichungen

Eine Differentialgleichung der Form

$$a_n x^n\, y^{(n)} + a_{n-1} x^{n-1}\, y^{(n-1)} + \ldots + a_1 x\, y' + a_0 y \;=\; 0 \qquad (13)$$

mit reellen Koeffizienten $a_k \in \mathbb{R}$ heißt (homogene) *Eulersche Differentialgleichung*. Gleichungen vom Typ

$$a_n (ax+b)^n\, y^{(n)} + \ldots + a_1 (ax+b)\, y' + a_0\, y \;=\; 0$$

können durch die Substitution $u = ax + b$ auf den Fall (13) zurückgeführt werden.

Die zur Euler-Dgl (13) gehörende explizite Gleichung hat bei $x = 0$ eine Singularität. Daher muss man i.a. die Intervalle $x < 0$ und $x > 0$ getrennt behandeln.

Für $x > 0$ substituiert man $x \;=\; \mathrm{e}^t$, $u(t) \;:=\; y(\mathrm{e}^t)$, $y(x) \;=\; u(\ln x)$. Dies führt wegen

$$\dot{u} \;:=\; \frac{du}{dt} \;=\; \mathrm{e}^t \frac{dy}{dx} \;=\; xy' \quad ; \quad \ddot{u} \;=\; xy' + x^2 y'' \qquad \text{usw}$$

auf eine lineare Gleichung n-ter Ordnung für $u = u(t)$ mit konstanten Koeffizienten. Diese wird nach dem üblichen Kochrezept gelöst (siehe Abschnitt 5.3.5).

Für $x < 0$ substituiert man $x = -\,\mathrm{e}^t,\ t = \ln(-x)$.

Man kann das Verfahren abkürzen und direkt mit dem Ansatz $y = x^\lambda$ in die Euler-Gleichung (13) gehen.

Dies führt auf die folgende *charakteristische Gleichung* der Euler Dgl für die unbekannten (evt komplexen) Exponenten λ :

$$\chi(\lambda) \;:=\; a_n\lambda(\lambda-1)\cdot\ldots\cdot(\lambda-n+1) + a_{n-1}\lambda(\lambda-1)\cdot\ldots\cdot(\lambda-n+2) + \ldots + a_1\lambda + a_0 \;=\; 0\,.$$

Das *charakteristische Polynom* $\chi(\lambda)$ hat n nicht notwendig verschiedene und i.a. komplexe Nullstellen. Sind diese sog. *charakteristischen Exponenten* der Euler-Dgl bekannt, so kann man sofort eine Lösungsbasis angeben:

Kochrezept für Euler-Gleichungen

Gegeben ist die Euler-Gleichung (13) mit reellen Koeffizienten a_j.
Seien $\lambda_1, \ldots, \lambda_r$ die verschiedenen reellen, $\lambda_{r+1} = \alpha_{r+1} + i\beta_{r+1}, \ldots, \lambda_s$, $\overline{\lambda}_{r+1}, \ldots, \overline{\lambda}_s = \alpha_s - i\beta_s$ die verschiedenen echt komplexen Nullstellen des charakteristischen Polynoms $\chi(\lambda)$ jeweils mit der Vielfachheit m_ν.
(Die echt komplexen Nullstellen treten in konjugiert komplexen Paaren mit gleicher Vielfachheit auf, da die Koeffizienten a_j reell sind.)
Dann bilden die folgenden Funktionen ein reelles Fundamentalsystem der Euler-Gleichung (13) im Intervall $]0, \infty[$:

$$x^{\lambda_\nu} \left(\ln x\right)^j \qquad j = 0, \ldots, m_\nu - 1 \ , \ \nu = 1, \ldots, r$$

$$\left.\begin{array}{l} x^{\alpha_\mu} \left(\ln x\right)^j \cos(\beta_\mu \ln x) \\ x^{\alpha_\mu} \left(\ln x\right)^j \sin(\beta_\mu \ln x) \end{array}\right\} \quad j = 0, \ldots, m_\mu - 1 \ , \ \mu = r+1, \ldots, s \ .$$

Für $x < 0$ hat man $\ln x$ durch $\ln |x|$ zu ersetzen.

Beispiel 1:

Die Euler-Dgl $x^2 y'' + 3x\, y' + y = 0$ hat das charakteristische Polynom $\lambda(\lambda - 1) + 3\lambda + 1 = (\lambda + 1)^2$ mit der doppelten Nullstelle $\lambda = -1$.

Ein Fundamentalsystem für $x > 0$ ist daher $\dfrac{1}{x}$, $\dfrac{1}{x} \ln x$.

Beispiel 2:

Die Euler-Dgl $x^2 y'' + x\, y' + y = 0$ hat das charakteristische Polynom $\lambda(\lambda - 1) + \lambda + 1 = \lambda^2 + 1$ mit den komplexen Nullstellen $\lambda_{1,2} = \pm i$.

Ein Fundamentalsystem für $x > 0$ ist daher $\cos(\ln x)$, $\sin(\ln x)$.

Zur Bestimmung einer speziellen Lösung einer *inhomogenen* Eulerschen Dgl bei bekannter homogener Lösung kann man natürlich ebenso Variation der Konstanten durchführen wie bei jeder linearen Gleichung.

Hat das Störglied die spezielle Form $p(\ln x)\, x^r$ mit einem Polynom p , so kann man eine spezielle Lösung auch durch den Ansatz $y_s = (\ln x)^k x^s q(\ln x)$ bestimmen. Dabei ist q ein Polynom mit dem Grad $\deg q = \deg p$. Der Faktor $(\ln x)^k$ ist nur bei k-facher Resonanz nötig. Dies ist der analoge Rateansatz wie bei Gleichungen mit konstanten Koeffizienten. Siehe dazu Abschnitt 5.3.6.b.

5.4 Lineare Gleichungen und Systeme mit periodischen Koeffizienten

In diesem Abschnitt verwenden wir t statt x als unabhängige Variable und suchen reell-, komplex- bzw vektorwertige Funktionen $x(t)$ bzw $\vec{x}\,(t)$.

Sei $\mathbf{A}\colon \mathbb{R} \to \mathbb{C}^{n\times n}$ eine stetige komplexe Matrix mit der Periode $p > 0$, d.h. $\mathbf{A}(t+p) = \mathbf{A}(t)$ für alle $t \in \mathbb{R}$. Dann heißt

$$\dot{\vec{x}} \;=\; \mathbf{A}(t)\,\vec{x} \tag{1}$$

homogenes periodisches System mit der *Periode* p. Lineare Gleichungen mit periodischen Koeffizienten kann man als spezielle periodische Systeme auffassen.

Lineare periodische Systeme sind wie alle linearen Systeme eindeutig lösbar. Die Lösungen kann man auf ganz $\mathbb{R}$ fortsetzen. Im allgemeinen sind sie aber nicht periodisch.

Beispiel 1:

Die periodische Gleichung $\dot{x} = (1+\cos t)\,x$ hat die allgemeine Lösung $x = a\ \mathrm{e}^{t+\sin t}$ und diese ist (außer für $a = 0$) nicht periodisch.

Beispiel 2:

Das periodische System $\begin{pmatrix}\dot{x}\\ \dot{y}\end{pmatrix} = \begin{pmatrix}\cos t & -\sin t\\ \sin t & \cos t\end{pmatrix}\begin{pmatrix}x\\ y\end{pmatrix}$

ist mit $z = x + iy$ äquivalent zur komplexen Gleichung $\dot{z} = \mathrm{e}^{it}z$ und besitzt die periodische reelle Fundamentalmatrix

$$\mathbf{Z}(t) \;=\; \mathrm{e}^{\sin t}\begin{pmatrix}\cos(\cos t) & -\sin(\cos t)\\ \sin(\cos t) & \cos(\cos t)\end{pmatrix} .$$

Siehe dazu Aufgabe 12.2.G.

Folgerungen

Für das homogene periodische System (1): $\dot{\vec{x}} = \mathbf{A}(t)\,\vec{x}$ mit der Periode p gilt:

1) Mit $\vec{x} = \vec{\varphi}(t)$ ist auch $\vec{y} = \vec{\varphi}(t+p)$ Lösung.
2) Ist $\mathbf{X}$ eine Fundamentalmatrix von (1), so heißt $\mathbf{C} := \mathbf{X}^{-1}(0)\cdot\mathbf{X}(p)$ *Übergangsmatrix* von $\mathbf{X}$. Sie ist regulär und es gilt
$$\mathbf{X}(t+p) \;=\; \mathbf{X}(t)\cdot\mathbf{C} \quad \text{für alle } t\ .$$
3) Die Übergangsmatrix hängt vom gewählten Fundamentalsystem ab, aber verschiedene Übergangsmatrizen sind ähnlich. Siehe Aufgabe 12.1.H. Sie haben daher die gleichen Eigenwerte. Diese Eigenwerte heißen *(charakteristische) Multiplikatoren* des periodischen Systems.

4) Genau dann existiert eine Lösung $\vec{x}$ des Systems (1) mit $\vec{x}\,(t+p) = \lambda\,\vec{x}\,(t)$, wenn λ Eigenwert einer Übergangsmatrix $\mathbf{C}$, also charakteristischer Multiplikator von (1) ist.

5) Genau dann existiert eine nicht-triviale periodische Lösung $\vec{x}$ des homogenen Systems (1) mit der Periode p, wenn $\lambda = 1$ charakteristischer Multiplikator ist.

6) Hat ein Multiplikator einen Betrag > 1, so existiert eine für $t \to \infty$ unbeschränkte Lösung.

Der folgende Satz beschreibt die Struktur der Fundamentalmatrizen eines periodischen Systems:

<u>*Satz von Floquet für Systeme*</u>

Sei $\mathbf{X}(t)$ eine Fundamentalmatrix des periodischen Systems (1).
Dann ist $\mathbf{X}$ von der Form $\mathbf{X}(t) = \mathbf{P}(t) \cdot \mathrm{e}^{t\mathbf{R}}$.
Dabei ist $\mathbf{R} \in \mathbb{C}^{n\times n}$ konstant und $\mathbf{P}(t)$ eine reguläre, stetig differenzierbare periodische Matrix mit derselben Periode p.
$\mathbf{C} = \mathrm{e}^{p\mathbf{R}}$ ist die Übergangsmatrix von $\mathbf{X}(t)$. Ihre Eigenwerte sind die charakteristischen Multiplikatoren des Systems.

Die Eigenwerte der (übrigens nicht eindeutig bestimmten) Matrix $\mathbf{R}$ heißen *charakteristische Exponenten*. Es gilt:

Sind $\lambda_1, \ldots, \lambda_n$ die charakteristischen Multiplikatoren des Systems (1), d.h. die Eigenwerte von $\mathbf{C}$, so sind die charakteristischen Exponenten von der Form $\mu_j = \frac{1}{p}\ln\lambda_j$, $j = 1, \ldots, n$. Dabei ist der (komplexe) Logarithmus nur bis auf Vielfache von $2\pi i$ bestimmt. Es ist $\mathrm{Re}\,\mu_j = \frac{1}{p}\ln|\lambda_j|$.

Das asymptotische Verhalten der Lösungen des periodischen Systems (1) für $t \to \infty$ ist nach dem Satz von Floquet vollständig durch die Matrix $\mathrm{e}^{t\mathbf{R}}$ bestimmt. Diese ist eine Fundamentalmatrix des linearen Systems $\vec{u}\,' = \mathbf{R}\vec{u}$. Die konstante Matrix $\mathbf{R}$ ergibt sich wiederum aus der Übergangsmatrix $\mathbf{C}$. Jedoch ist es i.a. nicht möglich, die Übergangsmatrix $\mathbf{C}$ oder ihre Eigenwerte direkt zu bestimmen, ohne eine Fundamentalmatrix auf einem Periodenintervall zu berechnen.

Direkt mit Hilfe der Koeffizientenmatrix $\mathbf{A}(t)$ erhält man nur das Produkt der Eigenwerte $\lambda_1, \ldots, \lambda_n$ von $\mathbf{C}$ in der Form

$$\lambda_1 \cdot \ldots \cdot \lambda_n = \exp\left(\int_0^p \mathit{spur}\,\mathbf{A}(t)\,dt\right) .$$

Für <u>inhomogene</u> periodische Systeme

$$\dot{\vec{x}} = \mathbf{A}(t)\,\vec{x} + \vec{b}(t) \tag{2}$$

mit p-periodischen, stetigen $\mathbf{A}\colon \mathbb{R} \to \mathbb{C}^{n\times n}$ und $\vec{b}\colon \mathbb{R} \to \mathbb{C}$ siehe z.B. Knobloch & Kappel, Abschnitt II.9.

5.4.1 Gleichungen 2. Ordnung mit periodischen Koeffizienten

Wir betrachten die lineare homogene Differentialgleichung 2. Ordnung

$$\ddot{x} + a_1(t)\,\dot{x} + a_0(t)x \;=\; 0\;. \tag{3}$$

Dabei seien die Koeffizienten $a_i(t)$ stetig, reellwertig und periodisch mit der Periode $p > 0$. Sind $x_1,\ x_2$ zwei linear unabhängige Lösungen der Gleichung (3), so ist $\begin{pmatrix} x_1 & x_2 \\ \dot{x}_1 & \dot{x}_2 \end{pmatrix}$ ein Fundamentalsystem des zugehörigen Systems. Für die zugehörige Übergangsmatrix $\mathbf{C}$ gilt also

$$\begin{pmatrix} x_1(t+p) \\ x_2(t+p) \end{pmatrix} = \mathbf{C}^\top \begin{pmatrix} x_1(t) \\ x_2(t) \end{pmatrix} .$$

Aus den obigen Resultaten für periodische Systeme ergibt sich:

Satz von Floquet für Gleichungen 2. Ordnung

Sei (x_1, x_2) ein Fundamentalsystem von (3) und $\mathbf{C} \in \mathbb{R}^{2\times 2}$ die zugehörige Übergangsmatrix. Seien λ_1, λ_2 die Eigenwerte von $\mathbf{C}$ *(Multiplikatoren)* und $r_1, r_2 \in \mathbb{C}$ derart, dass $\lambda_k = \mathrm{e}^{r_k p}$.

Ist $\lambda_1 \neq \lambda_2$, so besitzt die Gleichung (3) zwei linear unabhängige (evt komplexwertige) Lösungen der Bauart $x_k(t) = u_k(t)\,\mathrm{e}^{r_k t}$ mit periodischen Funktionen $u_k(t)$ der Periode p.
Für diese Lösungen gilt $x_k(t+p) = \lambda_k\, x_k(t)$.

Ist $\lambda_1 = \lambda_2 =: \lambda$ und damit $r := r_1 = r_2$, so besitzt (3) zwei linear unabhängige reelle Lösungen der Bauart

$$x_1(t) \;=\; u_1(t)\,\mathrm{e}^{rt} \quad \text{und} \quad x_2(t) \;=\; \left[\frac{\alpha}{\lambda p} t u_1(t) + u_2(t)\right] \mathrm{e}^{rt}$$

mit periodischen Funktionen $u_k(t)$ der Periode p und $\alpha \in \{0, 1\}$.
Es gilt $x_1(t+p) = \lambda x_1(t)$ und für $\alpha = 0$ auch $x_2(t+p) = \lambda x_2(t)$.

6 Laplace Transformation

Es gibt verschiedene Integraltransformationen, durch die Differentiation und Integration in algebraische Operationen umgewandelt werden. Die *Laplace-Transformation* ist eine davon. Sie sind wichtige Hilfsmittel bei der Behandlung von Differential- und Integralgleichungen.

Sei etwa die Lösung $x(t)$ einer linearen Differentialgleichung mit konstanten Koeffizienten gesucht. Die Laplace-Transformation wandelt diese Gleichung um in eine lineare Gleichung für die transformierte Funktion $X(s)$. Auflösen nach $X(s)$ und Rücktransformation ergibt die Lösung der Dgl. Dabei werden die Anfangsbedingungen gleich mit eingearbeitet. Besonders einfach ist dies für den häufig vorkommenden Fall verschwindender Anfangswerte.

Diese Methode ist nicht nur bei Anwendern sehr beliebt. Sie ist vor allem dann effektiv, wenn man für die Transformation umfangreiche Tabellen benutzen kann. Eine kleine Tabelle steht im Anhang. Bei *Doetsch* oder *Erdélyi-Magnus-Oberhettinger-Tricomi* finden Sie umfangreiche Tafeln.

Theoretisch befriedigend kann die Laplace-Transformation mit Hilfsmitteln der komplexen Funktionentheorie behandelt werden. Hier wird nur eine kurze Zusammenfassung der reellen Theorie gegeben.

6.1 Definition und Beispiele

Sei $f\colon [0,\infty[\to \mathbb{R}$ eine reellwertige Funktion, die in jedem Intervall $[0,T]$ absolut integrierbar ist. Das uneigentliche Integral

$$F(s) \; := \; \int_0^\infty \mathrm{e}^{-st} f(t)\, dt \tag{1}$$

sei für ein $s \in \mathbb{R}$ konvergent. Dann heißt $f(t)$ *Laplace-transformierbar* oder auch *L-transformierbar* und (1) das *Laplace-Integral* oder *L-Integral* von f.

Konvergiert das Integral (1) für ein $s \in \mathbb{R}$, dann auch für alle $s' > s$ (sogar gleichmäßig in $[s,\infty[$). Es gibt daher ein $\sigma \in \mathbb{R} \cup \{\pm\infty\}$ derart, dass das Integral (1) für alle $s > \sigma$ konvergiert und für alle $s < \sigma$ divergiert. σ heißt *Konvergenzabszisse* des Integrals (1). Für $s = \sigma$ kann Konvergenz oder Divergenz vorliegen.

Ist $f(t)$ L-transformierbar, so heißt die durch (1) definierte Funktion $F(s)$ die reelle *Laplace-Transformierte (L-Transformierte)* von f. Sie ist auf einem Intervall der Form $[\sigma,\infty[$ oder $]\sigma,\infty[$ definiert.

$f(t)$ heißt *Urbildfunktion* und $F(s)$ *Bildfunktion* unter der *Laplace-Transformation.* Man schreibt häufig

$$\mathcal{L}\{f(t)\} = F(s) \qquad \text{oder} \qquad \mathcal{L} : f(t) \circ\!\!-\!\!\bullet\; F(s)\,.$$

Der ausgefüllte Kreis steht bei der Bildfunktion!

Konvergiert das Laplace-Integral (1) für ein $s \in \mathbb{R}$, so konvergiert es *gleichmäßig* im ganzen Intervall $[s, \infty[$. Einen Beweis für Funktionen mit höchstens exponentiellem Wachstum finden Sie in Aufgabe 12.6.G.

Das Laplace-Integral (1) *konvergiert absolut*, wenn das Integral $\int_0^\infty \left| e^{-st} f(t) \right| dt$ konvergiert. Konvergiert das Integral für ein $s \in \mathbb{R}$ absolut, dann auch für alle $s' > s$. Ebenso wie für die gewöhnliche Konvergenz (s.o.) gibt es daher ein $\sigma_a \in \mathbb{R} \cup \{\pm\infty\}$ derart, dass das Integral (1) für alle $s > \sigma_a$ absolut konvergiert und für alle $s < \sigma$ absolut divergiert, d.h. nicht absolut konvergiert. σ_a heißt *Abszisse der absoluten Konvergenz.* Für $s = \sigma_a$ kann Konvergenz oder Divergenz vorliegen.

Es gibt Funktionen $f(t)$ derart, dass das Laplace-Integral (1) für alle $s \in \mathbb{R}$ konvergiert und für alle $s \in \mathbb{R}$ absolut divergiert. Für ein Beispiel siehe Aufgabe 12.6.H.

Alle Polynome sind L-transformierbar. Allgemeiner gilt:

> *Satz:*
> Sei $f\colon [0, \infty[\to \mathbb{R}$ eine reellwertige Funktion, die in jedem Intervall $[0, T]$ absolut integrierbar ist. f habe höchstens *exponentielles Wachstum*, d.h. es gibt Konstanten $M, k \in \mathbb{R}$ mit $|f(t)| \leq M\, e^{kt}$ für alle t ab einem t_0 . Dann ist $f(t)$ L-transformierbar und das L-Integral konvergiert sogar absolut für alle $s > k$.

(Beweis siehe Aufgabe 12.6.D)

Die Bildfunktionen $F(s)$ sind für $s > \sigma$ beliebig oft differenzierbar und sogar analytisch, also in Potenzreihen entwickelbar. Die Ableitungen erhält man durch Differentiation unter dem Integralzeichen. Siehe dazu 6.2.(10).

Die Bildfunktionen $F(s)$ gehen für $s \to \infty$ gegen Null. Zum Beweis für Funktionen mit exponentiellem Wachstum siehe Aufgabe 12.6.D.

Das Urbild einer Bildfunktion $F(s)$ ist nur 'bis auf eine Nullmenge' eindeutig bestimmt. Ist $F(s) = \mathcal{L}\{f(t)\}$, so schreibt man auch $f(t) = \mathcal{L}^{-1}\{F(s)\}$.

Man kann das Urbild $\mathcal{L}^{-1}\{F(s)\}$ mit Hilfe eines komplexen Kurvenintegrals berechnen.

Beispiele:

(1) $f(t) \equiv 1 \quad \circ\!\!-\!\!\bullet \quad F(s) = \dfrac{1}{s} \quad (s > 0)$

(2) $f(t) = e^{kt} \quad \circ\!\!-\!\!\bullet \quad F(s) = \dfrac{1}{s-k} \quad (s > k)$

(3) $f(t) = \cos \omega t \quad \circ\!\!-\!\!\bullet \quad F(s) = \dfrac{s}{s^2+\omega^2} \quad (s > 0)$

(4) $f(t) = \sin \omega t \quad \circ\!\!-\!\!\bullet \quad F(s) = \dfrac{\omega}{s^2+\omega^2} \quad (s > 0)$

(5) $f(t) = H(t-a) := \left\{ \begin{array}{ll} 0 & \text{für } t < a \\ 1 & \text{für } t \geq a \end{array} \right\} \circ\!\!-\!\!\bullet \; F(s) = \frac{1}{s}\, e^{-as} \quad (a \geq 0)$

H(t) heißt *Heaviside-Funktion*

(6) $\delta(t) \circ\!\!-\!\!\bullet \; 1$

$\delta(t)$ ist die sog. *Dirac-δ-Funktion.* Siehe Abschnitt 6.5.

(7) $\frac{1}{t}$ und e^{t^2} sind nicht L-transformierbar.

Weitere Beispiele finden Sie im Anhang.

6.2 Rechenregeln

Die Beweise der folgenden Rechenregeln finden Sie z.T. in den Aufgaben von Abschnitt 12.6.

- *Linearität:*

Sind $a, b \in \mathbb{R}$ und $f(t)$ und $g(t)$ L-transformierbar, so auch $a\,f(t) + b\,g(t)$. Im gemeinsamen Definitionsbereich der Transformierten gilt

$$\mathcal{L}\{af(t) + bg(t)\} \;=\; a\mathcal{L}\{f(t)\} + b\mathcal{L}\{g(t)\} \tag{2}$$

- *Streckung, Ähnlichkeit:*

Ist $f(t)$ L-transformierbar und $c > 0$, so ist auch $f(ct)$ L-transformierbar und es gilt

$$f(t) \circ\!\!-\!\!\bullet \; F(s) \quad \Longrightarrow \quad f(ct) \circ\!\!-\!\!\bullet \; \frac{1}{c} F\left(\frac{1}{c}\, s\right) \tag{3}$$

- *Verschiebung:*

Sei $f(t)$ L-transformierbar und $f(t) := 0$ für $t < 0$. Dann gilt für $b > 0$:

$$f(t) \circ\!\!-\!\!\bullet \; F(s) \quad \Longrightarrow \quad f(t-b) \circ\!\!-\!\!\bullet \; e^{-bs} F(s) \tag{4}$$

$$f(t) \circ\!\!-\!\!\bullet \; F(s) \quad \Longrightarrow \quad f(t+b) \circ\!\!-\!\!\bullet \; e^{bs} \left[F(s) - \int_0^b e^{-st} f(t)\, dt \right] \tag{5}$$

- *Dämpfung:*

Ist $f(t)$ L-transformierbar und $c > 0$, so ist auch $e^{-ct} f(t)$ L-transformierbar und es gilt

$$f(t) \circ\!\!-\!\!\bullet \; F(s) \quad \Longrightarrow \quad e^{-ct} f(t) \circ\!\!-\!\!\bullet \; F(s+c) \tag{6}$$

- *Transformation der Stammfunktion:*

Die Flächenfunktion $\varphi(t) := \int_0^t f(u)\,du$ ist in Stetigkeitsintervallen von f eine Stammfunktion von f (Hauptsatz der Analysis).
Konvergiert das Laplace-Integral von f für ein $s > 0$, so konvergiert auch das Laplace-Integral $\Phi(s) = \int_0^\infty \mathrm{e}^{-st}\varphi(t)\,dt$ der Flächenfunktion φ für dieses s.
Für $s' > s$ ist $\Phi(s')$ sogar absolut konvergent und es gilt

$$f(t) \circ\!\!-\!\!\bullet\, F(s) \quad\Longrightarrow\quad \varphi(t) \circ\!\!-\!\!\bullet\, \Phi(s) = \frac{1}{s}\,F(s) \tag{7}$$

- *Transformation der Ableitung:*

Ist $f(t)$ L-transformierbar, so braucht es die Ableitung $f'(t)$ nicht zu sein. Beispiel siehe Aufgabe 12.6.F. Dagegen gilt

<u>Differentiationssatz</u>

Sei $f(t)$ für $t > 0$ differenzierbar und die Ableitung $f'(t)$ L-transformierbar. Dann ist auch $f(t)$ L-transformierbar und der Grenzwert $f(0^+) := \lim_{t\to 0^+} f(t)$ existiert.
Ist das Laplace-Integral der Ableitung $f'(t)$ für ein $s > 0$ konvergent, so konvergiert auch das L-Integral von f für s und es gilt

$$f(t) \circ\!\!-\!\!\bullet\, F(s) \quad\Longrightarrow\quad f'(t) \circ\!\!-\!\!\bullet\, sF(s) - f(0^+)\ . \tag{8}$$

Der Satz bleibt gültig, wenn $f'(t)$ nur fast überall in $\mathbb{R}_{>0}$ existiert, integrierbar ist und $f(t) - f(0^+) = \int_0^t f'(\tau)\,d\tau$. Z.B. gilt dies für absolut stetige f.
Mit Induktion folgt:
Sei $f(t)$ für $t > 0$ n-mal differenzierbar und das Laplace-Integral der n-ten Ableitung $f^{(n)}(t)$ für ein $s > 0$ konvergent. Dann konvergiert auch das L-Integral von f für s, die Grenzwerte $f(0^+), \ \dots\ , f^{(n-1)}(0^+)$ existieren und für $f(t) \circ\!\!-\!\!\bullet\, F(s)$ gilt

$$f^{(n)}(t) \ \circ\!\!-\!\!\bullet\ s^n\,F(s) - s^{n-1}f(0^+) - \ \dots\ - sf^{(n-2)}(0^+) - f^{(n-1)}(0^+) \tag{9}$$

Es ist klar, warum gerade diese Formel so wichtig ist für die Anwendung der Laplace-Transformation auf Differentialgleichungen. Siehe dazu Abschnitt 6.4.

- *Ableitung der Bildfunktion:*

Konvergiert das Laplace-Integral von $f(t)$ für $s > \sigma$, so ist die Bildfunktion $F(s)$ im Intervall $]\sigma, \infty[$ analytisch. Insbesondere ist $F(s)$ dort beliebig oft differenzierbar, die Ableitungen erhält man durch Differentiation unter dem Integral und es gilt

$$f(t) \circ\!\!-\!\!\bullet F(s) \quad \Longrightarrow \quad \begin{cases} -t f(t) \circ\!\!-\!\!\bullet F'(s) \\ (-1)^n\, t^n\, f(t) \circ\!\!-\!\!\bullet F^{(n)}(s) \end{cases} \tag{10}$$

- *Integration der Bildfunktion:*

Sind $f(t)$ und $\frac{1}{t} f(t)$ L-transformierbar, so gilt:

$$f(t) \circ\!\!-\!\!\bullet F(s) \quad \Longrightarrow \quad \frac{1}{t}\, f(t) \circ\!\!-\!\!\bullet \int_s^\infty F(u)\, du \tag{11}$$

- *Laplace-Transformation periodischer Funktionen:*

Sei f stückweise stetig und periodisch mit der Periode $T > 0$. Dann ist f L-transformierbar und es gilt

$$f(t) \;\circ\!\!-\!\!\bullet\; F(s) \;=\; \frac{1}{1-\mathrm{e}^{-sT}} \int_0^T \mathrm{e}^{-st}\, f(t)\, dt \tag{12}$$

Zum Beweis siehe Aufgabe 12.6.E.

- *Grenzwerte von Bild und Urbild:*

Erfüllt $f(t)$ die Voraussetzungen des Differentiationssatzes (8), so existiert $\lim\limits_{t \to 0^+} f(t) = f(0^+)$ und es ist

$$\lim_{s \to \infty} sF(s) \;=\; f(0+) \tag{13}$$

Existiert $\lim\limits_{t \to \infty} f(t)$, so gilt

$$\lim_{s \to 0} sF(s) \;=\; \lim_{t \to 0^+} f(t) \tag{14}$$

Zum Beweis siehe Aufgabe 12.6.G.

6.3 Faltungsprodukt

Seien f und g L-transformierbar. Dann heißt

$$(f * g)(t) := \int_0^t f(t-u)\, g(u)\, du$$

das *Faltungsprodukt* von f und g .

Konvergieren die Laplace-Integrale von f und g für ein $s \in \mathbb{R}$ absolut und sind f und g beschränkt, so konvergiert auch das L-Integral der Faltung $f * g$ für s absolut und mit $f(t) \circ\!\!-\!\!\bullet F(s)$ und $g(t) \circ\!\!-\!\!\bullet G(s)$ gilt die *Produktformel* :

$$(f * g)(t) = \int_0^t f(u)\, g(t-u)\, du \quad \circ\!\!-\!\!\bullet \quad F(s)\, G(s) . \tag{15}$$

Für das Faltungsprodukt gelten die folgenden *Rechenregeln* :

1) $f * g = g * f$
2) $(f * g) * h = f * (g * h)$
3) $f * (g + h) = f * g + f * h$
4) $0 * f = f * 0 = 0$

Achtung: Im allgemeinen ist $1 * f = \int_0^t f(u)\, du \neq f$.

Die Rolle des Einselementes für das Faltungsprodukt übernimmt die *Dirac-Deltafunktion*, siehe Abschnitt 6.5.

6.4 Anwendungen auf lineare Gleichungen und Systeme

Die Anwendung der Laplace-Transformation auf lineare Anfangswertprobleme mit konstanten Koeffizienten ist denkbar einfach:

Gegeben sei ein AWP n-ter Ordnung für $x(t)$ mit konstanten Koeffizienten

$$\begin{aligned} a_n\, x^{(n)} + a_{n-1}\, x^{(n-1)} + \ldots + a_1\, \dot{x} + a_0\, x &= f(t) \quad (a_n \neq 0) \\ x(0) = C_0 \quad ; \quad \dot{x}(0) = C_1 \quad ; \ldots ; \quad x^{(n-1)}(0) &= C_{n-1} \end{aligned} \tag{16}$$

Sei $X(s) = \mathcal{L}\{x(t)\}$ die Transformierte der gesuchten Funktion $x(t)$ und $F(s) := \mathcal{L}\{f(t)\}$. Sei $\chi(s) := a_n s^n + \ldots + a_1 s + a_0$ das charakteristische Polynom der Gleichung (16) und

$P(s) := s^{n-1} a_n C_0 + s^{n-2} \left(a_{n-1}C_0 + a_n C_1\right) + \ldots + \left(a_1 C_0 + a_2 C_1 + \ldots + a_n C_{n-1}\right).$

Insbesondere ist $P(s) \equiv 0$ für verschwindende Anfangswerte C_j.

L-Transformation auf beiden Seiten der Dgl (16) liefert mit Rechenregel 6.2.(9)

$$\chi(s)X(s) = F(s) + P(s) \qquad \text{bzw} \qquad X(s) = F(s)\,\frac{1}{\chi(s)} + \frac{P(s)}{\chi(s)}\,.$$

$y_1(t) := \mathcal{L}^{-1}\left\{\frac{1}{\chi(s)}\right\}$ und $y_2(t) := \mathcal{L}^{-1}\left\{\frac{P(s)}{\chi(s)}\right\}$ findet man evt nach Partialbruchzerlegung in Tabellen.

Rücktransformation liefert mit dem Produktsatz 6.3 die Lösung des AWP's (16) :

$$\begin{aligned} x(t) &= \mathcal{L}^{-1}\{X(s)\} = \mathcal{L}^{-1}\left\{F(s)\frac{1}{\chi(s)}\right\} + \mathcal{L}^{-1}\left\{\frac{P(s)}{\chi(s)}\right\} \\ &= f(t) * y_1(t) + y_2(t) = \int_0^t f(t-u)\,y_1(u)\,du + y_2(t)\,. \end{aligned}$$

Die Anfangswerte sind gleich eingearbeitet. Bei verschwindenden Anfangswerten ist $y_2(t) \equiv 0$.

Man braucht die Transformierte $F(s) = \mathcal{L}\{f(t)\}$ der Störfunktion nicht zu bestimmen, muss dann allerdings ein Faltungsprodukt berechnen. In günstig gelagerten Fällen kann man $F = \mathcal{L}\{f\}$ und $\mathcal{L}^{-1}\{F/\chi\}$ in Tabellen nachschlagen und kommt ohne Faltung aus.

Beispiel: $\boxed{\ddot{x} + 4x = \sin\omega t}$

Es sind keine Anfangsbedingungen gegeben. Wir setzen $x(0) = C_0$ und $\dot{x}(0) = C_1$, $C_0, C_1 \in \mathbb{R}$ und erhalten die allgemeine Lösung der Gleichung. Das charakteristische Polynom ist $\chi(s) = s^2 + 4$.

L-Transformation ergibt mit $x(t) \circ\!\!-\!\!\bullet\, X(s)$ nach Tabelle bzw Rechenregeln 6.2.(2) und 6.2.(9)

$$\begin{aligned} s^2X - sC_1 - C_2 + 4X &= \frac{\omega}{s^2+\omega^2} \\ (s^2+4)\,X(s) &= \left(\frac{\omega}{s^2+\omega^2} + sC_0 + C_1\right) \\ X(s) &= \frac{\omega}{(s^2+\omega^2)(s^2+4)} + C_0\frac{s}{s^2+4} + C_1\frac{1}{s^2+4}\,. \end{aligned}$$

Rücktransformation mit Hilfe der Tabelle ergibt

$$x(t) = C_0\cos 2t + \frac{C_1}{2}\sin 2t + \begin{cases} \frac{1}{2(\omega^2-4)}\,(\omega\sin 2t - 2\sin\omega t) & \text{für } \omega^2 \neq 4 \\ \frac{1}{8}\,(\sin 2t - 2t\cos 2t) & \text{für } \omega^2 = 4 \end{cases}$$

Natürlich hätte man das auch mit den Kochrezepten aus Abschnitt 5.3.5 und 5.3.6.b erhalten. Mit der Laplace-Transformation geht es einmal schneller, zum anderen funktioniert sie oft auch, wenn das Störglied nicht von der obigen speziellen Form ist. Außerdem sind die Anfangsbedingungen gleich eingearbeitet.

Die Laplace Transformation kann man auch bei linearen Systemen mit konstanten Koeffizienten anwenden.

Beispiel: $\begin{pmatrix}\dot{x}\\ \dot{y}\end{pmatrix} = \begin{pmatrix}x+y\\ x-y\end{pmatrix}\ ,\ x(0)=1\ ,\ y(0)=0$

L-Transformation liefert mit $x(t) \circ\!\!-\!\!\bullet X(s)\ ,\ y(t) \circ\!\!-\!\!\bullet Y(s)$

$$\begin{pmatrix}sX-1\\ sY\end{pmatrix} = \begin{pmatrix}X+Y\\ X-Y\end{pmatrix} \qquad \text{bzw} \qquad \begin{pmatrix}(s-1)X-Y\\ -X+(s+1)Y\end{pmatrix} = \begin{pmatrix}1\\ 0\end{pmatrix}.$$

Dies lineare Gleichungssystem für X und Y hat die Lösung

$$X(s) = \frac{s+1}{(s+\sqrt{2})(s-\sqrt{2})} \quad ; \quad Y(s) = \frac{1}{(s+\sqrt{2})(s-\sqrt{2})}$$

Rücktransformation liefert

$$x(t) = \cosh\sqrt{2}t + \frac{1}{\sqrt{2}}\sinh t\sqrt{2}t \quad ; \quad y(t) = \frac{1}{\sqrt{2}}\sinh t\sqrt{2}t\ .$$

Weitere Beispiele siehe Abschnitt 12.6.

Bei linearen Gleichungen mit variablen Koeffizienten funktioniert die Laplace-Transformation nur ausnahmsweise. Sind die Koeffizienten von der Form t^k, so erhält man in gewissen Fällen eine Differentialgleichung im Bildbereich. Für ein Beispiel siehe Aufgabe 12.6.C.

6.5 Dirac-Deltafunktion

Die *Dirac-Deltafunktion* $\delta(t)$ ist keine Funktion. Man kann aber in gewissem Umfang mit ihr rechnen, als ob es eine Funktion wäre. Exakt wird sie als eine sog. *Distribution* definiert.

Der punktweise Limes von *Impulsfunktionen*

$$\delta_\varepsilon(t) := \begin{cases} 0 & \text{für } -\infty < t < -\varepsilon \\ 2/\varepsilon & \text{für } -\varepsilon \le t \le \varepsilon \\ 0 & \text{für } \varepsilon < t < \infty \end{cases}$$

ist eine vage anschauliche Vorstellung der Deltafunktion. Insbesondere gilt

$$\int_{-\infty}^{\infty} \delta(t)\,dt = \lim_{\varepsilon\to 0}\int_{-\infty}^{\infty} \delta_\varepsilon(t)\,dt = 1$$

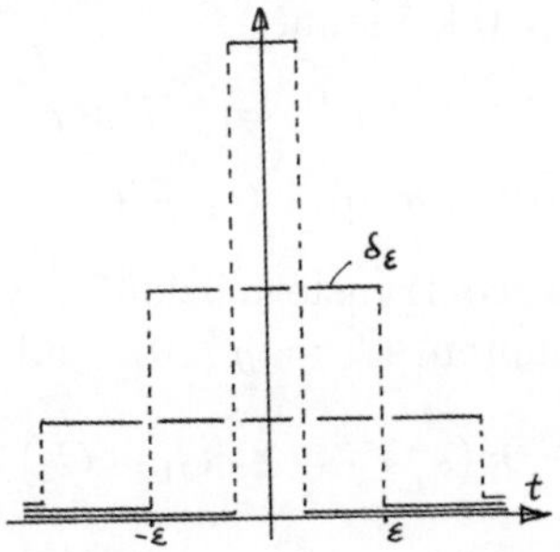

Impulsfunktionen

und allgemeiner

$$\int_{-\infty}^{\infty} g(t)\,\delta(t-t_0)\,dt \;=\; g(t_0)\;, \tag{17}$$

falls g stetig in t_0 ist.

Es ist $\displaystyle\int_{-\infty}^{s} \delta(t)\,dt \;=\; \begin{cases} 0 & \text{falls } s<0 \\ 1 & \text{falls } s\geq 0 \end{cases} \;=\; H(s)$ mit der Heaviside-Funktion $H(s)$. Daher findet man auch manchmal die nur mit viel Vorsicht zu genießende Formel $\delta(t) = \dfrac{d}{dt}\,H(t)$.

Die Laplace-Transformierte der δ-Funktion ist

$$\begin{aligned} \mathcal{L}\{\delta(t)\} &= 1 \qquad \text{bzw} \qquad \delta(t) \;\circ\!\!-\!\!\bullet\; 1 \\ \mathcal{L}\{\delta(t-a)\} &= \mathrm{e}^{-as} \quad \text{bzw} \quad \delta(t-a) \;\circ\!\!-\!\!\bullet\; \mathrm{e}^{-as} \quad \text{für } a>0\,. \end{aligned} \tag{18}$$

Für stetige Funktionen $f(t)$ gilt

$$(\delta * f)(t) \;=\; \int_0^t \delta(t-u)\,f(u)\,du \;=\; f(t)\;. \tag{19}$$

Die Dirac-Deltafunktion ist also in gewissem Sinn das Einselement des Faltungsprodukts.

Sie kommt oft dann ins Spiel, wenn eine punktförmige Belastung oder ein stoßförmiger Impuls auftritt.

Beispiel:

Ein Balken mit konstanter Biegesteifigkeit sei bei $(x,y)=(0,0)$ waagerecht fest eingespannt. Bei $x=a>0$ werde er mit der Einzelkraft F belastet. Seine Auslenkung $y(x)$ genügt dann dem linearen AWP ($\kappa>0$ konstant)

$$\kappa\, y^{(4)} \;=\; -F\,\delta(x-a)\;,$$

$$y(0)=y'(0)=0\;;\;\; y''(x)=0 \;\text{ für } x>a$$

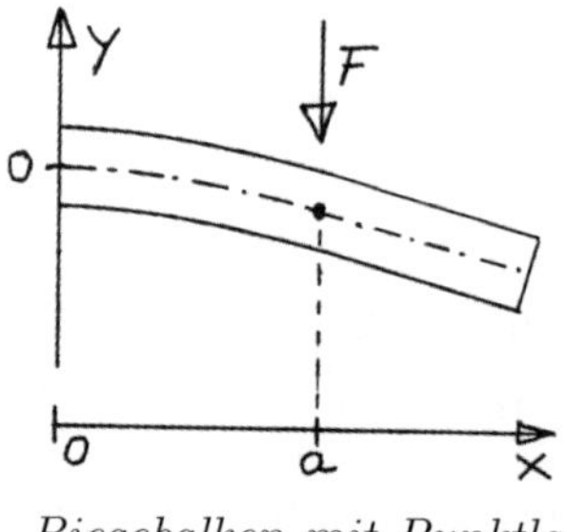

Biegebalken mit Punktlast

Laplace-Transformation ($y(x) \circ\!\!-\!\!\bullet\, Y(s)$) liefert mit zunächst noch unbestimmten $C_1 := y'''(0)$ und $C_2 := y^{(4)}(0)$ und der Heaviside-Funktion H:

$$\begin{aligned} \kappa\left(s^4\,Y(s) - sC_1 - C_2\right) &= -F\,\mathrm{e}^{-as} \\ Y(s) &= \frac{C_1}{s^3} + \frac{C_2}{s^4} - \frac{F}{\kappa}\,\frac{\mathrm{e}^{-as}}{s^4} \\ y(x) &= \frac{C_1}{2}x^2 + \frac{C_2}{6}x^3 - \frac{F}{\kappa}\,\frac{(x-a)^3}{6}\,H(x-a)\;. \end{aligned}$$

Aus $y''(x) = 0$ für $x > a$ folgt $C_1 = -a\dfrac{F}{\kappa}$ und $C_2 = \dfrac{F}{\kappa}$. Also

$$y(x) = \frac{F}{\kappa}\Big(\frac{x^3}{6} - \frac{ax^2}{2} - \frac{(x-a)^3}{6}\,H(x-a)\Big) = \begin{cases} \dfrac{F}{6\kappa}\,(x^3 - 3ax^2) & \text{für } 0 \le x \le a \\ \dfrac{F}{6\kappa}\,(a^3 - 3a^2x) & \text{für } a < x \end{cases}$$

Das ist eine kubische Spline-Funktion.

7 Stabilität

7.1 Definitionen

Bei technischen oder physikalischen Systemen interessiert man sich auch dafür, wie sie sich für große Zeiten t bzw für $t \to \infty$ verhalten. Bleiben Lösungsfunktionen für alle Zeiten beschränkt oder gehen sie sogar gegen Null? Wie ändert sich ihr Verhalten bei Änderung von Anfangswerten oder Parametern? Mit derartigen Fragen beschäftigt sich die Stabilitätstheorie.

Wir verwenden in diesem Abschnitt t als unabhängige Variable und betrachten vor allem den Fall $t \to \infty$. Wie üblich sei $\mathbb{K} = \mathbb{R}$ oder $\mathbb{K} = \mathbb{C}$.

Sei $\vec{\varphi}\colon [t_0, \infty[\to \mathbb{K}^n$ Lösung des expliziten Differentialgleichungssystems n–ter Ordnung

$$\dot{\vec{x}} = f(t, \vec{x}) . \qquad (1)$$

Dabei sei $f\colon S_\alpha \to \mathbb{K}^n$ in dem α–Streifen

$$S_\alpha := \{ (t, \vec{x}) \in \mathbb{R} \times \mathbb{K}^n ; t_0 \le t < \infty, \|\vec{x} - \vec{\varphi}(t)\| < \alpha \} \qquad (\alpha > 0)$$

stetig und lokal Lipschitz-stetig bzgl $\vec{x}$.

Dann heißt $\vec{\varphi}$ *stabil (bzgl t_0)*, wenn es für alle $\varepsilon > 0$ ein $\delta = \delta(\varepsilon, t_0) > 0$ gibt, so dass für alle in t_0 definierten, maximal fortgesetzten Lösungen $\vec{x}$ von (1) gilt:

$$\|\vec{x}(t_0) - \vec{\varphi}(t_0)\| < \delta \quad \Longrightarrow \quad \begin{cases} \vec{x} \text{ ist in } [t_0, \infty[\text{ definiert und} \\ \|\vec{x}(t) - \vec{\varphi}(t)\| < \varepsilon \text{ für alle } t \ge t_0 . \end{cases}$$

Die Lösung $\vec{\varphi}$ heißt *asymptotisch stabil (bzgl t_0)* , wenn $\vec{\varphi}$ stabil ist und es ein $\delta > 0$ gibt, so dass für alle in t_0 definierten Lösungen $\vec{x}$ von (1) gilt:

$$\|\vec{x}(t_0) - \vec{\varphi}(t_0)\| < \delta \quad \Longrightarrow \quad \|\vec{x}(t) - \vec{\varphi}(t)\| \to 0 \text{ für } t \to \infty .$$

Es ist hier wesentlich, für asymptotische Stabilität die Stabilität extra zu fordern. Es gibt nämlich Systeme, für die jede Lösung für $t \to \infty$ gegen die Lösung $\vec{x} \equiv 0$ strebt, für die aber 0 keine stabile Lösung ist.

$\vec{\varphi}$ heißt *instabil* , wenn $\vec{\varphi}$ nicht stabil ist.

Da alle Vektorraumnormen im $\mathbb{K}^n$ äquivalent sind, ist es egal, mit welcher Norm man arbeitet.

Ist eine Lösung $\vec{\varphi}$ (asymptotisch) stabil bzgl t_0, so ist sie auch (asymptotisch) stabil bzgl jedes Zeitpunkts $t_1 > t_0$. Allerdings muss man dann zu vorgegebenem ε i.a. ein anderes δ wählen. Wir betrachten vor allem den Fall $t_0 = 0$. Bei autonomen Systemen ist es egal, welchen Anfangspunkt man wählt.

Eine konstante Lösung $\vec{\varphi}(t) \equiv \vec{x}_0$ von (1) heißt auch *Ruhelage* oder *stationäre Lösung.* In den Anwendungen spielt vor allem die Stabilität von Ruhelagen eine große Rolle. Theoretisch kann man sich auch darauf beschränken. Es gilt nämlich:

Eine Lösung $\vec{\varphi}$ von (1) ist genau dann (asymptotisch) stabil, wenn die stationäre Lösung $\vec{\psi}(t) :\equiv \vec{0}$ (asymptotisch) stabile Lösung des transformierten Systems $\dot{\vec{x}} = f\left(t, \vec{x} + \vec{\varphi}(t)\right) - f\left(t, \vec{\varphi}(t)\right)$ ist. Allerdings ist das transformierte System i.a. komplizierter als das ursprüngliche. Z.B. braucht es nicht mehr autonom zu sein, auch wenn das ursprüngliche System autonom war.

7.2 Stabilitätssätze für lineare Systeme

Gegeben sei das lineare System

$$\dot{\vec{x}} = \mathbf{A}(t)\,\vec{x} + \vec{b}(t) \tag{2}$$

mit stetigen Funktionen $\mathbf{A}\colon [0,\infty[\to \mathbb{K}^{n\times n}$ und $\vec{b}\colon [0,\infty[\to \mathbb{K}^n$.

Bekanntlich bilden die Lösungen einen n–dimensionalen affinen Funktionenraum. Alle Lösungen können auf das gesamte Intervall $[0,\infty[$ fortgesetzt werden. (Siehe Abschnitt 5.2.)

Bei Stabilitätsuntersuchungen kann man sich auf das zugehörige homogene System beschränken. Es gilt:

Stabilität bei linearen Systemen

Eine spezielle Lösung $\vec{\varphi}(t)$ des inhomogenen Systems (2) ist genau dann stabil, wenn die Nullfunktion stabile Lösung des zugehörigen homogenen Systems $\dot{\vec{x}} = \mathbf{A}(t)\,\vec{x}$ ist.
Insbesondere ist entweder jede Lösung stabil oder gar keine.
Die Nullfunktion ist genau dann stabile Lösung des homogenen Systems, wenn jede Lösung auf $[0,\infty[$ beschränkt ist. Und dies ist genau dann der Fall, wenn es ein auf $[0,\infty[$ beschränktes Fundamentalsystem gibt.

Siehe Aufgabe 11.6.H für einen entsprechenden Satz über asymptotische Stabilität.

Ein analoger Satz gilt für lineare Differentialgleichungen n–ter Ordnung.

a) **Stabilitätssatz für lineare Systeme mit konstanten Koeffizienten**

Gegeben sei das homogene lineare System

$$\dot{\vec{x}} = \mathbf{A}\,\vec{x} \tag{3}$$

mit konstanter Koeffizientenmatrix $\mathbf{A} \in \mathbb{K}^{n\times n}$. Derartige Systeme besitzen komplexe Fundamentalsysteme, die nur Funktionen der Form $\vec{p}(t)\,\mathrm{e}^{\lambda t}$ enthalten. Dabei ist λ ein i.a. komplexer Eigenwert der Koeffizientenmatrix $\mathbf{A}$ und $\vec{p}(t)$ ein vektorwertiges Polynom. Ist die Koeffizientenmatrix $\mathbf{A}$ reell, so liefern Real- und Imaginärteil eines komplexen Fundamentalsystems eine reelle Lösungsbasis. Siehe dazu Abschnitt 5.2.5. Daraus folgt:

1) Die Nullfunktion ist genau dann asymptotisch stabile Lösung des homogenen Systems (3), wenn alle Eigenwerte von $\mathbf{A}$ negativen Realteil haben.
   Dies gilt genau dann, wenn alle Lösungen $\vec{x}$ für $t \to \infty$ gegen $\vec{0}$ gehen.
2) Die Nullfunktion ist genau dann stabile Lösung des homogenen Systems (3), wenn alle Lösungen für $t \to \infty$ beschränkt bleiben. Dies gilt genau dann, wenn
   (i) Alle Eigenwerte λ von $\mathbf{A}$ haben Realteil $\mathsf{Re}\,\lambda \le 0$ und
   (ii) ist $\lambda = i\beta$ ein Eigenwert mit Realteil 0 und Vielfachheit m, so existieren m linear unabhängige Eigenvektoren zu diesem Eigenwert. D.h. die geometrische und die algebraische Vielfachheit von λ stimmen überein. Man nennt λ dann auch *halbeinfach*.
3) Hat ein Eigenwert positiven Realteil, so gibt es eine Lösung $\vec{x}(t)$ des homogenen Systems (3) mit $\limsup_{t\to\infty} \|\vec{x}\,(t)\| = \infty$.

b) Stabilitätssatz für lineare Dgln mit konstanten Koeffizienten

Gegeben sei die homogene Gleichung

$$x^{(n)} + a_{n-1}\,x^{(n-1)} + \ldots + a_1\,\dot{x} + a_0\,x \;=\; 0 \tag{4}$$

mit konstanten Koeffizienten $a_j \in \mathbb{K}$.

Derartige Gleichungen besitzen komplexe Lösungsbasen, die nur Funktionen der Form $t^k\,\mathrm{e}^{\lambda t}$ enthalten. Sind die Koeffizienten a_j reell, so gibt es eine reelle Lösungsbasis aus Funktionen der Form $t^k\,\mathrm{e}^{\alpha t}\cos\beta t$ und $t^k\,\mathrm{e}^{\alpha t}\sin\beta t$. Dabei ist $\lambda = \alpha + i\beta$ ein Eigenwert der Gleichung (Nullstelle des charakteristischen Polynoms). Siehe dazu Abschnitt 5.3.5. Daraus folgt:

1) Die Nullfunktion ist genau dann asymptotisch stabile Lösung der homogenen Gleichung (4), wenn alle Eigenwerte λ negativen Realteil haben.
   Dies gilt genau dann, wenn alle Lösungen für $t \to \infty$ gegen 0 gehen.
2) Die Nullfunktion ist genau dann stabile Lösung der homogenen Gleichung (4), wenn gilt:
   (i) Alle Eigenwerte λ haben Realteil $\alpha = \mathsf{Re}\,\lambda \le 0$ und
   (ii) alle Eigenwerte $\lambda = i\beta$ mit Realteil 0 sind einfach.

   Dies gilt genau dann, wenn alle Lösungen für $t \to \infty$ beschränkt bleiben.
3) In allen anderen Fällen gibt es eine Lösung $x(t)$ der homogenen Gleichung (4) mit $\limsup_{t\to\infty} |x\,(t)| = \infty$.

c) **Stabilitätssatz für lineare periodische Systeme**

Wie in Abschnitt 5.4 sei

$$\dot{\vec{x}} = \mathbf{A}(t)\,\vec{x} \tag{5}$$

ein homogenes periodisches System mit der Periode $p > 0$. $\mathbf{X}(t)$ sei eine Fundamentalmatrix von (5) und $\mathbf{C} = \mathbf{X}^{-1}(0)\cdot\mathbf{X}(p)$ die zugehörige Übergangsmatrix. Es ist also $\mathbf{X}(t+p) = \mathbf{X}(t)\cdot\mathbf{C}$ für alle t .

Nach dem Satz von Floquet (5.4) gibt es eine periodische Matrix $\mathbf{P}(t)$ mit derselben Periode p und eine konstante Matrix $\mathbf{R}$ mit $\mathbf{X}(t) = \mathbf{P}(t)\cdot \mathrm{e}^{t\mathbf{R}}$ und $\mathbf{C} = \mathrm{e}^{p\mathbf{R}}$.

Daraus folgt (siehe z.B. Knobloch & Kappel, Abschnitt III.7.2)

1) Die Nullfunktion ist genau dann asymptotisch stabile Lösung des periodischen Systems (5), wenn alle charakteristischen Multiplikatoren (Eigenwerte von $\mathbf{C}$) einen Betrag < 1 haben.

   Dies ist äquivalent dazu, dass alle charakteristischen Exponenten (Eigenwerte von $\mathbf{R}$) negativen Realteil haben.

   Wie bei jedem homogenen linearen System ist dies genau dann der Fall, wenn alle Lösungen y für $t \to \infty$ gegen 0 gehen.

2) Die Nullfunktion ist genau dann stabile Lösung des periodischen Systems (5), wenn gilt:

   (i) Alle charakteristischen Multiplikatoren, also Eigenwerte λ von $\mathbf{C}$ haben Betrag $|\lambda| \leq 1$ und

   (ii) ist λ ein Eigenwert mit $|\lambda| = 1$ und Vielfachheit m, so existieren m linear unabhängige Eigenvektoren zu diesem Eigenwert.

   Dies ist genau dann der Fall, wenn gilt

   (i) Alle charakteristischen Exponenten, also alle Eigenwerte μ von $\mathbf{R}$ haben Realteil $\mathsf{Re}\,\mu \leq 0$ und

   (ii) ist $\mu = ib$ ein Eigenwert mit Realteil 0 und Vielfachheit m, so existieren m linear unabhängige Eigenvektoren zu diesem Eigenwert.

   Wie bei jedem homogenen linearen System ist die Nullfunktion genau dann stabile Lösung, wenn alle Lösungen für $t \to \infty$ beschränkt bleiben.

3) Hat ein Eigenwert von $\mathbf{C}$ Betrag > 1, bzw ein Eigenwert von $\mathbf{R}$ positiven Realteil, so gibt es eine Lösung $\vec{x}$ von (5) mit $\limsup\limits_{x\to\infty} \|\vec{x}\,(x)\| = \infty$.

d) **Hurwitz-Kriterium**

Für Stabilitätsuntersuchungen ist es offensichtlich interessant zu wissen, ob die Nullstellen der charakteristischen Polynome $\chi(\lambda)$ negativen Realteil haben, also in der linken Halbebene liegen. Um dies zu entscheiden, muss man im Fall reeller Koeffizienten die Nullstellen nicht berechnen. Es gilt:

<u>*Hurwitz-Kriterium*</u>

Gegeben sei das normierte Polynom $\chi(\lambda) = \lambda^n + a_{n-1}\lambda^{n-1} + \ldots + a_1\lambda + a_0$ mit reellen Koeffizienten $a_k \in \mathbb{R}$.

1) Haben alle Nullstellen von $\chi(\lambda)$ negativen Realteil, so sind notwendigerweise alle $a_k > 0$ für $k = 0, \ldots, n-1$.
2) Sind alle $a_k > 0$ für $k = 0, \ldots, n-1$, so haben alle Nullstellen von $\chi(\lambda)$ genau dann negativen Realteil, wenn die Determinante der $(n\text{–}1)\times(n\text{–}1)$–Matrix

$$H := \begin{pmatrix} a_1 & a_0 & 0 & \ldots & & & & & 0 \\ a_3 & a_2 & a_1 & a_0 & 0 & \ldots & & & \\ a_5 & a_4 & a_3 & a_2 & a_1 & a_0 & 0 & \ldots & 0 \\ \vdots & \vdots & \vdots & & & & & & \vdots \\ a_{2n-3} & a_{2n-4} & a_{2n-5} & \ldots & & & & a_n & a_{n-1} \end{pmatrix}$$

und alle ihre Hauptunterdeterminanten positiv sind. Dabei wird $a_n := 1$ und $a_m := 0$ für $m > n$ gesetzt.

7.3 Fast-lineare Systeme

Sei $\mathbf{A} \in \mathbb{K}^{n\times n}$ konstant und $\vec{b}\colon S_\alpha \to \mathbb{K}^n$ in einem α–Streifen

$$S_\alpha := \{ (t, \vec{x}) \in \mathbb{R} \times \mathbb{K}^n ; 0 \le t < \infty, \|\vec{x}\| < \alpha \} \quad (\alpha > 0)$$

definiert, stetig und lokal Lipschitz-stetig bzgl $\vec{x}$. Ferner gelte

$$\forall \varepsilon > 0 \; \exists \delta > 0 \; \forall \|\vec{x}\| < \delta \; \forall t \ge 0 \; : \; \|\vec{b}(t, \vec{x})\| \; \le \; \varepsilon \, \|\vec{x}\| \; ,$$

d.h. für $\|\vec{x}\,\| \to \vec{0}$ geht $\|\vec{b}\,(t, \vec{x}\,)\| \,/\, \|\vec{x}\,\|$ in $[0, \infty[$ gleichmäßig gegen 0.
Dann heißt

$$\dot{\vec{x}} = \mathbf{A}\,\vec{x} + \vec{b}\,(t, \vec{x}\,) \; . \tag{6}$$

ein *fast-lineares System*,

Insbesondere ist $\vec{b}(t, \vec{0}\,) = \vec{0}$ und die Nullfunktion $\vec{x} \equiv \vec{0}$ ist stationäre Lösung von (6). Z.B. sind autonome Systeme mit Ruhelage $\vec{0}$ und differenzierbarer rechter Seite fast linear (s.u.).

$\dot{\vec{x}} = \mathbf{A}\,\vec{x}$ heißt Linearisierung von (6). Die Linearisierung liefert Aussagen über die Stabilität der Ruhelage $\vec{0}$. Es gilt der folgende

Stabilitätssatz für fast-lineare Systeme

Die triviale Lösung $\vec{x} \equiv \vec{0}$ von (6) ist asymptotisch stabil, falls alle Eigenwerte von **A** negativen Realteil haben.
Sie ist instabil, falls ein Eigenwert von **A** positiven Realteil hat.
Ist ein Eigenwert von **A** rein imaginär, so ist keine Aussage möglich.

Anwendung auf autonome Systeme:

$$\dot{\vec{x}} = f(\vec{x}) \tag{7}$$

sei ein autonomes System mit der Ruhelage $\vec{0}$, also mit $f(\vec{0}) = \vec{0}$. Es soll untersucht werden, ob die stationäre Lösung $\vec{x} \equiv \vec{0}$ stabil ist.

Die Untersuchung anderer Gleichgewichtspunkte $\vec{x}_0$ kann man auf den Fall $\vec{x}_0 = \vec{0}$ zurückführen. Ist nämlich $\vec{x}_0$ Ruhelage des Systems $\dot{\vec{x}} = f(\vec{x})$, so ist $\vec{0}$ Ruhelage des Systems $\dot{\vec{x}} = f(\vec{x} + \vec{x}_0)$.

Ist f differenzierbar, so ist das autonome System (7) fast linear. Wegen der Differenzierbarkeit existiert nämlich die Jakobi-Matrix $\mathbf{A} := \mathbf{J}_f(\vec{0})$ und für $\vec{b}(\vec{x}) := f(\vec{x}) - \mathbf{J}_f(\vec{0}) \cdot \vec{x}$ gilt

$$f(\vec{x}) = \mathbf{A}\vec{x} + \vec{b}(\vec{x}) \quad \text{wobei} \quad \lim_{\|\vec{x}\| \to 0} \frac{\|\vec{b}(\vec{x})\|}{\|\vec{x}\|} = 0 .$$

Der Stabilitätssatz für fast-lineare Systeme liefert:

Stabilitätssatz für autonome Systeme

$\vec{x} \equiv \vec{0}$ ist asymptotisch stabile Lösung von (7), wenn sie asymptotisch stabile Lösung des 'linearisierten' Systems $\dot{\vec{x}} = \mathbf{A}\vec{x} = \mathbf{J}_f(\vec{0})\vec{x}$ ist.
$\vec{0}$ ist instabile Lösung von (7), falls die Jakobi-Matrix $\mathbf{J}_f(\vec{0})$ einen Eigenwert mit positivem Realteil hat.

Beispiel:
Für $\alpha < 0$ ist die Nullfunktion $x \equiv 0$ asymptotisch stabile Lösung sowohl von der autonomen Gleichung

$$\dot{x} = \alpha x + \beta x^3 , \tag{8}$$

als auch von der linearisierten Gleichung $\dot{x} = \alpha x$.

Für $\alpha > 0$ besitzen beide Differentialgleichungen 0 als instabile Lösung.

Für $\alpha = 0$ ist 0 stabile Lösung der linearisierten Gleichung. Als Lösung von (8) ist 0 je nach Wahl von β instabil, stabil oder asymptotisch stabil.

Zum Beweis siehe Aufgabe 11.6.B.1.

Weitere Beispiele in Abschnitt 11.6.

7.4 Ljapunoff Theorie

Wir behandeln in diesem Abschnitt nur autonome Systeme

$$\dot{\vec{x}} = f(\vec{x}) \tag{9}$$

mit dem isolierten Ruhepunkt $\vec{0}$. Es ist also $f(\vec{0}) = \vec{0}$ und in einer Umgebung von $\vec{0}$ liegt kein weiterer Ruhepunkt. $f\colon G \to \mathbb{R}^n$ sei in einer offenen Menge $\vec{0} \in G \subset \mathbb{R}^n$ stetig und lokal Lipschitz-stetig. Zur Ljapunoff-Theorie nicht autonomer Systeme siehe z.B. Knobloch u. Kappel [KK].

Es soll untersucht werden, ob die stationäre Lösung $\vec{x} \equiv \vec{0}$ stabil ist. Die Untersuchung anderer isolierter Ruhelagen kann man auf diesen Fall zurückführen.

Eine reellwertige Funktion $V(\vec{x})$ heißt *Ljapunoff-Funktion* für das System (9), wenn V in einer Umgebung $H \subset G$ von $\vec{0}$ stetig differenzierbar ist und wenn dort gilt

1) $V(\vec{0}) = 0$ und $V(\vec{x}) > 0$ für $\vec{x} \neq \vec{0}$
2) $\big(\operatorname{grad} V(\vec{x})\big) \cdot f(\vec{x}) \leq 0$ für $\vec{x} \neq \vec{0}$.

Sie heißt *strenge Ljapunoff-Funktion*, wenn in Bedingung 2) $<$ statt $\leq$ steht.

Es gilt:

Stabilitätssatz von Ljapunoff für autonome Systeme

Besitzt das autonome System (9) eine Ljapunoff-Funktion, so ist $\vec{0}$ eine stabile Ruhelage.
Besitzt (9) eine strenge Ljapunoff-Funktion, so ist $\vec{0}$ eine asymptotisch stabile Lösung.

Mit ähnlichen Methoden kann man auch Instabilität nachweisen. Es gilt

Instabilitätsatz

Die reellwertige Funktion $V(\vec{x})$ sei in einer Umgebung $H \subset G$ von $\vec{0}$ stetig differenzierbar. Es gelte $V(\vec{0}) = 0$ und $V(\vec{x}_k) > 0$ für eine Folge $\vec{x}_k \to \vec{0}$.
Gilt in H eine der beiden Bedingungen

1) $\big(\operatorname{grad} V(\vec{x})\big) \cdot f(\vec{x}) > 0$ für $\vec{x} \neq \vec{0}$ oder
2) $\big(\operatorname{grad} V(\vec{x})\big) \cdot f(\vec{x}) \geq \lambda V(\vec{x})$ für ein $\lambda > 0$,

so ist die Ruhelage $\vec{x} \equiv \vec{0}$ instabil.

Beispiel: $\begin{pmatrix} \dot{x} \\ \dot{y} \end{pmatrix} = \begin{pmatrix} -x^3 + y \\ -x - y^5 \end{pmatrix}$

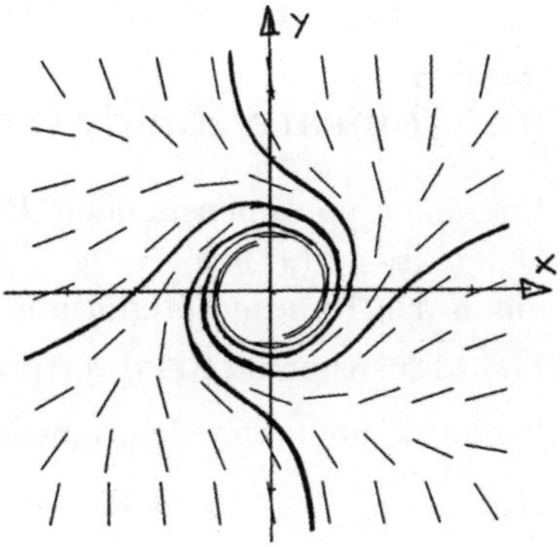

$(0,0)$ ist der einzige Gleichgewichtspunkt.
$V(x,y) := x^2 + y^2$ ist strenge Ljapunoff-Funktion für dies System, da

$$(fV_x + gV_y)(x,y) = -2x^4 - 2y^6$$

negativ definit ist.
Also ist $(0,0)$ asymptotisch stabil.
Das linearisierte System

$$\begin{pmatrix} \dot{x} \\ \dot{y} \end{pmatrix} = \begin{pmatrix} 0 & 1 \\ -1 & 0 \end{pmatrix} \begin{pmatrix} x \\ y \end{pmatrix}$$

hat die Eigenwerte $\pm i$. Der Stabilitätssatz für fast lineare Systeme liefert daher keine Aussage.

8 Rand- und Eigenwertprobleme

8.1 Lineare Randwertaufgaben

Bei einem eindimensionalen *Randwertproblem (RWP)* werden Lösungen einer Dgl $y^{(n)} = f\left(x, y, y', \ldots, y^{(n-1)}\right)$ in einem reellen Intervall $[a, b] \subset \mathbb{R}$ gesucht, die in den Randpunkten a und b gewissen Bedingungen genügen.

Mehrdimensionale Randwertprobleme gehören zur Theorie der partiellen Dgln. Darauf können wir nicht eingehen.

Beispiel:

Ein in zwei Punkten in der Höhe $y(a) = y_1$ und $y(b) = y_2$ aufgehängtes Seil genügt der Gleichung $c\,y'' = \sqrt{1 + y'^2}$. Dies ist ein Beispiel für ein nicht-lineares Randwertproblem. Siehe dazu Aufgabe 11.2.F.

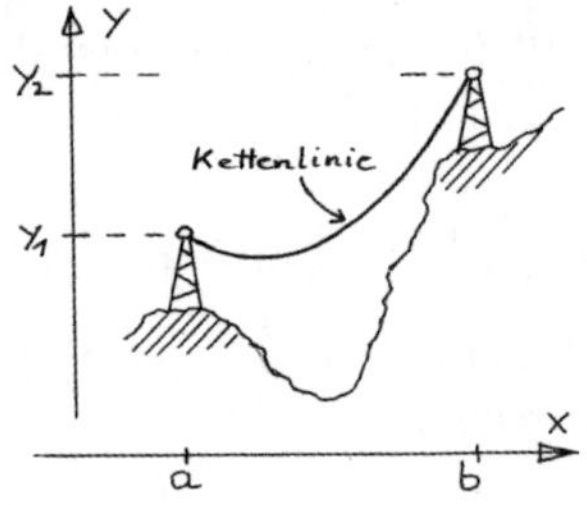

Wir befassen uns im folgenden nur mit linearen Randwertproblemen. Diese bestehen aus einer linearen Gleichung n-ter Ordnung

$$L[y] \;:=\; y^{(n)} + a_{n-1}(x)\, y^{(n-1)} + \ldots + a_0(x)\, y \;=\; s(x) \tag{1}$$

mit innerhalb eines Intervalles $I = [a, b]$ stetigen Koeffizientenfunktionen $a_j(x)$ und $s(x)$, sowie n Randbedingungen

$$a_{j,1}y(a) + \ldots + a_{j,n}y^{(n-1)}(a) + b_{j,1}y(b) + \ldots + b_{j,n}y^{(n-1)}(b) \;=\; \eta_j \quad (j = 1, \ldots, n)$$

mit konstanten Koeffizienten $a_{j,k}, b_{j,k}, \eta_j \in \mathbb{R}$. Mit $\vec{y} := (y, y', \ldots, y^{(n-1)})^\top$, $\vec{\eta} := (\eta_1, \ldots, \eta_n)^\top$, $\mathbf{A} = (a_{i,j})_{i,j}$ und $\mathbf{B} = (b_{i,j})_{i,j}$ kann man diese zu einer Matrixbedingung

$$\mathbf{A}\vec{y}(a) + \mathbf{B}\vec{y}(b) \;=\; \vec{\eta} \tag{2}$$

zusammenfassen. Dabei soll die zusammengesetzte Matrix $(\mathbf{A}|\mathbf{B})$ maximalen Rang, also den Rang n haben.

Natürlich kann man auch lineare Randwertprobleme für Dgl-Systeme betrachten.

Das lineare RWP (1),(2) heißt *vollhomogen*, falls die rechten Seiten verschwinden, also falls $s(x) \equiv 0$ und $\vec{\eta} = \vec{0}$.

Es heißt *halbhomogen*, falls $s(x) \equiv 0$ oder $\vec{\eta} = \vec{0}$. Ansonsten heißt es *inhomogen*. Es ist klar, was das zum RWP (1),(2) gehörende vollhomogene RWP sein soll.

Es gilt der folgende

Struktursatz

Die Lösungen des vollhomogenen RWP's bilden einen Vektorraum.
Sind y_1 und y_2 zwei Lösungen des inhomogenen RWP's, so ist die Differenz $y_1 - y_2$ eine Lösung des zugehörigen vollhomogenen RWP's.
Jede Lösung des inhomogenen RWP's ist von der Form $y = y_s + y_h$. Dabei ist y_s eine spezielle Lösung des inhomogenen und y_h die allgemeine Lösung des zugehörigen vollhomogenen RWP's.

Man kann jedes lineare RWP auf eine halbhomogene Form bringen, und zwar kann man entweder die Randbedingungen oder die Dgl homogenisieren.

Nach Picard-Lindelöf existiert nämlich eine spezielle Lösung y_s der inhomogenen Gleichung (1). Durch die Substitution $z = y - y_s$ geht das inhomogene RWP (1),(2) über in das äquivalente halbhomogene RWP

$$L[z] = 0 \quad ; \quad \mathbf{A}\vec{z}(a) + \mathbf{B}\vec{z}(b) = \vec{\eta} - \mathbf{A}\vec{y}_s(a) - \mathbf{B}\vec{y}_s(b) \ . \qquad (3)$$

Ist andererseits u_s eine spezielle Lösung der inhomogenen Randbedingungen (2), so geht das inhomogene RWP (1),(2) durch die Substitution $z = y - u_s$ über in das äquivalente halbhomogene RWP

$$L[z] = s - L[u_1] \qquad ; \qquad \mathbf{A}\vec{z}(a) + \mathbf{B}\vec{z}(b) = \vec{0} \ . \qquad (4)$$

Das Randwertproblem

$$L[y] = s(x) \qquad ; \qquad \mathbf{A}\vec{y}(a) + \mathbf{B}\vec{y}(b) = \vec{\eta}$$

heißt *selbstadjungiert*, wenn für je zwei in $[a, b]$ n-mal stetig differenzierbare Funktionen u, v, die die homogenen Randbedingungen $\mathbf{A}\vec{y}(a) + \mathbf{B}\vec{y}(b) = \vec{0}$ erfüllen, gilt

$$\int_a^b u\, L[v]\, dx = \int_a^b v\, L[u]\, dx \ .$$

Ein vollhomogenes RWP hat stets die triviale Lösung $y \equiv 0$. Im Gegensatz zu Anfangswertaufgaben können selbst einfache lineare Randwertprobleme unlösbar oder mehrdeutig lösbar sein.

Beispiel:

Die homogene lineare Dgl $L[y] := y'' = 0$ hat die allgemeine Lösung $y = c_1 x + c_2$.

Mit den Randbedingungen $y(a) = \eta_1$, $y(b) = \eta_2$ ist das entsprechende halbhomogene RWP eindeutig lösbar.

Mit den Randbedingungen $y'(a) = \eta_1$, $y'(b) = \eta_2$ ist es im Fall $\eta_1 \neq \eta_2$ unlösbar. Im Fall $\eta_1 = \eta_2$ hat es unendlich viele Lösungen.

Es gilt die folgende

Alternative für lineare RWP's mit homogener Dgl

Gegeben sei das halbhomogene RWP

$$L[y] \;=\; 0 \quad ; \quad \mathbf{A}\vec{y}(a) + \mathbf{B}\vec{y}(b) \;=\; \vec{\eta}\,. \tag{5}$$

$y_1(x), \ldots, y_n(x)$ sei eine Lösungsbasis der homogenen Dgl $L[y] = 0$ und $\mathbf{Y}(x)$ die zugehörige Wronskimatrix. Ferner sei $\mathbf{D} := \mathbf{A} \cdot \mathbf{Y}(a) + \mathbf{B} \cdot \mathbf{Y}(b)$.
Dann gilt:

1) Ist $\det \mathbf{D} \neq 0$, so ist das RWP (5) für jedes $\vec{\eta} \in \mathbb{R}^n$ eindeutig lösbar.
2) Ist $\det \mathbf{D} = 0$, so ist das RWP (5) genau dann lösbar, wenn der Rang von $\mathbf{D}$ gleich dem Rang der erweiterten Matrix $(\mathbf{D}, \vec{\eta})$ ist.
3) Das zugehörige vollhomogene RWP besitzt genau dann eine nicht triviale Lösung $y \neq 0$, wenn $\det \mathbf{D} = 0$.

8.2 Lineare Randwertaufgaben 2. Ordnung

Lineare Randwertaufgaben 2. Ordnung bestehen aus einer linearen Gleichung 2. Ordnung

$$y'' + a_1(x)\, y' + a_0(x)\, y \;=\; s(x) \tag{6}$$

mit stetigen Koeffizientenfunktionen $a_j, s\colon [a,b] \to \mathbb{R}$ und zwei Randbedingungen

$$\begin{aligned} a_{1,1}y(a) + a_{1,2}y'(a) + b_{1,1}y(b) + b_{1,2}y'(b) &= \eta_1 \\ a_{2,1}y(a) + a_{2,2}y'(a) + b_{2,1}y(b) + b_{2,2}y'(b) &= \eta_2 \\ \text{bzw} \qquad \mathbf{A}\vec{y}(a) + \mathbf{B}\vec{y}(b) &= \vec{\eta} \end{aligned} \tag{7}$$

Dabei ist $\vec{y} := (y, y')^\top$. Die zusammengesetzte Matrix $(\mathbf{A}, \mathbf{B})$ soll den Rang 2 haben.

Man kann jede lineare Dgl 2. Ordnung (6) auf die Form

$$L[y] \;:=\; \big[p(x)\, y'\big]' + q(x)\, y \;=\; s(x) \tag{8}$$

bringen. Dafür reicht es, die Gleichung (6) mit $\mathrm{e}^{A(x)}$ zu multiplizieren, wobei $A(x) = \int a_1(x)\, dx$ eine Stammfunktion von $a_1(x)$ ist.

Randwertprobleme dieser Form (8) mit Randbedingungen $\mathbf{A}\vec{y}(a) + \mathbf{B}\vec{y}(b) = \vec{\eta}$ sind *selbstadjungiert*, falls $p(b) \det \mathbf{A} = p(a) \det \mathbf{B}$. D.h. für derartige RWP's gilt: Sind u, v beliebige, in $[a,b]$ 2-mal stetig differenzierbare Funktionen u, v, die die homogenen Randbedingungen erfüllen, so ist

$$\int_a^b u\, L[v]\, dx \;=\; \int_a^b v\, L[u]\, dx\,.$$

Mögliche Randbedingungen sind z.B.

1. Art:	$y(a) = \eta_1$,	$y(b) = \eta_2$
2. Art:	$y'(a) = \eta_1$,	$y'(b) = \eta_2$
3. Art:	$\alpha_0\, y(a) + \alpha_1\, y'(a) = \eta_1$,	$\beta_0\, y(b) + \beta_1\, y'(b) = \eta_2$
periodisch:	$y(a) - y(b) = \eta_1$,	$y'(a) - y'(b) = \eta_2$.

Randbedingungen der 3. Art enthalten die ersten beiden als Spezialfälle.

Randwertprobleme der Form (8) mit Randbedingungen 1. - 3. Art oder periodischen Randbedingungen sind selbstadjungiert. In diesen Fällen ist die Bedingung $p(b) \det \mathbf{A} = p(a) \det \mathbf{B}$ trivialerweise erfüllt, da dann $\det \mathbf{A} = \det \mathbf{B} = 0$ ist. Man sagt auch, die Gleichung (8) liegt in *selbstadjungierter Form* vor.

Sturm - Liouville'sche Randwertprobleme bestehen aus einer linearen Dgl 2. Ordnung der Bauart

$$L[y] \;:=\; \left[p(x)\, y'\right]' + q(x)\, y \;=\; s(x) \tag{9}$$

mit Randbedingungen 3. Art der Form

$$\begin{aligned} R_a[y] \;&:=\; \alpha_0\, y(a) + \alpha_1\, p(a)\, y'(a) \;=\; \eta_1 \\ R_b[y] \;&:=\; \beta_0\, y(b) + \beta_1\, p(b)\, y'(b) \;=\; \eta_2 \end{aligned} \tag{10}$$

Dabei ist p eine im Intervall $I = [a, b]$ stetig differenzierbare Funktion mit $p(x) > 0$ für alle $x \in I$. $q, s\colon I \to \mathbb{R}$ sind stetig und es ist $\alpha_0^2 + \alpha_1^2 > 0$ und $\beta_0^2 + \beta_1^2 > 0$. Dass $p(a)$ und $p(b)$ in die Randbedingungen (10) eingebaut werden, hat technische Gründe.

Das zugehörige homogene Randwertproblem ist

$$L[y] = 0 \;, \quad R_a[y] \;=\; R_b[y] \;=\; 0 \;. \tag{11}$$

Für den Differentialoperator L eines Sturm-Liouville-Problems (9) und beliebige Funktionen $u, v \in C^2[a, b]$ gilt die *Lagrange'sche Identität:*

$$v\, L[u] - u\, L[v] \;=\; \left[p(x)(u'v - v'u)\right]' \;. \tag{12}$$

Erfüllen u, v die homogenen Randbedingungen
$R_a[u] = R_b[u] = R_a[v] = R_b[v] = 0$, so folgt

$$\int_a^b \left(v\, L[u] - u\, L[v]\right)\, dx \;=\; 0 \;. \tag{13}$$

Sturm-Liouville-Probleme sind also selbstadjungiert. Zum Beweis siehe Aufgabe 12.7.D.

Ist ein Fundamentalsystem der homogenen Dgl $L[y] = 0$ bekannt, so reduziert sich die Lösung des linearen RWP's auf die Lösung eines linearen Gleichungssystems. Daraus ergibt sich der folgende Eindeutigkeitssatz:

Alternative für Sturm Liouville Probleme

Seien y_1, y_2 zwei Basislösungen der homogenen Dgl $Ly = 0$. Dann ist das Sturm-Liouville Problem (9),(10) genau dann eindeutig lösbar, wenn

$$\det \begin{pmatrix} R_a[y_1] & R_a[y_2] \\ R_b[y_1] & R_b[y_2] \end{pmatrix} \neq 0 \ . \tag{14}$$

Das zugehörige vollhomogene RWP hat in diesem Fall nur die triviale Lösung.

Ist die Eindeutige-Lösbarkeitsbedingung (14) erfüllt, so gibt es stets ein Fundamentalsystem (y_1, y_2) der Dgl (9) derart, dass

$$R_a[y_1] = R_b[y_2] = 1 \ , \quad R_b[y_1] = R_a[y_2] = 0 \ .$$

Beispiel siehe Aufgabe 12.7.C.

8.3 Grundlösungen und Greensche Funktion

Wir betrachten weiterhin Sturm-Liouvillesche Randwertprobleme der Bauart (9),(10) mit den oben angegebenen Voraussetzungen.
Das Quadrat $Q := [a,b] \times [a,b]$ besteht aus den beiden Dreiecken

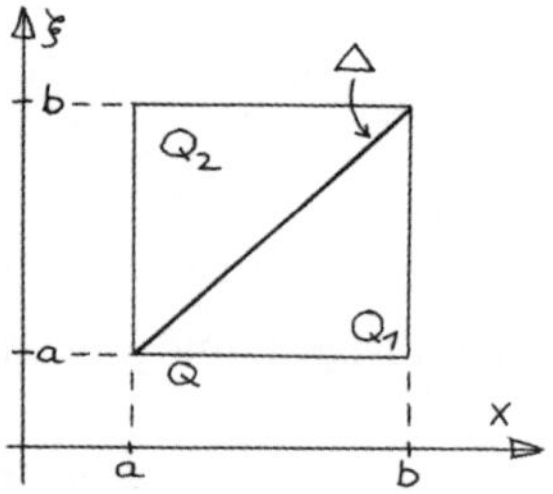

$$Q_1 := \{(x,\xi)\,;\, a \leq \xi \leq x \leq b\} \quad \text{und}$$
$$Q_2 := \{(x,\xi)\,;\, a \leq x \leq \xi \leq b\} \ .$$

Die Diagonale $\Delta := \{x = \xi\}$ gehört zu beiden Dreiecken.

Eine Funktion $\gamma\colon Q \to \mathrm{I\!R}$ heißt *Grundlösung* der homogenen Gleichung $L[y] = 0$, wenn gilt:

1) γ ist stetig in Q
2) In jedem der beiden Dreiecke existieren die partiellen Ableitungen γ_x und γ_{xx} und sind stetig. Auf dem Rand sind die jeweiligen einseitigen Ableitungen zu nehmen.
3) Für festes $\xi \in [a,b]$ ist $\gamma(x,\xi)$ als Funktion von x eine Lösung der homogenen Gleichung $L[y] = 0$ in $[a,\xi[\cup]\xi,b]$.

4) Auf der Diagonalen Δ macht die erste partielle Ableitung nach x einen Sprung der Größe $1/p$, also

$$\gamma_x(x+0,x) - \gamma_x(x-0,x) \;=\; \frac{1}{p(x)}\;.$$

Für die Dgl $u''=0$ ist z.B. $p\equiv 1$ und $\gamma(x,\xi) := \frac{1}{2}|x-\xi|$ eine Grundlösung. Mit Grundlösungen der homogenen Dgl $L[y]=0$ kann man Lösungen der inhomogenen Dgl $L[y]=s(x)$ darstellen. Es gilt

Satz:
Ist $\gamma(x,\xi)$ eine Grundlösung von $L[y]=0$, so ist

$$y(x) \;:=\; \int_a^b \gamma(x,\xi)\,s(\xi)\,d\xi$$

eine zweimal stetig differenzierbare Lösung der inhomogenen Gleichung $L[y]=s(x)$.

Wir betrachten jetzt halbhomogene Sturm-Liouvillesche Randwertaufgaben mit homogenen Randbedingungen:

$$\begin{aligned} L[y] &:= \big[p(x)\,y'(x)\big]' + q(x)\,y(x) \;=\; s(x)\\ R_a[y] &:= \alpha_0\,y(a) + \alpha_1\,p(a)\,y'(a) \;=\; 0\\ R_b[y] &:= \beta_0\,y(b) + \beta_1\,p(b)\,y'(b) \;=\; 0 \end{aligned} \tag{15}$$

Dabei ist weiterhin p eine im Intervall $I=[a,b]$ stetig differenzierbare Funktion mit $p(x)>0$ für alle $x\in I$. $q,s\colon I\to \mathbb{R}$ sind stetig und es ist $\alpha_0^2+\alpha_1^2>0$ und $\beta_0^2+\beta_1^2>0$. Das Problem (15) ist selbstadjungiert.

Eine Funktion $\Gamma(x,\xi)$ heißt *Greensche Funktion* für dieses halbhomogene Problem (15), wenn gilt

1) $\Gamma(x,\xi)$ ist eine Grundlösung von (15) und
2) Es ist $R_a[\Gamma]=R_b[\Gamma]=0$ für jedes $\xi\in]a,b[$.

Es gilt

Satz:
Die Eindeutige-Lösbarkeitsbedingung (14) sei erfüllt.
Dann gibt es genau eine Greensche Funktion $\Gamma(x,\xi)$ für das halbhomogene Problem (15).
Sie ist symmetrisch, d.h. es gilt $\Gamma(x,\xi)=\Gamma(\xi,x)$.

Ist die Eindeutige-Lösbarkeitsbedingung (14) erfüllt, so gibt es ein Fundamentalsystem (y_1,y_2) der homogenen Dgl $L[y]=0$ mit

$$R_a[y_1] \;=\; R_b[y_2] \;=\; 1 \quad;\quad R_b[y_1] \;=\; R_a[y_2] \;=\; 0\;.$$

Für y_1, y_2 folgt aus der Lagrange-Identität (oder einfach nachrechnen), dass $p\left(y_1' y_2 - y_2' y_1\right) \equiv const =: C$. Mit diesen y_1, y_2, C ist

$$\Gamma(x,\xi) \;:=\; \begin{cases} \frac{1}{C}\, y_2(x)\, y_1(\xi) & \text{falls } a \le x \le \xi \le b \\ \frac{1}{C}\, y_2(\xi)\, y_1(x) & \text{falls } a \le \xi \le x \le b \end{cases} \tag{16}$$

die zum halbhomogenen Problem (15) gehörende Greensche Funktion.

Für ein Beispiel siehe Aufgabe 12.7.C.

8.4 Sturm - Liouville'sche Eigenwertaufgaben

Sei weiterhin p eine im Intervall $I = [a, b]$ stetig differenzierbare Funktion mit $p(x) > 0$ für alle $x \in I$. Seien $q, r\colon I \to \mathbb{R}$ stetig, $r(x) > 0$ in $[a, b]$ und $\alpha_0^2 + \alpha_1^2 > 0$ und $\beta_0^2 + \beta_1^2 > 0$.

Ein *Sturm - Liouville'sche Eigenwertproblem* hat die Form

$$\begin{aligned} L[y] &:= \left[p(x)\, y'\right]' + q(x)\, y \;=\; -\lambda\, r(x)\, y \\ R_a[y] &:= \alpha_0\, y(a) + \alpha_1\, p(a)\, y'(a) \;=\; 0 \\ R_b[y] &:= \beta_0\, y(b) + \beta_1\, p(b)\, y'(b) \;=\; 0 \end{aligned} \tag{17}$$

Dabei sei die Gewichtsfunktion $r(x) > 0$ im Intervall $[a, b]$. Man sucht dabei diejenigen $\lambda \in \mathbb{R}$, für die dies RWP nicht triviale Lösungen, also Lösungen $y \not\equiv 0$ besitzt. Derartige Parameter λ heißen *Eigenwerte*, die zugehörigen nicht-trivialen Lösungen *Eigenfunktionen*. Mit $y(x)$ ist auch $cy(x)$, $c \neq 0$, eine Eigenfunktion.

Beispiel: Das Eigenwertproblem

$$y'' + \lambda y = 0\ , \quad y(0) = y(\pi) = 0$$

hat die abzählbar unendlich vielen Eigenwerte $\lambda_n := n^2$, $n \in \mathbb{N}$, mit den zugehörigen Eigenfunktionen $y_n(x) := \sin nx$.

Man kann eine beliebige in $[0, \pi]$ stetig differenzierbare Funktion f, die die Randbedingungen erfüllt, in eine Reihe nach den Eigenfunktionen entwickeln. (Es genügen schwächere Voraussetzungen.)

Unter den obigen Voraussetzungen kann man allgemein beweisen:

Satz:
Das *Sturm - Liouville'sche Eigenwertproblem* (17) besitzt abzählbar viele und zwar reelle Eigenwerte $\lambda_0 < \lambda_1 < \lambda_2 < \ldots\ , \ \lambda_k \to \infty$.
Es gibt zwei positive Konstanten $m, M > 0$ derart, dass

$$Mk^2\pi^2 \le \lambda_k \le mk^2\pi^2 \quad \text{für alle} \quad k \ge k_0 \ .$$

Die Eigenwerte sind *einfach*, d.h. zu jedem λ_k gibt es keine zwei linear unabhängigen Eigenfunktionen.

Siehe Aufgabe 12.8.C für ein Eigenwertproblem mit echt komplexem Eigenwert.

Für die Eigenfunktionen kann man beweisen:

Trennungssatz

Die zum Eigenwert λ_k gehörende Eigenfunktion y_k besitzt in $[a, b]$ genau k und zwar einfache Nullstellen.
Zwischen je zwei aufeinanderfolgenden Nullstellen von y_k liegt eine von y_{k+1}.

Entwicklungssatz

Die Eigenfunktionen bilden ein Orthogonalsystem, d.h. für $k \ne j$ gilt

$$\langle y_k, y_j \rangle \ := \ \int_a^b r(x)\, y_k(x)\, y_j(x)\, dx \ = \ 0 \ .$$

Man kann jede stetig differenzierbare Funktion $f\colon [a, b] \to \mathbb{R}$, die die homogenen Randbedingungen (17) erfüllt, in eine in $[a, b]$ absolut und gleichmäßig konvergente Reihe

$$f(x) \ = \ \sum_{k=0}^{\infty} c_k\, y_k(x)$$

entwickeln. Sind die Eigenfunktionen y_k normiert, d.h. gilt $\langle y_k, y_k \rangle = 1$, so heißt diese Reihe *Fourier-Reihe* von f und für die sog. *Fourier-Koeffizienten* c_k gilt

$$c_k \ = \ \langle f, y_k \rangle \ = \ \int_a^b r(x)\, f(x)\, y_k(x)\, dx \ .$$

9 Näherungsverfahren

Sehr häufig ist für ein vorgelegtes Rand- oder Anfangswertproblem kein exaktes Lösungsverfahren bekannt. Abschätzungen mit Hilfe von Differentialungleichungen (siehe Abschnitt 2.2) sind in der Regel zu grob. Man muss numerische Näherungen benutzen.

Die rechnerische Behandlung von Differentialgleichungen ist ein umfangreiches und wichtiges Gebiet der Numerischen Mathematik. Wir können hier nur ein paar einführende Bemerkungen machen.

Wir betrachten ein explizites AWP 1. Ordnung wie in Abschnitt 2 .

$$y' = f(x,y) \quad ; \quad y(x_0) = y_0 \tag{1}$$

f sei mindestens lokal Lipschitz-stetig bzgl y, so dass die Lösung $y = y(x)$ eindeutig bestimmt ist.

Die Lösung soll im Intervall $I := [x_0, x_0 + a]$ $(a > 0)$ näherungsweise berechnet werden. Dafür zerlegt man I durch Stützstellen $x_0 < x_1 < \ldots < x_n = x_0 + a$ in endlich viele Teilintervalle. Ausgehend vom Anfangswert $y_0 = y(x_0)$ berechnet man einen Näherungswert y_1 für $y(x_1)$ usw. Dabei wird die Näherungslösung zwischen (x_k, y_k) und (x_{k+1}, y_{k+1}) linear angenommen, $y(x)$ also durch einen *Streckenzug (Polygonzug)* angenähert.

Bei einem *Einschrittverfahren* verwendet man zur Berechnung von y_{k+1} nur den vorher bestimmten Wert y_k . Sonst redet man von einem *Mehrschrittverfahren.*

Sehr wichtig bei solchen Verfahren ist die *Schrittweitenkontrolle.* Dabei wird die Schrittweite $h_k = |x_{k+1} - x_k|$ abhängig von der Krümmung, bei starker Krümmung sinnvollerweise kleiner gewählt.

Ein sehr einfaches Verfahren ist das *Eulersche Polygonzugverfahren,* auch *Euler-Cauchy-Verfahren,* das oft beim Beweis des Existenzsatzes von Peano benutzt wird (siehe Abschnitt 1.2.1). Dabei setzt man

$$y_{k+1} := y_k + (x_{k+1} - x_k)\, f\left(x_k, y_k\right) .$$

Die Steigung der Strecke zwischen (x_k, y_k) und (x_{k+1}, y_{k+1}) ist also gleich dem von der Dgl vorgeschriebenem Wert $f(x_k, y_k)$ im linken Endpunkt.

Beim Verfahren von *Heun* nimmt man das arithmetische Mittel der Werte im linken und rechten Endpunkt. Da man den rechten noch nicht kennt, wird er nach der Euler-Cauchy-Methode approximiert. Man setzt also

$$y_{k+1} := y_k + (x_{k+1} - x_k)\, \frac{K_1 + K_2}{2} \qquad \text{mit}$$

$$K_1 := f\left(x_k, y_k\right) \qquad \text{und} \qquad K_2 := f\left(x_{k+1}, y_k + (x_{k+1} - x_k) K_1\right) .$$

Ein Verfahren von *C.Runge* und *W.M.Kutta* verwendet zusätzlich die Stützstelle $\frac{1}{2}(x_k + x_{k+1})$ und das gewichtete Mittel von vier Funktionswerten $f(\xi,\eta)$. Und zwar setzt man mit $h := x_{k+1} - x_k$

$$\begin{aligned}
y_{k+1} &:= y_k + (x_{k+1} - x_k)\,\frac{K_1+2K_2+2K_3+K_4}{6} \qquad \text{mit}\\
K_1 &:= f\left(x_k, y_k\right)\\
K_2 &:= f\left(x_k + \tfrac{h}{2}, y_k + \tfrac{h}{2}K_1\right)\\
K_3 &:= f\left(x_k + \tfrac{h}{2}, y_k + \tfrac{h}{2}K_2\right)\\
K_4 &:= f\left(x_k + h, y_k + hK_3\right)\ .
\end{aligned}$$

Wendet man das Runge-Kutta-Verfahren auf die Dgl $y' = f(x)$ an, so erhält man gerade die Keplersche Fassregel bzw Simpsonregel zur näherungsweisen numerischen Berechnung des Integrals $\int f(x)\,dx$.

Es gibt noch viele andere Verfahren, auch weitere Verfahren von Runge-Kutta. Darauf und auch auf Fehlerabschätzungen können wir nicht eingehen.

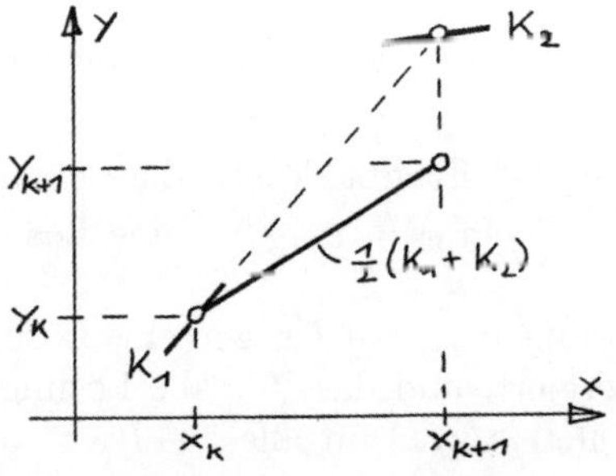

Verfahren von Heun

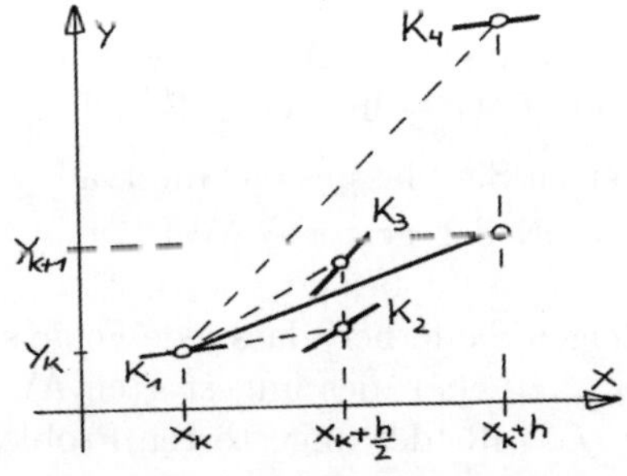

Runge - Kutta - Verfahren

Teil II
Aufgaben

10 Aufgaben zu Gleichungen 1. Ordnung

10.1 Theoretisches

A Untersuchen Sie die Dgl $y' = 6x\sqrt[3]{y^2}$ auf eindeutige Lösbarkeit.

B *Zur Abhängigkeit von den Anfangswerten:*

Die eindeutig bestimmte Lösung des AWP's $y' = e^y \sin x$, $y(0) = y_0$ kann man für $y_0 = -\ln 2$ nicht auf ganz $\mathbb{R}$, sondern nur auf das Intervall $]-\pi, \pi[$ fortsetzen. Dagegen sind die Lösungen für jeden Anfangswert $y_0 < -\ln 2$ auf ganz $\mathbb{R}$ definiert.

Ist das ein Widerspruch zum Satz 1.4.1 von der stetigen Abhängigkeit der Lösungen von den Anfangswerten?

C *Zur Minimallösung:*

Gegeben sei das Anfangswertproblem $y' = f(x,y)$, $y(x_0) = y_0$ mit stetigem $f\colon G \to \mathbb{R}$, $G \subset \mathbb{R}^2$ offen, $(x_0, y_0) \in G$.

Zeigen Sie, dass es ein Intervall $I = [x_0, x_0 + \varepsilon] \subset \mathbb{R}$ gibt derart, dass für alle $n \in \mathbb{N}$ das gestörte AWP $y' = f(x,y) - \frac{1}{n}$, $y(x_0) = y_0 - \frac{1}{n}$ eine Lösung $\varphi_n\colon I \to \mathbb{R}$ besitzt.
Zeigen Sie ferner, dass jede Folge solcher Lösungen φ_n auf I gegen eine Lösung $y_{min} = \varphi(x)$ des ungestörten AWP's konvergiert, und dass für alle Lösungen $y\colon I \to \mathbb{R}$ des ungestörten Problems gilt: $y(x) \geq \varphi(x)$ für alle $x \in I$.

D Bestimmen Sie die Maximal- und Minimallösung des Anfangswertproblems

$$y' = 2\sqrt{|y|} \quad ; \quad y(0) = 0 .$$

E *Zum Euler-Polygonzugverfahren:*

Gegeben sei das Anfangswertproblem $y' = y\,|y|^{-3/4} + x \sin\frac{\pi}{x}$, $y(0) = 0$.

Sei $\delta := (n + \frac{1}{2})^{-1}$. Für $n \in \mathbb{N}$ sei φ_n der zugehörige Eulersche Polygonzug mit den Stützstellen $x_k := k\delta$.

Zeigen Sie, dass die Folge φ_n dieser Polygonzüge in keinem Intervall der Form $[0, a]$ konvergiert.

F Beweisen Sie den *Eindeutigkeitssatz von Nagumo* aus Abschnitt 1.3.4 für den Fall 1. Ordnung.

Vergleichen Sie das Resultat von Nagumo mit dem Eindeutigkeitssatz von Picard-Lindelöf.

G Beweisen Sie das *Lemma von Gronwall* (siehe Abschnitt 1.3.1).

Lösungen:

A $y' = 6x\sqrt[3]{y^2}$

Die rechte Seite $f(x,y) := 6x\sqrt[3]{y^2}$ der Gleichung ist stetig in ganz $\mathbb{R}^2$. Nach dem Existenzsatz von Peano (1.2.1) geht daher durch jeden Punkt $(x_0, y_0) \in \mathbb{R}^2$ eine Lösung.

Ist $y_0 \neq 0$, so gibt es eine Umgebung von (x_0, y_0), in der $f(x,y)$ Lipschitz-stetig ist. Es gilt nämlich

$$|f(x,y) - f(x,y_0)| \;=\; 6|x|\left|y^{2/3} - y_0^{2/3}\right| \;\leq\; L|y - y_0|$$

für eine geignete Konstante $L > 0$. (Beweis mit Mittelwertsatz!)

Es gibt daher zu jeder Anfangsbedingung $y(x_0) = y_0$ mit $y_0 \neq 0$ genau eine Lösung. Zur expliziten Lösung siehe weiter unten.

Sei nun $(x_0, 0)$ ein beliebiger Punkt der x-Achse. $f(x,y) = 6x\sqrt[3]{y^2}$ ist in keiner Umgebung von $(x_0, 0)$ Lipschitz-stetig. Denn in jeder solchen Umgebung gibt es einen Punkt $(x_1, 0)$ mit $x_1 \neq 0$ und mit diesem x_1 gilt

$$\frac{|f(x_1,y)-f(x_1,0)|}{|y-0|} \;=\; 6x_1|y^{-1/3}| \;\to\; \infty \quad \text{für } y \to 0\,.$$

In der Tat hat das AWP

$$y' \;=\; 6x\sqrt[3]{y^2} \quad ; \quad y(x_0) \;=\; 0 \tag{1}$$

mehrere (sogar unendlich viele) Lösungen. Man kann diese explizit berechnen:

Die Gleichung ist vom Typ getrennter Variablen. $\varphi_1(x) \equiv 0$ ist die einzige stationäre Lösung.
Lösungen $\varphi(x) \neq 0$ erhält man durch Trennung der Variablen:

$$\begin{aligned}
\int \frac{dy}{3y^{2/3}} \;&=\; \int 2x\,dx \\
y^{1/3} - y_0^{1/3} \;&=\; x^2 - x_0^2 \\
y \;&=\; (x^2 + C)^3 \quad (C \in \mathbb{R})
\end{aligned}$$

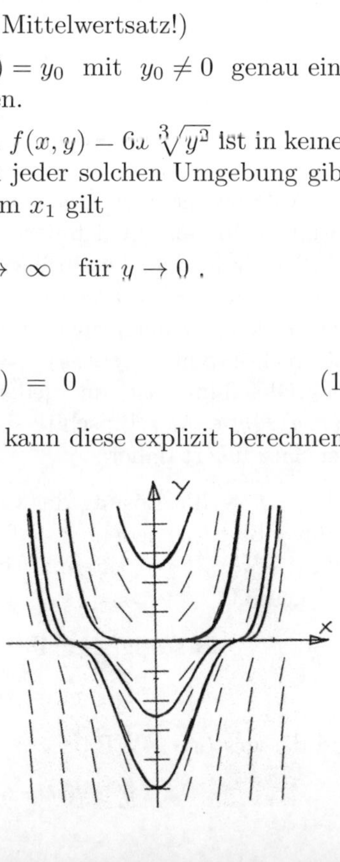

Durch jeden Punkt der $(x_0, 0)$ der x-Achse laufen daher zumindest die beiden Lösungen

$$y \equiv 0 \qquad \text{und} \qquad y = (x^2 - x_0^2)^3 \, .$$

In jeder Umgebung von $(x_0, 0)$ gibt es ∞ viele Punkte $(x_1, 0)$ mit $x_1 > x_0$. Für jeden dieser Punkte ist

$$\psi(x) \; :\equiv 0 \quad \text{für } x \leq x_1 \qquad \text{und} \quad \psi(x) \; := (x^2 - x_1^2)^3 \quad \text{für } x \geq x_1$$

eine Lösung des AWP's (1).

Ist $x_0 \geq 0$, so ist $y_0 \equiv 0$ die 'Minimallösung nach rechts', d.h. y_0 ist in jedem Intervall $[x_0, x_0 + a]$ Lösung des AWP's und für jede Lösung y gilt $y(x) \geq y_0(x)$ in $[x_0, x_0 + a]$.

Entsprechend ist $y_1(x) := (x^2 - x_0^2)^3$ für $x_0 \geq 0$ die 'Maximallösung nach rechts', d.h. y_1 ist in jedem Intervall $[x_0, x_0 + a]$ Lösung des AWP's (1) und für jede Lösung y gilt $y(x) \leq y_1(x)$ in $[x_0, x_0 + a]$.

Da die Gleichung vom Typ getrennter Variablen ist, hätte man die eindeutige Lösbarkeit auch mit Hilfe der betreffenden Sätze aus 2.3 untersuchen können. Das wäre nicht einfacher gewesen und hätte natürlich zum selben Ergebnis geführt.

B Die Differentialgleichung 1. Ordnung $y' = e^y \sin x$ kann man durch Trennung der Variablen lösen. Sie hat die Lösungen $y = -\ln(\cos x + e^{-y(0)} - 1)$.

Für Anfangswerte $y(0) < -\ln 2$ sind die Lösungen in ganz $\mathbb{R}$ definiert, für $y(0) \geq -\ln 2$ nur in dem beschränkten Intervall $]-C, C[$ mit $C := \arccos(1 - e^{-y_0})$. Dies ist kein Widerspruch zum Satz 1.4.1. Die rechte Seite $f(x,y) := e^y \sin x$ der Gleichung ist in jedem Streifen $\{(x,y) \, ; \, |y| \leq M\}$ Lipschitz-stetig bzgl y. Der Satz liefert daher:

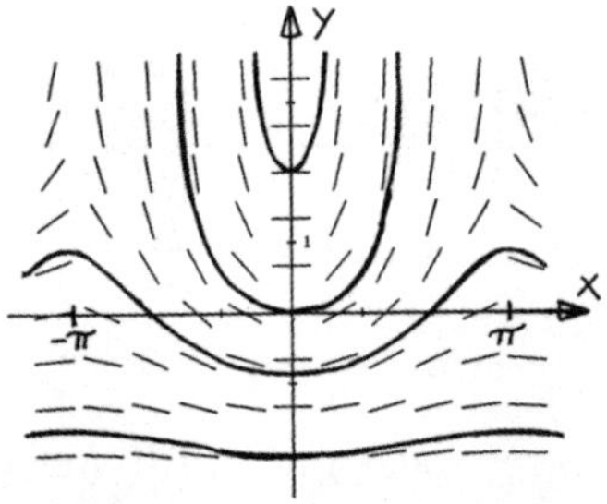

Sei $\varphi \colon I \to \mathbb{R}$ Lösung der Gleichung im <u>kompakten</u> Intervall I und $x_0 \in I$. Dann gibt es zu jedem $\varepsilon > 0$ ein $\delta > 0$ derart, dass jede Lösung $\psi(x)$ mit $|\psi(x_0) - \varphi(x_0)| < \delta$ in ganz I existiert und der Ungleichung $|\varphi(x) - \psi(x)| < \varepsilon$ in I genügt.

C Sei $f \colon G \to \mathbb{R}$ stetig, $G \subset \mathbb{R}^2$ offen, $(x_0, y_0) \in G$. Gegeben ist das AWP

$$y' \; = \; f(x,y) \quad ; \quad y(x_0) \; = \; y_0 \tag{2}$$

und das gestörte AWP

$$y' \; = \; f(x,y) - \tfrac{1}{n} \quad ; \quad y(x_0) \; = \; y_0 - \tfrac{1}{n} \tag{3}$$

Wähle $a, b > 0$ so, dass das Rechteck $K := [x_0 - a, x_0 + a] \times [y_0 - 2b, y_0 + 2b]$ in G liegt. Ab einem n_0 gilt $y_0 - b < y_0 - \frac{1}{n} < y_0$ und

$$K_n \ := \ [x_0 - a, x_0 + a] \times [y_0 - \tfrac{1}{n} - b, y_0 - \tfrac{1}{n} + b] \ \subset \ K \ \subset \ G \, .$$

f ist auf K beschränkt, etwa $|f| < M$. Dann gilt $|f|, |f - \frac{1}{n}| < M + 1$ in K. Nach Peano (lokale Version) sind die Anfangswertprobleme (2) und (3) lösbar im Intervall $I_0 := [x_0, x_0 + r]$ mit $r := \min\{a, \frac{b}{M+1}\}$. Evt Verkleinern von I_0 liefert ein Intervall $I = [x_0, x_0 + s]$, indem auch die AWP's (3) für $1 \leq n \leq n_0$ lösbar sind. Seien $g_n, y \colon I \to \mathbb{R}$ Lösungen von (3) und (2).

g_n ist eine Unterfunktion für das Problem (2), da $g_n(x_0) = y_0 - \frac{1}{n} < y_0$ und $g_n'(x) = f\left(x, g_n(x)\right) - \frac{1}{n} < f\left(x, g_n(x)\right)$ in I. Analog ist g_{n+1} eine Oberfunktion für das Problem (3). Also gilt $g_n(x) < g_{n+1}(x) < y(x)$ in I. Die Funktionenfolge $g_n(x)$ konvergiert daher punktweise und zwar monoton in I und es gilt

$$g(x) \ := \ \lim_{n\to\infty} g_n(x) \ \leq \ y(x) \quad \text{für alle } x \in I \, .$$

Die Funktionenfolge (g_n) ist auch gleichgradig stetig. f ist nämlich im kompakten Bereich $\{\, (x, y)\, ;\, x_0 \leq x \leq x_0 + a,\ g_1(x) \leq y \leq y(x) \,\}$ beschränkt, etwa $|f| \leq M_1$. Anwendung des Mittelwertsatzes liefert

$$|g_n(x_1) - g_n(x_2)| \ = \ |g_n'(\xi)|\,|x_1 - x_2| \ = \ |f(\xi, g_n(\xi))|\,|x_1 - x_2| \ \leq \ M_1|x_1 - x_2| \, .$$

Nach Arzela-Ascoli konvergiert eine Teilfolge gleichmäßig gegen g. Wegen der Monotonie konvergiert auch die gesamte Folge gleichmäßig gegen g und die Grenzfunktion g ist stetig.

Die Grenzfunktion g ist Lösung von (2), denn für $n \to \infty$ folgt

$$\begin{aligned} g_n(x) \ &= \ y_0 - \frac{1}{n} + \int_{x_0}^{x} \left[f\left(t, g_n(t)\right) - \frac{1}{n} \right] dt \\ \Longrightarrow \quad g(x) \ &= \ y_0 + \int_{x_0}^{x} f\left(t, g(t)\right) dt \, . \end{aligned}$$

Wegen der beschränkten Konvergenz dürfen Limes und Integral vertauscht werden.

D $\boxed{y' = 2\sqrt{|y|}\ ;\ y(0) = 0}$

Wir zeigen, dass $\quad y_1 \ = \ \begin{cases} x^2 & \text{falls } x \geq 0 \\ 0 & \text{falls } x \leq 0 \end{cases}$

die Maximallösung des gegebenen AWP's ist. Man prüft leicht nach, dass y_1 das AWP löst. Die rechte Seite $f(x, y) := 2\sqrt{|y|}$ der Dgl ist in $\mathbb{R}^2$ stetig und für $y \neq 0$ lokal Lipschitz-

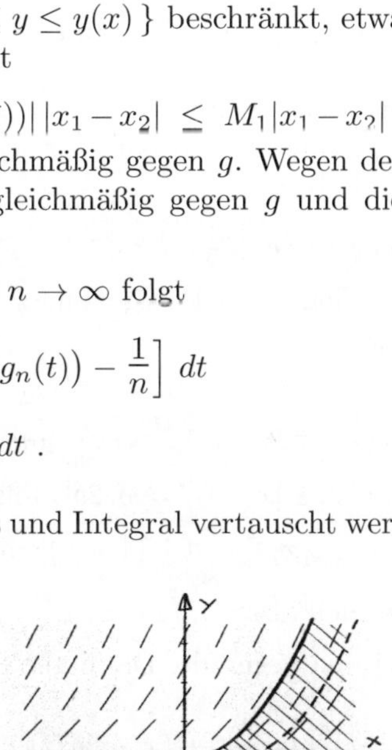

Maximal- und Minimallösung

stetig bzgl y. Entsprechende AWP's sind daher eindeutig lösbar.

Angenommen, $y = \varphi(x)$ ist irgendeine maximal fortgesetzte Lösung der Dgl, die in einem Punkt $x_0 < 0$ positiv ist, also $y_0 := \varphi(x_0) > y_1(x_0) = 0$.

Dann muss aber φ mit der Lösung $y = \left(x - x_0 + \sqrt{y_0}\right)^2$ übereinstimmen, wenigstens solange $\varphi(x) > 0$ ist. Also ist $\varphi(0) > 0$ und φ kann nicht das gegebene AWP lösen.

Sei nun $y = \psi(x)$ irgendeine maximal fortgesetzte Lösung der Dgl, die in einem Punkt $x_2 > 0$ größer als y_1 ist, also $y_2 := \psi(x_2) > y_1(x_2) = x_2^2$.

Dann muss aber ψ mit der Lösung $y = \left(x - x_2 + \sqrt{y_2}\right)^2$ übereinstimmen, wenigstens solange $\psi(x) > 0$ ist. Also ist $\psi(0) > 0$ und ψ kann nicht das gegebene AWP lösen.

Analog zeigt man, dass $\quad y_2 = \begin{cases} -x^2 & \text{falls } x \le 0 \\ 0 & \text{falls } x \ge 0 \end{cases}$

die Minimallösung des gegebenen AWP's ist.

E $\quad \boxed{y' = y\,|y|^{-3/4} + x \sin\frac{\pi}{x}\ , \quad y(0) = 0}$

Die rechte Seite $f(x,y) := y\,|y|^{-3/4} + x \sin\frac{\pi}{x}$ ist im $\mathbb{R}^2$ stetig. Das AWP ist also zumindest lösbar. $f(x,y)$ ist aber in keiner Umgebung von $(0,0)$ Lipschitz-stetig bzgl y.

Sei $\delta := (n + \frac{1}{2})^{-1}$ und $n \in \mathbb{N}$ so groß, dass $4\delta < \dfrac{1}{2000}$.
Für den Euler-Polygonzug φ_n mit den Stützstellen $x_k := k\delta$ gilt im Intervall $[x_{k-1}, x_k]$

$$\varphi_n(x) \;=\; \varphi_n(x_{k-1}) + (x - x_{k-1}) f\left(x_{k-1}, \varphi_n(x_{k-1})\right) \ .$$

Für $x \in [x_0, x_1] = [0, \delta]$ gilt also $\varphi_n(x) \equiv 0$ für alle $n \in \mathbb{N}$.

Für $x \in [x_1, x_2] = [\delta, 2\delta]$ folgt

$$\varphi_n(x) \;=\; 0 + (x - \delta) f(\delta, 0) \;=\; (x - \delta)\delta \sin(n\pi + \tfrac{\pi}{2}) \;=\; \pm(x - \delta)\delta \ .$$

Speziell also $\varphi_n(2\delta) = \pm\delta^2$ je nachdem, ob n gerade oder ungerade ist.

Sei nun n gerade. Dann gilt für $x \in [x_2, x_3] = [2\delta, 3\delta]$:

$$\begin{aligned} \varphi_n(x) \;&=\; \delta^2 + (x - 2\delta) f(2\delta, \delta^2) \;=\; \delta^2 + (x - 2\delta)\left[\delta^{1/2} + 2\delta \sin\left(\tfrac{\pi}{2}(n + \tfrac{1}{2})\right)\right] \\ &\ge\; \delta^2 + (x - 2\delta)\left[\delta^{1/2} - \delta\sqrt{2}\right] \ . \end{aligned}$$

Speziell also $\varphi_n(3\delta) \ge \delta^{3/2}\left[1 - \delta^{1/2}(\sqrt{2} - 1)\right] > \dfrac{(3\delta)^{3/2}}{6}$, da $\delta < \dfrac{1}{2000}$.

Für $x \in]x_3, x_4[=]3\delta, 4\delta[$ folgt:

$$\begin{aligned} \varphi_n'(x) &= f\left(3\delta, \varphi_n(3\delta)\right) > \left(\frac{(3\delta)^{3/2}}{6}\right)^{1/4} - 4\delta \\ &\geq \frac{(4\delta)^{1/2}}{4} \geq \frac{x^{1/2}}{4} = \left(\frac{x^{3/2}}{6}\right)', \end{aligned}$$

da $x \leq 4\delta < \frac{1}{2000}$. Oben wurde gezeigt, dass $\varphi_n(3\delta) > \dfrac{(3\delta)^{3/2}}{6}$.

Zusammen folgt $\varphi_n(x) > \dfrac{x^{3/2}}{6}$ für $x \in [3\delta, 4\delta]$.

Entsprechend zeigt man mit Induktion, dass $\varphi_n(x) > \dfrac{x^{3/2}}{6}$ auch für alle $x \in [k\delta, (k+1)\delta]$ mit $k \geq 4$ und $(k+1)\delta \leq \frac{1}{2000}$.

Also gilt $\varphi_n(x) > \dfrac{x^{3/2}}{6}$ für $3\delta \leq x \leq \frac{1}{2000}$.

Für ungerades n zeigt man analog $\varphi_n(x) < -\dfrac{x^{3/2}}{6}$ für $3\delta \leq x \leq \frac{1}{2000}$.

Die Folge $\varphi_n(x)$ kann also für kein $0 < x < \frac{1}{2000}$ konvergieren.

F Beweis des *Eindeutigkeitssatzes von Nagumo:*

Seien $a, b > 0$, $(x_0, y_0) \in \mathbb{R}^2$ und R das Rechteck

$$R := \{(x,y)\,;\, |x - x_0| < a\ ,\ |y - y_0| < b\} \subset \mathbb{R}^2 .$$

$f\colon R \to \mathbb{R}$ sei stetig und beschränkt und genüge in R der *Nagumo–Bedingung:*

$$|x - x_0| \cdot |f(x, y_2) - f(x, y_1)| \leq |y_2 - y_1| \quad \text{für alle } (x, y_1), (x, y_2) \in R\,. \tag{4}$$

Zu zeigen ist die eindeutige Lösbarkeit des Anfangswertproblems

$$y' = f(x,y) \quad ; \quad y(x_0) = y_0 \tag{5}$$

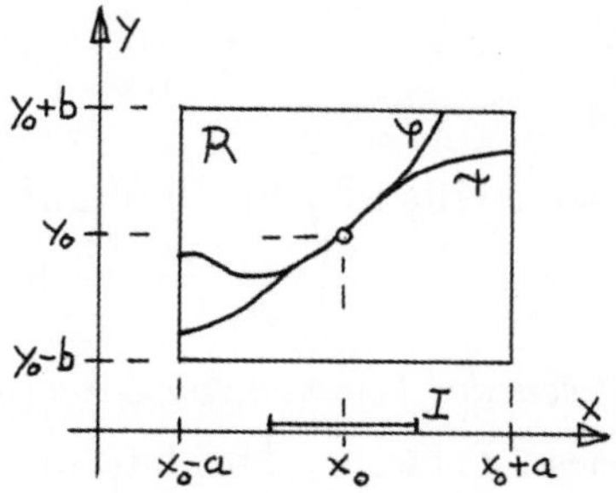

Die Lösbarkeit ist klar wegen der Stetigkeit von f (Peano).
Annahme: φ und ψ sind zwei verschiedene Lösungen von (5) in einem Intervall $I := [x_0 - r, x_0 + r]$ mit $0 < r < a$.

φ und ψ sind differenzierbar. Die Regel von l'Hospital darf angewendet werden und liefert:

$$\lim_{t\to x_0} \frac{\varphi(t) - \psi(t)}{t - x_0} = \lim_{t\to x_0} \frac{\varphi'(t) - \psi'(t)}{1} = f(x_0, y_0) - f(x_0, y_0) = 0\,.$$

Also ist $\left|\frac{\varphi(t)-\psi(t)}{t-x_0}\right|$ auf ganz I stetig fortsetzbar und nimmt im kompakten Intervall I, etwa im Punkt x_1 sein Maximum M an. Für $\varphi \neq \psi$ ist $M > 0$ und $x_1 \neq x_0$. Mit der Nagumo-Bedingung (4) folgt der Widerspruch

$$\begin{aligned} M &= \left|\frac{\varphi(x_1)-\psi(x_1)}{x_1-x_0}\right| = \left|\frac{1}{x_1-x_0}\int_{x_0}^{x_1}\big(\varphi'(t)-\psi'(t)\big)\,dt\right| \\ &= \left|\frac{1}{x_1-x_0}\int_{x_0}^{x_1}\big(f(t,\varphi(t))-f(t,\psi(t))\big)\,dt\right| \\ &\leq \frac{1}{|x_1-x_0|}\left|\int_{x_0}^{x_1}\left|\frac{\varphi(t)-\psi(t)}{t-x_0}\right|dt\right| < M\,. \end{aligned}$$

Das Ergebnis von Nagumo ist allgemeiner als der Eindeutigkeitssatz von Picard-Lindelöf.

Sei nämlich $f(x,y)$ in R stetig und Lipschitz-stetig bzgl y mit der Lipschitzkonstanten $L > 0$. Es gilt also

$$\big|f(x,y_1)-f(x,y_2)\big| \leq L\,|y_1-y_2|\,.$$

Dann erfüllt f aber auch die Nagumo-Bedingung

$$|x-x_0|\,\big|f(x,y_1)-f(x,y_2)\big| \leq |y_1-y_2|\,,$$

wenigstens für $|x-x_0| < 1/L$.

Umgekehrt gibt es aber Funktionen, die die Nagumo-Bedingung erfüllen, aber nicht Lipschitz-stetig bzgl y sind. Ein Beispiel ist $f(x,y) := \sqrt{|y|+|x|}$. Hier gilt für $(x_0,y_0) := (0,0)$ und $|x| < 1$:

$$\begin{aligned} |x-x_0|\,|f(x,y_1)-f(x,y_2)| &= |x|\left|\sqrt{|x|+|y_1|}-\sqrt{|x|+|y_2|}\right| \\ &= |x|\frac{\big||y_1|-|y_2|\big|}{\sqrt{|x|+|y_1|}+\sqrt{|x|+|y_2|}} \leq |y_1-y_2|\,. \end{aligned}$$

Andererseits ist f bei $(0,0)$ nicht lokal Lipschitz-stetig bzgl y , denn für $y \to 0$ strebt $\frac{|f(0,0)-f(0,y)|}{|0-y|} = |y|^{-1/2} \to \infty$.

G *Beweis des Lemmas von Gronwall:*

Seien $I \subset \mathbb{R}$ ein echtes Intervall, $x_0 \in I$ und $\alpha, \beta, \varphi\colon I \to [0,\infty[$ stetige, nichtnegative Funktionen. Es gelte die Integralungleichung

$$\varphi(x) \leq \alpha(x) + \left|\int_{x_0}^{x}\beta(t)\,\varphi(t)\,dt\right| \qquad (x \in I)\,.$$

Dann ist zu zeigen:

$$\varphi(x) \le \alpha(x) + \left| \int_{x_0}^{x} \alpha(t)\,\beta(t) \exp\Big(\Big| \int_t^x \beta(u)\,du \Big| \Big)\,dt \right| \qquad (x \in I)\ .$$

Sei $\Phi(x) := \displaystyle\int_{x_0}^{x} \beta(t)\,\varphi(t)\,dt$. Dann gilt für $x \ge x_0$

$$\Phi'(x) \;=\; \beta(x)\,\varphi(x) \;\le\; \beta(x)\,\alpha(x) + \beta(x)\,\Phi(x)\ .$$

Für $\gamma(x) := \exp\Big(- \displaystyle\int_{x_0}^{x} \beta(t)\,dt \Big)$ gilt $\gamma'(x) = -\beta(x)\,\gamma(x)$. Damit folgt

$$\begin{aligned}
\left(\Phi\,\gamma\right)'(x) \;&=\; \Phi(x)\,\gamma'(x) + \gamma(x)\,\Phi(x) \\
&=\; \gamma(x)\left[\Phi'(x) - \beta(x)\,\Phi(x)\right] \;\le\; \alpha(x)\,\beta(x)\,\gamma(x) \\
\int_{x_0}^{x} \left(\Phi(t)\,\gamma(t)\right)'\,dt \;&\le\; \int_{x_0}^{x} \alpha(t)\,\beta(t)\,\gamma(t)\,dt \\
\Phi(t)\,\gamma(t)\Big|_{t=x_0}^{t=x} \;=\; \Phi(x)\,\gamma(x) \;&\le\; \int_{x_0}^{x} \alpha(t)\,\beta(t)\,\gamma(t)\,dt \\
\varphi(x) \;\le\; \alpha(x) + \Phi(x) \;&\le\; \alpha(x) + \int_{x_0}^{x} \alpha(t)\,\beta(t)\,\frac{\gamma(t)}{\gamma(x)}\,dt \\
\varphi(x) \;&\le\; \alpha(x) + \int_{x_0}^{x} \alpha(t)\,\beta(t)\,\exp\Big(\int_t^x \beta(s)\,ds \Big)\,dt
\end{aligned}$$

und das war zu zeigen. Analog schließt man im Fall $x < x_0$.

10.2 Qualitative Aussagen

A Gegeben ist die Gleichung $y' = g(y)$ mit stetigem $g\colon \mathbb{R} \to \mathbb{R}$.

1) Zeigen Sie, dass jede Lösung monoton ist.
2) Sei $\varphi(x)$ eine Lösung, für die der Limes $c := \lim\limits_{x\to\infty} \varphi(x)$ existiert.

   Zeigen Sie, dass dann auch $\psi(x) \equiv c$ eine Lösung ist.

B Sei $\varphi(x)$ eine Lösung der Gleichung $y' = 1 - y^3$. Man beweise:

1) φ ist streng monoton oder konstant $\varphi(x) \equiv 1$.
2) Das maximale Existenzintervall nicht-konstanter Lösungen φ ist von der Form $]b, \infty[$ und es ist $\lim\limits_{x\to b+0} \varphi(x) = \pm\infty$.

C Unter welchen Bedingungen ist jede Lösung der Gleichung $y' = f(x, y)$ gerade bzw ungerade.

D Beweisen Sie den in 2.2 formulierten Satz über Differentialungleichungen.

Geben Sie außerdem ein Beispiel dafür an, dass der Satz falsch wird, wenn in ihm überall '$<$' durch '$\leq$' ersetzt wird.

E Beweisen Sie den in 2.2 formulierten Satz über Unter- und Oberfunktionen eines AWPs 1. Ordnung.

F Schätzen Sie das maximale Existenzintervall nach rechts für das Anfangswertproblem

$$y' = x^2 + y^2 \quad ; \quad y(0) = 1$$

mit Hilfe von Unter- und Oberfunktionen ab.

Lösungen:

A $\boxed{y' = g(y)}$

Die unabhängige Variable x taucht nicht auf. Es handelt sich um eine sog. *autonome* Gleichung. Mit jeder Lösung $\varphi(x)$ und $C \in \mathbb{R}$ ist auch $\varphi(x+C)$ eine Lösung.

(A.1) *Annahme:* $y = \varphi(x)$ ist eine nicht monotone Lösung der Gleichung $y' = g(y)$ im Intervall $[a, b]$.

Dann existieren o.B.d.A. $x_1 < x_2 < x_3 \in [a, b]$ mit $\varphi(x_3) \geq \varphi(x_1) > \varphi(x_2)$.

Sei $x_4 := \sup\{\, x < x_2 \,;\, \varphi(x) = \varphi(x_1) \,\}$ und $x_5 := \inf\{\, x > x_4 \,;\, \varphi(x) = \varphi(x_2) \,\}$.

Dann ist $x_1 \leq x_4 < x_5 \leq x_2$ und wegen der Stetigkeit von φ gilt für alle $x \in]x_4, x_5[$:

$$\varphi(x_1) = \varphi(x_4) > \varphi(x) > \varphi(x_5) = \varphi(x_2) .$$

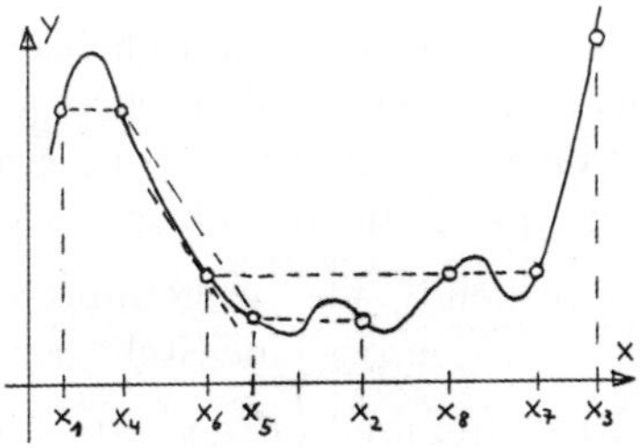

Nach dem MWS existiert ein $x_6 \in]x_4, x_5[$ mit $\varphi'(x_6) = \frac{\varphi(x_5)-\varphi(x_4)}{x_5-x_4} < 0$.
Wegen $\varphi(x_3) \geq \varphi(x_1) > \varphi(x_6) > \varphi(x_2)$ existiert nach dem Zwischenwertsatz ein $x_7 \in]x_2, x_3[$ mit $\varphi(x_7) = \varphi(x_6)$.
Sei $x_8 := \inf\{\, x > x_2 \,;\, \varphi(x) = \varphi(x_7)\,\}$. Dann ist $x_2 < x_8 \leq x_7$ und für alle $x \in]x_2, x_8[$ gilt $\varphi(x_8) > \varphi(x)$. Also $\varphi'(x_8) \geq 0$.
Dies ist ein Widerspruch zu

$$\varphi'(x_8) = g\left(\varphi(x_8)\right) = g\left(\varphi(x_6)\right) = \varphi'(x_6) < 0 .$$

Für spezielle Funktionen g kann man die Monotonie der Lösungen einfacher beweisen, etwa wie in Aufgabe 10.2.B.

(A.2) Es reicht zu zeigen, dass $g(c) = 0$.

Wegen der Stetigkeit von g ist $\lim\limits_{x\to\infty} \varphi'(x) = \lim\limits_{x\to\infty} g(\varphi(x)) = g(c)$. Insbesondere existiert der Limes $\lim\limits_{x\to\infty} \varphi'(x)$. Da auch der Grenzwert $\lim\limits_{x\to\infty} \varphi(x)$ existiert, ist φ auf $[x_0, \infty[$ beschränkt. Daraus folgt aber $\lim\limits_{x\to\infty} \varphi'(x) = g(c) = 0$. Siehe z.B. [RA 1, 4.2.4.C].

B $\boxed{y' = 1 - y^3}$

Diese Gleichung ist vom Typ $y' = g(y)$. Siehe dazu Aufgabe 10.2.A. Man kann die Variablen trennen und erhält die Lösung in der Form $x = x(y)$. Hier soll die Aufgabe ohne explizite Lösung behandelt werden.

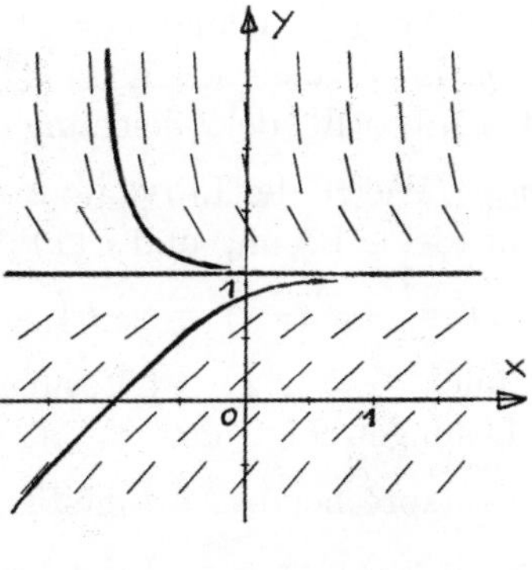

(B.1) Die rechte Seite $f(x,y) := 1 - y^3$ ist in der ganzen Ebene $\mathbb{R}^2$ definiert, stetig und lokal Lipschitz-stetig bzgl y. Entsprechende Anfangswertprobleme

$$y' = 1 - y^3 \quad ; \quad y(x_0) = y_0$$

sind daher eindeutig lösbar.
$y \equiv 1$ ist eine Lösung der Gleichung. Jede Lösung $\varphi(x)$ mit $\varphi(x_0) = 1$ für ein x_0 muss daher im gesamten Definitionsintervall $\equiv 1$ sein. Nicht konstante Lösungen sind also überall $\neq 1$.

Sei nun $\varphi \colon I \to \mathbb{R}$ eine maximal fortgesetzte, nicht-konstante Lösung und $x_0 \in I$. Sei etwa $\varphi(x_0) > 1$. Dann ist $\varphi(x) > 1$ für alle $x \in I$. Sonst müsste es wegen der Stetigkeit von φ ein $x_1 \in I$ mit $\varphi(x_1) = 1$ geben. Dann wäre aber φ konstant.

Ferner ist $\varphi'(x_0) = 1 - \big(\varphi(x_0)\big)^3 < 0$ und sogar $\varphi'(x) < 0$ für alle $x \in I$. Sonst müsste es wegen der Stetigkeit der Ableitung eine Stelle $x_2 \in I$ mit $\varphi'(x_2) = 0$ geben. Dann würde aber $\varphi(x_2) = 1$ und damit wiederum φ konstant sein. Also ist φ im gesamten Existenzintervall I streng monoton fallend. Insbesondere gilt $1 < \varphi(x) < \varphi(x_0)$ für alle $x > x_0$, $x \in I$.

Entsprechend ist φ im gesamten Existenzintervall I streng monoton steigend und < 1 , wenn es eine Stelle x_0 mit $\varphi(x_0) < 1$ gibt.

(B.2) Maximal fortgesetzte Lösungen laufen bis zum Rand des Definitionsgebietes der rechten Seite. $f(x,y) = 1 - y^3$ ist in ganz $\mathbb{R}^2$ definiert und stetig.

Nach dem ersten Teil der Aufgabe sind alle Lösungen entweder konstant $\equiv 1$, streng monoton fallend und größer als 1 oder streng monoton steigend und kleiner als 1. Sie lassen sich daher nach rechts bis $+\infty$ fortsetzen. Maximale Existenzintervalle sind offen. Sie sind daher hier von der Form $]b, \infty[$ wobei evt $b = -\infty$ ist.

Auf Grund der Monotonie der Lösungen $\varphi(x)$ existiert (evt im uneigentlichen Sinn) der Grenzwert $\lim\limits_{x \to b+0} \varphi(x) =: c$. Ist $\varphi \equiv 1$, so ist $b = -\infty$ und $c = 1$.
Ist $b \neq -\infty$, so muss $c = \pm\infty$ sein, weil die Lösungen bis zum Rand laufen. Ist $b = -\infty$ und $\varphi \not\equiv 1$, so gibt es eine Stelle x_0 mit o.B.d.A. $\varphi(x_0) > 1$ und damit $\varphi'(x_0) < 0$. Nach Teil (B.1) ist φ in $\mathbb{R}$ monoton fallend. Also gilt $\varphi(x) > \varphi(x_0) > 1$ und damit $\varphi'(x) < \varphi'(x_0)$ für alle $x < x_0$. Es folgt $\varphi(x) > \varphi'(x_0)(x - x_0)$ für $x < x_0$ und daher $c = +\infty$.

Mit Hilfe von Unter- und Oberfunktionen kann man übrigens zeigen (wird hier nicht ausgeführt), dass $b > -\infty$ außer für die stationäre Lösung $\varphi \equiv 1$. Der letzte Fall kann also nicht eintreten.

C *Beh.:* Sei $a > 0$ und $f(x,y)$ im Streifen $[-a,a] \times \mathbb{R}$ lokal Lipschitz-stetig bzgl y. Ist f ungerade in x, d.h. $f(-x,y) = -f(x,y)$, so ist jede Lösung $\varphi\colon [-a,a] \to \mathbb{R}$ der Gleichung $y' = f(x,y)$ gerade.

Bew.: Wegen der Lipschitz-Stetigkeit von f ist die Gleichung lokal eindeutig lösbar. Sei φ Lösung und $\psi(x) := \varphi(-x)$. Dann ist

$$\psi'(x) = -\varphi'(-x) = -f\big(-x, \varphi(-x)\big) = f\big(x, \varphi(-x)\big) = f\big(x, \psi(x)\big) ,$$

d.h. auch $y = \psi(x)$ ist Lösung. Wegen $\psi(0) = \varphi(0)$ und der Eindeutigkeit der Lösungen folgt $\varphi(x) = \psi(x) = \varphi(-x)$ in $[-a,a]$. Fertig.

Eine entsprechende Aussage für ungerade Lösungen würde lauten:

> Sei $a > 0$ und $f(x,y)$ im Streifen $[-a,a] \times \mathbb{R}$ lokal Lipschitz-stetig bzgl y und gerade bzgl x, d.h. $f(-x,y) = f(x,y)$.
>
> Dann ist die eindeutig bestimmte Lösung des AWP's $y' = f(x,y)$, $y(0) = 0$ ungerade.

Der Beweis erfolgt analog.

D *Differentialungleichungen:*

Sei $y\colon I \to \mathbb{R}$ eine Lösung des Anfangswertproblems

$$y' = f(x,y) \quad ; \quad y(x_0) = y_0$$

in einem Intervall $I := [x_0, x_0+a[$ und $u\colon I \to \mathbb{R}$ eine Lösung der Differentialungleichung

$$u' < f(x,u) \quad ; \quad u(x_0) < y_0 \; .$$

Annahme: Es gibt ein $x \in I$ mit $u(x) \geq y(x)$.

Dann sei $x_1 := \inf\,\{\, x \in I\,;\, u(x) \geq y(x)\,\}$. Wegen der Stetigkeit von y und u ist $x_0 < x_1$ und $u(x_1) = y(x_1)$. Ferner ist $u(x) < y(x)$ in $[x_0, x_1[$. Dann folgt

$$u'(x_1) = \lim_{x\to x_1^-} \frac{u(x_1)-u(x)}{x_1-x} \geq \lim_{x\to x_1^-} \frac{y(x_1)-y(x)}{x_1-x} = y'(x_1) \; .$$

Dies ist ein Widerspruch zur Differentialungleichung, denn

$$u'(x_1) < f\left(x, u(x_1)\right) = f\left(x, y(x_1)\right) = y'(x_1) \; .$$

Als Beispiel betrachten wir das AWP $y' = f(x,y) := \sqrt{|y|}$, $y(0) = y_0 := 0$. $y(x) \equiv 0$ ist eine Lösung. $u(x) := \frac{1}{9}x^2$ ist eine Lösung der Differentialungleichung

$$u' = \tfrac{2}{9}x \leq f(x,u) = \tfrac{1}{3}x \quad ; \quad u(0) \leq y_0 = 0 \; .$$

in jedem Intervall $[0,a]$. Im halboffenen Intervall $]0,a]$ gilt sogar $u' < f(x,u)$. Trotzdem gilt $u(x) > y(x)$ in $]0,a]$.

E *Unter- und Oberfunktionen:*

Sei y eine Lösung und u eine Unterfunktion für das AWP

$$y' = f(x,y) \quad ; \quad y(x_0) = y_0 \; .$$

im Intervall $[x_0, x_0+a]$, $a > 0$. Es gilt also

1) $u(x_0) < y_0$, $u'(x_0) \leq f\left(x, u(x_0)\right)$ und $u'(x) < f\left(x, u(x)\right)$ in $]x_0, x_0+a]$ oder
2) $u(x_0) = y_0$, $u'(x) < f\left(x, u(x)\right)$ in $[x_0, x_0+a]$.

In beiden Fällen gibt es ein $0 < \varepsilon < a$ mit $u(x) < y(x)$ in $]x_0, x_0+\varepsilon]$. Man beachte, dass u und y differenzierbar und damit stetig sind.

Auf das Restintervall $[x_0+\varepsilon, x_0+a]$ kann man nun den Satz über Differentialungleichungen anwenden, der in Aufgabe 10.2.D bewiesen wurde.

Also gilt $u(x_0) \leq y(x_0)$ und $u(x) < y(x)$ für alle $x \in]x_0, x_0+a]$.

F $\boxed{y' = x^2 + y^2 \ ; \ y(0) = 1}$

Das Anfangswertproblem ist nach Picard-Lindelöf eindeutig lösbar. Die Gleichung ist nicht elementar integrierbar. Die Lösungen können aber in Potenzreihen entwickelt werden. Siehe dazu Abschnitt 11.4.

Im folgenden sei y die eindeutig bestimmte maximal fortgesetzte Lösung des AWP's.

Um eine Unterfunktion zu gewinnen, verkleinern wir die rechte Seite und betrachten das AWP $\quad v' = v^2 \ , \ v(0) = v_0 < 1$. Auch dies AWP ist eindeutig lösbar. Durch Trennung der Variablen gewinnt man die Lösung $v = \dfrac{v_0}{1-x}$.

v ist eine Unterfunktion des ursprünglichen AWP's und mit $v_0 \to 1$ folgt

$$v \ = \ \frac{v_0}{1-x} \ < \ y(x) \quad \text{bzw} \quad \frac{1}{1-x} \ \leq \ y(x)$$

in jedem Intervall der Form $[0, b]$, in dem v und y definiert sind. Also ist y höchstens im Intervall $[0, 1[$ definiert und wir können - ohne etwas zu verschenken - im folgenden $x < 1$ annehmen.

Für eine Abschätzung nach oben vergrößern wir die rechte Seite und betrachten etwa das AWP $\quad u' \ = \ 1 + u^2 \ , \ u(0) \ = \ 1$. Mit Trennung der Variablen erhält man die eindeutig bestimmte Lösung $u = \tan\left(x + \frac{\pi}{4}\right)$.

u ist eine Oberfunktion für das ursprüngliche AWP und man erhält

$$y(x) \ \leq \ u(x) \ = \ \tan\left(x + \frac{\pi}{4}\right)$$

in jedem Intervall der Form $[0, b]$, in dem u und y definiert sind.

Nach dem Satz über die globale Fortsetzbarkeit läuft die maximal fortgesetzte Lösung y 'bis zum Rand' des Definitionsbereichs $\mathbb{R}^2$ der rechten Seite $f(x, y) = x^2 + y^2$. Andererseits liegt sie zwischen

$$\frac{1}{1-x} \ < \ y(x) \ \leq \ \tan\left(x + \frac{\pi}{4}\right) \ .$$

Also kann y frühestens im Intervall $[0, \frac{\pi}{4}[$ unbeschränkt werden, ist also mindestens in $[0, \frac{\pi}{4}[$ definiert.

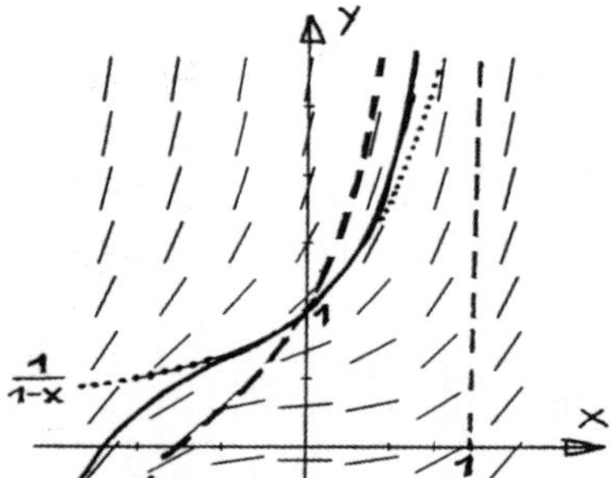

Eine bessere Oberfunktion erhält man mit dem Ansatz $w = \dfrac{1}{1-ax}$ mit einem Parameter $a > 1$. Für $0 \leq x < 1/a$ ist

$$w' > x^2 + w^2 \quad \Longleftrightarrow \quad a - 1 > (1 - ax)^2 \, x^2 \ .$$

Eine leichte Kurvendiskussion liefert $(1 - ax)^2 \, x^2 \leq 1/16a^2$.

Setzt man also etwa $a := 17/16$, so ist $w = \dfrac{16}{16-17x}$ eine Oberfunktion des gegebenen AWP's. Also ist y mindestens im Intervall $[0, \frac{16}{17}[$ definiert.

Wegen $\frac{\pi}{4} \cong 0,78 < \frac{16}{17} \sim 0,94$ liefert w eine bessere Abschätzung als u.

10.3 Richtungsfelder, orthogonale Trajektorien

A Zeichnen Sie das Richtungsfeld, Isoklinen und einige Lösungskurven der Gleichungen

1) $y' = \dfrac{1}{2(y-1)}$

2) $y' = 1 + x - y$

B Welche Form haben Gleichungen 1. Ordnung mit geradlinigen Isoklinen?

C *Richtungsfeld einer linearen Gleichung 1. Ordnung:*

Seien $a, b\colon I \to \mathbb{R}$ stetig und $I \subset \mathbb{R}$ ein offenes, nicht-leeres Intervall. Die Kurve mit der Parameterdarstellung

$$\Phi(t) := \begin{pmatrix} x(t) \\ y(t) \end{pmatrix} := -\frac{1}{a(t)} \begin{pmatrix} 1 - t\,a(t) \\ b(t) \end{pmatrix}, \quad t \in I\ ,\ a(t) \neq 0\ ,$$

heißt *Leitkurve* der linearen Dgl. $y' = a(x)\,y + b(x)$.

Man beweise, dass die Linienelemente (x, y, p) der Dgl wie folgt konstruiert werden können:

Ist $a(x) = 0$, so ist $p = b(x)$.

Ist $a(x) \neq 0$, so ist das Linienelement (x, y, p) auf den Punkt $\Phi(x)$ der Leitkurve gerichtet.

Bestimmen Sie die Leitkurve der Dgl $y' = -\dfrac{y}{x} + x$ und skizzieren Sie ihr Richtungsfeld.

D Bestimmen Sie die *orthogonalen Trajektorien*

1) der Parabelschar $y = Cx^2$,

2) der Kegelschnittschar $\dfrac{x^2}{C} + \dfrac{y^2}{C-\lambda} = 1 \quad (\lambda > 0 \text{ fest}\ ,\ C \in \mathbb{R})$

3) der Cassinischen Kurven $(x^2 + y^2)^2 - 2(x^2 - y^2) = C^2 - 1$

E In den Punkten $(\pm 1, 0)$ der (x, y)–Ebene liegen zwei entgegengesetzt gleichgroße Ladungen. Die *Feldlinien* des von ihnen erzeugten elektrostatischen Feldes sind die Kreise durch diese beiden Punkte. Bestimmen Sie die *Äquipotentiallinien*, also die orthogonalen Trajektorien dieser Kreisschar.

F Bestimmen Sie zur Kreisschar $x^2 + y^2 = r^2$ die *isogonalen Trajektorien* mit dem Schnittwinkel α.

Lösungen:

A **(A.1)** $\boxed{y' = \dfrac{1}{2(y-1)}}$

Die Gleichung ist eine mit getrennten Variablen und zwar eine autonome vom Typ $y' = f(y)$. Sie kann auch als exakte Dgl $2(y-1)\,dy - dx = 0$ interpretiert werden.

Die rechte Seite ist für $y = 1$ nicht definiert. Streng genommen müssen also die Bereiche $y > 1$ und $y < 1$ getrennt untersucht werden.

Die Gleichung ist äquivalent zur Gleichung $x' = 2(y-1)$ für die Umkehrfunktion $x(y)$. Hier gibt es keine Ausnahmepunkte. Lösungskurven sind die Parabeln

$$x = (y-1)^2 + C \quad ; \quad C \in \mathbb{R} .$$

Isoklinen des Richtungsfeldes erhält man aus der Gleichung

$$y' = const = \frac{1}{2(y-1)} .$$

Hier sind die Isoklinen Parallelen zur x-Achse $y \equiv const$. Dies ist bei jeder autonomen Gleichung so.

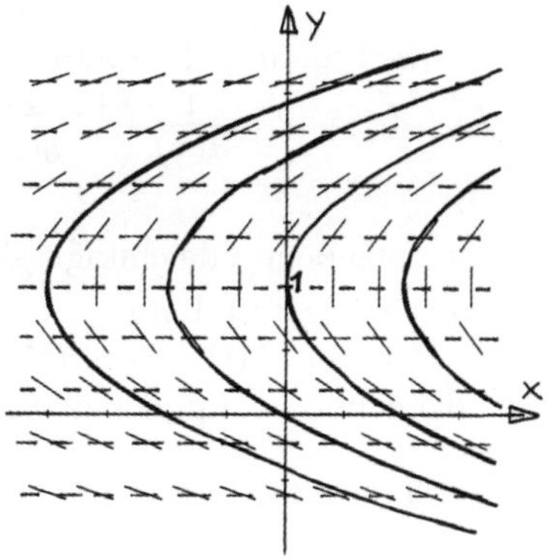

(A.2) $\boxed{y' = 1 + x - y}$

Dies ist eine inhomogene lineare Dgl 1. Ordnung für $y(x)$. Die zugehörige homogene Gleichung $y' = -y$ hat die allgemeine Lösung $y_h = C\,e^{-x}$.

Isoklinen des Richtungsfeldes sind die Geraden $x - y = const$. Die Isokline $x = y$ ist eine spezielle Lösung. Die allgemeine Lösung ist

$$y = x + C\,e^{-x} .$$

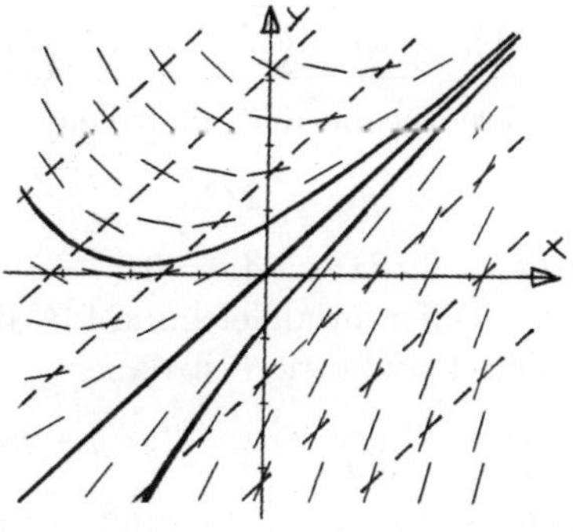

B *Beh.:* Eine Differentialgleichung $F(x, y, y') = 0$, deren Isoklinen Geraden sind, ist äquivalent zu einer Gleichung der Form $a(y')\,y + b(y')\,x = c(y')$.

Für $a(y') \neq 0$ ist dies eine d'Alembert'sche Dgl (siehe Abschnitt 3.2.5).

Bew.: Sind a, b, c stetige Funktionen, so ist $a(y')\,y + b(y')\,x = c(y')$ sicherlich eine implizite Differentialgleichung, deren Isoklinen Geraden sind.

Sei umgekehrt $F(x, y, y') = 0$ eine Differentialgleichung, deren Isoklinen Geraden sind. Die Punkte (x, y), deren Linienelemente die feste Steigung p

haben, sind genau die Punkte, die die Gleichung $F(x, y, p) = 0$ erfüllen. Nach Voraussetzung ist sie für jedes p äquivalent zu einer Geradengleichung $a(p)y + b(p)x = c(p)$.

C $\boxed{y' = a(x)\, y + b(x)}$

$p := y' = b(x) + a(x)\, y$ ist die Steigung des Linienelementes im Punkt (x, y). Für $a(x) = 0$ ist $p = b(x)$. Für $a(x) \neq 0$ ist

$$p = \frac{y + b(x)/a(x)}{x - \big(x - 1/a(x)\big)} .$$

Das ist die Steigung der Geraden durch die Punkte $\Phi(x) = -\dfrac{1}{a(x)} \begin{pmatrix} 1 - x\, a(x) \\ b(x) \end{pmatrix}$ und (x, y) .

Für die gegebene Gleichung $y' + \dfrac{y}{x} = x$ ist $a(x) = -1/x$ und $b(x) = x$. Leitkurve ist die Parabel $\Phi(t) := (2t, t^2)$.

Die allgemeine Lösung ist übrigens

$$y = \frac{x^2}{3} + \frac{C}{x} ; \quad C \in \mathbb{R} .$$

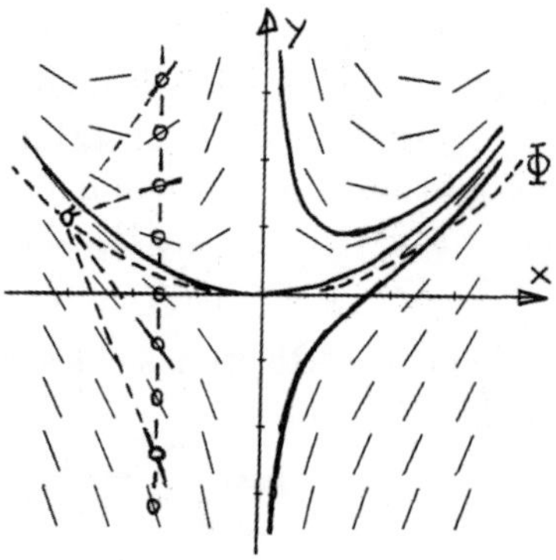

Richtungsfeld mit Leitkurve

D Zur Bestimmung orthogonaler Trajektorien siehe Abschnitt 2.1.

(D.1) $\boxed{y = Cx^2 \quad \text{bzw} \quad y/x^2 = C}$

Differentiation der Schargleichung liefert

$$y' = 2\,C\,x = 2\,\frac{y}{x}$$

bzw $\quad 2y\,dx - x\,dy = 0$.

Eine Differentialgleichung für die orthogonalen Trajektorien ist daher

$$y' = -\frac{x}{2y} \quad \text{bzw} \quad 2y\,dy + x\,dx = 0 .$$

Dies ist eine Gleichung mit getrennten Variablen, bzw eine exakte Dgl. Lösungen sind die Ellipsen $2y^2 + x^2 = C$.

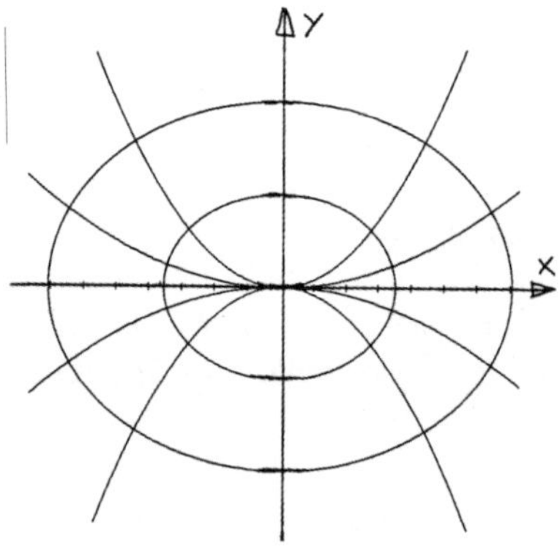

Parabeln und Ellipsen

(D.2) $$\boxed{\frac{x^2}{C} + \frac{y^2}{C-\lambda} = 1}$$

Die Kurven dieser Schar sind für $C > \lambda$ Ellipsen und für $C < \lambda$ Hyperbeln, alle mit den Brennpunkten $(\pm\sqrt{\lambda}, 0)$.
Differentiation der Schargleichung nach x liefert $\frac{x}{C} + \frac{y\,y'}{C-\lambda} = 0$, also

$$C = \frac{\lambda x}{x+y\,y'} \quad \text{und} \quad C-\lambda = \frac{-\lambda yy'}{x+y\,y'} .$$

Einsetzen in die Schargleichung liefert

$$(x+yy')(xy'-y) = \lambda y' .$$

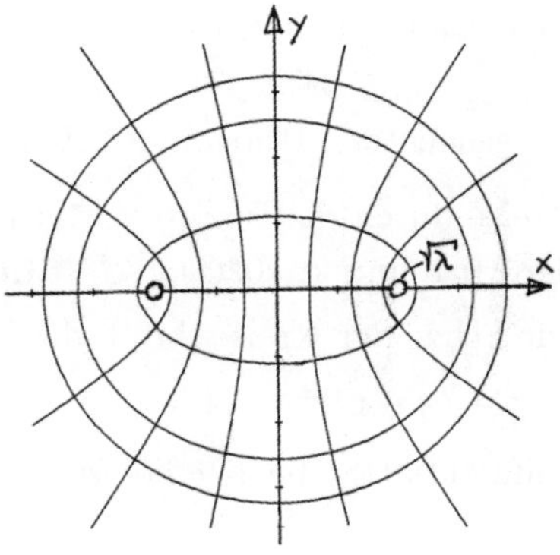

Ellipsen und Hyperbeln

Diese implizite Differentialgleichung geht in sich über, wenn y' durch $-1/y'$ ersetzt wird. Die Kurvenschar ist also zu sich selbst orthogonal. (Die Ellipsen sind die orthogonalen Trajektorien der Hyperbeln und umgekehrt.)

(D.3) $$\boxed{(x^2+y^2)^2 - 2(x^2-y^2) = C^2 - 1}$$

Diese Cassinischen Kurven sind der geometrische Ort der Punkte, für die das Produkt der Abstände zu den zwei festen Punkten $F_{1,2} = (\pm 1, 0)$ konstant $= C$ ist. Siehe z.B. [RA II, 8.2.4.c]. Sie treten z.B. auf als Äquipotentiallinien des Feldes zweier unendlich langer Leiter, die die (x,y) Ebene in den Punkten $F_{1,2}$ senkrecht durchstoßen.
Differentiation der Schargleichung liefert die (natürlich exakte) Dgl

$$x(x^2+y^2-1)\,dx + y(x^2+y^2+1)\,dy = 0 .$$

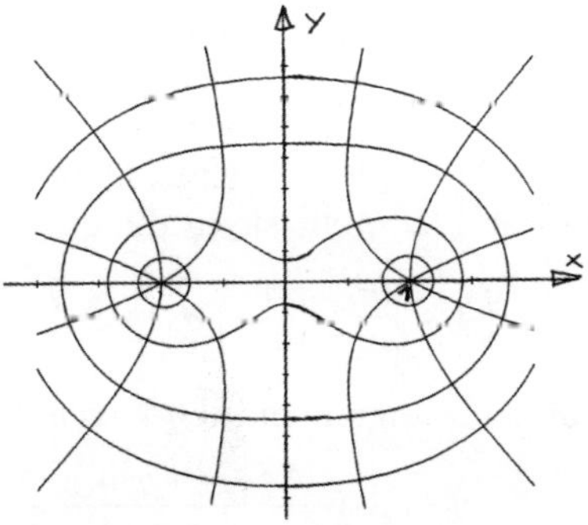

Cassinische Kurven, Hyperbeln

Eine Differentialgleichung der orthogonalen Trajektorien ist daher

$$y(x^2+y^2+1)\,dx - x(x^2+y^2-1)\,dy = 0 . \tag{1}$$

Diese Gleichung ist nicht exakt. $\mu(x,y) := (xy)^{-2}$ ist ein integrierender Faktor. Zur Bestimmung integrierender Faktoren siehe Abschnitte 3.3.2 bzw 10.9. Die Gleichung (1) ist daher äquivalent zur exakten Gleichung

$$\begin{aligned} \frac{1}{x^2y^2}\,y(x^2+y^2+1)\,dx - \frac{1}{x^2y^2}\,x(x^2+y^2-1)\,dy &= \\ \left(\frac{1}{y} + \frac{1}{yx^2} + \frac{y}{x^2}\right)dx - \left(\frac{1}{x} - \frac{1}{xy^2} + \frac{x}{y^2}\right)dy &= 0 . \end{aligned} \tag{2}$$

Eine Stammfunktion von (2) ist z.B. $F(x,y) = -\frac{y}{x} + \frac{x}{y} - \frac{1}{xy}$. Die zugehörigen Niveaulinien $y^2 - x^2 + Cxy + 1 = 0$ sind die Lösungen der Gleichung (2), also die gesuchten orthogonalen Trajektorien. Es sind Hyperbeln.

E Kreise durch die Punkte $(\pm 1, 0)$ haben ihren Mittelpunkt auf der y-Achse. Ist der Mittelpunkt $(0, C)$, so ist der Radius $\sqrt{1+C^2}$.

Die Schar der Kreise durch die Punkte $(\pm 1, 0)$ hat daher die Gleichung

$$x^2 + (y-C)^2 \;=\; 1 + C^2 \qquad \text{bzw} \qquad x^2 + y(y-2C) \;=\; 1 \qquad (C \in \mathbb{R}) \; .$$

Differentiation nach x liefert

$$2x + 2(y-C)y' \;=\; 2x + (y+y-2C)y' \;=\; 0 \; .$$

Man kann den Scharparameter C aus diesen beiden Gleichungen eliminieren. Z.B. kann man die 2. Gleichung mit y multiplizieren und $y(y-2C) = 1 - x^2$ ersetzen. Man erhält so die Dgl

$$\left(x^2 - y^2 - 1\right) y' \;=\; 2xy$$

der gegebenen Kreisschar, also der Feldlinien. Eine Dgl für die orthogonalen Trajektorien – also der Äquipotentiallinien – ist damit

$$x^2 - y^2 - 1 \;=\; -2yx\, y' \; .$$

Nach Multiplikation mit dem integrierenden Faktor $1/x^2$ geht sie in die exakte Gleichung

$$\left(1 - \frac{y^2}{x^2} - \frac{1}{x^2}\right) dx + 2\,\frac{y}{x}\, dy \;=\; 0$$

über. Lösungen sind die Niveaulinien

$$F(x,y) \;:=\; \frac{x^2+y^2+1}{x} = 2D \; .$$

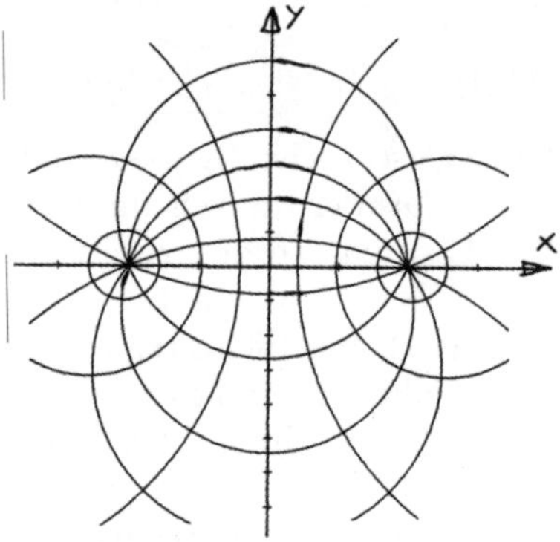

orthogonale Kreisscharen

Äquipotentiallinien sind daher die Kreise $(x-D)^2 + y^2 = D^2 - 1$ mit Mittelpunkt $(D, 0)$ auf der x-Achse und Radius $\sqrt{D^2 - 1} > 0$.

F Eine Differentialgleichung der Kreisschar $x^2 + y^2 = r^2$ ist $x + yy' = 0$ bzw $y' = -x/y =: f(x,y)$. Die isogonalen Trajektorien zum Schnittwinkel α erfüllen damit die Differentialgleichung

$$y' \;=\; \frac{\pm \tan\alpha + f(x,y)}{1 \mp f(x,y) \tan\alpha} \;=\; \frac{a - x/y}{1 + ax/y} \, ,$$

wobei $a := \pm \tan\alpha$ gesetzt wurde.

Dies ist eine homogene Gleichung, d.h. vom Typ $y' = g(y/x)$ (siehe Abschnitt 2.5.2). Die Substitution $z = y/x$ bzw $y = xz$, $y' = z + xz'$ liefert

$$z + xz' = \frac{az-1}{z+a} \qquad \text{bzw} \qquad \frac{z+a}{z^2+1}\,dz = -\frac{1}{x}\,dx\,.$$

Die Variablen sind getrennt. Integration liefert:

$$\begin{aligned}
\int \frac{2z}{z^2+1}\,dz + \int \frac{2a}{z^2+1}\,dz &= -\int \frac{2}{x}\,dx \\
\ln(1+z^2) + 2a\arctan z &= C_1 - \ln x^2 \\
\ln(x^2+y^2) + 2a\arctan\frac{y}{x} &= C_1 \\
\ln r + a\varphi &= \frac{C_1}{2} \\
r &= C_2\,\mathrm{e}^{-a\varphi}
\end{aligned}$$

wobei zum Schluss Polarkoordinaten (r, φ) eingeführt wurden. Die isogonalen Trajektorien sind also logarithmische Spiralen.

$$r = C\,\mathrm{e}^{-a\varphi} \quad \text{mit} \quad a = \pm\tan\alpha\,.$$

Statt von der Kreisschar hätte man natürlich auch von der zu ihr orthogonalen Schar der Geraden $y = Cx$ ausgehen können.

In der Skizze ist nur eine der beiden Spiralscharen gezeichnet. Die andere nähert sich dem Zentrum gegen den Uhrzeigersinn.

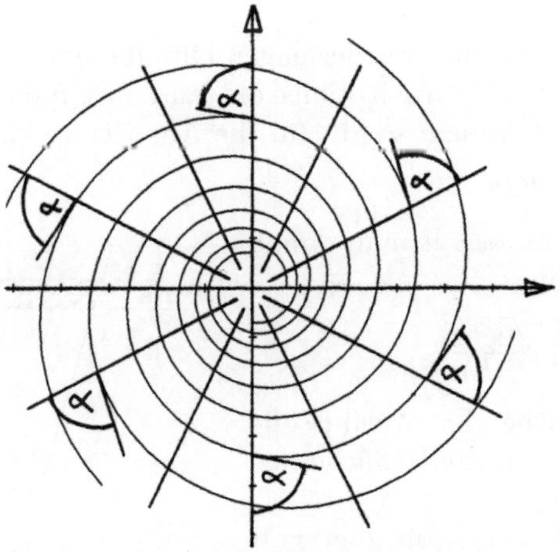

Isogonale Trajektorien

10.4 Trennung der Variablen

A Lösen Sie die folgenden Anfangswertprobleme:

1)	$y' = 1 + y^2$	$y(\frac{\pi}{4}) = -1$
2)	$y' = 2\sqrt{\lvert y \rvert}$	$y(0) = 0$
3)	$xy' = y \ln y$	$y(1) = \mathrm{e}$
4)	$(x^2 - 1)\, y' + 2x\, y = x\, y^2$	$y(0) = 1$

B *Traktrix:*

Gesucht sind die Kurven $y = y(x) > 0$, deren Tangenten zwischen Berührpunkt und x–Achse konstante Länge a haben.
Eine solche Kurve heißt *Ziehkurve* oder *Traktrix*. Sie entsteht, wenn man bei geradliniger Bewegung (auf der x–Achse) einen Gegenstand hinter sich herzieht, der zu Beginn der Bewegung nicht auf der Ziehgeraden lag.

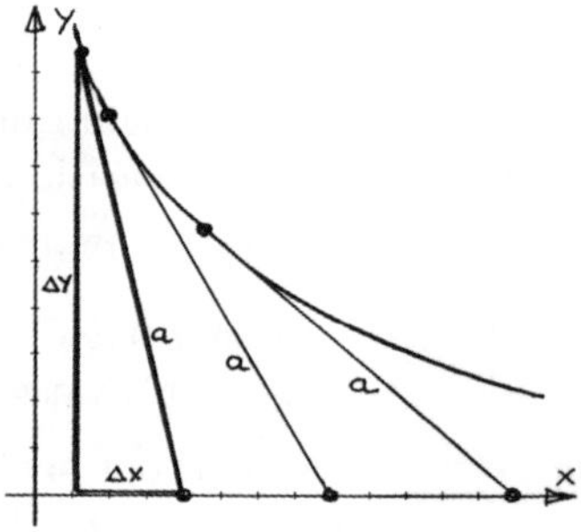

C *Torricelli's Gesetz:*

Eine ideale Flüssigkeit strömt aus der engen Öffnung eines Behälters. Ist $G \approx 6{,}67 \cdot 10^{-8}$ $[cm^3/g\, sec^2]$ die Gravitationskonstante und h die Höhe des Flüssigkeitsspiegels über der Öffnung, so gilt für die Austrittsgeschwindigkeit

$$v = \sqrt{2Gh}\ .$$

Für die Höhe $h = h(t)$ erhält man damit die Differentialgleichung

$$h' = -A\, \frac{\sqrt{2Gh}}{F(h)}\ .$$

Dabei ist A die Fläche der Ausflussöffnung und $F(h)$ die Querschnittsfläche des Behälters in der Höhe h.
Berechnen Sie $h = h(t)$ für den Fall eines stehenden bzw liegenden Kreiszylinders mit Höhe H und Radius R . Welcher ist schneller leer?

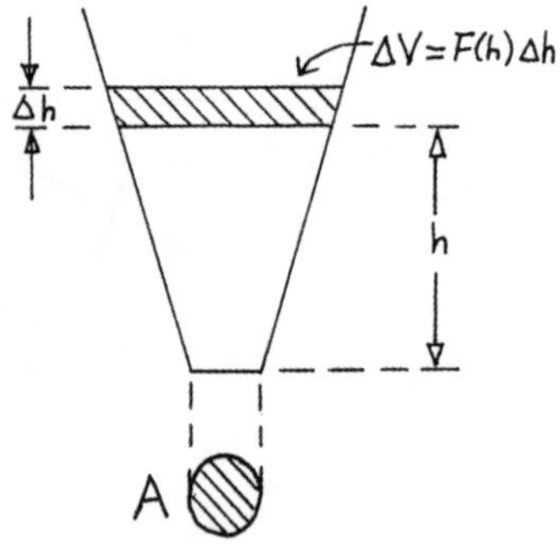

D *Wachstumsverhalten:*

$N = N(t)$ sei die Größe einer Population zur Zeit t , $N_0 := N(0) > 0$ die Größe zur Zeit $t_0 := 0$. $W := N'/N$ heißt *Wachstumsrate* oder *Sterbeintensität.*

Bei konstanten äußeren Bedingungen hängt die Wachstumsrate $W = W(N)$ nur von der Größe N der Population ab. In diesem Fall ist $N' = N \cdot W(N)$ eine Gleichung mit getrennten Variablen.

1) Lösen Sie die Gleichung für die Fälle $W(N) := \alpha N^\beta$ und $W(N) := \alpha(1-\gamma N)$, $\alpha, \gamma > 0$, $\beta \in \mathbb{R}$.
2) Bestimmen Sie für $W(N) := \alpha N^\beta (1-\gamma N^\delta)$ ($\alpha, \gamma, \delta > 0$, $\beta \in \mathbb{R}$) das Verhalten der Lösungen für $t \to \infty$.
3) In einem anderen Modell genügt $W(t)$ der Gleichung $W'(t) = -\mu W(t)$ mit einer positiven Konstanten μ.

   Bestimmen Sie $W(t)$ und $N(t)$ mit den Anfangsbedingungen $W(0) = \lambda$ und $N(0) = N_0$.

E *Lebensdauerfunktionen:*

Gegeben ist eine Menge von Objekten mit einer stetigen, i.a. von der Zeit abhängenden *Ausfallrate* $s\colon [0,\infty[\to [0,\infty[$.

Gesucht ist die Wahrscheinlichkeit $P(t)$ dafür, dass ein Objekt bis zur Zeit t ausgefallen ist. $P(t)$ ist unter gewissen Annahmen die eindeutig bestimmte Lösung des AWP's

$$P'(t) = s(t)\left(1 - P(t)\right) \quad ; \quad P(0) = 0 .$$

Zeigen Sie, dass $P(t)$ monoton wächst und dass der Grenzwert $P_\infty := \lim\limits_{t\to\infty} P(t)$ existiert.

Lösen Sie das AWP für die Fälle

1) $s(t) = \alpha\, t^{\beta-1}$
2) $s(t) = \alpha + \beta\, e^{\gamma t}$

F In der Kosmologie taucht die Gleichung $R'(t) = H_0\sqrt{1 - 2q_0 + \frac{2q_0}{R(t)}}$ für den sog *kosmischen Maßstabsfaktor* R abhängig von der Zeit t auf.

Für $t = 0$ (Urknall) ist definitionsgemäß $R(0) = 0$ und in der Gegenwart $(t = t_0)$ ist $R(t_0) = 1$.

Zeigen Sie, dass das *Weltalter* t_0 höchstens $\frac{1}{H_0}$ sein kann.

Lösen Sie die Gleichung und bestimmen Sie t_0 für den Fall $q_0 = 1/2$.

G Beweisen Sie das in Abschnitt 2.3 angegebene Kochrezept für Gleichungen mit getrennten Variablen und den dort angegebenen Eindeutigkeitssatz.

H Beweisen Sie den folgenden *Satz über die Eindeutigkeit stationärer Lösungen:*

Seien $f\colon I \to \mathbb{R}$ und $g\colon J \to \mathbb{R}$ stetig in reellen Intervallen $I, J \subset \mathbb{R}$, $(x_0, y_0) \in I \times J$ und $g(y_0) = 0$. Ferner sei $g(y) \neq 0$ für alle $y \in J \setminus \{y_0\}$.

Das uneigentliche Integral $\int_{y_0}^{y} \frac{dt}{g(t)}$ sei divergent für $y \in J \setminus \{y_0\}$.
Dann stimmt jede Lösung des AWP's $y' = f(x)\,g(y)$; $y(x_0) = y_0$ mit der stationären Lösung $y \equiv y_0$ überein.

Lösungen:

A Zum Kochrezept für Gleichungen mit getrennten Variablen siehe Abschnitt 2.3.

(A.1) $y' = 1 + y^2 \quad ; \quad y(\frac{\pi}{4}) = -1$

Es ist überall $f(x,y) := 1 + y^2 \neq 0$, also gibt es keine stationären Lösungen. f ist im ganzen $\mathbb{R}^2$ stetig und lokal Lipschitz-stetig bzgl y. Das AWP ist also eindeutig lösbar.

Trennung der Variablen ergibt

$$\begin{aligned} \int \frac{dy}{1+y^2} &= \int dx \\ \arctan y &= x + C \quad (C \in \mathbb{R}) \\ y &= \tan(x + C) \end{aligned}$$

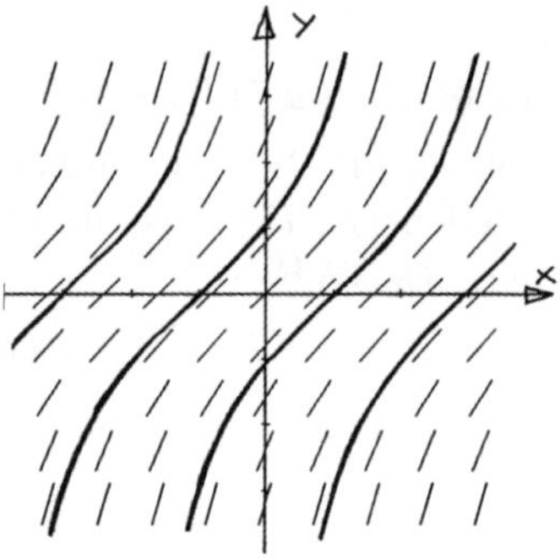

Die Anfangsbedingung $y(\frac{\pi}{4}) = -1$ liefert $\tan\left(\frac{\pi}{4} + C\right) = -1$, also $C = -\frac{\pi}{2}$.
Die Lösung des gegebenen AWP's ist daher

$$y = \tan(x - \frac{\pi}{2})$$

Man kann die Anfangsbedingung auch direkt einarbeiten, indem man nach Trennung der Variablen bestimmt integriert. Die Rechnung wäre dann

$$\begin{aligned} \int_{y_0}^{y} \frac{d\eta}{1+\eta^2} &= \int_{x_0}^{x} d\xi \\ \arctan y - \arctan(-1) &= x - \frac{\pi}{4} \\ y &= \tan\left(x - \frac{\pi}{2}\right) . \end{aligned}$$

Hier handelte es sich übrigens um eine autonome Gleichung. Die unabhängige Variable x kam nicht vor. Die allgemeine Lösung einer solchen Gleichung ist stets von der Form $y(x) = y_s(x + C)$, wobei y_s eine spezielle Lösung ist.

(A.2) $y' = 2\sqrt{|y|} \quad ; \quad y(0) = 0$

Das Anfangswertproblem ist lösbar, da die rechte Seite $f(x,y) := 2\sqrt{|y|}$ in ganz $\mathbb{R}^2$ stetig ist. f ist nur im Bereich $\{y \neq 0\}$ lokal Lipschitz-stetig bzgl y. Also ist das AWP evt nicht eindeutig lösbar. In der Tat gibt es außer der stationären Lösung $y_1 \equiv 0$ weitere Lösungen des AWP's.

Trennung der Variablen liefert für $y \neq 0$:

$$\begin{aligned} \int \frac{dy}{2\sqrt{|y|}} &= \int dx \\ (\operatorname{sgn} y)\sqrt{|y|} &= x + C \quad (C \in \mathbb{R}) \\ y &= \operatorname{sgn}(x+C)\,(x+C)^2 . \end{aligned}$$

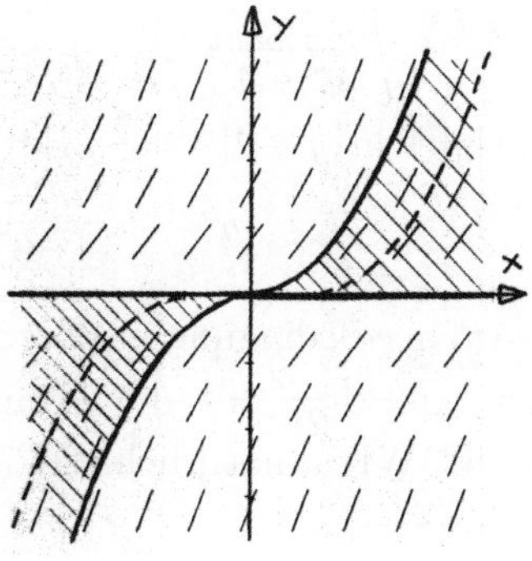

Aus diesen Parabelbögen und der Nullfunktion lassen sich weitere Lösungen zusammenstückeln. Man kann zeigen, dass jede Lösung derart zusammengesetzt ist. Beispielsweise sind

$$y_2 := \begin{cases} 0 & \text{für } x \leq 0 \\ x^2 & \text{für } x > 0 \end{cases} \quad \text{und} \quad y_3 := \begin{cases} 0 & \text{für } x > 0 \\ -x^2 & \text{für } x \leq 0 \end{cases}$$

weitere Lösungen des gegebenen Anfangswertproblems. Dies sind übrigens die Maximal- und Minimallösungen des AWP's. Siehe dazu Aufgabe 10.1.D.

(A.3) $\boxed{xy' = y \ln y \quad ; \quad y(1) = \mathrm{e}}$

Die Differentialgleichung ist nur für $y > 0$ und in der expliziten Form auch nur für $x \neq 0$ definiert. $f(x,y) := \dfrac{y \ln y}{x}$ ist in den Quadranten $\{x, y > 0\}$ und $\{x < 0 < y\}$ stetig und lokal Lipschitz-stetig bzgl y. Durch jeden Punkt dieser Quadranten läuft genau eine Lösung.

$y \equiv 1$ ist die einzige stationäre Lösung. Trennung der Variablen liefert

$$\begin{aligned} \int \frac{dy}{y \ln y} &= \int \frac{dx}{x} \\ \ln|\ln y| &= \ln x + C_1 \\ \ln y &= C_2\, x \\ y &= \mathrm{e}^{C_2 x} . \end{aligned}$$

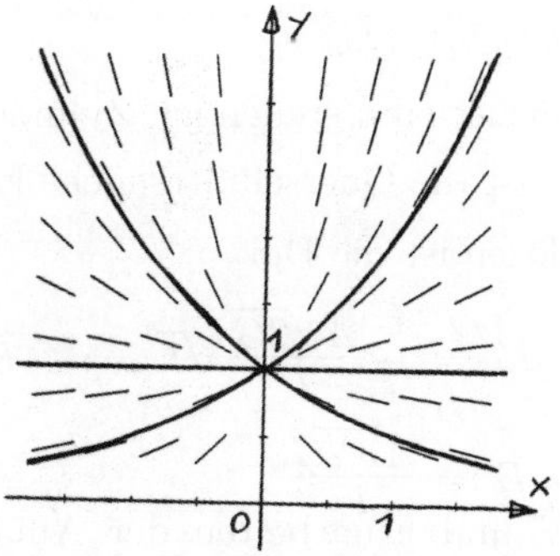

Wegen $y(1) = \mathrm{e}$ ist $C_2 = 1$.

Die stationäre Lösung $y \equiv 1$ ist übrigens für $C_2 = 0$ in der allgemeinen Lösungsschar enthalten.

(A.4) $\boxed{(x^2 - 1)\, y' + 2x\, y = x\, y^2 \quad ; \quad y(0) = 1}$

$y \equiv 0$ und $y \equiv 2$ sind stationäre Lösungen. Trennung der Variablen ergibt

$$\int \frac{2\,dy}{y^2-2y} = \int \frac{2x\,dx}{x^2-1}$$
$$-\ln|y| + \ln|y-2| = \ln|x^2-1| + C$$
$$y = \frac{2}{1-C(x^2-1)}$$

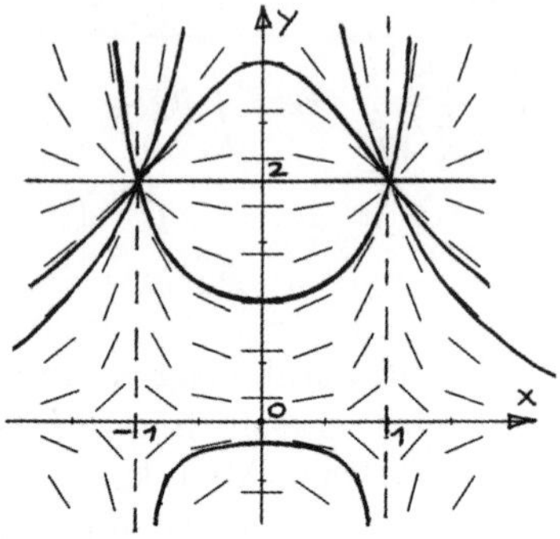

Die Anfangsbedingung ergibt $C = 1$. Also ist $y = \dfrac{2}{2-x^2}$ die Lösung des gestellten AWP's, natürlich nur im Intervall $]-\sqrt{2}, \sqrt{2}\,[$.

B *Traktrix:*

Für die gesuchten Kurven $y = y(x) > 0$ gilt (siehe Skizze auf Seite 144)

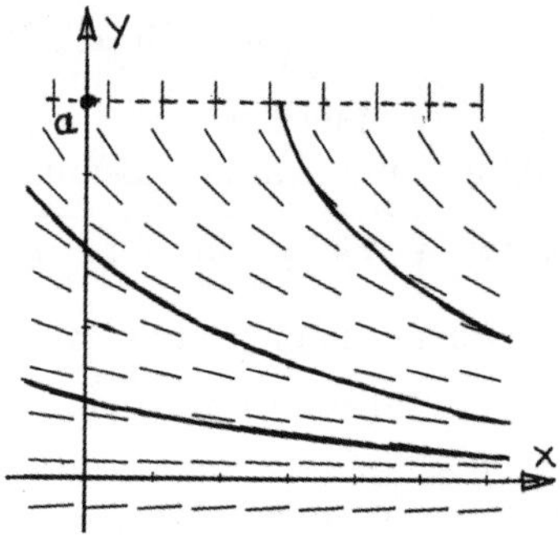

$$(\Delta y)^2 + (\Delta x)^2 = y^2 + \left(\frac{y}{y'}\right)^2 = a^2$$

Trennung der Variablen liefert

$$-\frac{\sqrt{a^2-y^2}}{y}\,y' = 1$$

$$a \ln \frac{a+\sqrt{a^2-y^2}}{y} - \sqrt{a^2-y^2} = x + C \,.$$

C *Torricelli's Gesetz:*

Zunächst zum <u>stehenden</u> Zylinder.

Hier ist die Querschnittsfläche konstant $F(h) \equiv F := \pi R^2$.

Zu lösen ist die Dgl

$$h' = -\frac{A\sqrt{2G}}{F}\sqrt{h} =: -B\sqrt{h}$$

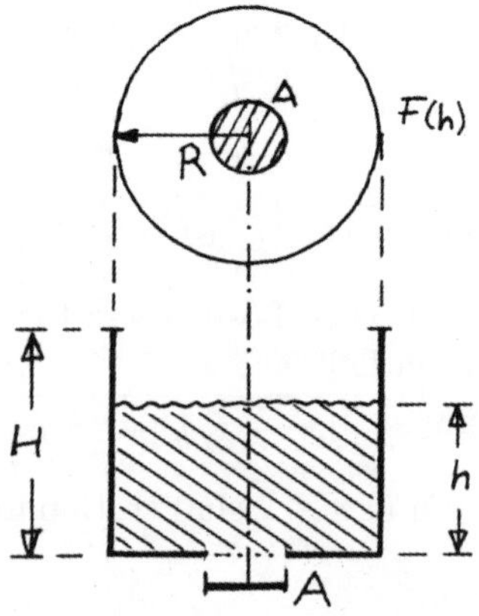

mit $B := \dfrac{A\sqrt{2G}}{F}$.

TdV und Einarbeiten der Anfangsbedingung $h(0) = H$ liefert

$$\frac{B}{2}\,t = \sqrt{H} - \sqrt{h} \,.$$

Der Zylinder ist leer, wenn $h = 0$ ist, also zur Zeit

$$t_s = \frac{2}{B}\sqrt{H} = \frac{F}{A}\sqrt{\frac{2H}{G}} \,.$$

Nun zum <u>liegenden</u> Zylinder. Die Querschnittsfläche in der Höhe h ist hier ein Rechteck mit dem Flächeninhalt $F(h) = 2H\,\sqrt{h(2R-h)}$. Die zu lösende Dgl ist daher

$$h' \;=\; -\,\frac{A\sqrt{2Gh}}{F(h)} \;=\; -\,\frac{C}{\sqrt{2R-h}} \qquad \text{mit} \qquad C \;:=\; \frac{A\sqrt{2G}}{2H}\;.$$

TdV und Einarbeiten der Anfangsbedingung $h(0) = 2R$ liefert

$$t \;=\; \frac{2}{3C}\,\left(2R-h\right)^{3/2}\;.$$

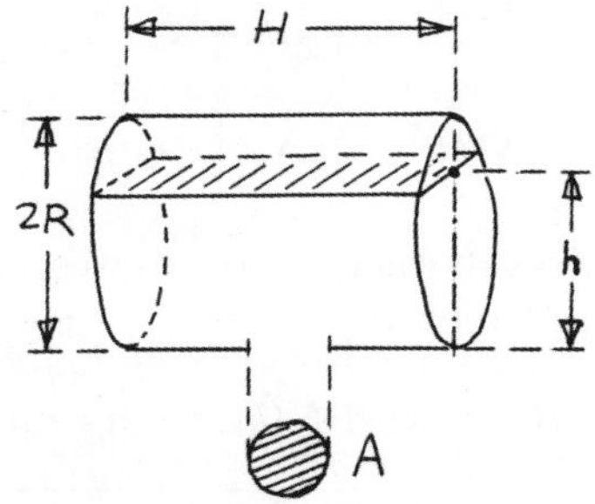

Der Zylinder ist leer, wenn $h = 0$ ist, also zur Zeit

$$t_l \;=\; \frac{2}{3C}\,\left(2R\right)^{3/2} \;=\; \frac{8HR^{3/2}}{3A\sqrt{G}}\;.$$

Es gilt

$$\frac{t_s}{t_l} > 1 \iff \frac{3\sqrt{2}\pi}{8}\sqrt{\frac{R}{H}} > 1 \iff \frac{R}{H} > \frac{32}{9\pi^2} \sim 0,36\;.$$

Das Ergebnis ist nicht überraschend: Ist H groß gegenüber dem Radius R, so läuft der Zylinder im Stehen schneller aus als im Liegen.

Zur Herleitung von Torricelli's Gesetz (siehe Skizze auf Seite 144):
Beim Ausströmen ist die Abnahme der potentiellen Energie $\varrho\cdot\Delta V\cdot G\cdot h$ gleich der Zunahme an kinetischer Energie $\frac{\varrho\cdot\Delta V}{2}\,v^2$. Dabei ist ϱ ist die Dichte der Flüssigkeit und v die Ausflussgeschwindigkeit. Daraus folgt $v = \sqrt{2\cdot G\cdot h}$.

In Worten: Die Ausflussgeschwindigkeit einer Flüssigkeit ist gleich der Geschwindigkeit, die sie erreichen würde, wenn sie um die Fallstrecke h von der Oberfläche bis zur Ausströmöffnung frei fallen würde.

In der Zeit Δt strömt die Flüssigkeitsmenge $\Delta V = A\cdot v\cdot\Delta t = A\,\sqrt{2Gh}\,\Delta t$ aus. Gleichzeitig verringert sich die Flüssigkeit im Behälter um $\Delta V = -F(h)\cdot\Delta h$. Daraus erhält man die Dgl für $h = h(t)$:

$$h'(t) \;=\; \frac{\Delta h}{\Delta t} \;=\; -A\,\frac{\sqrt{2Gh}}{F(h)}\;.$$

Bei realen Flüssigkeiten muss man u.a. die Viskosität berücksichtigen. Man rechnet dann mit $v = c\,\sqrt{2\cdot G\cdot h}$. Dabei ist $0 < c \leq 1$ eine Materialkonstante.

D *Wachstumsverhalten:*

(D.1.1) $W = N'/N = \alpha N^\beta \quad ; \quad N(0) = N_0$

Für $\beta = 0$ ist dies eine (homogene) lineare Dgl 1. Ordnung mit konstanten Koeffizienten. Die Lösung ist $N(t) = N_0\,\mathrm{e}^{\alpha t}$. Für $\alpha > 0$ wächst die Population exponentiell.

$\beta = 0$ und $\alpha < 0$ ist die übliche Annahme beim radioaktiven Zerfall.

Für $\beta \neq 0$ erhält man mit TdV

$$\begin{aligned} \int \frac{dN}{N^{\beta+1}} &= \int \alpha \, dt \\ -\frac{1}{\beta} N^{-\beta} &= \alpha t + C \\ N(t) &= N_0 \left[1 - \alpha\beta N_0^{\beta} \, t\right]^{-1/\beta} . \end{aligned}$$

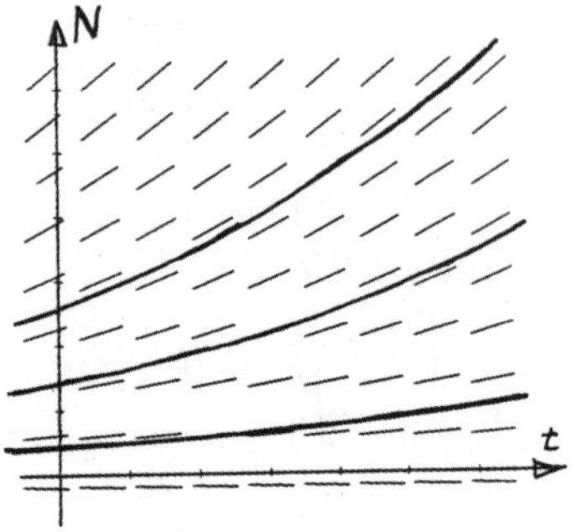

Für $\beta < 0$ wächst $N(t)$ im wesentlichen wie eine Potenz von t.

Für $\beta > 0$ wird $N(t)$ bereits zur endlichen Zeit $t_\infty := \frac{1}{\alpha\beta} N_0^{-\beta}$ unendlich groß.

(D.1.2) $W = N'/N = \alpha(1 - \gamma N) \quad ; \quad N(0) = N_0$

Trennung der Variablen liefert:

$$\begin{aligned} t &= \int_{N_0}^{N} \frac{dy}{\alpha \, y \, (1-\gamma y)} \\ &= \frac{1}{\alpha} \ln \frac{y}{1-\gamma y} \bigg|_{N_0}^{N} \end{aligned}$$

und daraus $N(t) = \dfrac{1}{\gamma + (N_0^{-1} - \gamma) \, e^{-\alpha t}}$ mit $\lim_{t \to \infty} N(t) = 1/\gamma$.

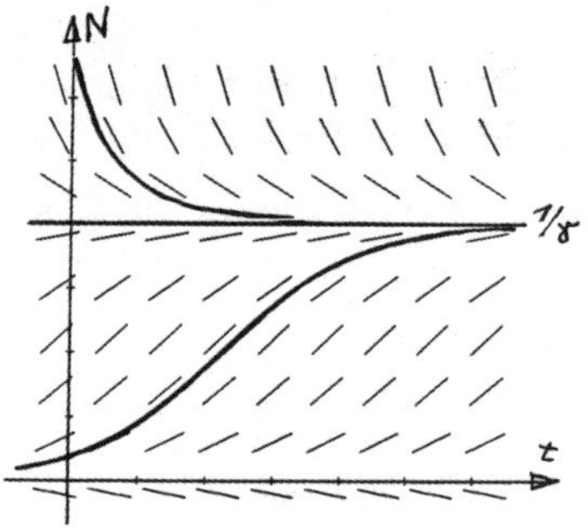

(D.2) $W(N) = \dfrac{N'}{N} = \alpha N^{\beta}(1 - \gamma N^{\delta}) \quad ; \quad N(0) = N_0$

Für $\beta = 0$ handelt es sich übrigens um eine Bernoulli-Dgl mit Exponenten $\delta + 1$. Siehe dazu Aufgabe 10.6.E.

Der spezielle Fall $\beta = 0$, $\delta = 1$ wird in der vorigen Teilaufgabe behandelt.

Man kann allgemein zeigen, dass Lösungen autonomer Gleichungen der Form $y' = f(y)$ monoton sind. Siehe Aufgabe 10.2.A. Hier wird ein unabhängiger Beweis angegeben.

Das AWP ist eindeutig lösbar, da die rechte Seite der Gleichung

$$N' = \alpha N^{\beta+1} \, (1 - \gamma N^{\delta}) \qquad (*)$$

in $\mathbb{R} \times \mathbb{R}_{>0}$ lokal Lipschitz-stetig bzgl N ist.

$N(t) \equiv (1/\gamma)^{1/\delta} := N_\infty$ und $N(t) \equiv 0$ sind die stationären Lösungen der Dgl.

Sei zunächst $N_0 < N_\infty$. Trennung der Variablen liefert

$$\frac{N'}{\alpha N^{\beta+1}(1-\gamma N^\delta)} = 1$$

$$H(N) := \int_{N_0}^{N} \frac{dy}{\alpha y^{\beta+1}(1-\gamma y^\delta)} = t \, .$$

Dabei ist die Funktion H auf dem N–Intervall $I := [N_0, N_\infty)$ definiert und streng monoton wachsend, da der Integrand dort positiv ist.

Es ist $H(I) = [0, \infty)$, denn $\int_{N_0}^{N_\infty} \frac{dy}{\alpha y^{\beta+1}(1-\gamma y^\delta)} = \infty$. (Warum?)

Die (i.a. nicht elementar anzugebende) bijektive Umkehrfunktion $N = H^{-1}\colon [0,\infty) \to [N_0, N_\infty)$ ist die gesuchte Wachstumsfunktion. Sie ist im Intervall $[0,\infty]$ streng monoton wachsend und nach oben beschränkt. Also muss die Ableitung $N'(t)$ gegen Null streben (siehe z.B. [RA 1, 4.2.4.C]). Dann muss aber nach Gleichung $(*)$ $N(t)$ gegen $(1/\gamma)^{1/\delta} = N_\infty$ gehen.

Im Fall $N_0 > N_\infty$ zeigt man analog, dass alle Lösungen für $t \to \infty$ streng monoton fallend gegen N_∞ streben.

(D.3) Das AWP

$$W'(t) = -\mu W(t) \quad ; \quad W(0) = \lambda$$

hat die Lösung $W(t) = \lambda\, \mathrm{e}^{-\mu t}$.

Gesucht ist jetzt noch die Lösung des AWP's

$$N'(t) = \lambda\, \mathrm{e}^{-\mu t} N(t) \quad ; \quad N(0) = N_0 \, .$$

Trennung der Variablen liefert die Lösung

$$N(t) = N_0 \exp\left(\frac{\lambda}{\mu}(1 - \mathrm{e}^{-\mu t})\right) .$$

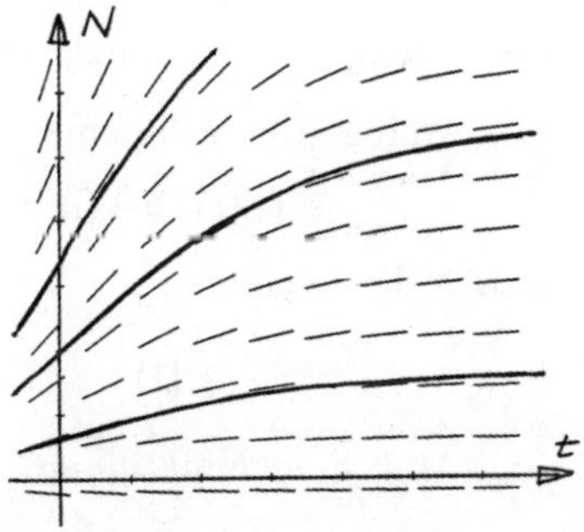

In diesem Modell hängt N'/N von der Zeit ab. Die Dgl ist nicht autonom.

Sowohl die Gleichung für $W(t)$, als auch die für $N(t)$ sind hier übrigens homogene lineare Dgln 1. Ordnung. Die Lösungen heißen auch *Gompertz'sche Überlebens-* oder *Wachstumsfunktionen.*

E Die Gleichung $P' = s(t)(1 - P)$ ist eindeutig lösbar, da die rechte Seite lokal Lipschitz-stetig bzgl. P ist.

TdV liefert die Lösungen

$$P(t) = 1 - \mathrm{e}^{-S(t)} \qquad \text{mit} \qquad S(t) := \int_0^t s(\tau)\, d\tau \, .$$

Da $s(\tau)$ in $[0,\infty[$ stetig und nicht-negativ ist, sind sowohl $S(t)$, als auch $P(t)$ in $[0,\infty[$ definiert und monoton wachsend. $P(t)$ ist nach oben beschränkt. Daher muss der Grenzwert $P_\infty := \lim_{t\to\infty} P(t)$ existieren.

Man kann auch argumentieren, ohne die Gleichung explizit zu lösen, nämlich so: Wegen $P(0)=0$ und $s(t)\ge 0$ ist zunächst $P'(t)\ge 0$, also $P(t)$ monoton wachsend. Wenigstens gilt dies, solange $P(t)<1$ ist.

Die konstante Funktion $P\equiv 1$ ist aber eine Lösung der Gleichung und wegen der eindeutigen Lösbarkeit kann keine Lösung mit der Anfangsbedingung $P(0)=0$ den Wert 1 in endlicher Zeit erreichen. Also sind die Lösungen $P(t)$ im gesamten Intervall $[0,\infty[$ definiert, monoton wachsend und nach oben beschränkt. Weiter wie oben.

1) Die Anfangswertprobleme

$$P'(t) \;=\; \alpha\, t^{\beta-1}\,\big(1-P(t)\big)\;;\quad P(0)=0$$

haben die Lösungen

$$P(t) \;=\; 1-\exp\Big(-\frac{\alpha}{\beta}t^{\beta}\Big)\,,$$

sog. *Weibull-Funktionen.* Man erhält sie wie oben durch Trennung der Variablen. $\beta=1$ ist die übliche Annahme bei radioaktiven Zerfallsprozessen.

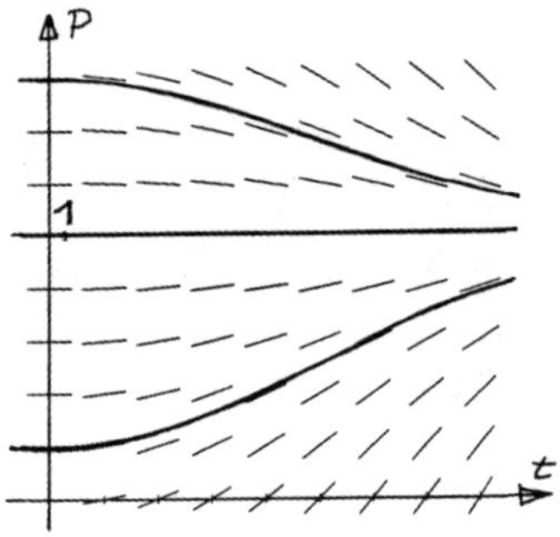

2) Die Anfangswertprobleme

$$P'(t) \;=\; \big(\alpha+\beta\,e^{\gamma t}\big)\,\big(1-P(t)\big)\quad;\quad P(0)=0$$

haben die Lösungen

$$P(t) \;=\; 1-\exp\Big(-\alpha t-\frac{\beta}{\gamma}(\,e^{\gamma t}-1)\Big)\,,$$

sog. *Makeham-Funktionen.*

Hier handelte es sich übrigens um eine inhomogene lineare Dgl 1. Ordnung. Man hätte daher auch die entsprechenden Sätze und Verfahren aus Abschnitt 2.4 anwenden können.

F

$$\boxed{R'(t)=H_0\sqrt{1-2q_0+\frac{2q_0}{R(t)}}}$$

Trennung der Variablen liefert

$$\frac{R'}{H_0\sqrt{1-2q_0+\frac{2q_0}{R}}} \;=\; 1\quad;\quad \text{also}\qquad \frac{1}{H_0}\int_0^R\frac{dr}{\sqrt{1-2q_0+\frac{2q_0}{r}}}\;=\;t\,.$$

Wegen $R(t_0) = 1$ folgt $t_0 = \dfrac{1}{H_0}\displaystyle\int_0^1 \frac{dr}{\sqrt{1-2q_0+\frac{2q_0}{r}}}$. Der Integrand ist im Integrationsintervall positiv und ≤ 1. Also ist $t_0 \leq \dfrac{1}{H_0}$.

Im Fall $q_0 = 1/2$ erhält man

$$\frac{2}{3}\left(R(t)\right)^{3/2} = \frac{1}{H_0}\int_0^R \sqrt{r}\,dr = \int_0^t d\tau = H_0\,t$$

$$R(t) = \left(\frac{3H_0}{2}\,t\right)^{2/3} .$$

$R = 1$ tritt genau für $t_0 = \dfrac{2}{3H_0}$ ein.

G Seien $I, J \subset \mathbb{R}$ offene Intervalle, $f\colon I \to \mathbb{R}$ und $g\colon J \to \mathbb{R}$ stetig, $x_0 \in I$, $y_0 \in J$ und $g(y_0) \neq 0$.

Zu zeigen ist die eindeutige Lösbarkeit des Anfangswertproblems

$$y' = f(x)\,g(y) \quad ; \quad y(x_0) = y_0 . \tag{1}$$

Zunächst zur Lösbarkeit. Der Beweis begründet auch die Lösungsmethode.

$G(y) := \displaystyle\int_{y_0}^{y} \frac{dt}{g(t)}$ ist eine Stammfunktion von $\dfrac{1}{g}$ mit $G(y_0) = 0$. G ist wegen $G'(y_0) = \dfrac{1}{g(y_0)} \neq 0$ und der Stetigkeit von $G' = \dfrac{1}{g}$ in einer Umgebung von y_0 umkehrbar. Sei G^{-1} die Umkehrfunktion. G^{-1} bildet eine Umgebung von 0 auf eine Umgebung von y_0 ab.

f ist nach Voraussetzung stetig. Also ist $F(x) := \displaystyle\int_{x_0}^{x} f(x)\,dx$ eine Stammfunktion von f mit $F(x_0) = 0$.

Dann ist $y = \varphi(x) := G^{-1}\left(F(x)\right)$ eine Lösung des AWP's (1). Es ist nämlich

1) φ in einer Umgebung von x_0 definiert und differenzierbar.
2) $\varphi(x_0) = y_0$ und
3) $\varphi'(x) = \left(G^{-1}\right)'(F(x)) \cdot F'(x) = \dfrac{1}{G'\left(G^{-1}(F(x))\right)}\,f(x) = g(\varphi(x))\,f(x)$.

Nun zur Eindeutigkeit. Sei $y = \psi(x)$ irgendeine Lösung von (1). Es gilt also $\psi'(x) = g(\psi(x))\,f(x)$ in einer Umgebung von x_0. Mit Hilfe der Substitution

$u = \psi(t)$ folgt

$$\begin{aligned} \int_{y_0}^{y} \frac{1}{g(u)}\,du &= \int_{x_0}^{x} \frac{\psi'(t)}{g(\psi(t))}\,dt &= \int_{x_0}^{x} f(t)\,dt \\ G(y) &= G(\psi(x)) &= F(x) \\ &\quad\ \psi(x) &= G^{-1}\big(F(x)\big)\ . \end{aligned}$$

H Indirekter Beweis: Wir nehmen an, die Behauptung ist falsch.

Sei $U \subset I$ eine Umgebung von x_0 und $\varphi\colon U \to \mathbb{R}$ eine Lösung des AWP's $y' = f(x)\,g(y)$; $y(x_0) = y_0$, die in U nicht konstant $= y_0$ ist. Sei etwa $y_1 := \varphi(x_1) \neq y_0$ und o.B.d.A. $x_0 < x_1$, $[x_0, x_1] \subset U$.

Sei ferner $x_2 := \sup\{\, x \in [x_0, x_1]\,;\, \varphi(x) = y_0 \,\}$. Wegen der Stetigkeit von φ ist $\varphi(x_2) = y_0$ und $\varphi(x) > y_0$ für $x_2 < x \leq x_1$.

φ ist eine Lösung der Dgl. Also gilt $\varphi'(x) = f(x)g(\varphi(x))$ für alle $x \in I$. Aus der Substitutionsregel folgt für alle $x_2 < x \leq x_1$:

$$\int_{\varphi(x_1)}^{\varphi(x)} \frac{1}{g(u)}\,du = \int_{x_1}^{x} \frac{\varphi'(t)}{g(\varphi(t))}\,dt = \int_{x_1}^{x} f(t)\,dt\ .$$

Dies liefert für $x \to x_2^+$ einen Widerspruch, denn

$$\int_{x_1}^{x_2} f(t)\,dt = \lim_{x \to x_2^+} \int_{x_1}^{x} f(t)\,dt$$

existiert, aber der Grenzwert

$$\lim_{x \to x_2^+} \int_{\varphi(x_1)}^{\varphi(x)} \frac{du}{g(u)} = \int_{y_1}^{y_0} \frac{du}{g(u)}$$

existiert nicht. Das uneigentliche Integral divergiert nach Voraussetzung.

Beispiel:
Das AWP $y' = 2\sqrt{|y|}$, $y(0) = 0$ aus Aufgabe 10.4.A war <u>nicht</u> eindeutig lösbar. In der Tat ist das uneigentliche Integral $\displaystyle\int_{y_1}^{0} \frac{du}{\sqrt{|u|}}$ divergent.

10.5 Lineare Gleichungen 1. Ordnung

A Lösen Sie die folgenden linearen Gleichungen 1. Ordnung:

1) $y' = -\frac{2y}{x} + 4x \quad ; \quad y(1) = y_1$
2) $y' = -3y + \mathrm{e}^x$
3) $y' = \frac{y}{1+x^2} + 2x - 1 \quad ; \quad y(0) = 1$
4) $y' = xy + 2x$

B *Ein Käfer auf dem Gummiband:*

Gegeben sei ein beliebig dehnbares Gummiband auf der x-Achse, ein Ende bei $x = 0$ fest. Das freie Ende entfernt sich mit der konstanten Geschwindigkeit V vom festen Ende. Zur Zeit $t = 0$ habe das Band die Länge L. Zu dieser Zeit fängt ein Käfer bei $x = 0$ an, mit der konstanten Geschwindigkeit v relativ zum Band auf diesem entlang zu kriechen.

Erreicht er das andere Ende und wenn ja, wann?

C *Newtonsches Abkühlungsgesetz:*

Die Temperatur $\theta(t)$ eines Körpers in einem Medium mit der Außentemperatur $\theta_A(t)$ genügt unter gewissen Annahmen der Differentialgleichung

$$\theta'(t) = -k\left(\theta(t) - \theta_A(t)\right) \quad (k > 0)\ .$$

1) Lösen Sie die Gleichung für den Fall konstanter Außentemperatur.
2) Sie wollen heißen Kaffee schnell auf Trinktemperatur bringen. Gießen Sie erst die Milch dazu und lassen Sie ihn dann weiter abkühlen, oder lassen Sie ihn erst abkühlen und gießen Sie die Milch direkt vor dem Trinken dazu? (Die Milch hat ebenfalls die Temperatur θ_A.)
3) Lösen Sie die Gleichung für den Fall einer linear ab- bzw zunehmenden Außentemperatur und der Anfangsbedingung $\theta(0) = \theta_A(0) =: \theta_0$. Bestimmen Sie außerdem den Grenzwert $\lim\limits_{t\to\infty} \left(\theta - \theta_A\right)$.

D *Freier Fall mit Reibung:*

Nimmt man an, dass die Reibungskraft proportional zur Geschwindigkeit $\dot{x}(t)$ ist, so erfüllt die Bewegung $x(t)$ eines unter dem Einfluss einer konstanten äußeren Kraft frei fallenden Körpers der Dgl

$$\ddot{x} + \gamma\dot{x} = c\ .$$

Lösen Sie diese Gleichung, indem Sie zunächst die Geschwindigkeit $v = \dot{x}(t)$ bestimmen.

E *Spezielle Ansätze bei konstantem Koeffizienten:*

Gegeben sei die lineare Gleichung 1. Ordnung $y' + a\,y = p(x)\,\mathrm{e}^{\lambda x}$ mit konstantem a und einem Polynom $p(x)$ vom Grad $m \geq 0$.

Ist $\lambda = -a$, so gibt es eine spezielle Lösung der Form $y_s(x) = xq(x)\,\mathrm{e}^{\lambda x}$.
Ist $\lambda \neq -a$, so gibt es eine spezielle Lösung der Form $y_s(x) = q(x)\,\mathrm{e}^{\lambda x}$.
In beiden Fällen ist $q(x)$ ein Polynom vom Grad m .

F Seien $I \subset \mathbb{R}$ ein Intervall, $a, b\colon I \to \mathbb{R}$ stetig und y_1, y_2, y_3 drei verschiedene Lösungen der linearen Gleichung $y' + a(x)\,y = b(x)$.

Zeigen Sie, dass $\dfrac{y_1(x) - y_2(x)}{y_3(x) - y_2(x)} \equiv const$.

Lösungen:

A Zum Kochrezept für lineare Gleichungen 1. Ordnung $y' = a(x)y + b(x)$ siehe Abschnitt 2.4. Die allgemeine Lösung der inhomogenen Dgl ist von der Form $y = y_s + y_h$. Dabei ist y_s eine spezielle Lösung der inhomogenen und y_h die allgemeine Lösung der homogenen Gleichung.

Die homogene Gleichung kann man durch Trennung der Variablen behandeln. Man erhält die homogene Lösungsschar in der Form $y_h = Cy_1$ mit $C \in \mathbb{R}$. Dabei ist $y_1 = \exp\left(\int a(x)\,dx\right)$ eine Basislösung der homogenen Dgl. Eine solche ist im gesamten Grundintervall $\neq 0$.

Eine spezielle Lösung der inhomogenen Dgl erhält man durch Variation der Konstanten.

(A.1) $$y' = -\frac{2y}{x} + 4x\ ;\ y(1) = y_1$$

Die Gleichung ist nur für $x \neq 0$ definiert. Streng genommen kann man von Lösungen also nur in $]0, \infty[$ oder in $]-\infty, 0[$ sprechen.

Die homogene Gleichung $y' = -2\,\dfrac{y}{x}$ kann man durch Trennung der Variablen behandeln. Man kann auch eine Stammfunktion von $a(x) = -\frac{2}{x}$ bestimmen, etwa $A(x) = \ln x^{-2}$ und erhält die homogene Lösungsschar in der Form $y_h = C\,\mathrm{e}^{A(x)} = C\,\dfrac{1}{x^2}$, $C \in \mathbb{R}$.

Eine spezielle Lösung der inhomogenen Dgl $y' = -\dfrac{2y}{x} + 4x$ kann man durch Variation der Konstanten, also durch den Ansatz $y_s = C(x)\,\dfrac{1}{x^2}$ bestimmen. Wegen $y_s' = \dfrac{C'(x)}{x^2} - \dfrac{2C(x)}{x^3}$ liefert Einsetzen in die inhomogene Dgl

$$C'(x)\,\frac{1}{x^2} = 4x \quad ; \quad C(x) = x^4 \quad ; \quad y_s(x) = x^2 \ .$$

(Beim Einsetzen muss $C(x)$ rausfallen. Probe!)

Die allgemeine Lösung der inhomogenen Dgl ist daher $y = x^2 + C\,\frac{1}{x^2}$. Einarbeiten der Anfangsbedingung $y(1) = y_1$ liefert

$$y = x^2 + \frac{y_1 - 1}{x^2}.$$

Man kann die Differentialgleichung übrigens auch als Euler-Dgl 1. Ordnung mit dem Kochrezept aus Abschnitt 5.3.7 lösen.

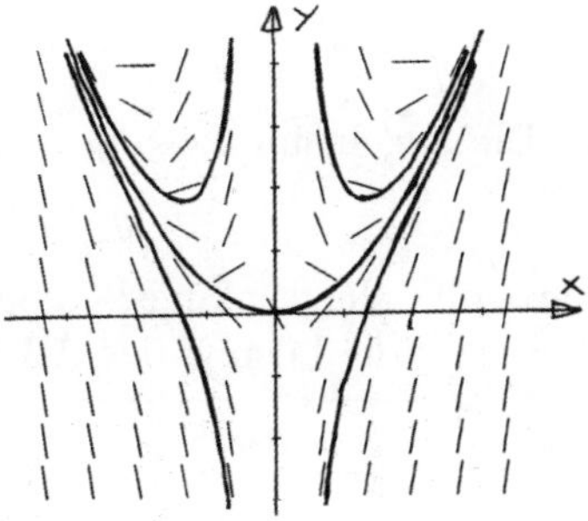

(A.2) $\boxed{y' = -3y + e^x}$

Dies ist eine lineare Dgl 1. Ordnung mit konstanten Koeffizienten. Die homogene Gleichung $y' = -3y$ hat die Lösung $y_h = C\,e^{-3x}$.

Eine spezielle Lösung der inhomogenen Gleichung kann man wie immer durch Variation der Konstanten bestimmen.
Bei konstanten Koeffizienten und der speziellen Form des Störgliedes e^x ist es günstiger, den Rateansatz $y_s = A\,e^x$ machen. Siehe dazu Abschnitt 5.3.6.b und Aufgabe 10.5.E. Einsetzen in die inhomogene Gleichung liefert $A = \frac{1}{4}$ und damit die allgemeine Lösung

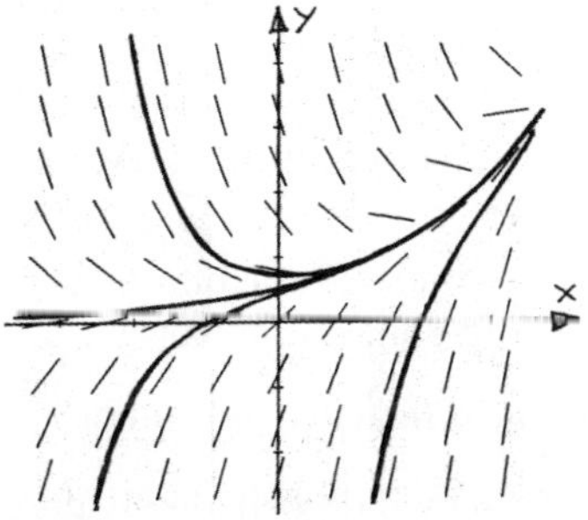

$$y(x) = \frac{1}{4}\,e^x + C\,e^{-3x} \quad ; \quad C \in \mathbb{R}\,.$$

(A.3) $\boxed{y' = \frac{y}{1+x^2} + 2x - 1}$

Nach Kochrezept oder durch Trennung der Variablen erhält man die allgemeine Lösung der homogenen Gleichung $y' = \frac{y}{1+x^2}$ in der Form:

$$y_h = C \exp\left(\int \frac{dx}{1+x^2}\right) = C\;e^{\arctan x}\,.$$

Der VdK-Ansatz $y_s = C(x)\;e^{\arctan x}$ für eine spezielle Lösung der inhomogenen Gleichung liefert

$$C(x) = \int \frac{2x-1}{e^{\arctan x}}\,dx = \frac{x^2+1}{e^{\arctan x}}$$

$$y_s = 1 + x^2\,.$$

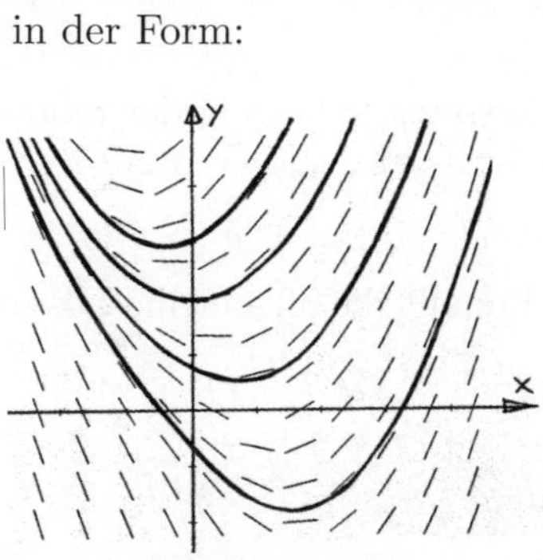

Das dabei auftretende Integral löst man z.B. durch partielle Integration:

$$\int 2x\, \mathrm{e}^{-\arctan x}\, dx \;=\; (x^2+1)\, \mathrm{e}^{-\arctan x} + \int \mathrm{e}^{-\arctan x}\, dx$$

usw. Die allgemeine Lösung ist also

$$y \;=\; 1 + x^2 + C_2\, \mathrm{e}^{\arctan x} \;.$$

Einarbeiten der Anfangsbedingung $y(0) = 1$ liefert $C_2 = 0$. Also ist $y = x^2 + 1$ die Lösung des AWP's.

(A.4) $\boxed{y' \;=\; xy + 2x}$

Die homogene Gleichung hat die allgemeine Lösung $y_h = C\, \mathrm{e}^{x^2/2}$. Die spezielle Lösung $y_s \equiv -2$ der inhomogenen Gleichung kann man raten, sonst VdK. Die allgemeine Lösung der inhomogenen Gleichung ist daher

$$y \;=\; -2 + C\, \mathrm{e}^{x^2/2} \;.$$

Natürlich kann man auch direkt die inhomogene Gleichung durch TdV lösen.

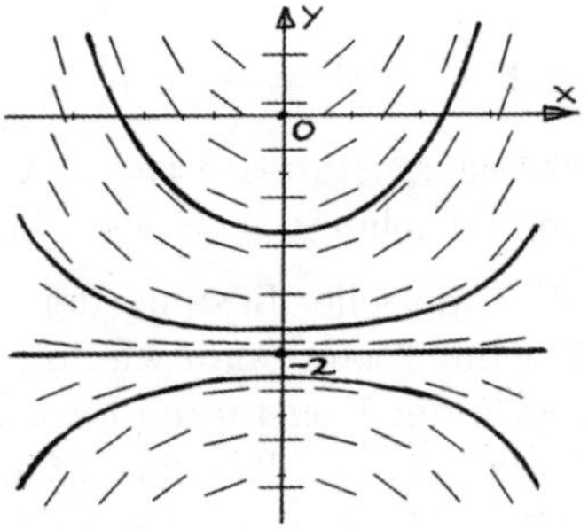

B $x(t)$ sei die x-Koordinate des Käfers zur Zeit t. Zu dieser Zeit ist das freie Ende des Bandes bei $X(t) = L + Vt$. Das Band wird gleichmäßig gedehnt. Die Geschwindigkeit des Bandstückchens bei $x = x(t)$ ist daher $\dfrac{x(t)}{X(t)}\, V$.

Die Geschwindigkeit des Käfers über der x-Achse ist infolgedessen

$$x'(t) \;=\; v + \frac{x(t)}{X(t)} V \;=\; v + \frac{V}{L+Vt}\, x(t) \;.$$

Dies ist eine lineare inhomogene Gleichung 1. Ordnung für $x = x(t)$.
Die homogene Gleichung $x'(t) = \dfrac{V}{L+Vt}\, x(t)$ hat die Lösung

$$x_h(t) \;=\; C\,(L + Vt) \;.$$

Eine spezielle Lösung der inhomogenen Gleichung erhält man durch Variation der Konstanten. Der Ansatz $x_s := C(t)\,(L+Vt)$ liefert:

$$C'(t)\,(L+Vt) \;=\; v \;; \quad C(t) \;=\; \frac{v}{V} \ln(L+Vt) \;; \quad x_s(t) \;=\; \frac{v}{V}(L+Vt)\ln(L+Vt)$$

und damit die allgemeine Lösung

$$x(t) \;=\; x_s + Cx_h \;=\; \frac{v}{V}(L+Vt)\, \ln(L+Vt) + C(L+Vt) \quad (C \in \mathbb{R}) \;.$$

Zur Zeit $t = 0$ startet der Käfer bei $x(0) = 0$. Also ist die x-Koordinate des Käfers

$$x(t) \;=\; \frac{v}{V}(L+Vt)\, \ln \frac{L+Vt}{L} \;.$$

Der Käfer erreicht genau dann das freie Ende, wenn $x(t_0) = X(t_0)$ zu einer gewissen Zeit t_0, also wenn

$$X(t_0) \;=\; L + Vt_0 \;=\; \frac{v}{V}\,(L + Vt_0)\ln\frac{L+Vt_0}{L} \;=\; x(t_0)\;.$$

Diese Gleichung hat die eindeutig bestimmte Lösung $t_0 = \frac{L}{V}\left(e^{V/v} - 1\right)$. Der Käfer erreicht stets das andere Ende, egal wie groß v, V, L sind. Das Band hat für $t = t_0$ die Länge $X(t_0) = x(t_0) = L\,e^{V/v}$.

C Das Abkühlungsgesetz $\theta'(t) = -k\left[\theta(t) - \theta_A(t)\right]$ ist eine lineare Gleichung mit konstantem Koeffizienten $-k$. Die allgemeine Lösung der homogenen Gleichung $\theta' = -k\theta$ ist $\theta_h = C\,e^{-kt}$.

(C.1) Im Fall konstanter Außentemperatur $\theta_A(t) \equiv \theta_A$ hat die inhomogene Gleichung die spezielle Lösung $\theta_s(t) \equiv \theta_A$. Sie liegt natürlich auch aus physikalischen Gründen auf der Hand. Die Lösung mit der Anfangsbedingung $\theta(0) = \theta_0$ ist daher

$$\theta(t) \;= \theta_A + (\theta_0 - \theta_A)\,e^{-kt}\;.$$

(C.2) Wir nehmen an, dass Kaffee und Milch gleiche Dichte und spezifische Wärme haben. Dann ergeben V_K Volumeneinheiten Kaffee mit der Temperatur θ und V_M Volumeneinheiten Milch mit der Temperatur θ_A zusammengeschüttet $V_K + V_M$ Volumeneinheiten Milchkaffee mit der Temperatur $\frac{V_K\theta+V_M\theta_A}{V_K+V_M}$.

Lässt man den Kaffee erst in der Zeit t auf die Temperatur $\theta(t)$ abkühlen und gießt dann die Milch dazu, so hat die Mischung die Temperatur

$$\Theta_1 \;=\; \frac{V_K(\theta_A+(\theta_0-\theta_A)\,e^{-kt})+V_M\theta_A}{V_K+V_M} \;=\; \theta_A + \frac{V_K}{V_K+V_M}\,(\theta_0 - \theta_A)\,e^{-kt}\;.$$

Gießt man die Milch schon zur Zeit $t = 0$ in den Kaffee mit der Temperatur θ_0, so hat die Mischung die Ausgangstemperatur $\widetilde{\theta}_0 = \frac{V_K\theta_0+V_M\theta_A}{V_K+V_M}$.

Lässt man sie dann bis zur Zeit t abkühlen, so hat sie die Temperatur

$$\Theta_2 \;=\; \theta_A + \left[\frac{V_K\theta_0+V_M\theta_A}{V_K+V_M} - \theta_A\right]e^{-kt} \;=\; \theta_A + \frac{V_K}{V_K+V_M}(\theta_0-\theta_A)\,e^{-kt} \;=\; \Theta_1\;.$$

Es ist also egal, in welcher Reihenfolge man vorgeht!

(C.3) Nach Voraussetzung gilt $\theta(0) = \theta_A(0) = \theta_0$ und $\theta_A = \theta_0 + \alpha t$. Substituiert man $T := \theta - \theta_0$ so ist die Dgl

$$T' \;=\; -kT + k\alpha t$$

zu lösen. Die homogene Lösung ist wie oben $T_h \;=\; C\,e^{-kt}$. Variation der Konstanten (oder Rateansatz) ergibt die spezielle Lösung $T_s = \alpha t - \frac{\alpha}{k}$, also die allgemeine Lösung

$$T \;=\; \alpha t - \frac{\alpha}{k} + C\,e^{-kt}\;.$$

Also strebt für $t \to \infty$ die Differenz $T - T_A \to -\frac{\alpha}{k}$.

Natürlich ist die Annahme $\theta_A = \theta_0 + \alpha t$ für $t \to \infty$ unrealistisch!

D *Freier Fall mit Reibung:*

Die Geschwindigkeit $v(t) = \dot{x}(t)$ genügt der Dgl $\dot{v} + \gamma v = c$. Dies ist eine lineare Gleichung 1. Ordnung. Die allgemeine Lösung ist

$$v(t) = \dot{x}(t) = \frac{c}{\gamma} + C\,\mathrm{e}^{-\gamma t} .$$

Für $t \to \infty$ strebt sie gegen die Grenzgeschwindigkeit $v_\infty = c/\gamma$.

Die Bewegungsgleichung erhält man nun durch direkte Integration zu

$$x(t) = \int \left[\frac{c}{\gamma} + C\,\mathrm{e}^{-\gamma t}\right] dt = \frac{1}{\gamma}\left[ct - C\,\mathrm{e}^{-\gamma t}\right] + D \quad (C, D \in \mathbb{R}) .$$

Die spezielle Lösung mit $x(0) = \dot{x}(0) = 0$ ist $x(t) = \frac{c}{\gamma^2}\left[\gamma t + \mathrm{e}^{-\gamma t} - 1\right]$.

Siehe auch Aufgabe 12.5.C.

E Einsetzen des Ansatzes $y_s(x) = q(x)\,\mathrm{e}^{\lambda x}$ in die inhomogene Gleichung liefert

$$y_s' + a\,y_s = \left[q'(x) + (a+\lambda)\,q(x)\right]\mathrm{e}^{\lambda x} = p(x)\,\mathrm{e}^{\lambda x} .$$

Ist $\lambda = -a$ (sog. *Resonanzfall*), so ist ein $q(x)$ mit $q'(x) = p(x)$ zu bestimmen. Ist $p(x)$ ein Polynom vom Grad m, so gibt es ein solches Polynom q der speziellen Form $q(x) = x\,r(x)$ mit einem Polynom $r(x)$ vom Grad m.

Ist $\lambda \neq -a$ (sog. *Nicht-Resonanz-Fall*), so ist zu zeigen, dass es Koeffizienten $A_k \in \mathbb{R}$ gibt derart, dass

$$y_s := q(x)\,\mathrm{e}^{\lambda x} := \left(A_0 + A_1 x + \ldots + A_m x^m\right)\mathrm{e}^{\lambda x}$$

eine Lösung der inhomogenen Gleichung

$$y' + a\,y = p(x)\,\mathrm{e}^{\lambda x} = \left(b_0 + b_1 x + \ldots + b_m x^m\right)\mathrm{e}^{\lambda x}$$

ist. Einsetzen des Ansatzes in die inhomogene Gleichung liefert

$$\left[\left(A_1 + (a+\lambda)A_0\right) + \left(2A_2 + (a+\lambda)A_1\right)x + \ldots + \left((a+\lambda)A_m x^m\right)\right]\mathrm{e}^{\lambda x}$$
$$= \left(b_0 + b_1 x + \ldots + b_m x^m\right)\mathrm{e}^{\lambda x} .$$

Koeffizientenvergleich liefert ein Gleichungssystem, das ausgehend von $A_m = (a+\lambda)^{-1} b_m$ durch sukzessives rückwärtiges Einsetzen eindeutig lösbar ist. Man beachte, dass $a + \lambda \neq 0$.

F Nach dem Struktursatz für die Lösungen einer linearen Gleichung 1. Ordnung sind die Funktionen y_j von der Form $y_j = y_s + C_j\,y_h$, wobei y_s eine spezielle Lösung der inhomogenen, y_h eine Basislösung der homogenen Gleichung und die C_j reelle Konstanten sind (siehe Abschnitt 2.4). y_h ist im gesamten

Grundintervall I ungleich Null. Also gilt für alle $x \in I$

$$\frac{y_1(x) - y_2(x)}{y_3(x) - y_2(x)} = \frac{C_1 - C_2}{C_3 - C_2} \equiv const\ .$$

10.6 Einfache Substitutionen

A Lösen Sie die folgenden Differentialgleichungen:

1) $y' = \frac{y}{x} - \frac{x^2}{y^2}$
2) $xy' = x \sin\frac{y}{x} + y$
3) $xy' = a^2x^2 + y + y^2$
4) $xy' = y + x\sqrt{x^2 + y^2}$

B Lösen Sie die folgenden Gleichungen vom Typ $y' = f\left(\frac{ax+by+c}{\alpha x+\beta y+\gamma}\right)$:

1) $y' = e^{x+y} - 1$
2) $y' = \frac{2y + x - 1}{2y + x + 1}$
3) $y' = \frac{x - y + 1}{x + y - 2}$
4) $y' = \frac{5y - 2x - 3}{12y - 5x - 8}$

C Lösen Sie die folgenden Gleichungen mit den angegebenen Substitutionen:

1) $y' = \frac{2y}{x} - \frac{2}{x^2} - y^2$ Subst.: $z = xy$
2) $y' = \frac{1}{x^2} - y^2$ $z = \frac{1}{y}$
3) $\frac{y'}{y} = x \ln y + 2x$ $z = \ln y$
4) $xy' = e^y - 1$ $z = e^y$
5) $y' = -\frac{2}{x}y - \frac{1}{x^3}\frac{1}{y}$ $z = x^2y$

D Lösen Sie die folgenden Bernoulli-Gleichungen:

1) $xy' = 4y + x^2\sqrt{y}$
2) $4y' \sin x = -y(1 + y^4) + y^5 \cos x$
3) $y' = -\frac{y}{x} + x^2y^2$
4) $xy' = -y + y^2 \ln x$
5) $y' = -\frac{2}{x}y - \frac{1}{x^3}\frac{1}{y}$
6) $y' = \frac{y}{x} - \frac{x^2}{y^2}$

E Lösen Sie die Wachstums-Gleichung $W(N) = \frac{N'}{N} = a - K N^\theta$

für die Größe $N = N(t)$ einer Population abhängig von der Zeit t. Dabei sind die Konstanten $a, K, \theta > 0$.

F *Käfer im n-Eck:*

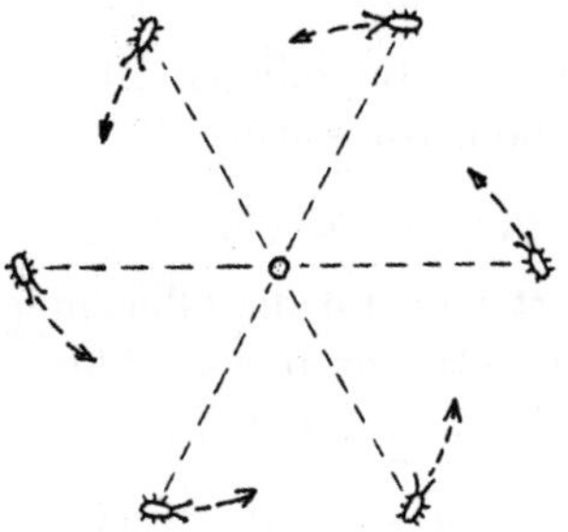

Zur Zeit $t = 0$ sitzen n Käfer in den Ecken eines regelmäßigen n-Ecks mit dem Mittelpunkt $(0,0)$. Sie bewegen sich alle mit derselben konstanten Geschwindigkeit v in Richtung ihres (im mathematisch positiven Sinn) nächsten Nachbarn.
Bestimmen Sie die Bahnkurven und die Zeit, zu der sie aufeinandertreffen.

G *Flussüberquerung:*

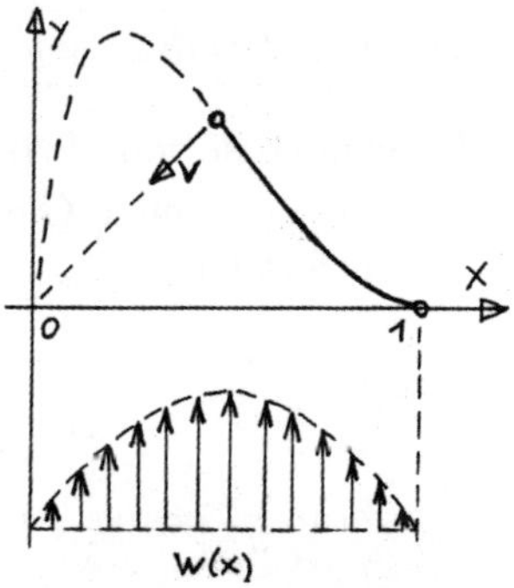

Ein Fluss strömt im Streifen $\{0 < x < 1\}$ mit der Wassergeschwindigkeit $\vec{w} = (0, w(x))$. Zur Zeit $t = 0$ startet ein Schwimmer im Punkt $(1,0)$ zur Flussüberquerung. Dabei schwimmt er mit der konstanten Relativgeschwindigkeit v und immer in Richtung auf den Markierungspunkt $(0,0)$.
Stellen Sie eine Differentialgleichung für seine Bahnkurve $y = y(x)$ auf. Lösen Sie diese für die Fälle $w(x) \equiv W$ und $w(x) = 2x(1-x)$.

ösungen:

A Die folgenden Gleichungen können durch die Substitution $y = xz$ in eine mit getrennten Variablen umgewandelt werden. Näheres dazu siehe Abschnitt 2.5.2.

(A.1) $\boxed{y' = \frac{y}{x} - \frac{x^2}{y^2}}$

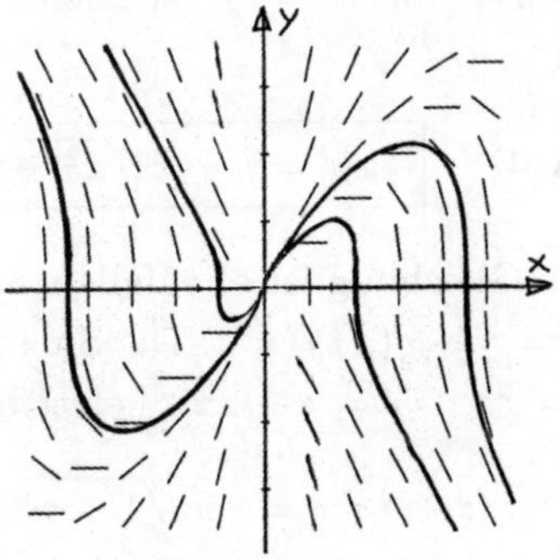

Die Gleichung ist vom Typ $y' = f(y/x)$, eine sog. *homogene* oder *Ähnlichkeits-Dgl* (siehe Abschnitt 2.5.2). Sie ist nur für $x \neq 0$ definiert. Die Standardsubstitution

$$y(x) = x\,z(x) \quad ; \quad y'(x) = z(x) + x\,z'(x)$$

führt hier auf die Gleichung $x\,z' = -\frac{1}{z^2}$ mit getrennten Variablen. In impliziter Form erhält man die Lösungen

$$z^3 + 3\ln|x| = C \qquad \text{bzw} \qquad y^3 = Cx^3 - x^3\ln|x|^3 \; .$$

In Aufgabe 10.6.D.6 wird die Gleichung als Bernoulli-Dgl behandelt.

(A.2) $$xy' = x\sin\frac{y}{x} + y$$

Dies ist ebenfalls eine homogene Dgl. Die Standardsubstitution

$$y(x) = x\,z(x) \quad ; \quad y' = z + x\,z'$$

führt hier auf die Gleichung $x\,z' = \sin z$ mit getrennten Variablen. Die Lösungen sind $\tan\frac{z}{2} = Cx$ und $z \equiv k\pi$; bzw

$$y = 2x(\arctan Cx + k\pi)\ .$$

Spezielle Lösungen sind $y = k\pi x$.

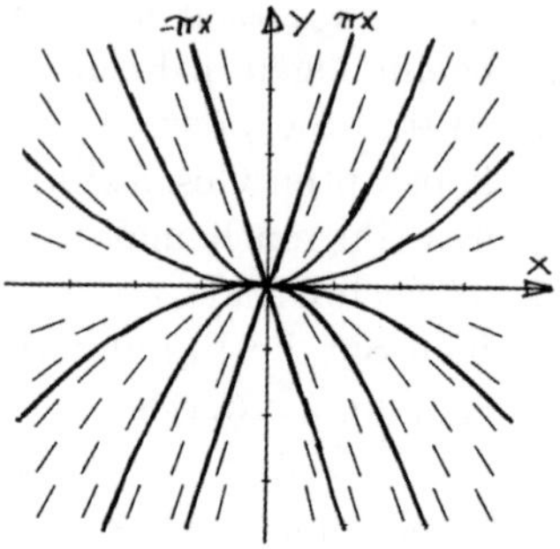

(A.3) $$xy' = a^2x^2 + y + y^2$$

Die Gleichung ist vom Typ $y' = \frac{y}{x} + g(x)\,f(\frac{y}{x})$. Bei diesem Typ führt ebenso wie bei der homogenen Gleichung die Substitution $y = xz$, $y' = z + xz'$ zum Ziel. Sie liefert hier

$$\begin{aligned} z + xz' &= a^2x + z + xz^2 \\ z' &= a^2 + z^2 \\ \frac{1}{a}\arctan\frac{z}{a} &= x + C_1 \\ y &= ax\tan(ax + C_2) \end{aligned}$$

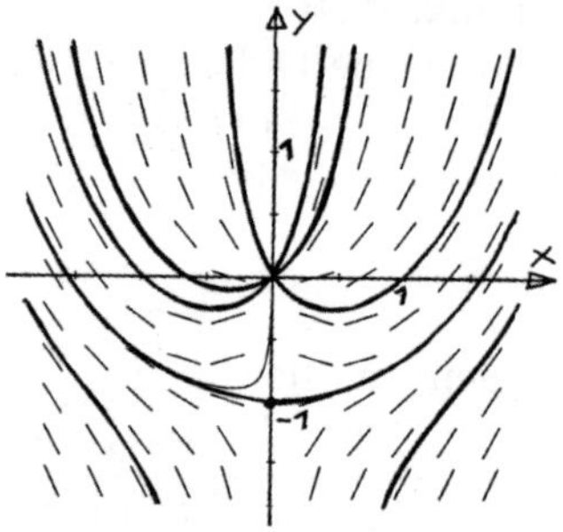

Die Gleichung ist auch eine Riccati-Dgl. Um sie als solche zu behandeln, braucht man aber eine spezielle Lösung.
(Skizze für $a = 1$, spezielle Lösung für $C_2 = \pi/2$.)

(A.4) $$xy' = y + x\sqrt{x^2 + y^2}$$

Die Gleichung ist ebenfalls vom Typ $y' = \frac{y}{x} + g(x)\,f(\frac{y}{x})$. Die Substitution $y = xz$, $y' = z + xz'$ liefert hier

$$\begin{aligned} z + xz' &= x\sqrt{1 + z^2} + z \\ z' &= (\operatorname{sgn} x)\,\sqrt{1 + z^2} \\ \operatorname{arsinh} z &= |x| + C \\ y &= x\,\sinh(|x| + C)\ . \end{aligned}$$

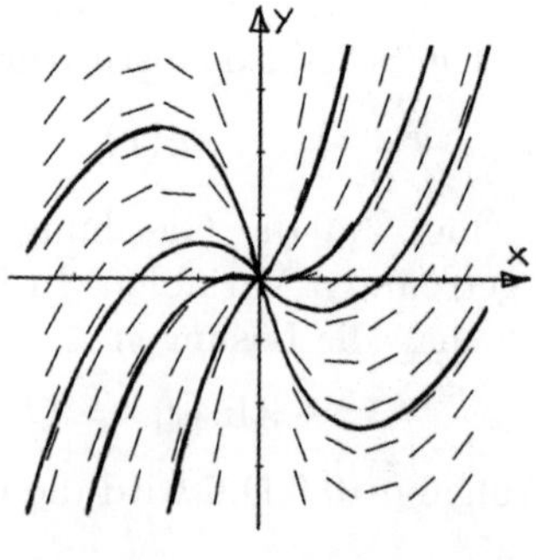

B Bei den folgenden Gleichungen kann man einen (gebrochen) linearen Ausdruck in x und y substituieren. Näheres dazu siehe Abschnitt 2.5.1 und 2.5.3.

(B.1) $$y' = e^{x+y} - 1$$

Die Gleichung ist vom Typ $y' = f(ax + by + c)$ (siehe Abschnitt 2.5.1). Die Standardsubstitution $z(x) = x + y(x)$, $z' = 1 + y'$ liefert hier die Gleichung

$$z' = e^z$$

mit getrennten Variablen. Sie hat die Lösungen

$$z = -\ln(C - x)\,,\ C \in \mathbb{R}\,.$$

Die ursprüngliche Gleichung hat daher die Lösungen

$$y = -\ln(C - x) - x\,, \quad C \in \mathbb{R}\,.$$

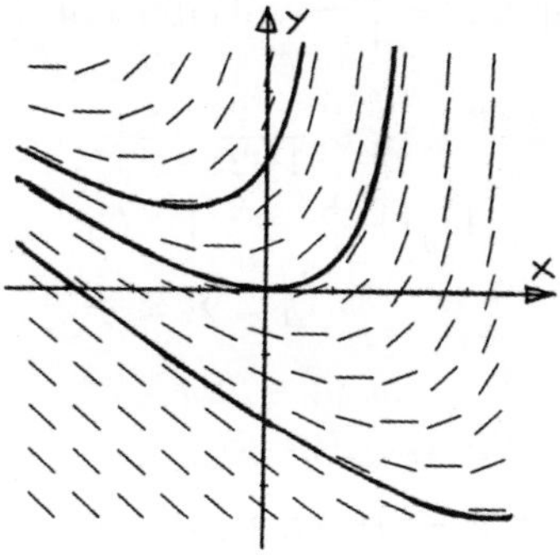

(B.2) $$y' = \frac{2y+x-1}{2y+x+1}$$

Die Gleichung ist vom Typ $y' = f(ax + by + c)$ (siehe Abschnitt 2.5.1). Die Standardsubstitution $z(x) = 2y(x) + x$, $z' = 2y' + 1$ und anschließende Trennung der Variablen liefert

$$\begin{aligned} z' &= \frac{3z-1}{z+1} \\ \left(1 + \frac{4}{3}\,\frac{3}{3z-1}\right) z' &= 3 \\ z + \frac{4}{3}\ln|3z - 1| &= 3x + C_1 \end{aligned}$$

Die ursprüngliche Gleichung hat daher die Lösungen

$$y - x + \frac{2}{3}\ln|6y + 3x - 1| = C_2\,.$$

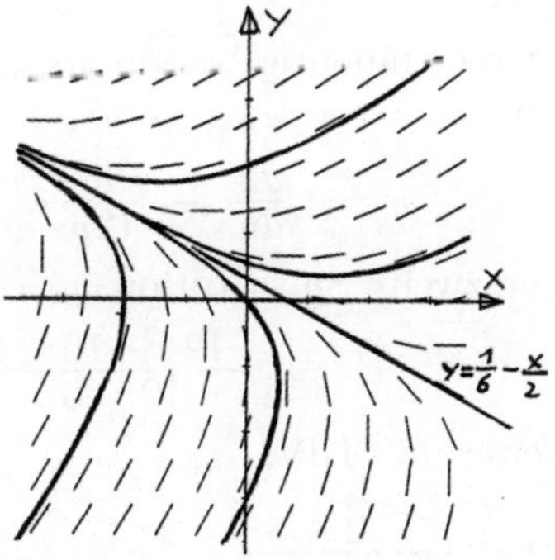

(B.3) $$y' = \frac{x-y+1}{x+y-2}$$

Die Gleichung ist vom Typ $y' = f\left(\frac{ax+by+c}{\alpha x+\beta y+\gamma}\right)$ (siehe Abschnitt 2.5.3).

Hier ist die Determinante $a\beta - \alpha b = 2 \neq 0$. Das Gleichungssystem

$$x - y + 1 = 0 \quad ; \quad x + y - 2 = 0$$

hat die eindeutig bestimmte Lösung $(\frac{1}{2}, \frac{3}{2})$. Nach Kochrezept substituiert man $u := x - \frac{1}{2}$, $v := y - \frac{3}{2}$ und erhält die Gleichung

$$v' = \frac{dv}{du} = \frac{u-v}{u+v} = \frac{1-v/u}{1+v/u} .$$

Die zweite Substitution $z = v/u$ liefert $z + u\,z' = \frac{1-z}{1+z}$. Weiter mit TdV:

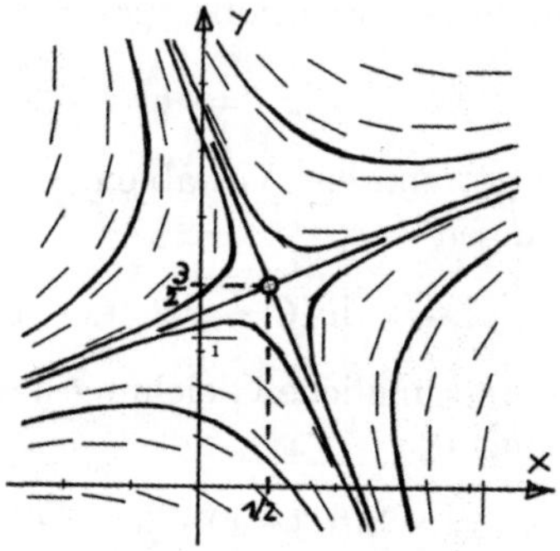

$$\begin{aligned} \frac{-2-2z}{1-2z-z^2}\, z' &= -\frac{2}{u} \\ \ln\left|1 - 2z - z^2\right| + C_1 &= -\ln u^2 \\ 1 - 2z - z^2 &= \frac{C_2}{u^2} \\ u^2 - 2vu - v^2 &= C_2 \\ x^2 - 2xy - y^2 + 2x + 4y &= C_3 . \end{aligned}$$

In Abschnitt 2.5.3 wird diese Gleichung schneller als exakte Dgl gelöst.

(B.4) $$\boxed{y' = \frac{5y-2x-3}{12y-5x-8}}$$

Die Gleichung ist ebenfalls vom Typ $y' = f\left(\frac{ax+by+c}{\alpha x+\beta y+\gamma}\right)$ (siehe Abschnitt 2.5.3). Das Gleichungssystem

$$5y - 2x - 3 = 0 \quad ; \quad 12y - 5x - 8 = 0$$

hat die eindeutig bestimmte Lösung $(-4, -1)$. Nach Kochrezept substituiert man $u := x + 4$, $v := y + 1$ und erhält die Gleichung

$$v' = \frac{dv}{du} = \frac{5v-2u}{12v-5u} .$$

Eine zweite Substitution $v = uz$ liefert

$$u\,z' = \frac{-12z^2+10z-2}{12z-5} .$$

Weiter mit TdV:

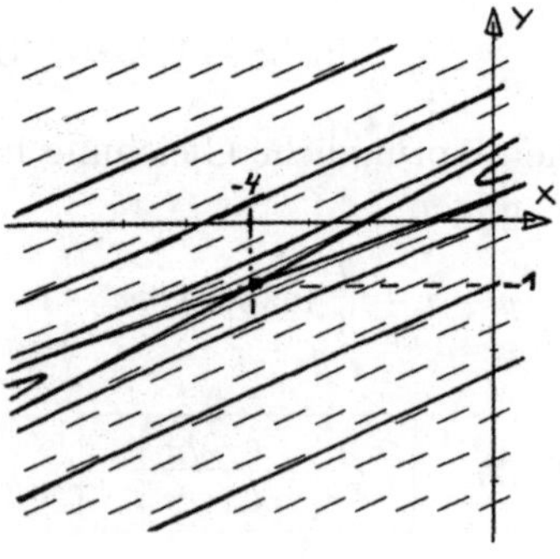

$$\begin{aligned} \frac{12z-5}{12z^2-10z+2}\, z' &= -\frac{1}{u} \\ \frac{1}{2}\ln\left|12z^2 - 10z + 2\right| &= -\ln|u| + C_1 \\ 12z^2 - 10z + 2 &= \frac{C_2}{u^2} \end{aligned}$$

$$6v^2 - 5vu + u^2 = (2y - x - 2)(3y - x - 1) = C_3 .$$

Auch diese Dgl kann als exakte behandelt werden.

C **(C.1)** $y' = \dfrac{2y}{x} - \dfrac{2}{x^2} - y^2$

Dies ist eine Riccati-Gleichung. Um sie als solche zu behandeln, braucht man eine spezielle Lösung, etwa $y_1 := 1/x$.

Hier führt die angegebene Substitution $z(x) = x\,y(x)$, $z' = y + x\,y'$ zur Lösung. Sie liefert die Gleichung

$$z' = y + xy' = 3y - \frac{2}{x} - xy^2 = \frac{1}{x}\left(3z - 2 - z^2\right) = \frac{(z-2)(1-z)}{x}$$

mit getrennten Variablen. Das Standardverfahren ergibt

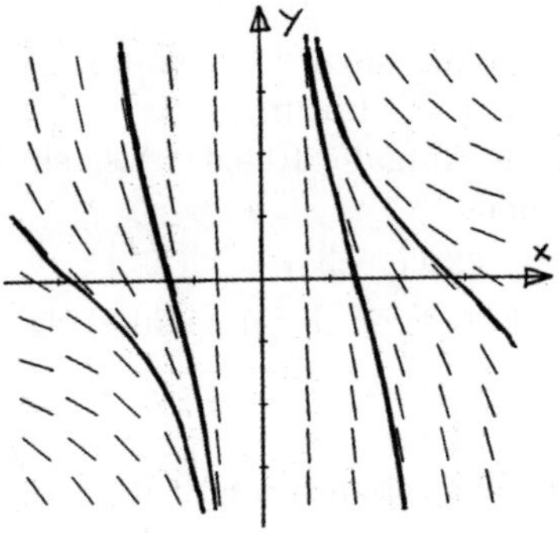

$$\int \frac{dz}{z^2-3z+2} = -\int \frac{dx}{x}$$
$$\ln\left|\frac{z-2}{z-1}\right| = -\ln|x| + C_1$$
$$\frac{z-2}{z-1} = \frac{xy-2}{xy-1} = \frac{C}{x}$$
$$y = \frac{2x-C}{x(x-C)} .$$

Dazu kommen die singulären Lösungen $z_1 \equiv 1$ und $z_2 \equiv 2$. Sie ergeben die Lösungen $y_1 = \dfrac{1}{x}$ und $y_2 = \dfrac{2}{x}$ der Ausgangsgleichung.

Man erhält sie auch für $C = 0$ und $C \to \infty$ aus der allgemeinen Lösung.

(C.2) $y' + y^2 = \dfrac{1}{x^2}$

Dies ist eine spezielle Riccati-Gleichung mit dem Exponenten $\alpha = -2$. Die angegebene Substitution $z(x) = \dfrac{1}{y(x)}$, $y' = -\dfrac{z'}{z^2}$ ist die Standardsubstitution für diesen Typ. Sie führt auf die homogene Dgl $z' = 1 - \dfrac{z^2}{x^2}$ für $z(x)$. Eine zweite Substitution

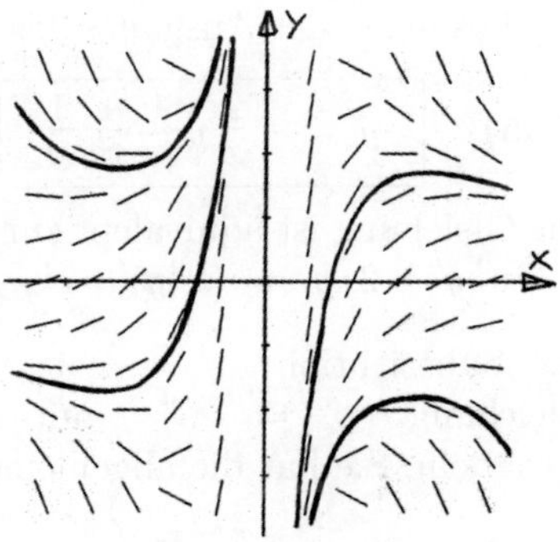

$$u(x) = \frac{z(x)}{x} = \frac{1}{x\,y(x)}$$
$$z'(x) = u(x) + x\,u'(x)$$

liefert die Gleichung $x\,u' = 1 - u - u^2$ mit getrennten Variablen. Die Lösungen in impliziter Form sind

$$\frac{2u+1+\sqrt{5}}{2u+1-\sqrt{5}} = C\,x^{\sqrt{5}} \quad \text{bzw} \quad \frac{2+(1+\sqrt{5})xy}{2+(1-\sqrt{5})xy} = C\,x^{\sqrt{5}}\,, \quad C \in \mathbb{R}\,.$$

Man kann auch $v(x) = x\,y(x)$ substituieren und erhält für v die Gleichung $x\,v' = 1 + v - v^2$.

(C.3) $$\frac{y'}{y} = x \ln y + 2x$$

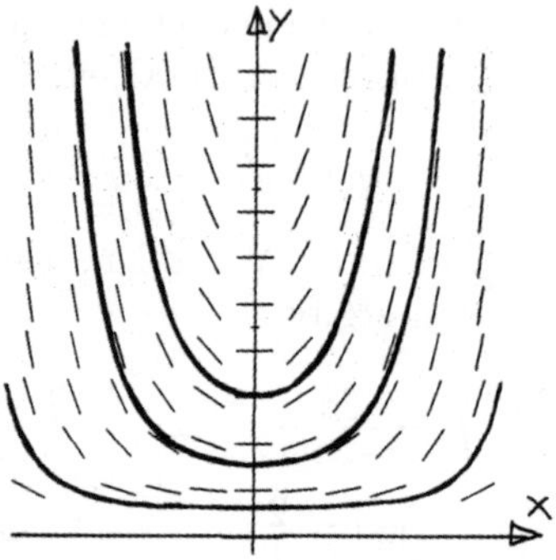

Die angegebene Substitution

$$z(x) = \ln y(x) \quad ; \quad z' = y'/y$$

liefert die lineare Gleichung $z' = xz + 2x$. Sie hat die Lösungen $z = -2 + C\,\mathrm{e}^{x^2/2}$ (siehe Aufgabe 10.5.4). Also sind die Funktionen

$$y = \exp\Big(-2 + C\,\mathrm{e}^{x^2/2}\Big)$$

die Lösungen der ursprünglichen Gleichung.

(C.4) $$xy' + 1 = \mathrm{e}^y$$

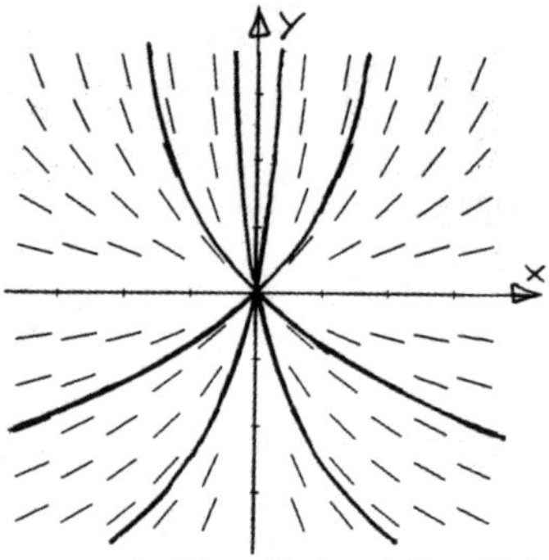

Die angegebene Substitution $z(x) = \mathrm{e}^{y(x)}$, $z'(x) = y'(x)\,\mathrm{e}^{y(x)}$ liefert die Bernoulli-Gleichung $x\,z' + z = z^2$ für $z(x)$. Die Standardsubstitution $u = 1/z$ ergibt die lineare Gleichung $-xu' + u = 1$ für $u(x)$. Sie hat die Lösungen $u = 1 + Cx$. Die Lösungen der Bernoulli-Gleichung sind also $z = \big(1 + Cx\big)^{-1}$, $C \in \mathbb{R}$.

Die Lösungen der Ausgangsgleichung sind daher $y = -\ln(1 + Cx)$ $(C \in \mathbb{R})$.

(C.5) $$y' = -\frac{2}{x}\,y - \frac{1}{x^3}\,\frac{1}{y}$$

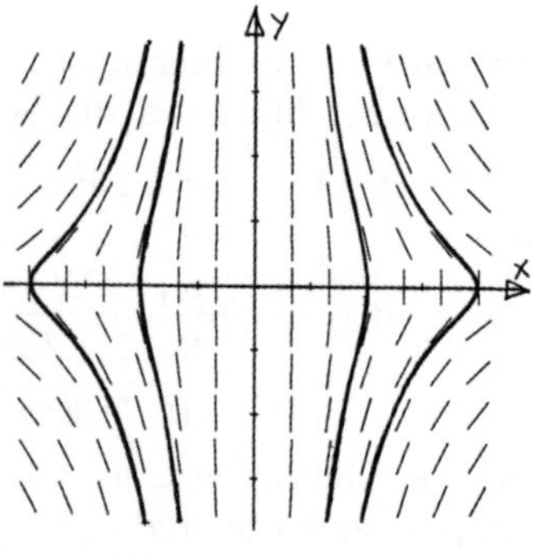

Die Gleichung ist äquivalent zur Gleichung

$$x^2\,y' + 2xy = (x^2y)' = -\frac{x}{x^2y}\,.$$

Die Substitution $z = x^2y$ liefert die Gleichung $z' = -\dfrac{x}{z}$ mit getrennten Variabeln. Sie hat die allgemeine Lösung

$$z^2 + x^2 = C\,.$$

Die Ausgangsgleichung hat daher die Lösungen $y^2x^4 + x^2 = C$.

In Aufgabe 10.6.D.5 wird diese Gleichung als Bernoulli-Dgl behandelt.

D Bei einer Bernoulli-Gleichung der Bauart $y' = a(x)\,y + b(x)\,y^{\alpha}$ kann man stets $z = y^{1-\alpha}$ substituieren. Dies liefert eine lineare Dgl 1. Ordnung für $z = z(x)$. Ausführlicher siehe Abschnitt 2.5.4.

(D.1) $\boxed{xy' = 4y + x^2\sqrt{y}}$

Dies ist eine Bernoulli-Gleichung mit dem Exponenten $\alpha := \frac{1}{2}$. Sie ist nur für $y \geq 0$ definiert. $y \equiv 0$ ist eine spezielle Lösung.

Multiplikation mit $y^{-\alpha} = y^{-1/2}$ liefert $x\,y^{-1/2}\,y' - 4y^{1/2} \;=\; x^2$.

Die Standardsubstitution $z(x) = y^{1-\alpha}(x) = (y(x))^{1/2}$; $z' = \frac{1}{2}y^{-1/2}y'$ ergibt

$$2xz' - 4z \;=\; x^2 \;.$$

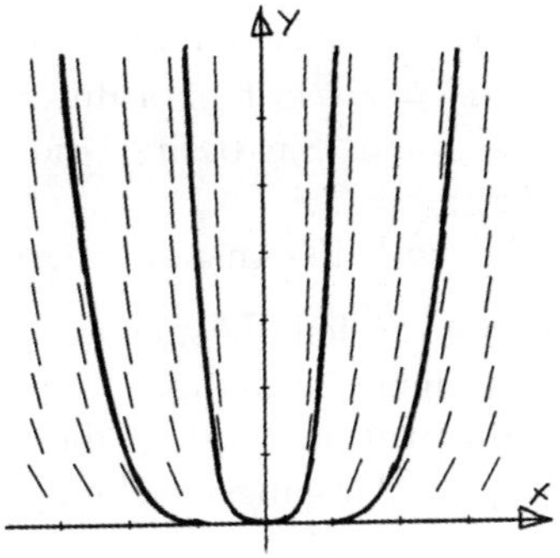

Dies ist eine inhomogene lineare Dgl 1. Ordnung. $z_0(x) \;:=\; x^2$ ist eine spezielle Lösung der homogenen Gleichung $z' = \dfrac{2z}{x}$. Die allgemeine Lösung ist daher

$$z_h \;:=\; C\,z_0 \;=\; C\,x^2 \;.$$

Der übliche VdK-Ansatz $z_s = C(x)\,x^2$ liefert $z_s \;=\; x^2 \ln\sqrt{|x|}$ als spezielle Lösung der inhomogenen Gleichung.

Rücksubstitution ergibt die allgemeine Lösung der Ausgangsgleichung

$$y \;=\; x^4\big(\ln\sqrt{|x|} + C\big)^2 \quad \text{und} \quad y \;\equiv\; 0 \;.$$

(D.2) $\boxed{4y'\sin x \;=\; -y(1+y^4) + y^5\cos x}$

ist eine Bernoulli-Gleichung mit dem Exponenten $\alpha := 5$. $y \equiv 0$ ist eine spezielle Lösung. Multiplikation mit y^{-5} und Substitution von $z(x) = y^{-4}(x)$, $z' = -4y^{-5}y'$ liefert die inhomogene lineare Gleichung 1. Ordnung

$$-z'\sin x + z \;=\; \cos x - 1$$

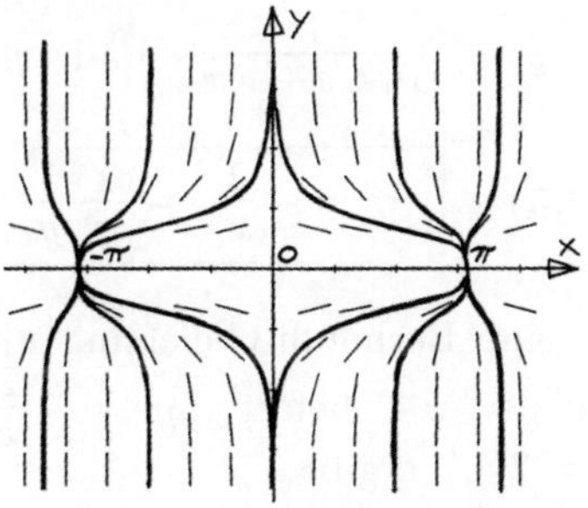

für $z(x)$. Die zugehörige homogene Gleichung $z' \;=\; \dfrac{z}{\sin x}$ besitzt die spezielle Lösung $z_0(x) := \tan\frac{x}{2}$ und die allgemeine Lösung $z_h := C\,z_0 = C\,\tan\frac{x}{2}$.

Der übliche VdK-Ansatz $z_s = C(x)\tan\frac{x}{2}$ liefert $z_s = x\,\tan\frac{x}{2}$ als spezielle Lösung der inhomogenen Gleichung.

Rücksubstitution ergibt die allgemeine Lösung der Ausgangsgleichung

$$y \;=\; z^{-1/4} \;=\; \Big[\big(x + C\big)\tan\tfrac{x}{2}\Big]^{-1/4} \quad \text{und} \quad y \;\equiv\; 0 \;.$$

(D.3) $y' + \frac{y}{x} = x^2 y^2$

ist eine Bernoulli-Gleichung mit dem Exponenten $\alpha := 2$. $y \equiv 0$ ist eine spezielle Lösung. Lösungen $y \neq 0$ erhält man mit der Standardsubstitution

$$z(x) := y^{1-\alpha}(x) = \frac{1}{y(x)} \quad ; \quad y'(x) = \frac{-z'(x)}{z^2(x)} .$$

Sie liefert die inhomogene lineare Dgl 1. Ordnung

$$z' - \frac{z}{x} = -x^2$$

für $z(x)$. Die zugehörige homogene Gleichung $z' = \frac{z}{x}$ löst man durch Trennung der Variablen. Sie besitzt die allgemeine Lösung $z_h = C\,x$.

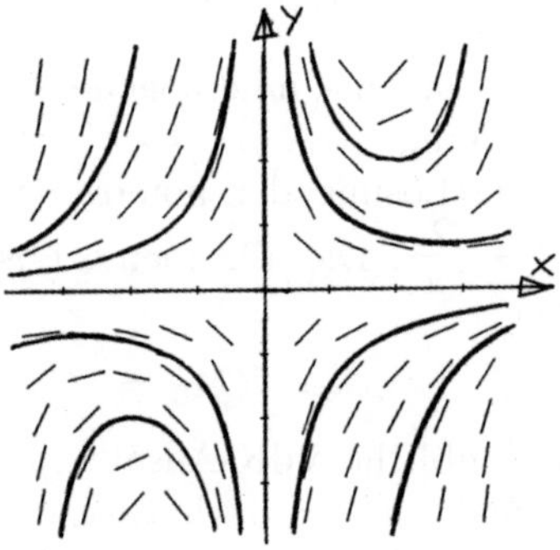

Der übliche VdK-Ansatz $z_s(x) = C(x)\,x$ liefert die spezielle Lösung $z_s = -\frac{x^3}{2}$ der inhomogenen Gleichung.

Rücksubstitution ergibt die allgemeine Lösung der Ausgangsgleichung:

$$y = \frac{2}{Cx - x^3} \quad \text{und} \quad y \equiv 0 .$$

(D.4) $xy' + y = y^2 \ln x$

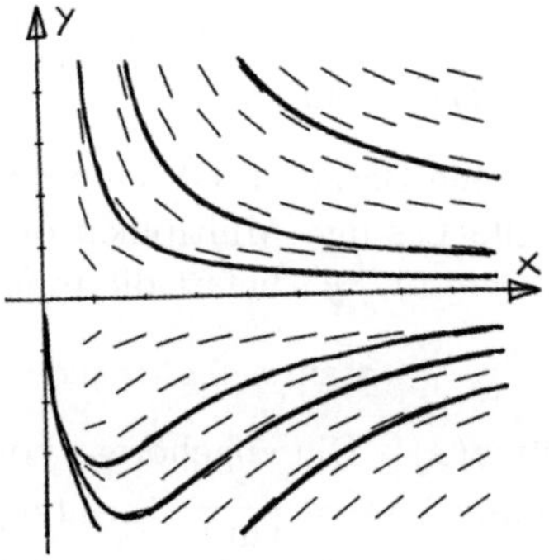

ist eine Bernoulli-Gleichung mit dem Exponenten $\alpha := 2$. Mit der Standardsubstitution $z = 1/y$ erhält man die allgemeine Lösung

$$y = \frac{1}{1 + Cx + \ln x} \quad \text{und} \quad y \equiv 0 .$$

(D.5) $y' = -\frac{2}{x}\,y - \frac{1}{x^3}\,\frac{1}{y}$

ist eine Bernoulli-Gleichung mit dem Exponenten $\alpha := -1$. Multiplikation mit $y = y^{-\alpha}$ liefert $yy' = -\frac{2}{x}\,y^2 - \frac{1}{x^3}$. Die Standardsubstitution $z = y^2$, $z' = 2yy'$ ergibt

$$\frac{1}{2}\,z' = -\frac{2}{x}\,z - \frac{1}{x^3} .$$

$z = -\frac{1}{x^2} + \frac{C}{x^4}$ ist die allgemeine Lösung dieser linearen Gleichung 1. Ordnung.

$$y^2x^4 + x^2 \;=\; C$$

ist die allgemeine Lösung der Ausgangsgleichung in impliziter Form.

Siehe Aufgabe 10.6.C.5 für eine andere Lösung dieser Gleichung und eine Skizze des Richtungsfeldes mit Lösungen. In Aufgabe 10.9.B.1 wird die Gleichung durch Multiplikation mit dem Faktor $\mu(x) = x$ in eine exakte Dgl verwandelt.

(D.6) $$\boxed{y' = \frac{y}{x} - \frac{x^2}{y^2}}$$

ist eine Bernoulli-Gleichung mit dem Exponenten $\alpha := -2$. In Aufgabe 10.6.A.1 wird diese Gleichung als homogene, d.h. vom Typ $y' = f(y/x)$ behandelt. Dort finden Sie auch eine Skizze des Richtungsfeldes mit Lösungen.

Multiplikation mit $y^2 = y^{-\alpha}$ liefert

$$y^2\, y' \;=\; \frac{y^3}{x} - x^2$$

Die Standardsubstitution $z = y^3 = y^{1-\alpha}$, $z' = 3y^2y'$ liefert die lineare Gleichung 1. Ordnung

$$xz' \;=\; 3z - 3x^3$$

mit der allgemeinen Lösung $z = Cx^3 - x^3 \ln|x|^3$. Die Ausgangsgleichung hat daher die allgemeine Lösung

$$y^3 \;=\; Cx^3 - x^3 \ln|x|^3 \;.$$

E $$\boxed{W(N) = \frac{N'}{N} = a - K\, N^{\theta} \quad ; \quad N(0) = N_0}$$

Siehe dazu auch Aufgabe 10.4.D. Die Gleichung ist eine mit getrennten Variablen, aber auch eine Bernoulli Dgl mit dem Exponenten $\alpha = \theta + 1$. Es ist günstiger, sie mit dem Bernoulli-Rezept (2.5.4) zu behandeln.

Multiplikation mit $N^{-\theta-1}$ und Substitution von $z = N^{-\theta}$ liefert:

$$\begin{aligned} N^{-\theta-1}\, N' &= a\, N^{-\theta} - K \\ -\frac{1}{\theta}\, z' &= az - K \\ z(t) &= \frac{K}{a} + C\, \mathrm{e}^{-a\theta t} \\ N(t) &= \left[\frac{K}{a} + C\, \mathrm{e}^{-a\theta t}\right]^{-1/\theta} . \end{aligned}$$

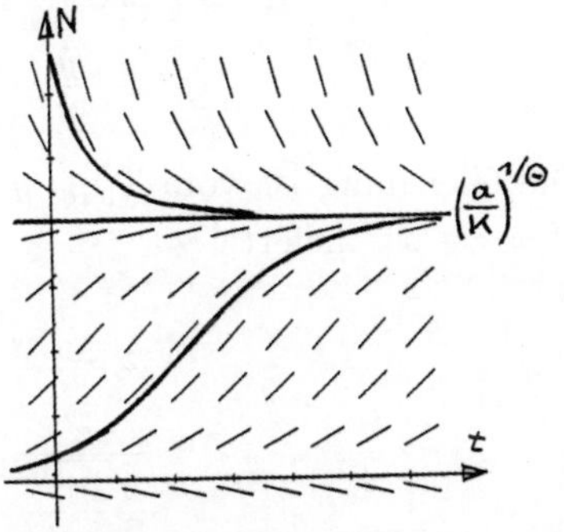

Einarbeiten der Anfangsbedingung ergibt die spezielle Lösung

$$N(t) \;=\; \left[\frac{K}{a} + \left(N_0^{-\theta} - \frac{K}{a}\right) \mathrm{e}^{-a\theta t}\right]^{1/\theta} .$$

F *Käfer im n-Eck:*

Die Käfer bilden zu jeder Zeit die Ecken eines regelmäßigen n-Ecks mit dem Mittelpunkt $(0,0)$. Der Winkel zwischen ihrem Ortsvektor und ihrer Laufrichtung ist daher stets gleich $\frac{\pi}{2} - \frac{\pi}{n}$. Die Bahnkurven sind infolgedessen isogonale Trajektorien des Polarkoordinatennetzes. In Aufgabe 10.3.F wurde gezeigt, dass dies logarithmische Spiralen der Form $r = \widetilde{C}\ \mathrm{e}^{a\varphi}$ sind, wobei $a = \tan \pi/n$ ist.

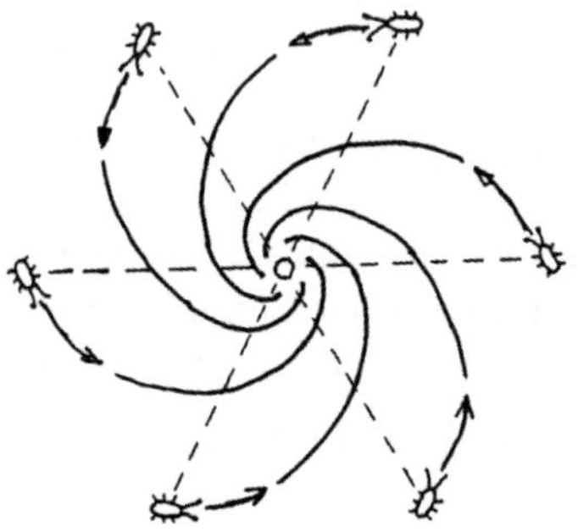

Die Bahnkurven sind völlig unabhängig von der konstanten Geschwindigkeit v der Käfer. Diese wird erst gebraucht, wenn man den Zeitpunkt ausrechnen will, in dem die Käfer im Mittelpunkt zusammentreffen. Und dafür spielt wiederum nur ihre Radialkomponente eine Rolle. Diese ist $v \sin \pi/n$. Also treffen die Käfer zur Zeit $T = \dfrac{R}{v \sin \pi/n}$ zusammen, wobei R ihr Anfangsabstand vom Zentrum ist.

G *Flussüberquerung:*

Die Geschwindigkeit $\dot{\vec{x}}$ des Schwimmers über Grund setzt sich additiv zusammen aus der Strömungsgeschwindigkeit $\vec{w} = (0, w(x))$ und seiner auf den Punkt $(0,0)$ gerichteten Relativgeschwindigkeit. Es gilt daher

$$\begin{pmatrix} \dot{x} \\ \dot{y} \end{pmatrix} \;=\; -\frac{v}{\|\vec{x}\|} \begin{pmatrix} x \\ y \end{pmatrix} + \begin{pmatrix} 0 \\ w(x) \end{pmatrix} .$$

Für die Bahnkurve $y = y(x)$ ergibt sich daraus

$$y' \;=\; \frac{\dot{y}}{\dot{x}} \;=\; \frac{y}{x} - \frac{w(x)}{v} \sqrt{1 + (y/x)^2} .$$

Die Gleichung ist vom Typ $y' = \dfrac{y}{x} + g(x)\, f(\frac{y}{x})$. Die Substitution $y = xz$, $y' = z + xz'$ liefert

$$\begin{aligned} z + xz' \;&=\; z - \frac{w(x)}{v} \sqrt{1 + z^2} \\ \frac{z'}{\sqrt{1+z^2}} \;&=\; -\frac{1}{v}\, \frac{w(x)}{x} \\ \operatorname{arsinh} z \;&=\; -\frac{1}{v} \int \frac{w(x)}{x}\, dx \end{aligned}$$

Im (unrealistischen) Fall $w(x) \equiv W$ ergibt sich wegen $y(1) = 0$:

$$\operatorname{arsinh} z = \operatorname{arsinh}\frac{y}{x} = -\frac{W}{v}\int \frac{dx}{x} = -\frac{W}{v}\ln x + C$$
$$y = x\sinh\Big(-\frac{W}{v}\ln x\Big) = \frac{1}{2}\left(x^{1-W/v} - x^{1+W/v}\right) .$$

Im Fall $W > v$ geht $y \to \infty$ für $x \to 0^+$, d.h. der Schwimmer kommt nie an.
Im (realistischeren) Fall $w(x) = 2x(1-x)$ ergibt sich wegen $y(1) = 0$:

$$\operatorname{arsinh} z = \operatorname{arsinh}\frac{y}{x} = -\frac{2}{v}\int (1-x)\,dx = \frac{1}{v}(x-1)^2 + C$$
$$y = x\sinh\left(\frac{(x-1)^2}{v}\right) .$$

In diesem Fall kommt der Schwimmer stets nach endlicher Zeit im Ziel $(0,0)$ an, egal wie groß $v > 0$ ist.

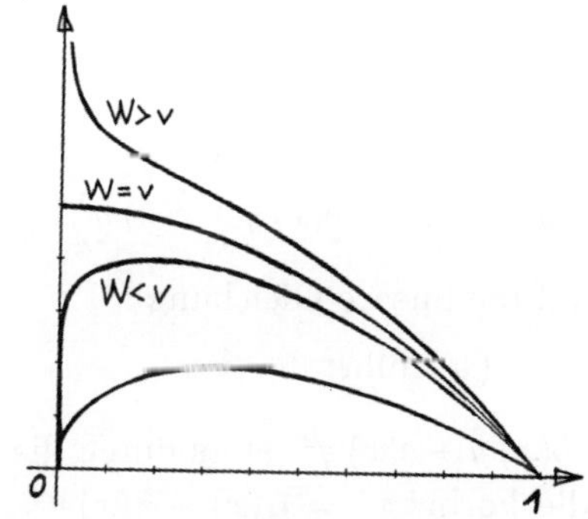

$y' = \frac{y}{x} - \frac{W}{v}\sqrt{1+(y/x)^2}$

Lösungskurven für verschiedene $\frac{W}{v}$

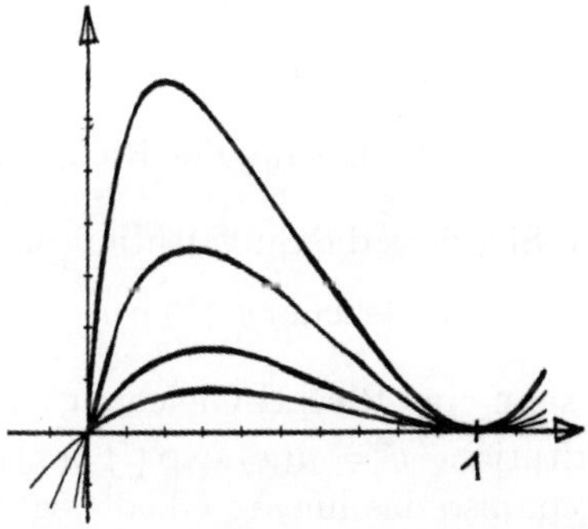

$y' = \frac{y}{x} - \frac{2x(1-x)}{v}\sqrt{1+(y/x)^2}$

Lösungskurven für verschiedene v

10.7 Riccati-Gleichungen

A Lösen Sie die folgenden Riccati-Gleichungen:

1) $y' = (1-x)y^2 + (2x-1)y - x$
2) $xy' = 3y - y^2 + 4x(x-1)$
3) $y' = e^{-x}y^2 + y - e^x$
4) $y' = x^3y^2 + \dfrac{y}{x} - x^5$

B Bestimmen Sie die Lösungen der folgenden speziellen Riccati-Gleichungen:

1) $y' = \dfrac{1}{4x^2} + y^2$
2) $y' = \dfrac{1}{x^4} - y^2 \quad ; \quad y(1) = 2$
3) $y' = \dfrac{1}{x^2} - y^2$

C Bestimmen Sie spezielle Lösungen für die folgenden Riccati-Gleichungen. Dabei seien f und g stetige Funktionen und $a, b, c \in \mathbb{R}$.

1) $y' = \big[cf(x) - g(x)\big]\, y - f(x)\, y^2 + c\, g(x)$
2) $y' = c\big[xf(x) - g(x)\big]\, y - f(x)\, y^2 + c\, x\, g(x) + c$
3) $y' = \dfrac{a}{x}\, y + b\, y^2 + c$

D Sei $y_1 = y_1(x)$ Lösung der Riccati-Gleichung $y' = a(x) + b(x)\, y + c(x)\, y^2$.

Zeigen Sie, dass die Substitution $u = \dfrac{1}{y - y_1}$ auf die lineare Gleichung $u' = -\big[\, b(x) + 2c(x)\, y_1(x)\,\big]\, u - c(x)$ für $u = u(x)$ führt.

E Man kann eine Riccati-Gleichung $y' = a(x) + b(x)\, y + c(x)\, y^2$ stets durch die Substitution $y = u(x) \exp\big(\int b(x)\, dx\big)$ auf die Form $u' = \alpha(x) + \gamma(x)\, u^2$ bringen, also das lineare Glied wegtransformieren.

F Seien $a, b, c : I \to \mathbb{R}$ stetige Funktionen im Intervall $I \subset \mathbb{R}$ und $y_1, \ldots, y_4$ vier Lösungen der Riccati-Gleichung $y' = a(x) + b(x)\, y + c(x)\, y^2$.

Dann ist das Doppelverhältnis $\dfrac{y_3 - y_1}{y_4 - y_1}\, \dfrac{y_4 - y_2}{y_3 - y_2}$ in I konstant.

G *Riccati-Gleichung und lineare homogene Dgl 2. Ordnung:*

Ist $y = y(x)$ eine Lösung der Riccati-Gleichung $y' = a(x) + b(x)\, y + c(x)\, y^2$, so ist $u(x) := \exp\big(-\int c(x) y(x)\, dx\big)$ eine Lösung der homogenen linearen Gleichung

$$c(x)\, u'' - \big[c'(x) + c(x)\, b(x)\big]\, u' + c^2(x)\, a(x)\, u = 0 .$$

Ist umgekehrt $a(x) \neq 0$ und $u = u(x)$ eine Lösung der homogenen Gleichung 2. Ordnung, so ist $y := -\frac{u'}{u\,c(x)}$ eine Lösung der Riccati-Gleichung.

Lösen Sie auf diese Weise die Riccati-Gleichung $y' = -\,\mathrm{e}^{-x} + y - \mathrm{e}^{x}\,y^2$.

Lösungen:

A Bei einer Riccati-Gleichung kommt man i.a. nicht ohne eine spezielle Lösung weiter. Evt. hilft ein geeigneter Rateansatz, eine spezielle Lösung zu finden. Ist y_1 eine spezielle Lösung, so liefert die Substitution $u = 1/(y - y_1)$ eine lineare Dgl 1. Ordnung für u. Näheres dazu siehe Abschnitt 2.5.5.

(A.1) $y' = (1-x)y^2 + (2x-1)y - x$

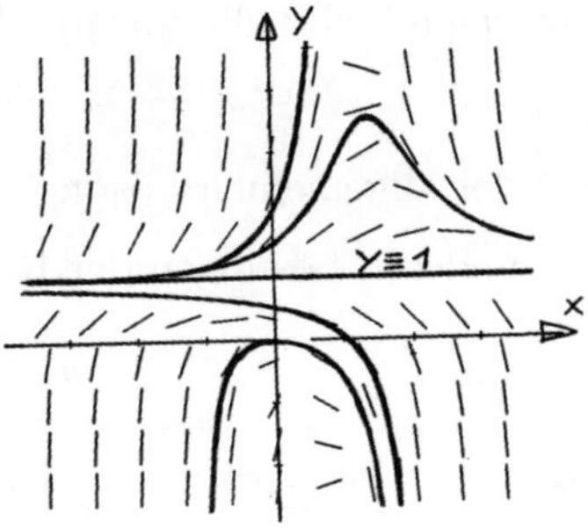

$y_1 \equiv 1$ ist eine spezielle Lösung. Nach Kochrezept erhält man die anderen Lösungen durch die Substitution $u = \frac{1}{y - y_1}$ bzw $y = \frac{1}{u} + y_1$. Hier ist

$$y = \frac{1}{u} + 1 \quad ; \quad y' = -\frac{u'}{u^2} \; .$$

Einsetzen liefert

$$\begin{aligned} y' = -\frac{u'}{u^2} &= (1-x)\left[\frac{1}{u}+1\right]^2 + (2x-1)\left[\frac{1}{u}+1\right] - x \\ -u' &= (1-x) + u\left[2(1-x) + (2x-1)\right] + u^2\left[(1-x) + (2x-1) - x\right] \\ u' &= -u + x - 1 \end{aligned}$$

$u = x - 2 + C\,\mathrm{e}^{-x}$ ist die allgemeine Lösung dieser linearen Gleichung für u. Daher sind $y = 1 + \frac{1}{x-2+C\,\mathrm{e}^{-x}}$ die anderen Lösungen der Riccati-Gleichung. $C \to \infty$ liefert hier die spezielle Lösung $y_1 \equiv 1$.

(A.2) $xy' = 3y - y^2 + 4x(x-1)$

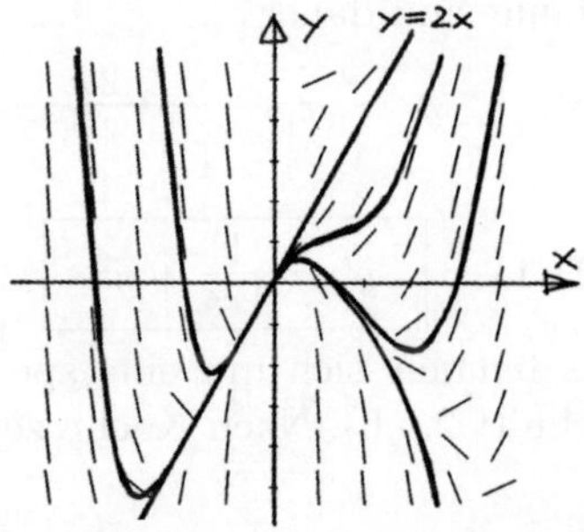

Eine spezielle Lösung ist $y_1 = 2x$.

Die anderen Lösungen erhält man durch die Substitution $u = \frac{1}{y - y_1}$ bzw $y = \frac{1}{u} + y_1$. Nach Kochrezept führt sie auf die lineare Gleichung

$$u' = (4 - \frac{3}{x})u + \frac{1}{x} \; .$$

Sie hat die allgemeine Lösung $u = -\frac{1}{4x} - \frac{1}{8x^2} - \frac{1}{32x^3} + \frac{C}{x^3}\,\mathrm{e}^{4x}$.

Daher sind $y = 2x + \left[-\frac{1}{4x} - \frac{1}{8x^2} - \frac{1}{32x^3} + \frac{C}{x^3}\, e^{4x} \right]^{-1}$ die anderen Lösungen der Riccati-Gleichung.

(A.3) $\boxed{y' = e^{-x} y^2 + y - e^x}$

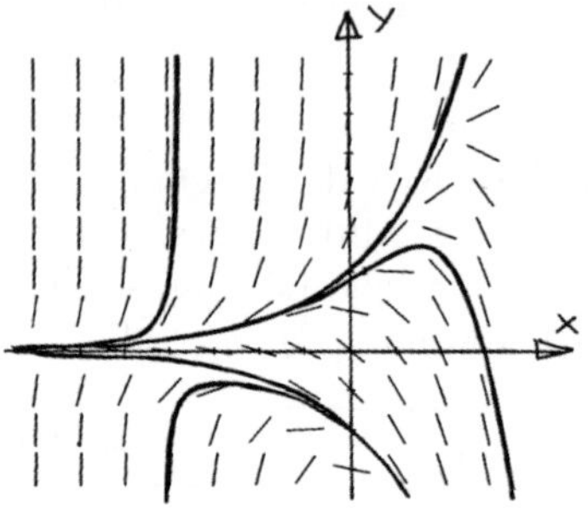

$y_1 = e^x$ ist eine spezielle Lösung.
Nach Kochrezept erhält man die anderen Lösungen durch die Substitution

$$u = \frac{1}{y - e^x} \quad \text{bzw} \quad y = \frac{1}{u} + e^x .$$

Einsetzen liefert die lineare Gleichung

$$u' + 3u = -e^{-x}$$

mit der allgemeinen Lösung $u = -\frac{1}{2}\, e^{-x} + C_1\, e^{-3x}$.

Die anderen Lösungen der Riccati-Gleichung sind daher

$$y = e^x + \frac{2}{C_2\, e^{-3x} - e^{-x}} .$$

(A.4) $\boxed{y' = x^3 y^2 + \frac{y}{x} - x^5}$

$y_1 = x$ ist eine spezielle Lösung. $y_2 = -x$ auch. Nach Kochrezept erhält man die anderen Lösungen durch die Substitution $u = \frac{1}{y - x}$ bzw $y = \frac{1}{u} + x$. Einsetzen liefert die lineare Gleichung

$$u' + \frac{1 + 2x^5}{x}\, u = -x^3$$

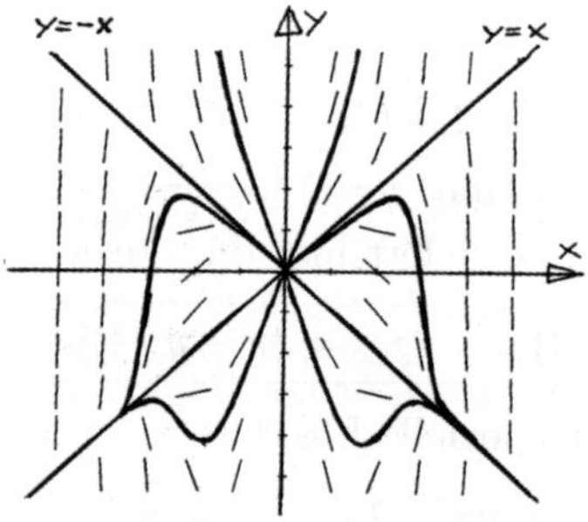

mit der allgemeinen Lösung

$$u = -\frac{1}{2x} + \frac{C_1}{x}\, e^{-2x^5/5} .$$

Die anderen Lösungen der Riccati-Gleichung sind daher

$$y = x + \frac{2x}{C_2\, e^{-2x^5/5} - 1} .$$

B **(B.1)** $\boxed{y' = \frac{1}{4x^2} + y^2}$

Es handelt sich um eine spezielle Riccati-Gleichung mit $\alpha = -2$ (siehe Abschnitt 2.5.6). Nach Kochrezept kann man

$$z(x) = \frac{1}{y(x)} \quad ; \quad z' = -\frac{y'}{y^2}$$

substituieren. Dies liefert hier die homogene Gleichung

$$-z' = 1 + \frac{1}{4}\left(\frac{z}{x}\right)^2 .$$

Die zweite Substitution $u(x) = \dfrac{z(x)}{x}$; $z' = (ux)' = u'x + u$ ergibt $-u'x = (1 + \frac{1}{2}u)^2$. TdV und Rücksubstitution liefert

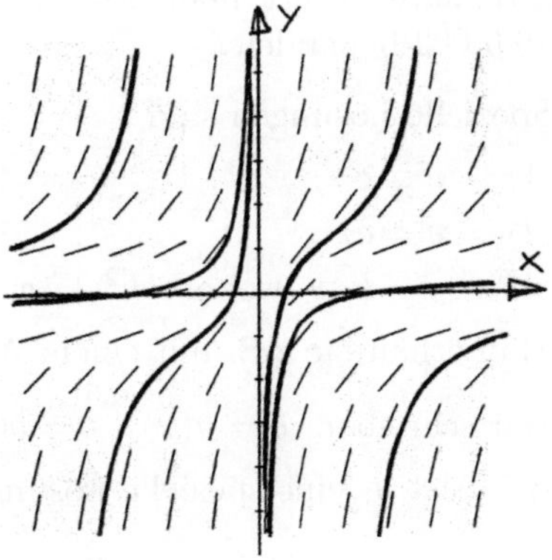

$$\frac{4}{2+u} = C_1 + \ln x$$

$$\frac{1}{xy} = \frac{4}{C_1 + \ln x} - 2$$

$$y = -\frac{1}{2x} + \frac{1}{x(C_2 - \ln x)}$$

und die singuläre Lösung $u \equiv -2$ bzw $y = -\dfrac{1}{2x}$.

2. Möglichkeit: Mit dem Ansatz $y_1 = \dfrac{\alpha}{x}$ (oder allgemeiner $y_1 = \alpha x^\beta$) verschafft man sich die spezielle Lösung $y_1 = -\dfrac{1}{2x}$. Dann erhält man die anderen Lösungen aus der zugehörigen linearen Gleichung $u' = \dfrac{u}{x} - 1$.
Diese besitzt die Lösungsschar $u = x(C - \ln x)$ und daher sind $y = -\dfrac{1}{2x} + \dfrac{1}{x(C - \ln x)}$ die anderen Lösungen.

(B.2) $\boxed{y' = \dfrac{1}{x^4} - y^2 \quad ; \quad y(1) = 2}$

Es handelt sich um eine spezielle Riccati-Gleichung mit $\alpha = -4$ (siehe Abschnitt 2.5.6. Nach Kochrezept kann man

$$u = \frac{1}{x} \quad ; \quad v(u) = \frac{1}{x^2\, y(x) - x}$$

substituieren. Dies liefert die Gleichung $v' = v^2 - 1$ mit getrennten Variablen. Die Anfangsbedingung $y(1) = 2$ ist äquivalent zu
$v(1) = 1$. Die Lösung des Anfangswertproblems ist daher die singuläre Lösung

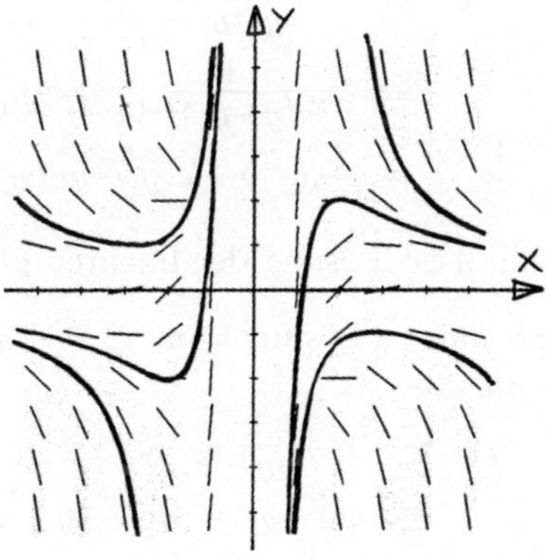

$$v \equiv 1 \quad \text{bzw} \quad y = \frac{1}{x} + \frac{1}{x^2} .$$

(B.3) $y' = \frac{1}{x^2} - y^2$

Es handelt sich um eine spezielle Riccati-Gleichung mit $\alpha = -2$. Nach Kochrezept substituiert man $z = 1/y$. Die Gleichung wurde bereits in Aufgabe 10.6.C.2 behandelt.

C Spezielle Lösungen sind

1) $y \equiv c$
2) $y = cx$
3) $y = k/x$ wobei $bk^2 + (a+1)k - c = 0$.

Man erhält sie z.B. mit einem Ansatz der Form $y = \alpha x^\beta$.

D Wir schreiben $a = a(x)$, $b = b(x)$, $c = c(x)$.

Beh.: Ist y_1 eine spezielle Lösung der Riccati-Gleichung

$$y' = a(x) + b(x)\,y + c(x)\,y^2 \tag{1}$$

so erhält man alle weiteren Lösungen in der Form $y(x) = y_1(x) + \frac{1}{u(x)}$. Dabei ist u eine Lösung der linearen Gleichung

$$u' = -\big[\,b(x) + 2c(x)\,y_1(x)\,\big]\;u - c(x)\;. \tag{2}$$

Seien zunächst y und y_1 zwei verschiedene Lösungen von (1) und $u := \frac{1}{y-y_1}$. Dann ist

$$\begin{aligned} u' &= -\frac{y'-y_1'}{(y-y_1)^2} = -\frac{1}{(y-y_1)^2}\left[a + by + cy^2 - a - by_1 - cy_1^2\right] \\ &= -\frac{1}{(y-y_1)^2}\left[b(y-y_1) + c(y^2 - y_1^2)\right] = -\frac{1}{y-y_1}\left[b + c(y+y_1)\right] \\ &= -u\,\big[b + c(y-y_1) + 2cy_1\big] = -\big[b + 2cy_1\big]\,u - c\,, \end{aligned}$$

d.h. u ist Lösung der linearen Gleichung (2).

Sei nun y_1 Lösung von (1), u Lösung von (2) und $y = y_1 + \frac{1}{u}$. Dann gilt

$$\begin{aligned} y' &= y_1' - \frac{1}{u^2}\,u' = a + by_1 + cy_1^2 + \frac{1}{u^2}\big[\,(b + 2cy_1)\,u + c\big] \\ &= a + by_1 + cy_1^2 + (y-y_1)(b+2cy_1) + (y-y_1)^2c = a + by + cy^2\,, \end{aligned}$$

d.h. y ist Lösung von (1).

E Sei $y = y(x)$ eine Lösung der Riccati-Gleichung $y' = a(x) + b(x)\,y + c(x)\,y^2$, $B(x) := \int b(x)\,dx$ und $u := y\,\mathrm{e}^{-B(x)}$. Dann gilt

$$\begin{aligned} u' &= -b(x)\,u + y'\,\mathrm{e}^{-B(x)} \\ &= -b(x)\,u + \left[a(x) + b(x)\,u\,\mathrm{e}^{B(x)} + c(x)\,u^2\,\mathrm{e}^{2B(x)}\right]\mathrm{e}^{-B(x)} \\ &= a(x)\,\mathrm{e}^{-B(x)} + c(x)\,\mathrm{e}^{B(x)}\,u^2\,. \end{aligned}$$

Ist umgekehrt $u = u(x)$ eine Lösung dieser Riccati-Gleichung ohne linearen Term, so ist $y = u\exp\left(\int b(x)\,dx\right) = u\,\mathrm{e}^{B(x)}$ eine Lösung der ursprünglichen Riccati-Gleichung.

F Folgt aus Aufgabe 10.7.D. Dort wurde gezeigt, dass

$$u_1 := \frac{1}{y_1 - y_2}\,, \quad u_3 := \frac{1}{y_3 - y_2}\,, \quad u_4 := \frac{1}{y_4 - y_2}$$

Lösungen ein und derselben linearen Gleichung 1. Ordnung, also von der Form $u = u_s + Cu_h$ sind. Dabei ist u_s eine spezielle Lösung der inhomogenen Dgl und u_h eine Basislösung der homogenen. Auf jeden Fall ist (vgl Aufgabe 10.5.F)

$$\frac{u_1 - u_3}{u_1 - u_4} = \frac{\dfrac{1}{y_1 - y_2} - \dfrac{1}{y_3 - y_2}}{\dfrac{1}{y_1 - y_2} - \dfrac{1}{y_4 - y_2}} = \frac{y_3 - y_1}{y_4 - y_1}\,\frac{y_4 - y_2}{y_3 - y_2} \equiv \mathit{const}\,.$$

G Beweis durch Nachrechnen! Wir schreiben $a = a(x)$, $b = b(x)$, $c = c(x)$. Sei zunächst $y = y(x)$ eine Lösung der Riccati-Gleichung $y' = a + by + c\,y^2$. Für $u(x) := \exp\left(-\int c\,y\,dx\right)$ ist

$$-\frac{u'}{u} = cy \qquad \text{und} \qquad \left(-\frac{u'}{u}\right)' - \left(-\frac{u'}{u}\right)^2 = -\frac{u''}{u} = (cy)' - (cy)^2\,.$$

Damit folgt:

$$\begin{aligned} (cy)' - c'y \;=\; cy' &= ac + b(cy) + (cy)^2 \\ c\left((cy)' - (cy)^2\right) &= (bc + c')(cy) + ac^2 \\ c\left(-\frac{u''}{u}\right) &= (bc + c')\left(-\frac{u'}{u}\right) + ac^2 \\ cu'' &= (bc + c')\,u' - a\,c^2\,u\,, \end{aligned}$$

und das war zu zeigen.

Sei nun $u = u(x)$ eine Lösung der homogenen linearen Gleichung $cu'' = (bc + c')\,u' - a\,c^2\,u$ und $cy := -\dfrac{u'}{u}$. Dann folgt

$$\begin{aligned} 0 &= c\,u'' - (bc + c')\,u' + ac^2\,u \\ &= c\left[(cy)^2 - (cy)'\right] + (bc + c')(cy) + ac^2 \\ &= y' - a - by - cy^2\ . \end{aligned}$$

Also ist y wie behauptet eine Lösung der Riccati-Gleichung.

Bei der gegebenen Riccati-Gleichung $\boxed{\;y' = -\,\mathrm{e}^{-x} + y - \,\mathrm{e}^{x}\,y^2\;}$ substituieren wir $u := \exp\left(\displaystyle\int \mathrm{e}^{x} y\,dx\right)$. Dies liefert die lineare homogene Gleichung

$$u'' - 2u' + u \;=\; 0$$

mit konstanten Koeffizienten. Diese hat den doppelten Eigenwert 1 und daher die allgemeine Lösung $u = C_1\,\mathrm{e}^{x} + C_2 x\,\mathrm{e}^{x}$ (siehe Kochrezept aus Abschnitt 5.3.5). Also sind

$$\begin{aligned} y &= \mathrm{e}^{-x}\,\frac{u'}{u} \;=\; \mathrm{e}^{-x}\,\frac{C_1\,\mathrm{e}^{x} + C_2 x\,\mathrm{e}^{x} + C_2\,\mathrm{e}^{x}}{C_1\,\mathrm{e}^{x} + C_2 x\,\mathrm{e}^{x}} \\ &= \mathrm{e}^{-x}\,\frac{C_1 + C_2 x + C_2}{C_1 + C_2 x} \;=\; \mathrm{e}^{-x} + \frac{\mathrm{e}^{-x}}{C_3 + x} \end{aligned}$$

und $y_1 = \mathrm{e}^{-x}$ die Lösungen der Riccati-Gleichung.

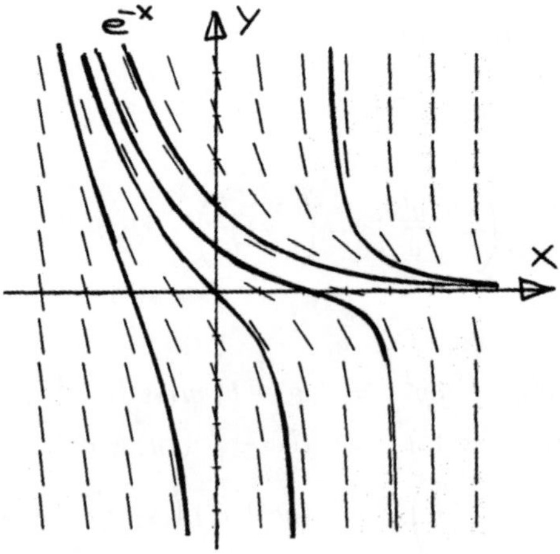

10.8 Implizite Gleichungen 1. Ordnung

A Bestimmen Sie bei den folgenden Differentialgleichungen die singulären Linienelemente, Diskriminantenkurven und Lösungen:

1) $xy' - y = 0$
2) $(y')^2 - 4x^2 = 0$
3) $(y')^2 - 4y^3 = 0$
4) $\left[(y'-1)^2 - y^2\right] y' = 0$

B Lösen Sie die folgenden impliziten Differentialgleichungen:

1) $(y')^3 + y' - y = 0$
2) $(y')^3 + y' - x = 0$
3) $x\,(1 + (y')^2) - 1 = 0$
4) $(y')^2 - 2xy' + 2x^2 - 2y = 0$
5) $y = x^2\, \mathrm{e}^{y'} + x\, y' \quad ; \quad y(1) = 1$

C Lösen Sie die folgenden Clairault-Gleichungen:

1) $y = xy' + (y')^2$
2) $y = x\, y' + \dfrac{1}{y'}$
3) $y = x\, y' + (y')^3$
4) $y = x\, y' + \ln y'$

D Stellen Sie eine Gleichung auf für die Schar derjenigen Geraden, für die das Stück zwischen positiver $x-$ und $y-$Achse eine feste Länge $c > 0$ hat.

Bestimmen Sie daraus die Enveloppe dieser Geraden.

E Stellen Sie eine Gleichung auf für die Schar derjenigen Geraden, die vom 1. Quadranten ein Dreieck mit Flächeninhalt 1 abschneiden. Bestimmen Sie die Enveloppe dieser Geraden.

F Lösen Sie die folgenden d'Alembert-Gleichungen:

1) $y = 2xy' - (y')^2$
2) $y = x(y')^2 + (y')^2$

G Lösen Sie die Gleichung $(y - xy')\cos y' + x = 0$ mit Hilfe der Legendre Transformation.

Lösungen:

A **(A.1)** $x\,y' - y = 0$

Die Linienelemente sind von der Form (x, y, p) mit $xp = y$.
$F(x, y, p) := x\,p - y$ ist im $\mathbb{R}^3$ beliebig oft stetig differenzierbar. Es ist $F_p(x, y, p) = x$. Die Linienelemente (x, y, p) mit $x \neq 0$ sind daher sämtlich regulär.
Die Gleichung $F(x, y, p) = xp - y = 0$ ist in keiner Umgebung von $(0, 0, p)$ lokal nach p auflösbar. Also sind alle Linienelemente durch den Ursprung singulär.

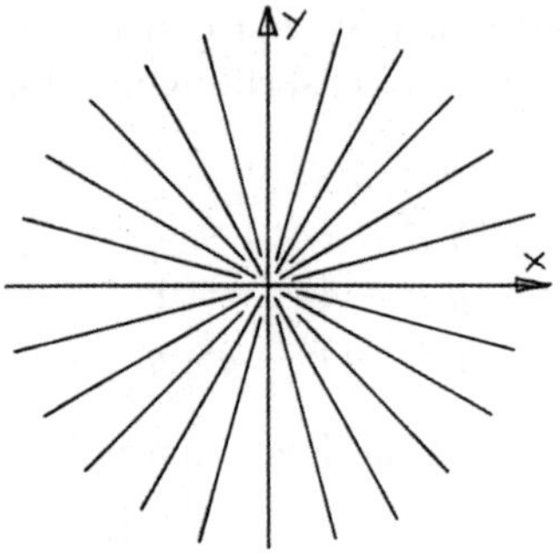

Zusammen: Singuläre Linienelemente sind genau die Tripel $(0, 0, p)$, die Diskriminantenkurve besteht nur aus dem isolierten Punkt $(0, 0)$.

Für $x \neq 0$ ist die Gleichung äquivalent zur linearen Dgl 1. Ordnung $y' = y/x$. Sie hat die Lösungen $y = Cx$, $C \in \mathbb{R}$.

Jede Lösung der impliziten Gleichung $xy' - y = 0$ durch $(0, 0)$ muss in einer Umgebung von $x_0 = 0$ mit einer der linearen Lösungen $y = Cx$ übereinstimmen.

Also gilt: Die maximal fortgesetzten Lösungen sind von der Form $y = Cx$, $x \in \mathbb{R}$, $C \in \mathbb{R}$. Durch Punkte (x, y) mit $x \neq 0$ geht genau eine maximal fortgesetzte Lösung. Durch Punkte $(0, y)$ mit $y \neq 0$ geht keine Lösung. Durch den Punkt $(0, 0)$ gehen unendlich viele, nämlich alle Lösungen $y = Cx$.

(A.2) $(y')^2 - 4x^2 = 0$

Alle Linienelemente sind von der Form $(x, y, p) = (x, y, \pm 2|x|)$.
$F(x, y, p) := p^2 - 4x^2$ ist im $\mathbb{R}^3$ beliebig oft stetig differenzierbar. Es ist $F_p(x, y, p) = 2p$. Alle Linienelemente (x, y, p) mit $p \neq 0$ sind daher regulär.
Die Linienelemente $(0, y, 0)$ sind aber singulär, da die Gleichung $F(x, y, p) = p^2 - 4x^2 = 0$ in keiner Umgebung von $(0, y, 0)$ lokal nach p auflösbar ist. (Warum?)

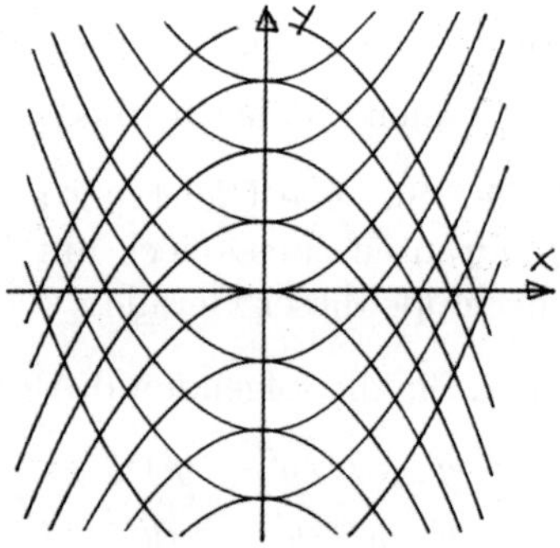

Zusammen: Singuläre Linienelemente sind genau die Tripel $(0, y, 0)$, die Diskriminantenkurve ist die y–Achse.

Lösungen der Gleichung sind die Parabeln $y = \pm x^2 + C$, sowie die aus ihnen zusammengesetzten differenzierbaren Funktionen der Art

$$y = \begin{cases} \pm x^2 + C & \text{für } x \le 0 \\ \mp x^2 + C & \text{für } x > 0 \end{cases} .$$

Die Diskriminantenkurve ist keine Lösung.

(A.3) $\boxed{(y')^2 - 4y^3 = 0}$

Linienelemente gibt es nur für $y \ge 0$. Sie sind von der Form $(x, y, p) = (x, y, \pm 2\sqrt{y^3})$.
$F(x, y, p) := p^2 - 4y^3$ ist im $\mathbb{R}^3$ beliebig oft stetig differenzierbar. Es ist $F_p(x, y, p) = 2p$.
Singuläre Linienelemente sind daher genau die Tripel $(x, 0, 0)$, die Diskriminantenkurve ist die x–Achse. Sie ist eine singuläre Lösung.
Weitere Lösungen der Gleichung sind die Kurven $y = (x + C)^{-2}$, die die Diskriminantenkurve als Asymptote besitzen.

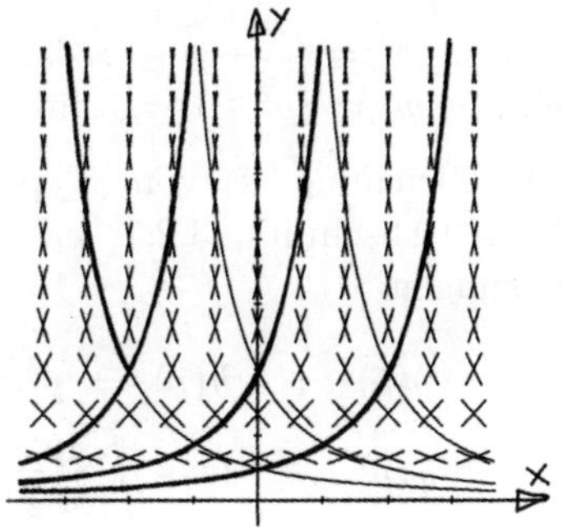

(A.4) $\boxed{\left[(y' - 1)^2 - y^2\right] y' = 0}$

Die Funktion $F(x, y, p) := \left[(p - 1)^2 - y^2\right] p$ ist im ganzen $\mathbb{R}^3$ beliebig oft differenzierbar. Es ist

$$F(x, y, p) = 0 \iff p = 0 \quad \text{oder} \quad p - 1 = \pm y .$$

Ferner gilt $\quad F_p(x, y, p) = \left[(p - 1)^2 - y^2\right] + 2p(p - 1)$.

Für $p = 0$ ist $\quad F_p(x, y, 0) = 1 - y^2 = 0 \iff y = \pm 1$.

Für $p \neq 0$ und $p - 1 = \pm y$ ist $\quad F_p(x, y, p) = 2p(p - 1) = 0 \iff p = 1$.

Als singuläre Linienelemente kommen daher nur die Tripel $(x, \pm 1, 0)$ und $(x, 0, 1)$ in Frage. Diese sind auch alle singulär, da die Gleichung $F(x, y, p) = 0$ in keiner Umgebung aufgelöst werden kann.

Die Diskriminantenkurve besteht daher aus den drei Geraden $y \equiv \pm 1$ und $y \equiv 0$. Die beiden ersten Geraden sind singuläre Lösungen, die x–Achse ist reguläre Lösung.
Weitere Lösungen der Dgl sind die Kurven $y = \pm 1 + C\ e^{\mp x}$, die Geraden $y \equiv const$ und die aus ihnen zusammengesetzten differenzierbaren Funktionen.
Die Geraden $y \equiv const$ fehlen in der Skizze rechts.

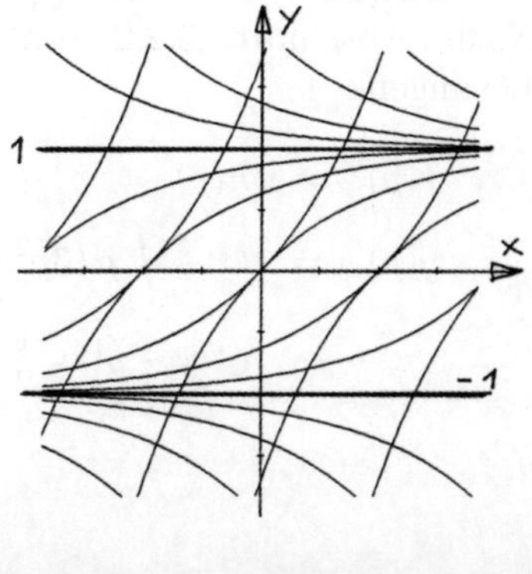

B Die folgenden impliziten Dgln können gelöst werden, indem man $p = y'$ als Parameter verwendet. Siehe dazu Abschnitt 3.2.

(B.1) $(y')^3 + y' - y = 0$

Zu jedem $y \in \mathbb{R}$ gibt es genau ein $p \in \mathbb{R}$ mit $p^3 + p = y$. Also geht durch jeden Punkt $(x, y) \in \mathbb{R}^2$ genau ein Linienelement. Isoklinen sind die Geraden $y \equiv const$.

$F(x, y, p) := p^3 + p - y$ ist im $\mathbb{R}^3$ beliebig oft stetig differenzierbar. Es ist $F_p(x, y, p) = 3p^2 + 1 \neq 0$ für alle $p \in \mathbb{R}$. Also sind alle Linienelemente regulär.

Die Gleichung ist vom Typ $y = h(y')$. Nach Abschnitt 3.2.1 erhält man die Lösungen

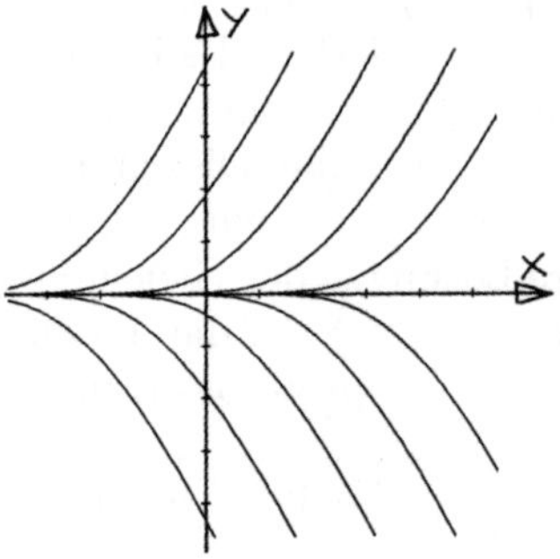

$$
\begin{aligned}
y(p) &= h(p) = p^3 + p \\
x(p) &= C + \int \frac{3p^2+1}{p}\, dp \\
&= C + \frac{3}{2}\, p^2 + \ln|p| \ .
\end{aligned}
$$

Die Gleichung ist autonom. Daher ist mit $y(x)$ auch $y(x + C)$ eine Lösung.

(B.2) $(y')^3 + y' - x = 0$

Zu jedem $x \in \mathbb{R}$ gibt es genau ein $p \in \mathbb{R}$ mit $p^3 + p = x$. Also geht durch jeden Punkt $(x, y) \in \mathbb{R}^2$ genau ein Linienelement. Isoklinen sind die senkrechten Geraden $x \equiv const$.

$F(x, y, p) := p^3 + p - x$ ist im $\mathbb{R}^3$ beliebig oft stetig differenzierbar. Es ist $F_p(x, y, p) = 3p^2 + 1 \neq 0$ für alle $p \in \mathbb{R}$.

Also sind alle Linienelemente regulär.
Die Gleichung ist vom Typ $x = h(y')$. Nach Abschnitt 3.2.2 erhält man die Lösungen

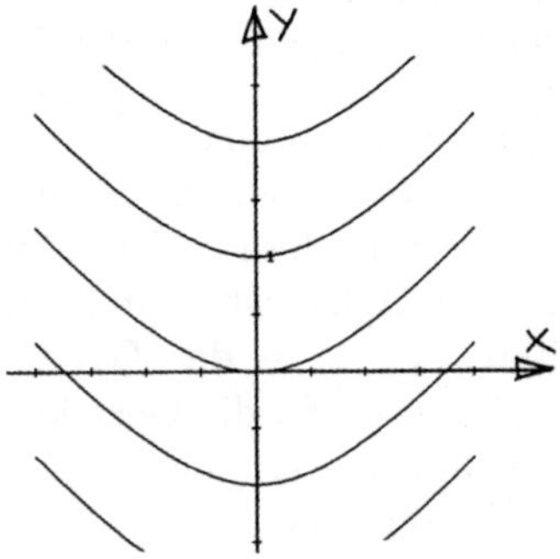

$$
\begin{aligned}
x(p) &= h(p) = p^3 + p \\
y(p) &= C + \int p\,(3p^2 + 1)\, dp \\
&= C + \frac{3}{4}\, p^4 + \frac{1}{2}\, p^2 \ .
\end{aligned}
$$

(B.3) $\boxed{x\,(1+(y')^2)-1=0}$

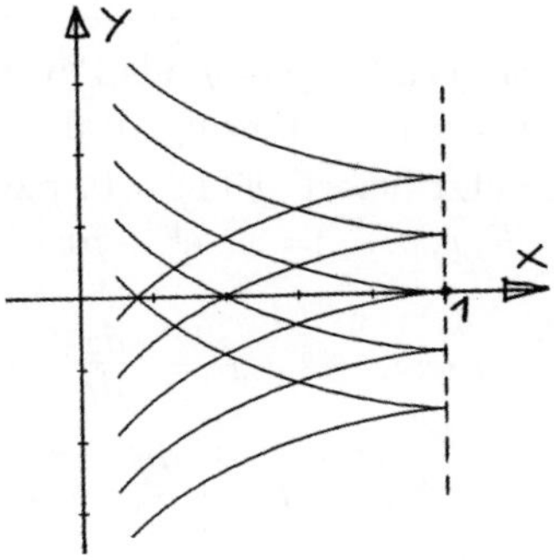

Linienelemente gibt es nur für $0 < x \leq 1$. Sie sind von der Form $\left(x, y, \pm\sqrt{\frac{1}{x}-1}\right)$. $F(x,y,p) := x(1+p^2)$ ist im $\mathbb{R}^3$ beliebig oft stetig differenzierbar. Es ist $F_p(x,y,p) = 2px$. Singulär sind also genau die Linienelemente $(1, y, 0)$. Die Diskriminantenkurve ist die Gerade $x \equiv 1$.
Die Gleichung ist vom Typ $x = h(y')$. Nach Abschnitt 3.2.2 erhält man die Lösungen

$$\begin{aligned} x(p) &= h(p) = \frac{1}{1+p^2} \\ y(p) &= C + \int p\,\dot{x}(p)\,dp = C + p\,x(p) - \int x(p)\,dp \\ &= C + \frac{p}{1+p^2} - \arctan p\,. \end{aligned}$$

(B.4) $\boxed{(y')^2 - 2xy' + 2x^2 - 2y = 0}$

Es gilt $\quad F(x,y,p) := p^2 - 2xp + 2x^2 - 2y = 0 \iff (p-x)^2 = 2y - x^2$.
Ferner ist $\quad F_p(x,y,p) = 2(p-x) = 0 \iff p = x$ und $2y = x^2$.
Linienelemente gibt es nur für $2y \geq x^2$, Lösungen gibt es höchstens dort. Für $2y > x^2$ laufen durch jeden Punkt (x,y) zwei reguläre Linienelemente mit den Steigungen $p = x \pm \sqrt{2y - x^2}$. Die Parabel $2y = x^2$ ist die Diskriminantenkurve. Durch jeden ihrer Punkte läuft genau ein Linienelement, nämlich $(x, \frac{x^2}{2}, x)$ und dies ist singulär. Die Diskriminantenkurve ist eine singuläre Lösung der Gleichung.

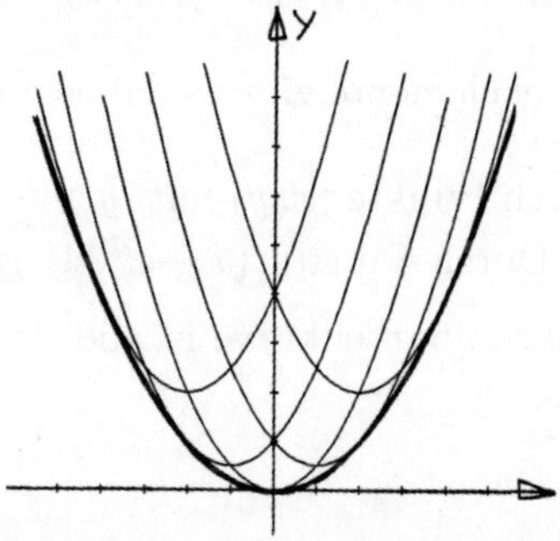

Um die Lösungen zu bestimmen, substituieren wir $z^2 = 2y - x^2$. Dann ist $2zz' = 2y' - 2x = \pm 2z$. Also $z \equiv 0$ oder $z' = \pm 1$. Im zweiten Fall ist $z = \pm(x+C)$ und daher

$$y = x^2 + Cx + \tfrac{1}{2}C^2 = \left(x + \tfrac{C}{2}\right)^2 + \tfrac{1}{4}C^2 .$$

Dies ist die Schar der verschobenen Normalparabeln, die die singuläre Lösung $y = x^2/2$ im Punkt $(-C, \frac{C^2}{2})$ von 'innen' berühren.

(B.5) $y = x^2\, e^{y'} + x\,y' \quad ; \quad y(1) = 1$

Wir verwenden $p = y'$ als Parameter und versuchen eine Parameterdarstellung $\big(x(p), y(p)\big)$ der Lösung zu finden. Die Anfangsbedingung $y(1) = 1$ in die Dgl eingesetzt liefert $y'(1) = 0$ bzw $\big(x(0), y(0)\big) = (1,1)$.
Mit $F(x,y,p) := x^2\, e^p + px - y$ erhält man das explizite System

$$\begin{aligned} \dot{x} &= \frac{dx}{dp} = -\frac{F_p}{F_x + pF_y} = -\frac{x + e^{-p}}{2} \\ \dot{y} &= \frac{dy}{dp} = -\frac{pF_p}{F_x + pF_y} = -\frac{p(x + e^{-p})}{2} \end{aligned}$$

Die erste Gleichung ist eine lineare Gleichung 1. Ordnung für $x = x(p)$. Wegen $x(0) = 1$ hat sie die Lösung $x = e^{-p}$. Einsetzen in die zweite Gleichung liefert zusammen mit der Anfangsbedingung $y(0) = 1$:

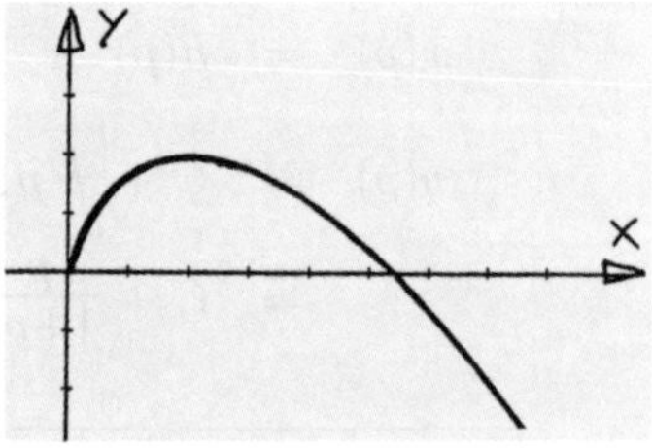

$y = (1 - \ln x)\, x$

$$\begin{aligned} \dot{y} &= -p\, e^{-p} \\ y &= (p + 1)\, e^{-p} . \end{aligned}$$

Elimination des Parameters $p = -\ln x$ ergibt die Lösung $y = (1 - \ln x)\, x$.

C Lösungen einer Clairault-Gleichung $y = xy' + g(y')$ sind die Geraden $y = cx + g(c)$ und deren Enveloppe mit der Parameterdarstellung

$$\big(x(p), y(p)\big) = \big(-g'(p), -p\,g'(p) + g(p)\big) .$$

Näheres dazu siehe Abschnitt 3.2.4.

(C.1) $y = xy' + (y')^2$

Es ist $F(x,y,p) := p^2 + xp - y = 0 \iff (p + \frac{x}{2})^2 = y + \frac{x^2}{4}$.

Linienelemente gibt es daher nur für $y \geq -\dfrac{x^2}{4}$.

Durch Punkte (x,y) mit $y > -\dfrac{x^2}{4}$ gehen genau zwei (reguläre) Linienelemente. Durch Punkte $(x, -x^2/4)$ geht genau ein (singuläres) Linienelement. Die Diskriminantenkurve ist die Parabel $y = -\dfrac{x^2}{4}$. Sie ist eine singuläre Lösung.

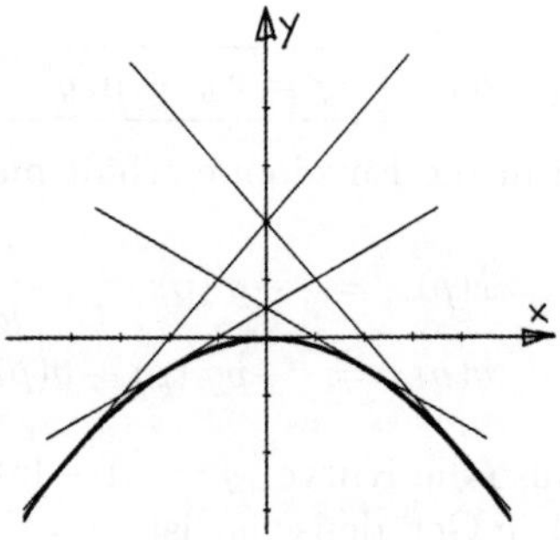

Für alle $C \in \mathbb{R}$ sind die Geraden
(G) $\quad y = Cx + C^2$ Lösungen.
Hier ist $g(p) := p^2$ in $\mathbb{R}$ streng konvex. Die Enveloppenlösung existiert daher und besitzt die Parameterdarstellung

$$\begin{aligned} x(p) &= -g'(p) = -2p \\ y(p) &= -pg'(p) + g(p) \\ &= -2p^2 + p^2 = p^2 . \end{aligned}$$

Es ist die Parabel $y = -\dfrac{x^2}{4}$. Die Enveloppe ist (wie immer bei Clairault- Gleichungen) die Diskriminantenkurve.

(C.2) $\boxed{y = x\,y' + \dfrac{1}{y'}}$

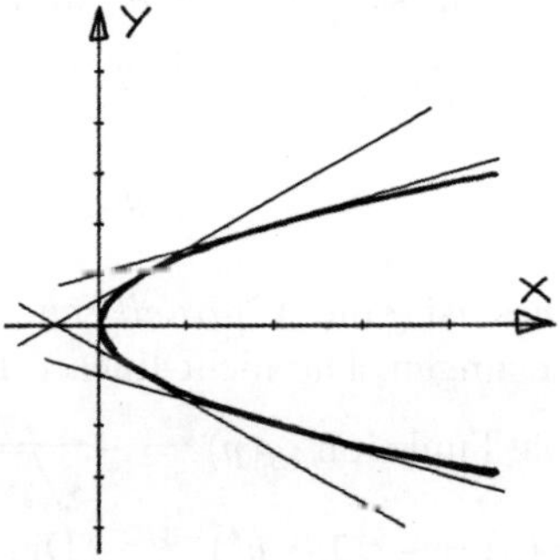

Für die Enveloppe erhält man

$$\begin{aligned} x(p) &= -g'(p) = \frac{1}{p^2} \\ y(p) &= -pg'(p) + g(p) = \frac{2}{p} \end{aligned}$$

also die Parabel $y^2 = 4x$.
Die Geradenschar ist $y = Cx + \dfrac{1}{C}$.

(C.3) $\boxed{y = x\,y' + (y')^3}$

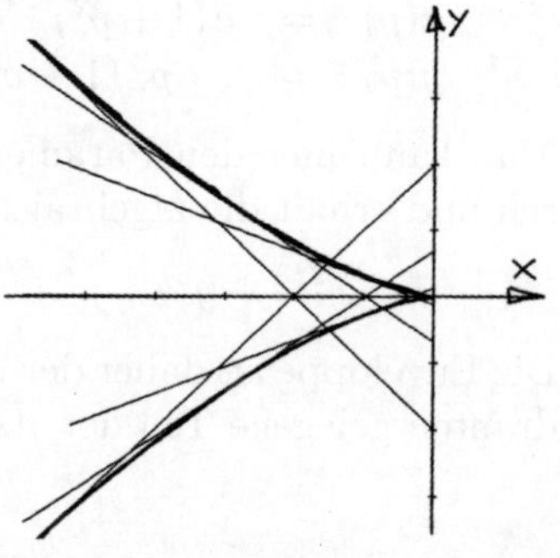

Für die Enveloppe erhält man

$$\begin{aligned} x(p) &= -g'(p) = -3p^2 \\ y(p) &= -pg'(p) + g(p) = -2p^3 \end{aligned}$$

also die Kurve $4x^3 + 27y^2 = 0$.
Die Geradenschar ist $y = Cx + C^3$.

(C.4) $y = x\,y' + \ln y'$

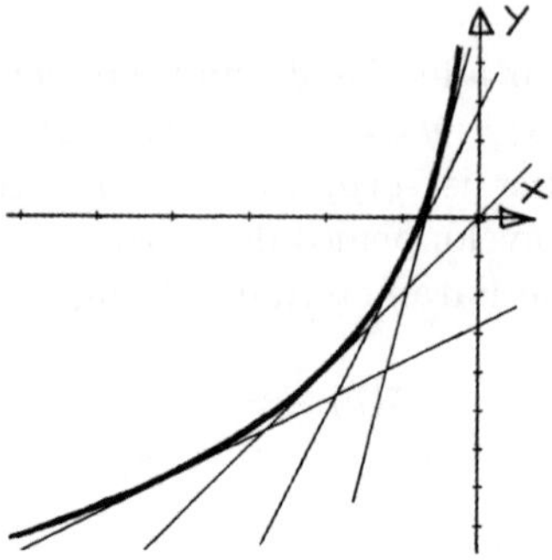

Für die Enveloppe erhält man

$$\begin{aligned} x(p) &= -g'(p) = -\frac{1}{p} \\ y(p) &= -pg'(p) + g(p) = -1 + \ln p \end{aligned}$$

also die Kurve $y = -1 - \ln(-x)$.
Die Geradenschar ist $y = Cx + \ln C$.

D Die Gerade $y = ax + b$ schneidet die Achsen in $(0, b)$ und $(-b/a, 0)$, $a \neq 0$. Nach Voraussetzung ist $b > 0$ und $a < 0$. Die Länge des Stückes zwischen den Achsen ist $\sqrt{b^2 + b^2/a^2}$ und soll gleich dem vorgegebenen $c > 0$ sein. Es folgt $b = \frac{-ca}{\sqrt{a^2+1}}$ und mit $y' = a$ ergibt sich für die Geradenschar die Gleichung

$$y = x\,y' - \frac{cy'}{\sqrt{(y')^2+1}} \quad (y' < 0) .$$

Dies ist eine *Clairault'sche Dgl.* Die gegebenen Geraden sind ihre linearen Lösungen. Die nicht-lineare Lösung ist die gesuchte Enveloppe.

Die Funktion $g(p) := -\frac{cp}{\sqrt{p^2+1}}$ hat für $p < 0$ die streng monotone Ableitung $g'(p) = -c(1 + p^2)^{-3/2}$. Die Clairault-Dgl hat daher eine nicht-lineare Lösung und zwar mit der Parameterdarstellung

$$\begin{aligned} x(p) &= c\,(1 + p^2)^{-3/2} \quad ; \\ y(p) &= -c\,p^3\,(1 + p^2)^{-3/2} . \end{aligned}$$

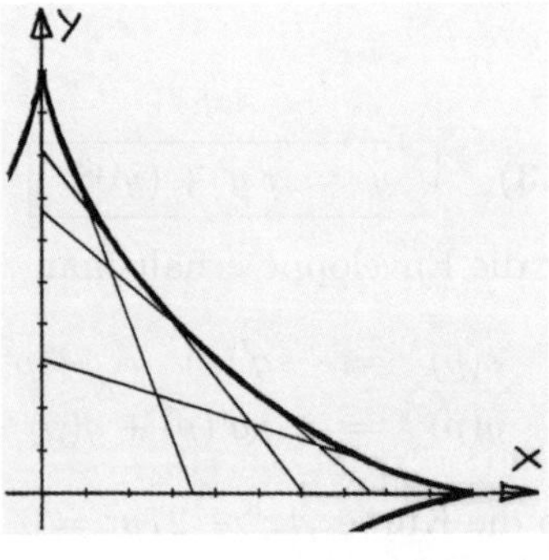

Man kann hier den Parameter p eliminieren und erhält die algebraische Gleichung

$$x^{2/3} + y^{2/3} = c^{2/3} .$$

Die Enveloppe ist daher der im ersten Quadranten gelegene Teil der *Astroide.*

E Geraden, die vom 1. Quadranten ein Dreieck mit Flächeninhalt 1 abschneiden, haben die Form $y \;=\; C - \dfrac{C^2}{2}\,x \quad (C > 0)$.

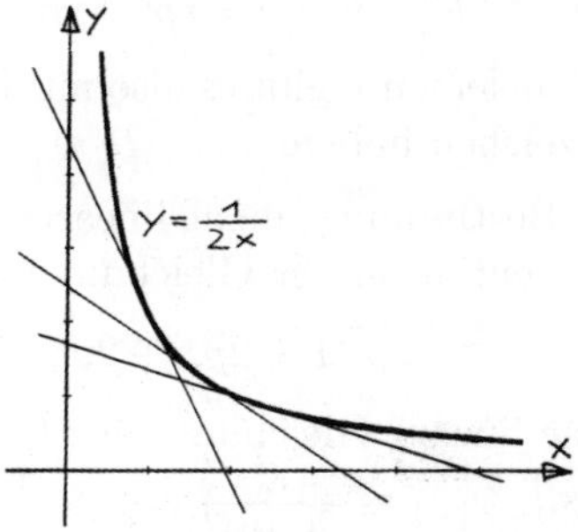

Für sie gilt $y' = -C^2/2$.
Elimination des Scharparameters C liefert die Clairault'sche Dgl

$$y \;=\; x\,y' + \sqrt{-2y'}\,.$$

Mit $f(p) := \sqrt{-2p}$ und $f'(p) = -\dfrac{1}{\sqrt{-2p}} \quad (p < 0)$ erhält man für die Enveloppe die Parameterdarstellung

$$\begin{aligned} x(p) &= -f'(p) \;=\; \frac{1}{\sqrt{-2p}} \\ y(p) &= f(p) - pf'(p) \;=\; \sqrt{-2p} + \frac{p}{\sqrt{-2p}} \;=\; \sqrt{-p/2}\,. \end{aligned}$$

Elimination des Parameters p liefert $y = 1/2x$.

F **(F.1)** $\boxed{y = 2xy' - (y')^2}$

Die einzige lineare Lösung ist $y \equiv 0$.

Es ist $F(x, y, p) := 2xp - p^2 - y = 0 \iff x^2 - y = (x - p)^2$.

Also gehen unterhalb der Parabel $y = x^2$ jeweils zwei (reguläre) Linienelemente durch einen Punkt, auf der Parabel jeweils ein singuläres. Die Diskriminantenkurve ist die Parabel $y = x^2$. Sie ist keine Losung.

Zur Bestimmung nicht-linearer Lösungen führen wir $p = y'$ als Parameter ein. Differentiation der Dgl nach p liefert wegen $\dot{y} = p\dot{x}$

$$2p\dot{x} + 2x - 2p - \dot{y} \;=\; p\dot{x} + 2x - 2p \;=\; 0\,.$$

Dies ist eine lineare Gleichung für $x(p)$.
Die homogene Gleichung hat die allgemeine Lösung $x_h = \dfrac{C}{p^2}$.

Eine spezielle Lösung ist $x_s = \frac{2}{3}p$.

Zusammen mit $y = 2xp - p^2$ erhält man die Integralkurven

$$\begin{aligned} x(p) &= \frac{2}{3}\,p + \frac{C}{p^2} \quad ; \\ y(p) &= \frac{1}{3}\,p^2 + \frac{C}{p}\,. \end{aligned}$$

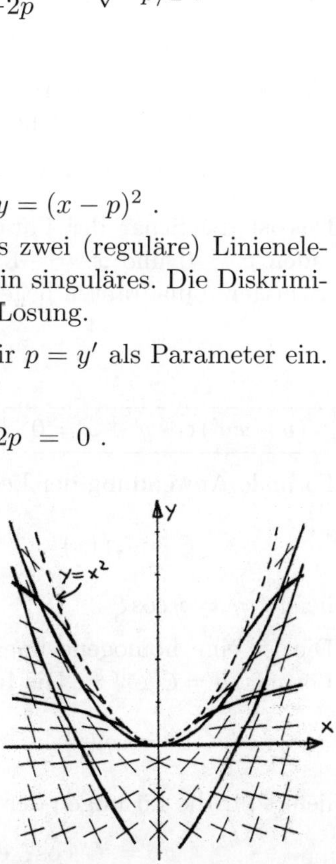

Für $C = 0$ ergibt sich die Parabel $y = \frac{3}{4}\,x^2$.

(F.2) $y = x(y')^2 + (y')^2$

Die einzigen linearen Lösungen sind $y \equiv 0$ und $y = x + 1$.

Es ist $F(x, y, p) := xp^2 + p^2 - y = 0 \iff (x + 1)\, p^2 = y$.

Linienelemente gibt es also nur für Punkte (x, y), in denen $(x+1)$ und y gleiches Vorzeichen haben.

Zur Bestimmung nicht-linearer Lösungen führen wir $p = y'$ als Parameter ein. Differentiation der Gleichung nach p liefert wegen $\dot{y} = p\dot{x}$

$$p^2\,\dot{x} + 2px + 2p - \dot{y} \;= p(p-1)\,\dot{x} + 2p(x+1) \;=\; 0\ .$$

Diese lineare Gleichung für $x(p)$ löst man durch Trennung der Variablen. Man erhält $x(p) = \dfrac{C}{(1-p)^2} - 1$.

Zusammen mit $y = xp^2 + p^2$ erhält man die Integralkurven

$$x(p) \;=\; \frac{C}{(1-p)^2} - 1 \quad ; \quad y(p) \;=\; \frac{C\,p^2}{(1-p)^2}\ .$$

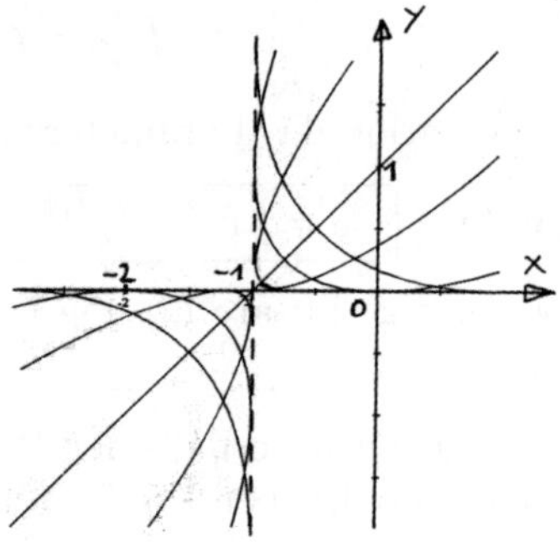

Man kann hier den Parameter p eliminieren und erhält die algebraische Gleichung

$$\big(x + 1 - y - C\big)^2 \;=\; 4Cy\ .$$

Das ist die Schar der Parabeln, die die Geraden $y = 0$ und $x = -1$ berühren und im 'richtigen' Quadranten liegen.

G $(y - xy')\cos y' + x = 0$

Formale Anwendung der Legendre Transformation

$$\xi \;=\; \varphi'(x) \quad ; \quad \eta(\xi) \;=\; xy'(x) - y(x) \quad ; \quad \eta'(\xi) \;=\; x$$

liefert $\eta' = \eta \cos\xi$.

Die ist eine homogene lineare Dgl 1. Ordnung für $\eta(\xi)$ mit der allgemeinen Lösung $\eta = C\,\mathrm{e}^{\sin\xi}$. Die Rücktransformation

$$x \;=\; \eta'(\xi) \quad ; \quad y(x) \;=\; \xi\,\eta'(\xi) - \eta(\xi) \quad ; \quad y'(x) \;=\; \xi$$

liefert für die Lösungen der ursprünglichen Dgl die Parameterdarstellung

$$x \;=\; C\,\cos\xi\;\mathrm{e}^{\sin\xi} \quad ; \quad y \;=\; C\,\mathrm{e}^{\sin\xi}\,\big(\xi\cos\xi - 1\big)\ .$$

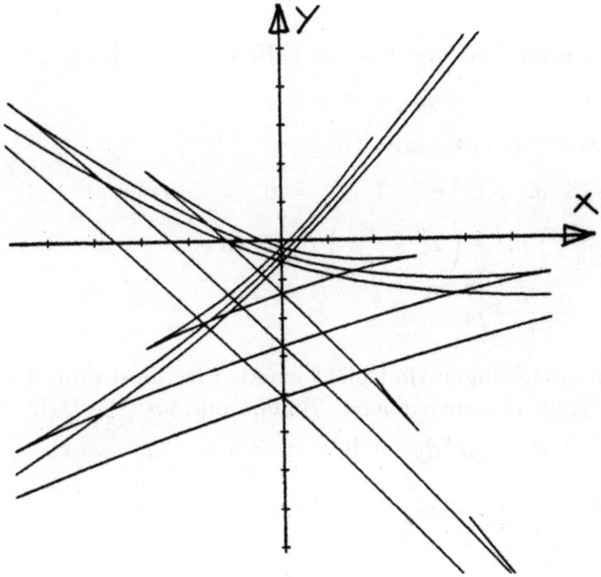
Y
X

10.9 Exakte Gleichungen und Euler Multiplikatoren

A Man prüfe auf Exaktheit und löse die Differentialgleichungen

1) $(y+x)\,dx - (y-x)\,dy = 0$

2) $e^x \sin x\,dx + e^y \cos y\,dy = 0$

3) $(2x\,e^y - 1)\,dx + (x^2\,e^y + 1)\,dy = 0 \quad ; \quad y(1) = 0$

4) $\left(2\frac{x}{y} - \frac{y^2}{x^2}\right) dx + \left(2\frac{y}{x} - \frac{x^2}{y^2}\right) dy = 0$

5) $y' = \frac{x}{y}\,\frac{a-y^2-x^2}{a+y^2+x^2}$

B Die folgenden Gleichungen sind nicht exakt. Man bestimme Euler-Multiplikatoren $\mu = \mu(x,y)$ der angegebenen Bauart und löse die Dgln.

1) $(1+2x^2y^2)\,dx + yx^3\,dy = 0 \qquad \mu = \mu(x)$

2) $\left(e^x + e^{-y^2}\right) dx + 2y\,e^x\,dy = 0 \qquad \mu = \mu(y)$

3) $\left(3xy + 4x^2y^2\right) dx + \left(2x^2 + 3x^3y\right) dy = 0 \qquad \mu = \mu(xy)$

4) $y\left(2x - y - 1\right) dx + x\left(2y - x - 1\right) dy = 0 \qquad \mu = \mu(x+y)$

5) $\left(y^2 + x^2 + x\right) dy - y\,dx = 0 \qquad \mu = \mu(x^2+y^2)$

6) $\left(y^2 - xy\right) dx + \left(2xy^3 + xy + x^2\right) dy = 0 \qquad \mu = \mu(xy^2)$

C Man finde Bedingungen dafür, dass eine Gleichung der Form $P\,dx + Q\,dy = 0$ einen integrierenden Faktor besitzt, der nur von x, nur von y, nur von xy bzw nur von $x+y$ abhängt.

D Bestimmen Sie einen nur von x abhängigen Euler-Multiplikator für die lineare inhomogene Gleichung 1. Ordnung $y' = a(x)\,y + b(x)$ und lösen Sie sie auf diesem Wege.

Lösungen:

A Gleichungen der Form $Pdx + Qdy = 0$ sind exakt, wenn es eine sog. Stammfunktion gibt, also eine Funktion F mit $F_x = P$ und $F_y = Q$.

Die Höhenlinien $F(x,y) = C$ sind dann implizite Lösungen der exakten Dgl.

$P_y = Q_x$ ist eine notwendige und in sternförmigen Gebieten auch hinreichende Bedingung für Exaktheit.

Statt zuerst dieses Kriterium anzuwenden, kann man auch gleich versuchen, durch Integration eine Stammfunktion zu bestimmen. Wenn man eine findet, ist die Gleichung exakt. Wenn sie nicht exakt ist, bekommt man einen Widerspruch.

(A.1) $(y+x)\,dx - (y-x)\,dy = 0$

Hier ist $P(x,y) := y+x$ und $Q(x,y) := -(y-x)$. Es gilt $P_y = 1 = Q_x$. Die Gleichung ist also exakt.

Gesucht ist eine Stammfunktion, also eine Funktion $F(x,y)$ mit

$$F_x(x,y) = P(x,y) = y+x \quad \text{und} \quad F_y(x,y) = Q(x,y) = -(y-x)\ .$$

Man integriert die erste Gleichung nach x und erhält

$$F(x,y) = xy + \tfrac{1}{2}\,x^2 + g(y)\ .$$

Die 'Integrationskonstante' ist hier eine nur von y abhängige Funktion $g = g(y)$. Einsetzen in die zweite Gleichung liefert

$$F_y(x,y) = x + g'(y) = Q(x,y) = x - y\ .$$

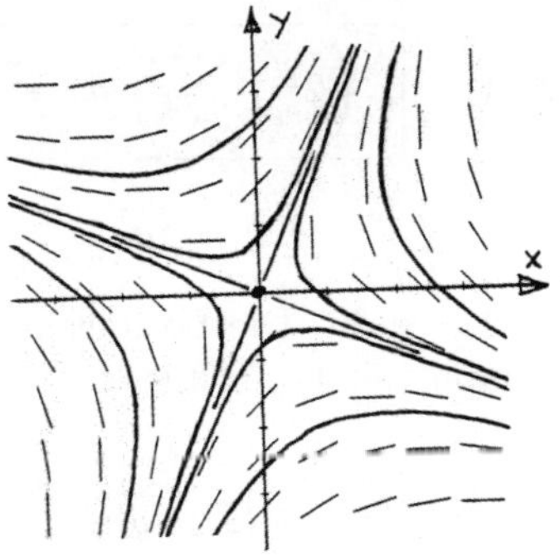

Man erhält $g'(y) = -y$, $g(y) = -\frac{1}{2}y^2$ und damit

$$F(x,y) = \tfrac{1}{2}\left(x^2 + 2xy - y^2\right)$$

als Stammfunktion. Die Lösungskurven werden daher implizit durch

$$x^2 + 2xy - y^2 = C \qquad (C \in \mathbb{R})$$

gegeben. Eine Auflösung nach x oder y ist möglich.

Die Gleichung kann auch in eine homogene, also vom Typ $y' = f(y/x)$ umgeformt werden (vgl. Abschnitt 2.5.2). Es ist aber einfacher, sie als exakte Gleichung zu behandeln.

(A.2) $e^x \sin x\,dx + e^y \cos y\,dy = 0$

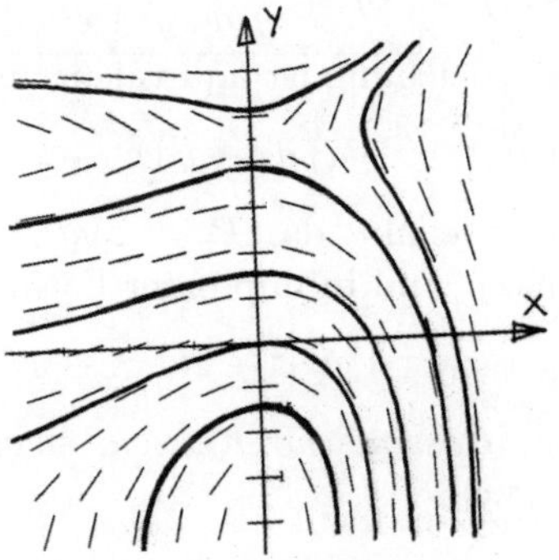

Diese Gleichung kann auch durch Trennung der Variablen gelöst werden. Sie ist exakt, da $P_y = 0 = Q_x$.

Integration von $F_x = e^x \sin x$ liefert

$$F(x,y) = \tfrac{1}{2}\,e^x\left(\sin x - \cos x\right) + g(y)\ .$$

Einsetzen in die Gleichung $F_y = e^y \cos y$ ergibt

$$F(x,y) = \frac{\sin x - \cos x}{2}\,e^x + \frac{\sin y + \cos y}{2}\,e^y\ .$$

Eine explizite Auflösung der impliziten Gleichung $F(x,y) = C$ durch elementare Formeln ist weder nach x noch nach y möglich.

(A.3) $$(2x\,e^y - 1)\,dx + (x^2\,e^y + 1)\,dy = 0$$

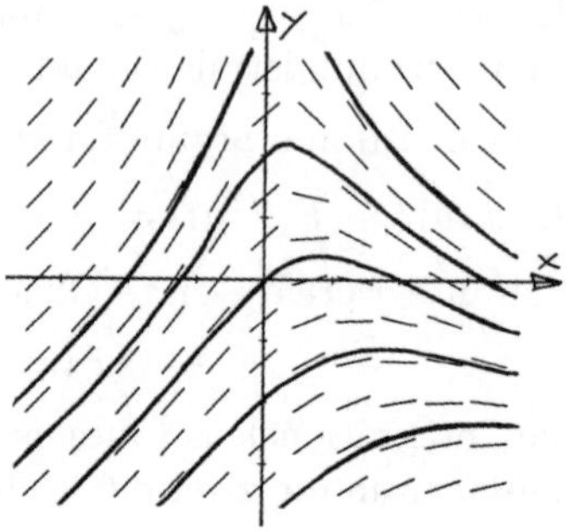

Es ist $P_y = 2x\,e^y = Q_x$. Die Gleichung ist also exakt. Eine Stammfunktion ist

$$F(x,y) = x^2\,e^y - x + y\,.$$

Die spezielle Lösung mit der Anfangsbedingung $y(1) = 0$ ist in impliziter Form

$$F(x,y) = x^2\,e^y - x + y = F(1,0) = 0\,.$$

Eine lokale Auflösung durch elementare Formeln ist hier nur nach x möglich.

(A.4) $$\left(2\frac{x}{y} - \frac{y^2}{x^2}\right) dx + \left(2\frac{y}{x} - \frac{x^2}{y^2}\right) dy = 0$$

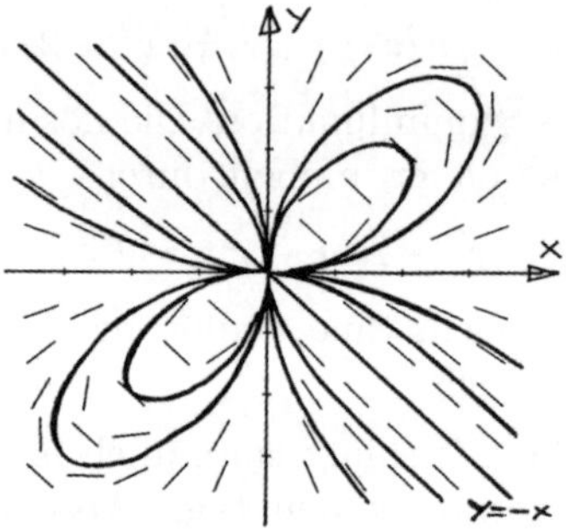

Es ist $P_y = -\frac{2x}{y^2} - \frac{2y}{x^2} = Q_x$. Die Gleichung ist also exakt. Die Lösungskurven erhält man in impliziter Form durch

$$F(x,y) = \frac{x^2}{y} + \frac{y^2}{x} = C$$

bzw $x^3 + y^3 - Cxy = 0$. (Cartesisches Blatt, siehe [RA 2] Abschnitt 8.6.2.C)

(A.5) $$y' = \frac{x}{y}\,\frac{a-y^2-x^2}{a+y^2+x^2}$$

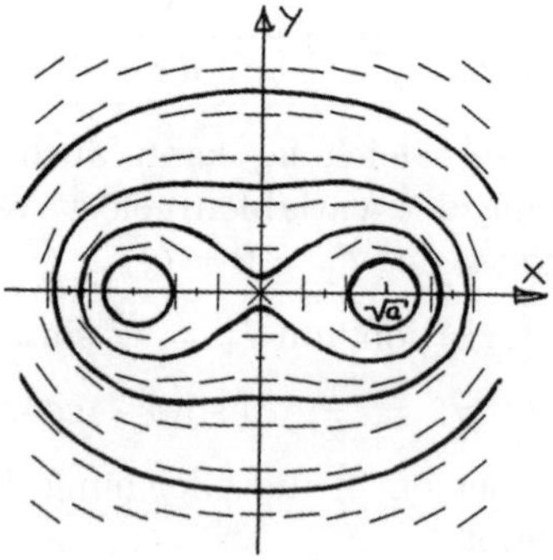

Die Gleichung ist äquivalent zur Gleichung

$$x\left(y^2 + x^2 - a\right) dx + y\left(y^2 + x^2 + a\right) dy = 0\,.$$

Sie ist exakt, da $P_y = 2xy = Q_x$. Lösungskurven sind in impliziter Form

$$(x^2 + y^2)^2 - 2a(x^2 - y^2) = C$$

sog. *Cassinische Kurven*, siehe z.B. [RA 2, 8.2.4.c].

B Für einen integrierenden Faktor μ der Gleichung $Pdx + Qdy = 0$ muss gelten

$$(\mu P)_y = (\mu Q)_x \qquad \text{bzw} \qquad P\mu_y - Q\mu_x = \mu(Q_x - P_y) . \tag{1}$$

(B.1) $(1 + 2x^2y^2)\,dx + yx^3\,dy = 0$

Die Gleichung ist nicht exakt, da $Q_x = 3yx^2$ und $P_y = 4x^2y \neq Q_x$.

Gesucht ist ein nur von x abhängender integrierender Faktor $\mu = \mu(x)$. Für einen solchen Faktor ist $\mu_y = 0$ und $\mu_x = \mu'$. Die Bedingung (1) ergibt hier

$$-Q\mu' = -yx^3\,\mu'(x) = \mu(x)\left[3yx^2 - 4x^2y\right] = \mu\left[Q_x - P_y\right]$$
$$\frac{\mu'(x)}{\mu(x)} = \frac{-yx^2}{-yx^3} = \frac{1}{x} .$$

Wenn hier die rechte Seite nicht nur von x abhängen würde, wäre dies ein Widerspruch. Es würde dann keinen nur von x abhängenden integrierenden Faktor geben.

Es reicht eine spezielle Lösung ($\neq 0$) dieser linearen Gleichung für $\mu(x)$ zu finden. $\mu(x) = x$ ist eine. Die ursprüngliche Gleichung mit $\mu(x)$ multipliziert ergibt die exakte Gleichung $(x + 2x^3y^2)\,dx + yx^4\,dy = 0$.

Die Lösungskurven sind in impliziter Form $x^2 + y^2\,x^4 = C$.

Man kann diese Gleichung auch anders lösen. Man formt um zu

$$y' = \frac{dy}{dx} = -\frac{1+2x^2y^2}{yx^3} = -\frac{2}{x}\,y - \frac{1}{x^3}\,y^{-1}$$

und erkennt, dass es eine Bernoulli-Dgl für $y = y(x)$ mit $\alpha = -1$ ist. Siehe dazu Aufgabe 10.6.D.5. In Aufgabe 10.6.C.5 wird sie durch die Substitution $z = x^2y$ gelöst. Dort finden Sie auch eine Zeichnung der Lösungskurven.

(B.2) $\left(e^x + e^{-y^2}\right)dx + 2y\,e^x\,dy = 0$

Hier ist $P(x,y) = e^x + e^{-y^2}$ und $Q(x,y) = 2y\,e^x$.

Die Gleichung ist nicht exakt, da $Q_x = 2y\,e^x$ und $P_y = -2y\,e^{-y^2} \neq Q_x$.

Gesucht ist ein nur von y abhängender integrierender Faktor $\mu = \mu(y)$. Für einen solchen Faktor ist $\mu_x = 0$ und $\mu_y = \mu'$. Die Bedingung (1) ergibt hier

$$P(x,y)\,\mu'(y) = \mu(y)\left[\left(2y\,e^x\right) + \left(2y\,e^{-y^2}\right)\right]$$
$$\frac{\mu'(y)}{\mu(y)} = \frac{2y\left(e^x + e^{-y^2}\right)}{e^x + e^{-y^2}} = 2y .$$

Wenn hier die rechte Seite nicht nur von y abhängen würde, wäre dies ein Widerspruch. Es würde dann keinen nur von y abhängenden integrierenden Faktor geben.
Es reicht eine spezielle Lösung ($\neq 0$) dieser linearen Gleichung für $\mu(y)$ zu finden. TdV liefert $\mu(y) = e^{y^2}$. Die ursprüngliche Gleichung mit $\mu(y)$ multipliziert ergibt die exakte Gleichung

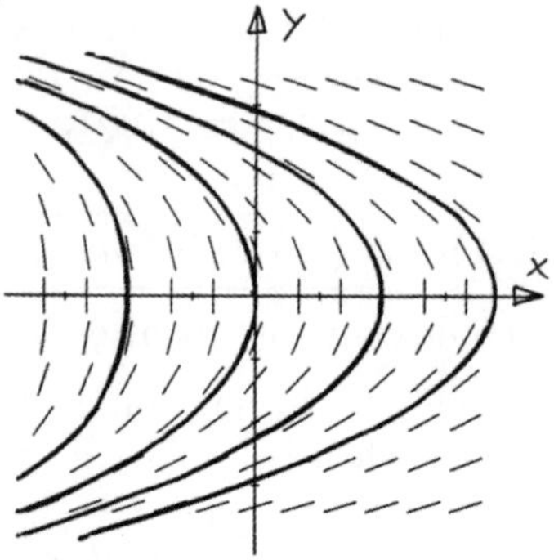

$$\left(e^x\, e^{y^2} + 1\right) dx + 2y\, e^x\, e^{y^2}\, dy \;=\; 0\;.$$

Sie hat die Stammfunktion $\quad F(x,y) \;=\; e^x\, e^{y^2} + x\;.$

Die Lösungen in impliziter Form sind $\quad e^x\, e^{y^2} + x \;=\; C\;.$

(B.3) $\boxed{\left(3xy + 4x^2y^2\right) dx + \left(2x^2 + 3x^3y\right) dy = 0}$

Hier ist $P(x,y) = 3xy + 4x^2y^2$ und $Q(x,y) = 2x^2 + 3x^3y$.

Die Gleichung ist nicht exakt, da $Q_x = 4x + 9x^2y \neq P_y = 3x + 8x^2y$.

Gesucht ist ein nur von $z := xy$ abhängender Multiplikator $\mu = \mu(z)$. Für einen solchen Faktor ist $\mu_x = y\mu'$ und $\mu_y = x\mu'$. Die Bedingung (1) ergibt hier

$$\left[x(3xy + 4x^2y^2) - y(2x^2 + 3x^3y)\right] \mu' \;=\; \mu\left[\,\left(4x + 9x^2y\right) - \left(3x + 8x^2y\right)\right]$$

$$\frac{\mu'(z)}{\mu(z)} \;=\; \frac{x+x^2y}{x^2y+x^3y^2} \;=\; \frac{1}{xy} \;=\; \frac{1}{z}\;.$$

Wenn hier die rechte Seite nicht nur von $z = xy$ abhängen würde, wäre dies ein Widerspruch. Es würde dann keinen nur von xy abhängenden integrierenden Faktor geben.

Es reicht eine spezielle Lösung ($\neq 0$) dieser linearen Gleichung für $\mu(z)$ zu finden.

TdV liefert $\mu(z) = z = xy$.

Die ursprüngliche Gleichung mit $\mu = xy$ multipliziert ergibt die exakte Gleichung

$$\left(3x^2y^2 + 4x^3y^3\right) dx + \left(2x^3y + 3x^4y^2\right) dy \;=\; 0\,.$$

Sie hat die Stammfunktion

$$F(x,y) \;=\; x^3y^2 + x^4y^3\;.$$

Die Lösungen in impliziter Form sind

$$F(x,y) \;=\; x^3y^2 + x^4y^3 \;=\; C\;.$$

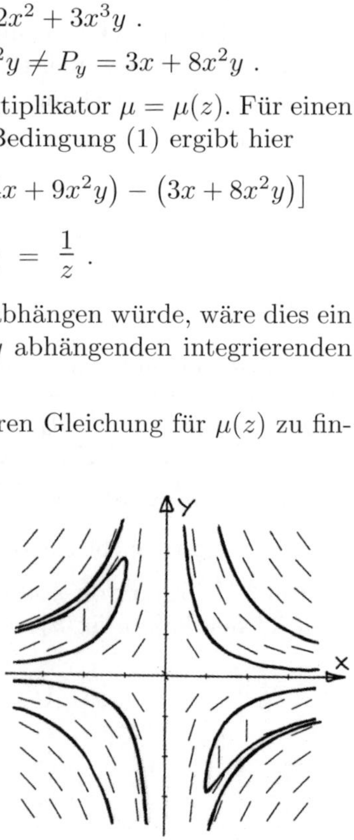

(B.4) $y\left(2x-y-1\right)\,dx + x\left(2y-x-1\right)\,dy = 0$

Hier ist $P(x,y) = 2xy - y^2 - y$ und $Q(x,y) = 2xy - x^2 - x$.

Die Gleichung ist nicht exakt, da $Q_x = 2y - 2x - 1 \neq P_y = 2x - 2y - 1$.

Gesucht ist ein nur von $z := x + y$ abhängender Multiplikator $\mu = \mu(z)$. Für einen solchen Faktor ist $\mu_x(x,y) = \mu_y(x,y) = \mu'(z)$. Bedingung (1) liefert

$$\left[(2xy - y^2 - y) - (2xy - x^2 - x)\right]\mu' \;=\; \mu\left((2y - 2x - 1) - (2x - 2y - 1)\right)$$

$$\frac{\mu'(z)}{\mu(z)} \;=\; \frac{4(y-x)}{x^2-y^2+x-y} \;=\; \frac{-4}{y+x+1} \;=\; \frac{-4}{z+1}\,.$$

Wenn hier die rechte Seite nicht nur von $z = x+y$ abhängen würde, wäre dies ein Widerspruch. Es würde dann keinen nur von $x+y$ abhängenden integrierenden Faktor geben.

TdV liefert $\mu(z) = (1+z)^{-4} = (1+x+y)^{-4}$. Die ursprüngliche Gleichung mit $\mu(z)$ multipliziert ergibt die exakte Gleichung

$$\frac{y(2x-y-1)}{(1+x+y)^4}\,dx + \frac{x(2y-x-1)}{(1+x+y)^4}\,dy \;=\; 0\,.$$

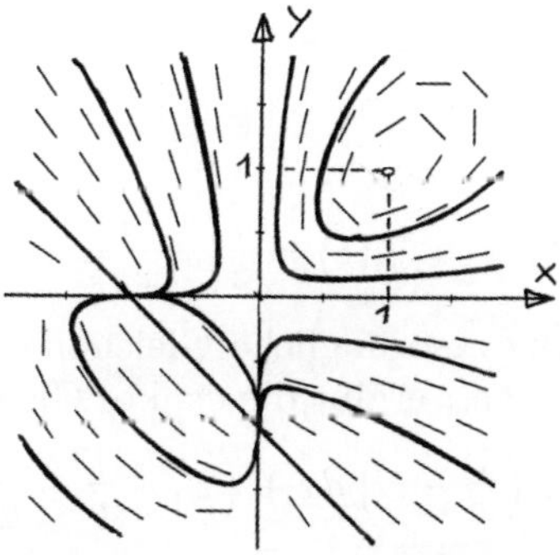

Sie hat die Stammfunktion

$$F(x,y) \;=\; \frac{-xy}{(1+x+y)^3}\,.$$

Die Lösungen in impliziter Form sind

$$(1+x+y)^3 \;=\; Cxy\,.$$

(B.5) $\left(y^2 + x^2 + x\right)dy - y\,dx = 0$

Hier ist $P(x,y) = -y$ und $Q(x,y) = y^2 + x^2 + x$.

Die Gleichung ist nicht exakt, da $Q_x = 2x + 1 \neq P_y = -1$.

Gesucht ist ein nur von $z := x^2 + y^2$ abhängender Multiplikator $\mu = \mu(z)$. Für einen solchen Faktor ist $\mu_x = 2x\mu'$ und $\mu_y = 2y\mu'$. Bedingung (1) liefert

$$\left[2y(-y) - 2x(y^2 + x^2 + x)\right]\mu' \;=\; \mu\left(2x + 1 - (-1)\right)$$

$$\frac{\mu'(z)}{\mu(z)} \;=\; \frac{2x+2}{-2y^2-2x^2-2x(x^2+y^2)} \;=\; \frac{-1}{x^2+y^2} \;=\; -\frac{1}{z}\,.$$

Wenn hier die rechte Seite nicht nur von $z = x^2 + y^2$ abhängen würde, würde es keinen nur von $x^2 + y^2$ abhängenden integrierenden Faktor geben. TdV liefert $\mu(z) = \dfrac{1}{z} = \dfrac{1}{x^2+y^2}$. Die ursprüngliche Gleichung mit μ multipliziert ergibt die exakte Gleichung

$$\left(\frac{x}{x^2+y^2}+1\right)dy - \frac{y}{x^2+y^2}\,dx \;=\; 0\;.$$

Sie hat die Stammfunktion

$$F(x,y) \;=\; y + \arctan\frac{y}{x}\;.$$

Die Lösungen in impliziter Form sind

$$y + \arctan\frac{y}{x} \;=\; C\;.$$

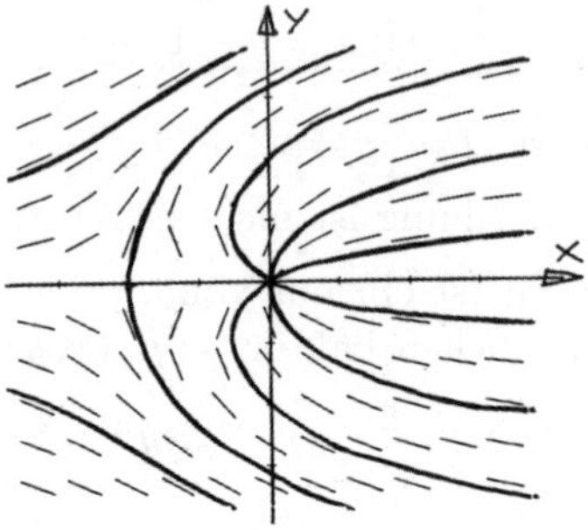

(B.6) $\boxed{\left(y^2-xy\right)dx + \left(2xy^3+xy+x^2\right)dy = 0}$

Hier ist $P(x,y) = y^2 - xy$ und $Q(x,y) = 2xy^3 + xy + x^2$.

Die Gleichung ist nicht exakt, da $Q_x = 2y^3 + y + 2x \neq P_y = 2y - x$.

Gesucht ist ein nur von $z := xy^2$ abhängender Multiplikator $\mu = \mu(z)$. Für einen solchen Faktor ist $\mu_x = y^2\mu'$ und $\mu_y = 2xy\mu'$. Bedingung (1) liefert

$$\left[y^2(2xy^3+xy+x^2) - 2xy(y^2-xy)\right]\mu' \;=\; \mu\left[\,(2y-x) - (2y^3+y+2x)\right]$$

$$\frac{\mu'(z)}{\mu(z)} \;=\; \frac{y-3x-2y^3}{xy^2(2y^3-y+3x)} \;=\; \frac{-1}{xy^2} \;=\; \frac{-1}{z}\;.$$

Also ist $\mu(z) = \dfrac{1}{z} = \dfrac{1}{xy^2}$.

Die ursprüngliche Gleichung mit μ multipliziert ergibt die exakte Gleichung

$$\left(\frac{1}{x}-\frac{1}{y}\right)dx + \left(2y + \frac{1}{y} + \frac{x}{y^2}\right)dy \;=\; 0\;.$$

Sie hat die Stammfunktion

$$F(x,y) \;=\; y^2 - \frac{x}{y} + \ln|xy|\;.$$

Die Lösungen in impliziter Form sind

$$y^2 + \ln|xy| - \frac{x}{y} \;=\; C\;.$$

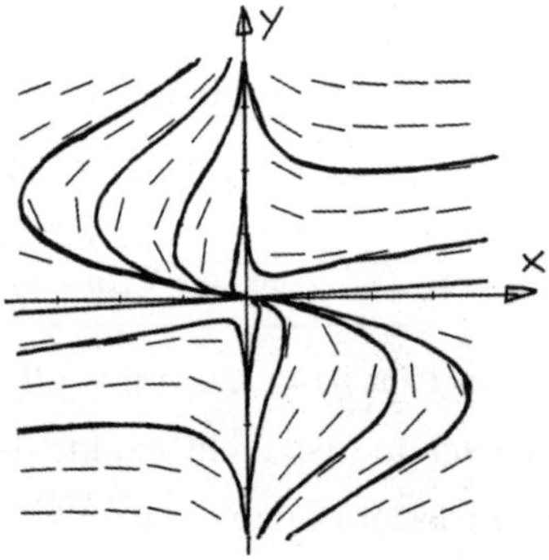

C Für einen integrierenden Faktor μ der Gleichung $Pdx + Qdy = 0$ muss gelten

$$(\mu P)_y \;=\; (\mu Q)_x \qquad \text{bzw} \qquad P\mu_y - Q\mu_x \;=\; \mu(Q_x - P_y)\;. \qquad (2)$$

(C.1) Für einen integrierenden Faktor μ, der nur von x abhängt, gilt $\mu_x = \mu'$ und $\mu_y \equiv 0$. Die Exaktheitsbedingung (2) lautet dann

$$\mu P_y \;=\; \mu' Q + \mu Q_x \quad \text{bzw} \quad \frac{\mu'}{\mu} \;=\; \frac{P_y - Q_x}{Q}\;.$$

Damit es einen solchen integrierenden Faktor gibt, darf die rechte Seite ebenso wie die linke nur von x abhängen. In diesem Fall ist (TdV)

$$\mu(x) \;=\; \exp\left(\int \frac{P_y - Q_x}{Q}\, dx\right)$$

ein integrierender Faktor.

(C.2) Für einen integrierenden Faktor μ, der nur von y abhängt, gilt $\mu_x \equiv 0$ und $\mu_y = \mu'$. Die Exaktheitsbedingung (2) lautet dann

$$\mu' P + \mu P_y \;=\; \mu Q_x \quad \text{bzw} \quad \frac{\mu'}{\mu} \;=\; \frac{Q_x - P_y}{P} \,.$$

Damit es einen solchen integrierenden Faktor gibt, darf die rechte Seite ebenso wie die linke nur von y abhängen. In diesem Fall ist (TdV)

$$\mu(y) \;=\; \exp\left(\int \frac{Q_x - P_y}{P}\, dy\right)$$

ein integrierender Faktor.

(C.3) Für einen integrierenden Faktor μ, der nur von $t = xy$ abhängt, gilt $\mu_x = y\mu'$ und $\mu_y = x\mu'$. Dabei ist $\mu' = \dfrac{d\mu}{dt}$. Die Exaktheitsbedingung (2) lautet dann

$$\mu' xP + \mu P_y \;=\; \mu' yQ + \mu Q_x \quad \text{bzw} \quad \frac{\mu'}{\mu} \;=\; \frac{Q_x - P_y}{xP - yQ} \,.$$

Damit es einen solchen integrierenden Faktor gibt, darf die rechte Seite ebenso wie die linke nur von $t = xy$ abhängen. In diesem Fall ist (TdV)

$$\mu(t) \;=\; \exp\left(\int \frac{Q_x - P_y}{xP - yQ}\, dt\right) \quad (t = xy)$$

ein integrierender Faktor.

(C.4) Für einen integrierenden Faktor μ, der nur von $t = x + y$ abhängt, gilt $\mu_x = \mu'$ und $\mu_y = \mu'$. Dabei ist $\mu' = \dfrac{d\mu}{dt}$. Die Exaktheitsbedingung (2) lautet dann

$$\mu' P + \mu P_y \;=\; \mu' Q + \mu Q_x \quad \text{bzw} \quad \frac{\mu'}{\mu} \;=\; \frac{Q_x - P_y}{P - Q} \,.$$

Damit es einen solchen integrierenden Faktor gibt, darf die rechte Seite ebenso wie die linke nur von $t = x + y$ abhängen. In diesem Fall ist (TdV)

$$\mu(t) \;=\; \exp\left(\int \frac{Q_x - P_y}{P - Q}\, dt\right) \quad (t = x + y)$$

ein integrierender Faktor.

D Die Gleichung $y' = a(x)\,y + b(x)$ ist äquivalent zur Gleichung

$$\big(a(x)\,y + b(x)\big)\,dx - dy = 0\ .$$

Gesucht ist ein integrierender Faktor $\mu = \mu(x)$, der nur von x abhängt. Die Exaktheitsbedingung ist

$$\begin{aligned}\frac{d}{dy}\left[\mu(x)\big(a(x)\,y + b(x)\big)\right] &= \frac{d}{dx}\left[-\mu(x)\right]\\ \frac{\mu'}{\mu} &= -a(x)\ .\end{aligned}$$

$\mu(x) = \exp\left(-\int_{x_0}^{x} a(t)\,dt\right) =: \mathrm{e}^{-A(x)}$ ist eine Lösung (eine reicht). Die Gleichung

$$\mathrm{e}^{-A(x)}\big(a(x)\,y + b(x)\big)\,dx - \mathrm{e}^{-A(x)}\,dy = 0$$

ist exakt. Gesucht ist eine Stammfunktion, also eine Funktion $F(x,y)$ mit

$$F_x = \mathrm{e}^{-A(x)}\big(a(x)\,y + b(x)\big) \quad \text{und} \quad F_y = -\,\mathrm{e}^{-A(x)}\ .$$

Die zweite Gleichung nach y integriert liefert $F(x,y) = -y\ \mathrm{e}^{-A(x)} + g(x)$ mit einer noch unbekannten Funktion $g(x)$. Einsetzen in die erste Gleichung liefert

$$F_x = y\,a(x)\ \mathrm{e}^{-A(x)} + g'(x) = \mathrm{e}^{-A(x)}\big(a(x)\,y + b(x)\big)\ .$$

Also ist $g'(x) = b(x)\ \mathrm{e}^{-A(x)}$ und damit $F(x,y) = -y\ \mathrm{e}^{-A(x)} + \int_{x_0}^{x} b(t)\ \mathrm{e}^{-A(t)}\,dt$ eine Stammfunktion der exakten Gleichung. Wegen $A(x_0) = 0$ ist daher

$$y = \mathrm{e}^{A(x)}\left[y_0 + \int_{x_0}^{x} b(t)\,\mathrm{e}^{-A(t)}\,dt\right]$$

die Lösung der linearen Gleichung mit $y(x_0) = y_0$.

11 Aufgaben zu Systemen und Gleichungen höherer Ordnung

11.1 Theoretisches

A Beweisen Sie die Eindeutigkeitsaussage des Satzes von Picard-Lindelöf mit Hilfe des Gronwall Lemmas (siehe Abschnitt 1.3.1 und Aufgabe 10.1.G).

B *Zur Gleichung* $y'' = g(y)$

$g\colon \mathbb{R} \to \mathbb{R}$ sei lokal Lipschitz-stetig und $\varphi\colon I \to \mathbb{R}$ eine beliebige maximal fortgesetzte Lösung der Gleichung $y'' = g(y)$ in einem echten Intervall $I \subset \mathbb{R}$. Man beweise:

1) $\varphi(x + x_0)$ und $\varphi(x_0 - x)$ sind Lösungen in $I - x_0$ bzw $x_0 - I$.
2) Ist g ungerade, so ist auch $-\varphi(x)$ eine Lösung in I.
3) Ist $x_1 \in I$, $\varphi'(x_1) = 0$, so gilt $\varphi(x_1 + \xi) = \varphi(x_1 - \xi)$ für alle $\xi \in (I - x_1) \cup (x_1 - I)$.
4) Ist g ungerade, $x_2 \in I$, $\varphi(x_2) = 0$, so gilt $\varphi(x_2 + \xi) = -\varphi(x_2 - \xi)$ für alle $\xi \in (I - x_2) \cup (x_2 - I)$.
5) Ist g ungerade und gibt es $x_1, x_2 \in I$ mit $\varphi'(x_1) = 0$ und $\varphi(x_2) = 0$, so ist φ in ganz $\mathbb{R}$ definiert und hat die Periode $4(x_2 - x_1)$.

C *Weiteres zur Gleichung* $y'' = g(y)$

$g\colon \mathbb{R} \to \mathbb{R}$ sei lokal Lipschitz-stetig mit $g(0) = 0$ und $y\,g(y) < 0$ für $y \neq 0$. Man zeige:

1) Jede Lösung φ der Gleichung $y'' = g(y)$ ist auf ganz $\mathbb{R}$ fortsetzbar.
2) Gilt $\int_0^y g(\eta)\,d\eta \to -\infty$ für $y \to \pm\infty$, so ist jede Lösung periodisch.
3) Geben Sie ein Beispiel einer solchen Dgl mit nicht periodischer Lösung.

D *Zur Gleichung* $y'' = f(x, y)$

Sei $I \subset \mathbb{R}$ ein echtes Intervall und $f\colon I \times \mathbb{R} \to \mathbb{R}$ stetig und lokal Lipschitz-stetig bzgl y. Im Streifen $I \times \mathbb{R}$ gelte $f(x, 0) = 0$ und $y\,f(x, y) > 0$ für $y \neq 0$. Man beweise:

1) Ist $\varphi \not\equiv 0$ eine Lösung der Gleichung $y'' = f(x, y)$, N die Anzahl ihrer Nullstellen und E die Anzahl ihrer relativen Extremstellen, so ist $N + E \leq 1$.
2) Ist $\varphi \not\equiv 0$ eine Lösung der Gleichung $y'' = -f(x, y)$, so liegt zwischen zwei aufeinanderfolgenden Nullstellen von φ genau ein relatives Extremum und die Nullstellen von φ häufen sich nicht in I.

Lösungen:

A Seien $I \subset \mathbb{R}$ ein kompaktes echtes Intervall, $x_0 \in I$ und $\vec{\varphi}, \vec{\psi}: I \to \mathbb{R}^n$ zwei Lösungen des AWP's $\vec{y}' = f(x, \vec{y})$, $\vec{y}(x_0) = \vec{y}_0$. Insbesondere gilt

$$\vec{\varphi}(x) = \vec{y}_0 + \int_{x_0}^{x} f\left(x, \vec{\varphi}(t)\right) dt$$

für $x \in I$ und entsprechend für $\vec{\psi}$. Die Vereinigung

$$K := \left\{ (x, \vec{y}) \in \mathbb{R}^{n+1} ;\, x \in I,\ \vec{y} = \vec{\varphi}(x) \text{ oder } \vec{y} = \vec{\psi}(x) \right\}$$

der beiden Graphen ist kompakt. f ist nach Voraussetzung lokal - also auf K global Lipschitz-stetig, etwa mit der Lipschitz-Konstanten L. Damit folgt

$$\|\vec{\varphi}(x) - \vec{\psi}(x)\| \le \left| \int_{x_0}^{x} \|f\left(t, \vec{\varphi}(t)\right) - f\left(t, \vec{\psi}(t)\right)\| \, dt \right| \le \left| \int_{x_0}^{x} L \|\vec{\varphi}(t) - \vec{\psi}(t)\| \, dt \right| .$$

Mit dem Gronwall-Lemma folgt $\|\vec{\varphi}(x) - \vec{\psi}(x)\| \le 0$, also $\vec{\varphi}(x) = \vec{\psi}(x)$ für alle $x \in I$.

B Betrachtet werden Gleichungen vom Typ

$$y'' = g(y) . \tag{1}$$

Dies sind spezielle autonome Gleichungen 2. Ordnung, die z.B. ungedämpfte Schwingungsvorgänge beschreiben. Wegen der vorausgesetzten lokalen Lipschitz-Stetigkeit von g sind entsprechende Anfangswertprobleme eindeutig lösbar.

(B.1) Mit $\varphi(x)$ ist auch $\psi_1(x) := \varphi(x + x_0)$ eine Lösung von (1). Die entsprechende Aussage gilt für jede autonome Gleichung. Man kann es aber auch schnell nachrechnen. Es gilt nämlich

$$\psi_1''(x) = \varphi''(x + x_0) = g\left(\varphi(x + x_0)\right) = g\left(\psi_1(x)\right) .$$

Für $\psi_2(x) := \varphi(x_0 - x)$ gilt $\psi_2'(x) = -\varphi'(x_0 - x)$ und damit

$$\psi_2''(x) = \varphi''(x_0 - x) = g\left(\varphi(x_0 - x)\right) = g\left(\psi_2(x)\right) .$$

Also ist auch ψ_2 eine Lösung von (1).

(B.2) Da g ungerade ist, folgt für $\psi_3(x) := -\varphi(x)$:

$$\psi_3''(x) = -\varphi''(x) = -g\left(\varphi(x)\right) = g\left(-\varphi(x)\right) = g\left(\psi_3(x)\right) .$$

Also ist auch ψ_3 eine Lösung von (1).

(B.3) Sei $x_1 \in I$ mit $\varphi'(x_1) = 0$.

Sei $u(\xi) := \varphi(x_1 + \xi)$ und $v(\xi) := \varphi(x_1 - \xi)$.

Nach Teil (B.1) sind u und v Lösungen von (1). Sie erfüllen außerdem die Anfangsbedingungen $u(0) = \varphi(x_1) = v(0)$ und $u'(0) = \varphi'(x_1) = 0 = v'(0)$. Wegen der eindeutigen Lösbarkeit folgt $u \equiv v$.

Mit φ sind auch u und v maximal fortgesetzt. Maximale Existenzintervalle sind offen. u und v sind beide in dem offenen Intervall $(I - x_1) \cap (I + x_1) \neq \emptyset$ definiert. Wegen $u \equiv v$ können sie zu einer Lösung auf das Intervall $J := (I - x_1) \cup (I + x_1)$ fortgesetzt werden. Als maximal fortgesetzte Lösungen sind sie daher in J definiert.

(B.4) Sei g ungerade und $x_2 \in I$ mit $\varphi(x_2) = 0$.

Ferner sei nun $u(\xi) := \varphi(x_2 + \xi)$ und $v(\xi) := -\varphi(x_2 - \xi)$.

Nach Teil (B.1) und (B.2) sind u und v Lösungen von (1). Sie erfüllen außerdem die Anfangsbedingungen $u(0) = \varphi(x_2) = 0 = v(0)$ und $u'(0) = \varphi'(x_2) = v'(0)$. Wegen der eindeutigen Lösbarkeit folgt $u \equiv v$.

Wie in Teil (B.3) schließt man, dass u und v beide in $J := (I - x_2) \cup (I + x_2)$ definiert sind.

(B.5) Seien g ungerade, $\varphi\colon I \to \mathbb{R}$ eine maximal fortgesetzte Lösung von (1) und $x_1, x_2 \in I$ mit $\varphi'(x_1) = 0$ und $\varphi(x_2) = 0$.

Ist $x_1 = x_2$, so ist $\varphi \equiv 0$ und alles ist klar. Sei also o.B.d.A. $x_1 < x_2$.

Dann ist φ auch im Intervall $x_1 \leq x \leq x_3 := x_1 + 2(x_2 - x_1)$ definiert. Denn nach Teil (B.4) gilt $\varphi(x_2 + \xi) = -\varphi(x_2 - \xi)$ und φ ist nach Voraussetzung maximal fortgesetzt. Es gilt $\varphi'(x_3) = 0$.

Analog zeigt man, dass φ auch im Intervall $x_1 \leq x \leq x_4 := x_0 + 4(x_2 - x_1)$ definiert ist, da nach (B.1) auch $\varphi(x_3 + \xi) = \varphi(x_3 - \xi)$ Lösungen sind. Es gilt

$$\varphi(x_1) \;=\; \varphi\left(x_3 - 2(x_2 - x_1)\right) \;=\; \varphi\left(x_3 + 2(x_2 - x_1)\right) \;=\; \varphi\left(x_1 + 4(x_2 - x_1)\right) .$$

φ ist also in ganz $\mathbb{R}$ definiert und periodisch mit der Periode $(4x_2 - 4x_1)$.

C Betrachtet wird die Gleichung $y'' = g(y)$. Dabei sei $g\colon \mathbb{R} \to \mathbb{R}$ lokal Lipschitz-stetig, $g(0) = 0$ und $yg(y) < 0$ für $y \neq 0$.

(C.1) Sei φ maximal fortgesetzte Lösung und I ihr Existenzintervall. Wir zeigen, dass $\beta := \sup I = \infty$ ist. Analog kann man zeigen, dass $\inf I = -\infty$, also dass φ auf ganz $\mathbb{R}$ definiert ist.

<u>Annahme:</u> $\beta < \infty$.

Sei $a \in I$ beliebig und o.B.d.A. $\varphi(a) > 0$ und $\varphi'(a) > 0$.

Wegen $y'' = g(y)$ folgt $\varphi''(a) = g(\varphi(a)) < 0$. Also ist rechts von a zunächst φ streng monoton steigend und φ' streng monoton fallend. Also existiert

$$x_1 \;:=\; \sup\left\{\, x \in I\,;\, x > a,\ \varphi'(t) > 0 \text{ für alle } t \in]a, x[\,\right\}$$

und es ist $a < x_1 \le \beta < \infty$. Wir zeigen, dass $x_1 < \beta$ und $\varphi'(x_1) = 0$.

In $J_1 :=]a, x_1[$ ist φ streng monoton steigend, also $0 < \varphi(a) < \varphi(x)$. Also existiert $y_1 := \lim\limits_{x \to x_1^-} \varphi(x)$. Es ist $0 < y_1 \le \infty$.

Wegen $y\,g(y) < 0$ für $y \ne 0$ gilt $g(\varphi(x)) < 0$ für $x \in J_1$. Also ist $\varphi''(x) < 0$ in J_1 und daher die erste Ableitung φ' in J_1 streng monoton fallend. Also existiert der Grenzwert $0 \le v_1 := \lim\limits_{x \to x_1^-} \varphi'(x) < \varphi'(a) < \infty$.

Es ist $y_1 = \displaystyle\int_a^{x_1} \varphi'(\xi)\, d\xi < (x_1 - a)\varphi'(a) < \infty$. Das AWP

$$y'' \;=\; g(y) \quad ; \quad y(x_1) \;=\; y_1 \quad ; \quad y'(x_1) \;=\; v_1$$

ist lösbar. Also kann φ über x_1 hinaus fortgesetzt werden. Daher ist $x_1 < \beta$. Nach Definition von x_1 muss $\varphi'(x_1) = 0$ sein.

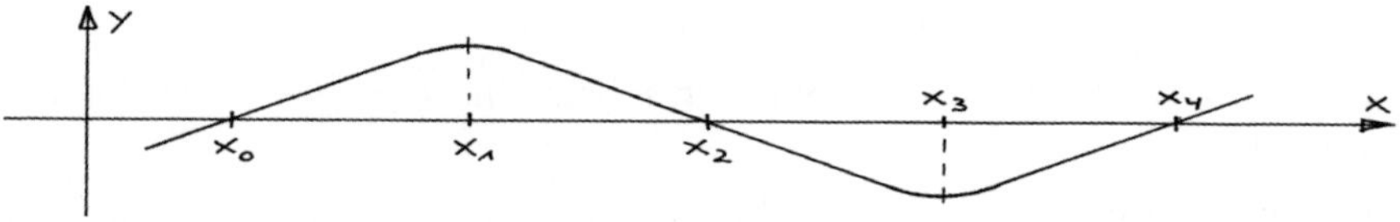

Es ist $\varphi''(x_1) < 0$. Also ist ab x_1 zunächst $\varphi'(x) < 0$ und streng monoton fallend. Dann ist zunächst auch $\varphi(x)$ streng monoton fallend und $y_1 = \varphi(x_1) > \varphi(x) > 0$. Also existiert

$$x_2 \;:=\; \sup\left\{\, x \in I\,;\, x > x_1,\ \varphi(t) > 0 \text{ für alle } t \in]x_1, x[\,\right\}$$

und es ist $x_1 < x_2 \le \beta < \infty$. Wir zeigen, dass $x_2 < \beta$ und $\varphi(x_2) = 0$.

In $J_2 :=]x_1, x_2[$ sind φ und φ' streng monoton fallend. Also existieren die Grenzwerte $y_2 := \lim\limits_{x \to x_2^-} \varphi(x)$ und $v_2 := \lim\limits_{x \to x_2^-} \varphi'(x)$. Es ist $0 \le y_2 < \infty$ und $0 > v_2 \ge -\infty$. Wegen $\left[(\varphi')^2(x)\right]' = 2\,\varphi'(x)\,\varphi''(x) = 2\,\varphi'(x)\,g\big(\varphi(x)\big)$ gilt

$$(\varphi')^2(x) \;=\; \int_{x_1}^{x} \left[(\varphi')^2(t)\right]'\,dt \;=\; \int_{x_1}^{x} g\left(\varphi(t)\right)\,\varphi'(t)\,dt \;\ge\; \int_{y_1}^{y_2} g(\eta)\,d\eta \;>\; -\infty\,.$$

Also ist $v_2 > -\infty$. Das AWP

$$y'' \;=\; g(y) \quad ; \quad y(x_2) \;=\; y_2 \quad ; \quad y'(x_2) \;=\; v_2$$

ist lösbar. Also kann φ über x_2 hinaus fortgesetzt werden. Daher ist $x_2 < \beta$. Nach Definition von x_2 muss $\varphi(x_2) = 0$ sein.

Wegen $\varphi(x_1 + \xi) = \varphi(x_1 - \xi)$ (siehe Aufgabe (B.3)) ist φ definiert im Intervall $x_0 := x_1 - (x_2 - x_1) \le x \le x_1 + (x_2 - x_1) = x_2$ und es gilt $\varphi'(x_2) = -\varphi'(x_0)$.

Analoge Überlegungen im Bereich $y < 0$ liefern die Existenz von $x_3, x_4 \in I$ mit

$x_2 < x_3 < x_4$, $x_4 - x_3 = x_3 - x_2$, φ' streng monoton steigend in $[x_2, x_4]$, $\varphi'(x_3) = 0$, sowie $\varphi(x_4) = \varphi(x_2) = 0$ und $\varphi'(x_4) = -\varphi'(x_2) = \varphi'(x_0)$.

Für $\psi(x) := \varphi(x + x_4 - x_0)$ gilt $\psi \equiv \varphi$, denn beides sind Lösungen des AWP's

$$y'' = g(y) \quad ; \quad y(x_0) = 0 \quad ; \quad y'(x_0) = \varphi'(x_0) .$$

Also ist φ periodisch mit der Periode $x_4 - x_0$. Insbesondere Ist φ doch in ganz $\mathbb{R}$ definiert.

(C.2) Jetzt gelte $G(y) := \int_0^y g(\eta)\,d\eta \to -\infty$ für $y \to \pm\infty$. φ sei maximal fortgesetzte Lösung von $y'' = g(y)$ und I ihr Existenzintervall. Wir zeigen, dass φ periodisch ist. Die Überlegungen verlaufen ähnlich wie im 1. Teil.

Sei $a \in I$ beliebig und o.B.d.A. $\varphi(a) > 0$ und $\varphi'(a) > 0$.

Wegen $y'' = g(y)$ folgt $\varphi''(a) = g(\varphi(a)) < 0$. Also ist rechts von a zunächst φ streng monoton steigend und φ' streng monoton fallend. Also existiert

$$x_1 := \sup\{\, x \in I\,;\, x > a,\ \varphi'(t) > 0 \text{ für alle } t \in]a, x[\,\}$$

und es ist $a < x_1 \leq \infty$. Wir zeigen, dass $x_1 < \infty$ und $\varphi'(x_1) = 0$.

In $J_1 :=]a, x_1[$ ist φ streng monoton steigend, also $0 < \varphi(a) < \varphi(x)$. Also existiert $y_1 := \lim\limits_{x \to x_1^-} \varphi(x)$. Es ist $0 < y_1 \leq \infty$.

In J_1 gilt außerdem $g(\varphi(x)) < 0$ wegen $y\,g(y) < 0$ für $y \neq 0$. Also gilt $\varphi''(x) < 0$ in J_1. Die erste Ableitung φ' ist daher in J_1 streng monoton fallend. Infolgedessen existiert der Grenzwert $v_1 := \lim\limits_{x \to x_1^-} \varphi'(x)$.

Es ist $0 \leq v_1 < \varphi'(a) < \infty$.

Wegen $\left[(\varphi')^2(x)\right]' = 2\,\varphi'(x)\,\varphi''(x) = 2\,\varphi'(x)\,g(\varphi(x))$ gilt in J_1 :

$$(\varphi')^2(x) - (\varphi')^2(a) = \int_a^x g\left(\varphi(t)\right)\,\varphi'(t)\,dt = \int_{\varphi(a)}^{\varphi(x)} g(\eta)\,d\eta = 2(G(\varphi(x)) - G(a)) .$$

$y_1 = \infty$ gibt einen Widerspruch zu $G(y) \to -\infty$ für $y \to \infty$. Wie in Aufgabe (C.1) zeigt man $x_1 \in I$ und $\varphi'(x_1) = 0$.

Es ist $\varphi''(x_1) < 0$. Also ist ab x_1 zunächst $\varphi'(x) < 0$ und streng monoton fallend. Dann ist zunächst auch $\varphi(x)$ streng monoton fallend und $y_1 = \varphi(x_1) > \varphi(x) > 0$. Also existiert

$$x_2 := \sup\{\, x \in I\,;\, x > x_1,\ \varphi(t) > 0 \text{ für alle } t \in]x_1, x[\,\}$$

und es ist $x_1 < x_2 \leq \infty$. In $J_2 :=]x_1, x_2[$ sind φ und φ' streng monoton fallend. $x_2 = \infty$ gibt einen Widerspruch zu $\varphi(x) \geq 0$ in J_2. Wie in Aufgabe (C.1) folgt $\varphi(x_2) = 0$.

Die Periodizität ergibt sich nun beinahe wörtlich wie oben.

(C.3) $y'' = -\frac{1}{2(y+1)^2}$; $y(0) = 0$; $y'(0) = 1$

ist ein Beispiel eines AWP's mit nicht periodischer Lösung.

Die erste Integration liefert hier $y' = (y+1)^{-1/2}$. Trennung der Variablen ergibt

$$x = \frac{2}{3}\sqrt{y+1}^{\,3} - \frac{2}{3} \quad \text{bzw} \quad y = \left(\frac{3}{2}x+1\right)^{2/3} - 1 \,.$$

D **(D.1)** Wir betrachten die Gleichung $\boxed{y'' = f(x,y)}$

Sei $\varphi\colon J \to \mathbb{R}$ eine maximal fortgesetzte Lösung, $\varphi \not\equiv 0$, $J \subset I$ ein echtes Intervall und $x_1 \in J$.

(i) Ist $\varphi(x_1) > 0$ und $\varphi'(x_1) > 0$, so sind φ und φ' ab x_1 (d.h. rechts von x_1) streng monoton wachsend, da $\varphi''(x) = f(x,\varphi(x)) > 0$ für $\varphi(x) > 0$. In diesem Fall gibt es also weder eine Null- noch eine Extremstelle rechts von x_1.

Ist $\varphi(x_1) < 0$ und $\varphi'(x_1) < 0$, so folgt analog, dass φ rechts von x_1 weder eine Null- noch eine Extremstelle haben kann.

(ii) Sei nun $x_2 \in J$ eine Nullstelle von φ .

Ist auch $\varphi'(x_2) = 0$, so ist $\varphi \equiv 0$ wegen der eindeutigen Lösbarkeit des entsprechenden AWP's.

Sei also $\varphi'(x_2) \neq 0$, etwa > 0. Dann gibt es in jeder Umgebung rechts von x_2 ein $x_1 \in J$ mit $\varphi(x_1) > 0$ und $\varphi'(x_1) > 0$. Nach (i) kann also rechts von x_2 weder eine Null-, noch eine Extremstelle von φ liegen.

Für $\varphi'(x_2) < 0$ schließt man analog.

(iii) Sei nun $x_3 \in J$ eine Extremstelle von φ, also $\varphi'(x_3) = 0$.

Ist auch $\varphi(x_3) = 0$, so ist $\varphi \equiv 0$ wegen der eindeutigen Lösbarkeit des entsprechenden AWP's.

Sei also $\varphi(x_3) \neq 0$, etwa > 0. Wegen $\varphi''(x_3) = f(x_3,\varphi(x_3)) > 0$, gibt es dann in jeder Umgebung rechts von x_3 ein $x_1 \in J$ mit $\varphi(x_1) > 0$ und $\varphi'(x_1) > 0$. Nach (i) kann also rechts von x_3 weder eine Null-, noch eine Extremstelle von φ liegen. Für $\varphi(x_3) < 0$ schließt man analog.

Aus (ii) und (iii) folgt zusammen, dass die Anzahl der Nullstellen von φ plus der Anzahl der Extremstellen von φ höchstens 1 sein kann.

(D.2) Wir betrachten die Gleichung $\boxed{y'' = -f(x,y)}$

Sei $\varphi\colon J \to \mathbb{R}$ eine maximal fortgesetzte Lösung, $\varphi \not\equiv 0$, $J \subset I$ ein echtes Intervall und $x_1 \in J$ eine Nullstelle von φ.

Ist auch $\varphi'(x_1) = 0$, so ist $\varphi \equiv 0$ wegen der eindeutigen Lösbarkeit des entsprechenden AWP's.

Sei also $\varphi'(x_1) \neq 0$, etwa > 0. Im Fall $\varphi'(x_1) < 0$ schließt man analog.

φ ist als Lösung der Dgl zweimal differenzierbar, also ist φ' stetig. Also gibt es eine rechtseitige Halbumgebung $U := [x_1, x_1 + \varepsilon[$ von x_1, in der φ streng monoton wächst. Insbesondere liegt in U außer x_1 keine weitere Nullstelle. Dass auch in einer linksseitigen Halbumgebung von x_1 keine weitere Nullstelle liegt, überlegt man sich entsprechend.

In $]x_1, x_1 + \varepsilon[$ ist dann $\varphi(x) > 0$, also $\varphi''(x) = -f\big(x, \varphi(x)\big) < 0$ und damit φ' streng monoton fallend.

1. Möglichkeit: φ' bleibt in J rechts von x_1 größer als Null. Dann hat φ keine Nullstelle mehr rechts von x_1 und es ist nichts mehr zu zeigen.

2. Möglichkeit: Es gibt ein $x_2 > x_1$ in J mit $\varphi'(x_2) = 0$. Wir wählen das kleinste solche x_2. Das gibt es! Dann ist $\varphi(x_2) > 0$, $\varphi'(x_2) = 0$ und $\varphi''(x_2) < 0$.

Analog wie oben gibt es eine rechtseitige Halbumgebung $V := [x_2, x_2 + \delta[$ von x_2, in der φ und φ' streng monoton fallen. Solange $\varphi(x) > 0$ bleibt, ist $\varphi''(x) = -f\big(x, \varphi(x)\big) < 0$, also kann φ vor der nächsten Nullstelle keine weitere Extremstelle haben.

Andererseits folgt mit denselben Argumenten, dass zwischen zwei Nullstellen von φ eine Extremstelle liegen muss.

Die Nullstellen von φ können sich schließlich nicht in I häufen. Dann müssten sich nämlich auch die Extremstellen im gleichen Punkt häufen. Im Häufungspunkt x_0 wäre dann $\varphi(x_0) = \varphi'(x_0) = 0$ und das gäbe einen Widerspruch zur eindeutigen Lösbarkeit des entsprechenden AWP's.

11.2 Elementare Typen

A Lösen Sie die Differentialgleichungen vom Typ *'y kommt nicht vor'*:

1) $2xy''y' - (y')^2 = -1$
2) $y'' = a\sqrt{1 + (y')^2}$

B Lösen Sie die Differentialgleichungen vom Typ *'x kommt nicht vor'*:

1) $y'' = \dfrac{y'}{\cos^2 y}$; $y(0) = \dfrac{\pi}{4}$; $y'(0) = 1$
2) $y'' = a\sqrt{1 + (y')^2}$
3) $y'' + y'^2 - (1 + y)^2 y' = 0$; $y(0) = 0$; $y'(0) = 1$

C Lösen Sie die folgenden exakten Gleichungen höherer Ordnung:

1) $(y + x)y'' + y'^2 - y' = 0$
2) $xyy'' + x(y')^2 + yy' = 0$
3) $yy''' - y'y'' + y^3 y' = 0$; $y(0) = y'(0) = 2$; $y''(0) = 0$

Beispiele linearer exakter Gleichungen höherer Ordnung siehe Aufgabe 12.4.C.

D Lösen Sie die folgenden Gleichungen vom Typ $y'' = g(y)$:

1) $\ddot{x} + \gamma x^{-2} = 0$ $(\gamma > 0)$ *Freier Fall aus großer Höhe*
2) $\ddot{x} + \gamma \sin x = 0$ $(\gamma > 0)$ *Pendelgleichung*

E *Verfolgungskurve:*

Ein Verfolger bewegt sich vom Punkt $(a, 0)$ aus mit konstantem Geschwindigkeitsbetrag $v = \sqrt{\dot{x}^2(t) + \dot{y}^2(t)}$ in Richtung auf das Ziel $(0, b + v_0 t)$, das sich mit der konstanten Geschwindigkeit v_0 auf der Geraden $x = 0$ bewegt. Bestimmen Sie die Bahnkurve $\big(x(t), y(t)\big)$ des Verfolgers.

Unter welchen Voraussetzungen und nach welcher Zeit erreicht der Verfolger sein Ziel? Wie verhält sich der Abstand zwischen den beiden im Fall, dass sie die gleiche Geschwindigkeit haben?

F *Kettenlinie:*

Bestimmen Sie eine Differentialgleichung für ein zwischen zwei Punkten freihängendes Seil und lösen Sie diese Dgl.

Wie kann man die durch die Seillänge und die beiden Aufhängepunkte eindeutig bestimmte Lösung berechnen?

Lösungen:

A Eine Gleichung n-ter Ordnung vom Typ *'y kommt nicht vor'* wird durch die Substitution $z = y'$ in eine Gleichung der Ordnung $n-1$ umgeformt.

(A.1) $\boxed{2xy''y' - (y')^2 \ = \ -1}$

Hier führt die Standardsubstitution auf die Gleichung $2xz'z = z^2 - 1$ mit getrennten Variablen. Stationäre Lösungen sind $z \equiv \pm 1$ bzw $y = \pm x + C$ $(C \in \mathbb{R})$. Als weitere Lösungen erhält man:

$$\begin{aligned}\int \frac{2z}{z^2-1}\, dz &= \int \frac{dx}{x} \\ z^2 - 1 &= C_1 x \\ z = y' &= \pm\sqrt{1 + C_1 x} \\ y &= \pm\frac{2}{3C_1}\sqrt{1 + C_1 x}^{\,3} + C_2 \quad (C_1, C_2 \in \mathbb{R})\end{aligned}$$

(A.2) $\boxed{y'' = a\sqrt{1 + (y')^2}}$ (Dgl der *Kettenlinie*; siehe auch 11.2.B.2)

Standardsubstitution $z(x) = y'(x)$ und Trennung der Variablen liefert

$$\begin{aligned}\text{arsinh} z = \int \frac{dz}{\sqrt{1+z^2}} &= \int a\, dx \ = \ ax + C_1 \\ z = y' &= \sinh(ax + C_1) \\ y &= \frac{1}{a}\cosh(ax + C_1) + C_2 \quad (C_1, C_2 \in \mathbb{R})\end{aligned}$$

B Beim Typ *'x kommt nicht vor'* kann man die Ordnung durch den Ansatz

$$p(y) := y'(x(y)) \quad ; \quad y'(x) = p(y) \quad ; \quad y''(x) = p(y)\, p'(y)$$

erniedrigen.

(B.1) $\boxed{y'' = \frac{y'}{\cos^2 y} \quad ; \quad y(0) = \frac{\pi}{4} \quad ; \quad y'(0) = 1}$

Der Standardansatz führt auf die Dgl 1. Ordnung $pp' = \dfrac{p}{\cos^2 y}$ für $p(y)$.

$p = 0$ widerspricht der Anfangsbedingung. Also $p' = \dfrac{1}{\cos^2 y}$.

Mit TdV erhält man $p(y) = \tan y + C_1 = y'$. Einsetzen der Anfangsbedingungen $y(0) = \frac{\pi}{4}$ und $y'(0) = 1$ liefert

$$1 = y'(0) = p(y(0)) = \tan\tfrac{\pi}{4} + C_1 = 1 + C_1 \ .$$

Also $C_1 = 0$ und $y' = \tan y$.

Diese Gleichung löst man wiederum durch TdV und erhält $\sin y = C_2\, \mathrm{e}^x$. Wegen $y(0) = \pi/4$ folgt $C_2 = \sqrt{2}/2$. Also ist

$$y = \arcsin\left(\frac{1}{2}\sqrt{2}\,\mathrm{e}^x\right)$$

die eindeutig bestimmte Lösung des AWP's.

(B.2) $\boxed{y'' = a\sqrt{1 + (y')^2}}$ (Dgl der *Kettenlinie*)

In Aufgabe 11.2.A.2 wird diese Gleichung einfacher mit der Substitution $z = y'$ behandelt. Der Ansatz $y'(x) = p(y)$ liefert die Gleichung $p\,p' = a\sqrt{1 + p^2}$. Trennung der Variablen ergibt

$$\begin{aligned}
\sqrt{1+p^2} &= \int \frac{p}{\sqrt{1+p^2}}\,dp = \int a\,dy = ay + C_1 \\
(y')^2 &= \left(ay + C_1\right)^2 - 1 \\
\frac{1}{a}\operatorname{arcosh}(ay + C_1) &= \int \frac{dy}{\sqrt{(ay+C_1)^2-1}} = \pm\int dx = \pm(x + C_2) \\
y &= \frac{1}{a}\cosh a(x + C_3) + C_4 \ .
\end{aligned}$$

(B.3) $\boxed{y'' + y'^2 - (1+y)^2\, y' = 0 \quad ; \quad y(0) = 0 \quad ; \quad y'(0) = 1}$

Der Standardansatz $y'(x) = p(y)$ liefert die Gleichung $p\,p' + p^2 - (1+y)^2\, p = 0$. $p = 0$ widerspricht den Anfangsbedingungen. Also ist die lineare Gleichung 1. Ordnung $p' + p = (1 + y)^2$ zu lösen. Sie hat die allgemeine Lösung

$$p(y) = 1 + y^2 + C\,\mathrm{e}^{-y} \ .$$

Die Anfangsbedingung $p\left(y(0)\right) = 1$ liefert $C = 0$, also $p(y) = y' = 1 + y^2$.

Eine zweite Integration mit TdV ergibt zusammen mit der Anfangsbedingung $y(0) = 0$ die Lösung $y = \tan x$.

C **(C.1)** $\boxed{(y + x)\, y'' + (y')^2 - y' = 0}$

Wir testen, ob die Gleichung exakt ist, also ob es eine Funktion $\Phi(x, y, y')$ derart gibt, dass

$$D_1\Phi + y'\, D_2\Phi + y''\, D_3\Phi = (y + x)\, y'' + (y')^2 - y' \ .$$

Dabei ist $D_k\Phi$ ist die Ableitung von Φ nach der k-ten Variablen. Der Koeffizient von y'' ist $D_3\Phi(x, y, y') = x + y$. Integration nach y' liefert

$$\Phi(x, y, y') = (x + y)\, y' + \Psi_1(x, y) \ .$$

Die 'Integrationskonstante' Ψ_1 darf nur noch von x und y abhängen. Einsetzen liefert

$$y' + D_1\Psi_1(x,y) + y'\left(y' + D_2\Psi_1(x,y)\right) \;=\; (y')^2 - y' \;.$$

Es folgt $D_2\Psi_1(x,y) = -2$. Integration nach y liefert

$$\Psi_1(x,y) = -2y + \Psi_2(x) \;.$$

Einsetzen ergibt $\Psi_2'(x) = 0$. $\Psi_2(x) :\equiv 0$ leistet das gewünschte. Die gegebene Differentialgleichung ist also exakt und

$$\Phi(x,y,y') \;:=\; (y+x)y' - 2y$$

ist eine Stammfunktion. Die Lösungen ergeben sich damit aus der Gleichung 1. Grades

$$\Phi(x,y,y') \;=\; (y+x)y' - 2y \;=\; C_1.$$

Dies ist eine Gleichung vom Typ $y' = f\left(\frac{ax+by+c}{\alpha x+\beta y+\gamma}\right)$ (siehe 2.5.3), die man entsprechend weiter behandeln kann.

(C.2) $\boxed{xyy'' + x(y')^2 + yy' = 0}$

Gesucht ist eine Funktion $\Phi(x,y,y')$ mit

$$D_1\Phi + y'\,D_2\Phi + y''\,D_3\Phi \;=\; xyy'' + x(y')^2 + yy' \;.$$

Dann muss $D_3\Phi(x,y,y') = xy$ sein. Integration nach y' liefert

$$\Phi(x,y,y') \;=\; xyy' + \Psi_1(x,y).$$

Einsetzen liefert

$$yy' + D_1\Psi_1(x,y) + y'\left(xy' + D_2\Psi_1(x,y)\right) \;=\; x(y')^2 + yy' \;.$$

$\Psi_1(x,y) :\equiv 0$ tut's. Die gegebene Differentialgleichung ist also exakt und äquivalent zur Gleichung 1. Grades

$$\Phi(x,y,y') \;=\; xyy' \;=\; C_1.$$

Trennung der Variablen liefert die Lösungen

$$y^2 \;=\; C_1 \ln x + C_2 \;.$$

(C.3) $\boxed{yy''' - y'y'' + y^3y' = 0 \quad ; \quad y(0) = y'(0) = 2 \quad ; \quad y''(0) = 0}$

Gesucht ist eine Funktion $\Phi(x,y,y',y'')$ mit

$$D_1\Phi + y'\,D_2\Phi + y''\,D_3\Phi + y'''\,D_4\Phi \;=\; yy''' - y'y'' + y^3y' \;.$$

Für sie muss $D_4\Phi(x,y,y',y'') = y$ sein. Integration nach y'' liefert

$$\Phi(x,y,y',y'') \;=\; yy'' + \Psi_1(x,y,y') \,.$$

Einsetzen liefert

$$D_1\Psi_1(x,y,y') + y'\left(y'' + D_2\Psi_1(x,y,y')\right) + y''D_3\Psi_1(x,y,y') \;=\; -y'y'' + y^3y' \,.$$

Es folgt $D_3\Psi_1(x,y,y') = -2y'$. Integration nach y' liefert

$$\Psi_1(x,y,y') = -(y')^2 + \Psi_2(x,y) \,.$$

Einsetzen ergibt

$$D_1\Psi_2(x,y) + y'D_2\Psi_2(x,y) \;=\; y^3y' \,.$$

$D_2\Psi_2 = y^3$ und $\Psi_2(x,y) := \frac{1}{4}y^4$ leisten das Gewünschte.

Die gegebene Gleichung 3. Grades ist also exakt und äquivalent zur Gleichung 2. Grades

$$yy'' - (y')^2 + \frac{1}{4}\,y^4 \;=\; C_1 \,.$$

Wegen der Anfangsbedingungen ist $C_1 = 0$. Die unabhängige Variable kommt nicht vor. Die übliche Substitution $p(y) = y'$, $y'' = p\,p'$ ergibt

$$pp' \;=\; \frac{1}{y}\,p^2 - \frac{1}{4}\,y^3 \,.$$

Dies ist eine Bernoulli-Dgl mit $\alpha = -1$. Die Standardsubstitution $z(y) = p^2$ ergibt die lineare Gleichung

$$z' \;=\; \frac{2}{y}\,z - \frac{1}{2}\,y^3$$

mit der allgemeinen Lösung

$$z \;=\; p^2 \;=\; (y')^2 \;=\; -\,\frac{1}{4}\,y^4 + C_2\,y^2 \,.$$

Die Anfangsbedingungen liefern $C_2 = 2$ und $y' = \frac{y}{2}\,\sqrt{8-y^2}$.

Weitere Lösung ist mit TdV möglich.

D Gleichungen vom Typ $\boxed{\;y'' = g(x)\;}$ löst man zweckmäßig mit der *'Energiemethode'* (siehe Abschnitt 4.1.3).

(D.1) $\boxed{\;\ddot{x} + \gamma x^{-2} = 0\;}$

Diese Gleichung beschreibt die radiale Bewegung eines Körpers in einem zentralen Gravitationsfeld. Dabei ist $x = x(t)$ die Entfernung des Körpers vom Zentrum zur Zeit t. Wir betrachten die Anfangsbedingungen $x(0) = R > 0$ und $\dot{x}(0) = v_0 > 0$.

Multiplikation mit $2\dot{x}$ und anschließende Integration liefert

$$2\dot{x}\,\ddot{x} \;=\; \frac{d}{dt}\left(\dot{x}^2\right) \;=\; -2\gamma\,\frac{\dot{x}}{x^2} \,, \tag{2}$$

$$\dot{x}^2 \;=\; \frac{2\gamma}{x} + C_1 \;. \tag{3}$$

Wegen $\dot{x}(0) = v_0 > 0$ und $x(0) = R > 0$ erhält man

$$v \;:=\; \dot{x} \;=\; \sqrt{2\gamma\left(\frac{1}{x} - \frac{1}{R}\right) + v_0^2} \;. \tag{4}$$

Die Geschwindigkeit $v := \dot{x}$ ist wegen $\ddot{x} < 0$ streng monoton fallend.

Solange der Radikand in Gleichung (4) positiv bleibt, erhält man mit TdV die Zeit t abhängig vom Ort x in der Form

$$t \;=\; T(x) \;:=\; \int_R^x \frac{\sqrt{u}}{\sqrt{2\gamma + u(v_0^2 - 2\gamma/R)}}\, du \;.$$

Für $v_0 \geq \sqrt{2\gamma/R}$ *(Fluchtgeschwindigkeit)* bildet T das x-Intervall $[R, \infty[$ bijektiv und streng monoton wachsend auf das Zeit-Intervall $[0, \infty[$ ab. Umgekehrt gilt also $x \to \infty$ für $t \to \infty$.

Ist die Anfangsgeschwindigkeit v_0 kleiner als die Fluchtgeschwindigkeit, also $0 < v_0 < \sqrt{2\gamma/R}$, so verschwindet der Radikand an der Stelle

$$x_U \;:=\; \frac{2\gamma R}{2\gamma - R v_0^2} \;. \qquad \text{‘Umkehrpunkt’}$$

$t = T(x)$ bildet das x-Intervall $[R, x_U]$ bijektiv und streng monoton wachsend auf das Zeitintervall $[0, t_U]$ ab mit

$$t_U \;=\; \int_R^{x_U} \frac{\sqrt{u}}{\sqrt{2\gamma + u(v_0^2 - 2\gamma/R)}}\, du \;. \qquad \text{‘Umkehrzeit’}$$

Das uneigentliche Integral konvergiert! Am Umkehrpunkt ist $v = \dot{x} = 0$ und $\ddot{x} < 0$. Also ist $\dot{x} < 0$ für $t > t_U$. Die Gleichung (4) muss jetzt ersetzt werden durch

$$v \;:=\; \dot{x} \;=\; -\sqrt{2\gamma\left(\frac{1}{x} - \frac{1}{R}\right) + v_0^2} \;.$$

Der Körper fällt mit zunehmender Geschwindigkeit zum Zentrum ($x = 0$) zurück.

(D.2) $\boxed{\ddot{x} = -\gamma \sin x}$ *Pendelgleichung*

Für die Anfangsbedingungen $x(0) = 0$, $\dot{x}(0) = v_0$ erhält man wie in Aufgabe 11.2.D.1:

$$\dot{x}^2 \;=\; v_0^2 - 4\gamma \sin^2 \tfrac{x}{2} \qquad \text{und} \qquad t \;=\; T(x) \;=\; \int_0^x \frac{du}{\sqrt{v_0^2 - 4\gamma \sin^2 \frac{u}{2}}} \;.$$

Für $v_0^2 > 4\gamma$ ist der Radikand stets positiv. T bildet das x-Intervall $[0, \infty[$

bijektiv und streng monoton wachsend auf das Zeitintervall $[0,\infty[$ ab. $\dot{x}$ wird nie 0, das Pendel dreht fortlaufend um den Aufhängepunkt.

Für $v_0^2 = 4\gamma$ verschwindet der Radikand an der Stelle $x = \pi$. In diesem Grenzfall bildet T das x-Intervall $[0,\pi[$ bijektiv und streng monoton wachsend auf das Zeitintervall $[0,\infty[$ ab. Das uneigentliche Integral divergiert! Das Pendel braucht unendlich lange Zeit, um bis zur senkrechten Stellung zu kommen.

Für $v_0^2 < 4\gamma$ schwingt das Pendel zwischen den maximalen Ausschlägen $\pm x_{max} = \pm 2 \arcsin \dfrac{v_0}{2\sqrt{\gamma}}$ mit der von v_0 bzw der Amplitude x_{max} abhängigen Schwingungsdauer

$$T = 4\int_0^{x_{max}} \frac{dx}{\sqrt{v_0^2 - 4\gamma \sin\frac{x}{2}}} .$$

Dies uneigentliche Integral konvergiert, da der Integrand sich im wesentlichen wie $(x - x_{max})^{-1/2}$ verhält.

E *Verfolgungskurve:*

Es ist $\dot{y}^2 + \dot{x}^2 = v^2$. Mit $y' = \dot{y}/\dot{x}$ also

$$\frac{dt}{dx} = -\frac{\sqrt{1+(y')^2}}{v} . \qquad (5)$$

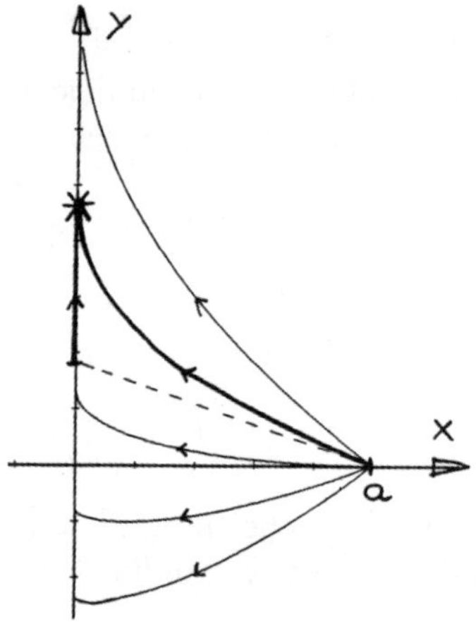

Differenziert man die Tangentenbedingung $y' = \dfrac{y-b-v_0 t}{x}$ nach x, so erhält man mit $\lambda := v_0/v$:

$$xy'' + y' = y' - v_0 \frac{dt}{dx}$$

$$y'' = \lambda \frac{\sqrt{1+(y')^2}}{x}$$

y kommt nicht vor. Also substituiert man $z = y'(x)$. TdV liefert

$$\ln\left(z + \sqrt{1+z^2}\right) = \int \frac{dz}{\sqrt{1+z^2}} = \lambda \int \frac{dx}{x} = \lambda \ln x + C$$

$$z + \sqrt{1+z^2} = D\left(\frac{x}{a}\right)^{\lambda}$$

Wegen $z(a) = -b/a$ ist $D = \sqrt{1+(b/a)^2} - b/a$. Auflösen nach $z = y'$ liefert

$$z = y' = \frac{1}{2}\left[D\left(\frac{x}{a}\right)^{\lambda} - \frac{1}{D}\left(\frac{x}{a}\right)^{-\lambda}\right]$$

$$y = \frac{a}{2}\left[\frac{D}{1+\lambda}\left(\frac{x}{a}\right)^{1+\lambda} - \frac{1/D}{1-\lambda}\left(\frac{x}{a}\right)^{1-\lambda}\right] + E \qquad (\lambda \neq 1)$$

$$y = \frac{a}{2}\left[\frac{D}{2}x^2 - \frac{1}{D}\ln\frac{x}{a}\right] + E \qquad (\lambda = 1)$$

Aus der Anfangsbedingung $y(a) = 0$ ergibt sich für $\lambda \neq 1$:

$$y = \frac{a}{2}\left[\frac{D}{1+\lambda}\left(\frac{x}{a}\right)^{1+\lambda} - \frac{1/D}{1-\lambda}\left(\frac{x}{a}\right)^{1-\lambda}\right] - \frac{a}{2}\left[\frac{D}{1+\lambda} - \frac{1/D}{1-\lambda}\right]$$

bzw $$y = \frac{D}{4}\left(x^2 - a^2\right) - \frac{1}{2D}\ln\frac{x}{a} \qquad \text{für } \lambda = 1 .$$

Der Verfolger erreicht sein Ziel nur, wenn sich die Lösung $y(x)$ auf das abgeschlossene Intervall $[0, a]$ fortsetzen lässt. Dies ist genau für $0 \leq \lambda < 1$, also $v > v_0$ der Fall. Der Kollisionspunkt ist dann $y(0) = \frac{a}{2}\left[\frac{1/D}{1-\lambda} - \frac{D}{1+\lambda}\right]$.

Im Fall $v = v_0$, also $\lambda = 1$ erreicht der Verfolger sein Ziel nicht. Für $t \to \infty$ strebt der Abstand gegen

$$\begin{aligned} d_\infty &:= \lim_{x\to 0^+}\left|(b + v_0 t) - y\right| = \lim_{x\to 0^+}\left|-x\,y'\right| = \lim_{x\to 0^+} -\frac{x}{2}\left[D\,\frac{x}{a} - \frac{1}{D}\,\frac{a}{x}\right] \\ &= \frac{a}{2D} = \frac{\sqrt{a^2+b^2}+b}{2} . \end{aligned}$$

Die Abhängigkeit von der Zeit $x = x(t)$ bzw $t = t(x)$ erhält man aus $y'(x)$ und (5) $\dot{x} = \frac{dx}{dt} = \frac{-v}{\sqrt{1+(y')^2}}$ durch Trennung der Variablen:

$$\int_a^x \sqrt{1 + (y')^2}\, du = \int_0^t -v\, d\tau = -vt .$$

Im Fall $0 \leq \lambda < 1$ erreicht der Verfolger sein Ziel zur Zeit

$$t^* = \frac{1}{2v}\int_0^a \left[D\left(\frac{x}{a}\right)^{\lambda} + \frac{1}{D}\left(\frac{x}{a}\right)^{-\lambda}\right] dx = \frac{a}{2v}\left[\frac{D}{1+\lambda} + \frac{1/D}{1-\lambda}\right] .$$

F *Kettenlinie:*

Sei S der tiefste Punkt und $\alpha = \arctan y'$ der Steigungswinkel in einem beliebigen Punkt $P = (x, y)$ der gesuchten Kurve. Die Tangentialspannung T in P zerfällt in die Horizontalkomponente $T\cos\alpha$ und die Vertikalkomponente $T\sin\alpha$. Das Seil befindet sich im Gleichgewicht, es ruht. Also ist die Horizontalspannung für alle P dieselbe, etwa gleich H .

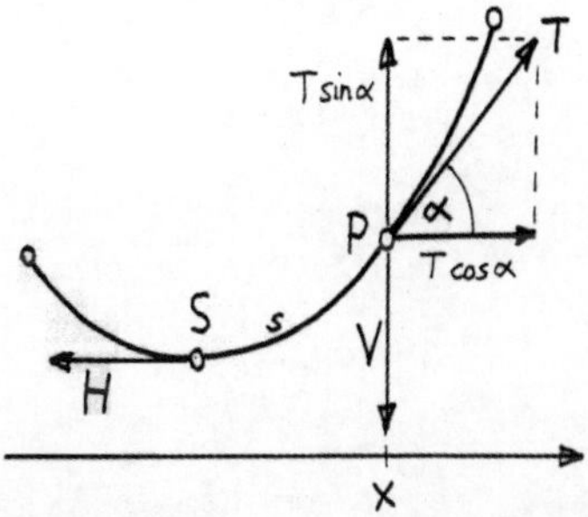

Die Vertikalspannung in P ist gleich dem Gewicht des Seiles zwischen S und

P, also $V = \gamma s$, wobei γ gleich dem Gewicht des Seils pro Längeneinheit und s die Länge des Bogens von S nach P ist.

Man erhält $\tan\alpha = y' = \frac{\gamma s}{H}$. Differentiation liefert $y'' = a\frac{ds}{dx}$ mit $a = \gamma/H$. Es ist $\frac{ds}{dx} = \sqrt{1+(y')^2}$. Also ist $y'' = a\sqrt{1+(y')^2}$ die Differentialgleichung des frei hängenden Seils (Kettenlinie).

Sie wird in den Aufgaben 11.2.A.2 und 11.2.B.2 gelöst. Die allgemeine Lösung ist

$$y = \frac{1}{a}\cosh(ax+C)+D \quad (C, D \in \mathbb{R}) .$$

Jetzt sind noch die Konstanten C, D und a den Randbedingungen $y(x_1) = y_1$ und $y(x_2) = y_2$ und der gegebenen Seillänge L anzupassen. Sei $x_2 > x_1$ und L größer als der Abstand zwischen den Aufhängepunkten. Es ist

$$\begin{aligned} L &= \int_{x_1}^{x_2} \sqrt{1+(y')^2}\,dx = \int_{x_1}^{x_2} \cosh(ax+C)\,dx \\ &= \frac{2}{a}\sinh\frac{ax_2-ax_1}{2}\cosh\frac{ax_2+ax_1+2C}{2} . \end{aligned} \tag{6}$$

Daraus folgt $\sqrt{L^2-(y_2-y_1)^2} = \frac{2}{a}\sinh\frac{a(x_2-x_1)}{2} =: g(a)$.

g ist in $]0,\infty[$ streng monoton wachsend. Es gilt $g(a)\to\infty$ für $a\to\infty$ und $g(a)\to x_2-x_1 < \sqrt{L^2-(y_2-y_1)^2}$ für $a\to 0^+$. Also gibt es genau ein $a>0$ mit $g(a) = \sqrt{L^2-(y_2-y_1)^2}$. Dies a, aus dem sich auch die konstante Horizontalspannung $H = \gamma/a$ ergibt, kann nur näherungsweise numerisch berechnet werden. C ergibt sich dann aus Gleichung (6) und D aus einer der Randbedingungen $y_i = y(x_i)$.

11.3 Picardsches Iterationsverfahren

A Wenden Sie das Picardsche Iterationsverfahren an auf die folgenden AWP'e:

1) $y' = 2xy \quad ; \quad y(0) = y_0$
2) $y' = x^2 + y^2 \quad ; \quad y(0) = 1$

B Lösen Sie das folgende System mit Hilfe des Picardschen Iterationsverfahrens:

$$\vec{y}\,' = \begin{pmatrix} y_1' \\ y_2' \end{pmatrix} = \begin{pmatrix} y_2 \\ y_1 \end{pmatrix} \quad ; \quad \vec{y}\,(0) = \begin{pmatrix} 1 \\ 0 \end{pmatrix} .$$

C Was liefert das Picard'sche Iterationsverfahren für ein homogenes lineares System $\vec{y}\,' = \mathbf{A}\,\vec{y}$ mit konstanter Koeffizientenmatrix $\mathbf{A} \in \mathbb{R}^{n\times n}$?

D Sei $g\colon I \to \mathbb{R}$ in einem Intervall $I \subset \mathbb{R}$ stetig. Lösen Sie das System

$$\dot{\vec{x}} = \begin{pmatrix} \dot{x} \\ \dot{y} \end{pmatrix} = \begin{pmatrix} 0 & g(t) \\ -g(t) & 0 \end{pmatrix} \begin{pmatrix} x \\ y \end{pmatrix}$$

mit Hilfe des Picardschen Iterationsverfahrens.

E Sei $f\colon \mathbb{R}^2 \to \mathbb{R}$ definiert durch

$$f(x,y) := \begin{cases} 2x & \text{für } y < 0 \\ 2x - 4\dfrac{y}{x} & \text{für } 0 \le y < x^2 \\ -2x & \text{für } y \ge x^2 \end{cases}$$

Ist f stetig, Lipschitz-stetig bzgl y ?

Ist das AWP $y' = f(x,y),\ y(0) = 0$ (eindeutig) lösbar ?

Was liefert das Picard'sche Iterationsverfahren?

Lösungen:

A Gegeben ist das AWP $y' = f(x,y) \ ; \ y(x_0) = y_0$. Seine rechte Seite $f(x,y)$ sei stetig und lokal Lipschitz-stetig bzgl y. Dann liefert das *Picard'sche Interationsverfahren*

$$\phi_0(x) :\equiv y_0 \quad ; \quad \phi_{k+1}(x) := y_0 + \int_{x_0}^{x} f\left(t, \phi_k(t)\right) dt$$

eine Funktionenfolge $(\phi_k)_k$, die in einem Intervall I um x_0 gleichmäßig gegen die eindeutig bestimmte Lösung φ des AWP's konvergiert.

Siehe dazu Abschnitt 1.3.2.

(A.1) $\boxed{y' = 2xy \quad ; \quad y(0) = y_0}$

Die Gleichung dieses AWP's ist eine homogene lineare Dgl 1. Ordnung, die man natürlich auch (und sicherlich schneller) durch Trennung der Variablen lösen kann.

Die rechte Seite $f(x,y) := 2xy$ ist im ganzen $\mathbb{R}^2$ stetig. f ist im $\mathbb{R}^2$ stetig partiell nach y differenzierbar, also lokal Lipschitz-stetig bzgl y.

f ist sogar in jedem Streifen der Form $G := [-M, M] \times \mathbb{R}$ global Lipschitz-stetig bzgl y, denn

$$\left|f(x,y_1) - f(x,y_2)\right| \;=\; 2|x|\,\left|y_1 - y_2\right| \;\leq\; 2M\,\left|y_1 - y_2\right| \;.$$

Als globale Lipschitzkonstante für G kann man also $L := 2M$ wählen.

Das Picardsche Iterationsverfahren konvergiert daher in jedem kompakten Intervall $I := [-M, M]$ gleichmäßig gegen die eindeutig bestimmte Lösung φ des gegebenen AWP's. Es liefert:

$$\begin{aligned}
\phi_0(x) &\equiv y_0 \\
\phi_1(x) &= y_0 + \int_0^x 2t\,y_0\,dt \;=\; (1+x^2)\,y_0 \\
\phi_2(x) &= y_0 + \int_0^x 2t(1+t^2)y_0\,dt \;=\; \left(1 + x^2 + \frac{x^4}{2}\right) y_0 \\
\phi_3(x) &= y_0 + \int_0^x 2t\left(1+t^2+t^4/2\right) y_0\,dt \;=\; \left(1 + x^2 + \frac{x^4}{2} + \frac{x^6}{3!}\right) y_0
\end{aligned}$$

usw. Man beweist leicht durch Induktion, dass für alle $n \in \mathbb{N}$ gilt

$$\phi_n(x) \;=\; y_0 \sum_{k=0}^{n} \frac{x^{2k}}{k!} \;.$$

Man kann hier die Grenzfunktion geschlossen darstellen. I.a. ist das nicht möglich. Die Folge $(\phi_n)_n$ der Iterierten konvergiert hier gegen

$$y \;=\; \varphi(x) \;:=\; y_0 \sum_{k=0}^{\infty} \frac{x^{2k}}{k!} \;=\; y_0\,\mathrm{e}^{x^2}$$

und zwar gleichmäßig in jedem kompakten Intervall $[-M, M] \subset \mathbb{R}$. $\varphi(x)$ ist die eindeutig bestimmte Lösung des gegebenen AWP's.

Die Fehlerabschätzung in der Streifenversion (siehe Abschnitt 1.3.2) liefert:

$$\|\phi_n(x) - \varphi(x)\| \;\leq\; K \sum_{j=n}^{\infty} \frac{1}{j!}\, L^j\, |x - x_0|^j \qquad \text{für alle } x \in [-M, M] \;.$$

Dabei ist $K := \max\limits_{-M \leq x \leq M} \|\phi_1(x) - \phi_0(x)\|$ und L die Lipschitzkonstante von

f im Streifen $[-M, M] \times \mathbb{R}^n$. Hier ist $K = |y_0|\, M^2$ und $L = 2M$. Also gilt

$$\|\phi_n(x) - \varphi(x)\| \;\leq\; |y_0|\, M^2 \sum_{j=n}^{\infty} \frac{1}{j!}\,(2M^2)^j \qquad \text{für alle } x \in [-M, M]\,.$$

Die Reihe kann natürlich noch weiter abgeschätzt werden (z.B. mit Hilfe der geometrischen Reihe). Diese Abschätzung ist schwächer als die, die man in diesem einfachen Beispiel aus der expliziten Darstellung von Iterierten und Grenzfunktion erhält, nämlich

$$\|\phi_n(x) - \varphi(x)\| \;\leq\; |y_0| \sum_{j=n}^{\infty} \frac{1}{j!}\, M^{2j} \qquad \text{für alle } x \in [-M, M]\,.$$

(A.2) $\boxed{y' = x^2 + y^2 \quad ; \quad y(0) = 1}$

Die rechte Seite $f(x, y) := x^2 + y^2$ ist im ganzen $\mathbb{R}^2$ stetig. f ist im $\mathbb{R}^2$ stetig partiell nach y differenzierbar, also lokal Lipschitz-stetig bzgl y.

Das Picardsche Iterationsverfahren konvergiert daher in einem gewissen Intervall $I := [-\varepsilon, \varepsilon]$ gleichmäßig gegen die eindeutig bestimmte Lösung φ des gegebenen AWP's. Es liefert:

$$\begin{aligned}
\phi_0(x) &\equiv 1 \\
\phi_1(x) &= 1 + \int_0^x (t^2 + 1)\, dt \;=\; 1 + x + \tfrac{1}{3}\, x^3 \\
\phi_2(x) &= 1 + \int_0^x \left[t^2 + \left(1 + 2t + t^2 + \tfrac{2}{3} t^3 + \ldots\right)\right] dt \;=\; 1 + x + x^2 + \tfrac{2}{3}\, x^3 \ldots \\
\phi_3(x) &= 1 + \int_0^x 2\left[(t^2 + \left(1 + 2t + 3t^2 + \tfrac{10}{3}\, t^3 + \ldots\right)\right] dt \\
&= 1 + x + x^2 + \tfrac{4}{3}\, x^3 + \tfrac{5}{6}\, x^4 + \ldots \\
\phi_4(x) &= 1 + \int_0^x 2\left[(t^2 + \left(1 + 2t + 3t^2 + \tfrac{14}{3} t^3 + \tfrac{19}{3}\, x^4 + \ldots\right)\right] dt \\
&= 1 + x + x^2 + \tfrac{4}{3}\, x^3 + \tfrac{7}{6}\, x^4 + \tfrac{16}{15}\, x^5 + \ldots
\end{aligned}$$

usw. Dabei haben wir bei der Iteration jeweils nicht alle Potenzen von x berücksichtigt, sondern nur Anfangsstücke zunehmender Länge. Dies ändert an der Konvergenz kaum etwas. Die Potenzreihenentwicklung der Lösung beginnt in der Tat mit

$$y \;=\; 1 + x + x^2 + \tfrac{4}{3} x^3 + \tfrac{7}{6} x^4 + \tfrac{6}{5}\, x^5 + \ldots\,.$$

(siehe Abschnitt 4.3.1). Es sieht so aus, als ob in jedem Iterationsschritt eine richtige Potenz dazukommt. Beweis?

Für die Fehlerabschätzung braucht man zunächst einen Quader

$$Q := \{ (x,y) \in \mathbb{R}^2 ; |x| \le \alpha, \ |y-1| \le \beta \}$$

um den Anfangspunkt $(0,1)$. Die rechte Seite $f(x,y) := x^2 + y^2$ ist in Q Lipschitz-stetig bzgl y mit der Lipschitzkonstanten $L := 2(\beta + 1)$. Außerdem gilt $|f(x,y)| \le M := \alpha^2 + (\beta+1)^2$ für alle $(x,y) \in Q$. Die Theorie (siehe Abschnitt 1.3.2) liefert dann die Existenz und Eindeutigkeit der Lösung mindestens im Intervall $[-\varepsilon, \varepsilon]$ mit $\varepsilon := \min(\alpha, \beta/M)$. Mit $\alpha := \beta := 1$ erhält man $\varepsilon = \frac{1}{5}$ und für $|x| \le \frac{1}{5}$ die Fehlerabschätzung:

$$\begin{aligned} |\phi_k(x) - \varphi(x)| &\le \frac{M}{L} \sum_{j=k+1}^{\infty} \frac{1}{j!} L^j |x|^j \le \frac{5}{4} \sum_{j=k+1}^{\infty} \frac{1}{j!} \left(\tfrac{4}{5}\right)^j \\ &< \frac{1}{(k+1)!} \left(\tfrac{4}{5}\right)^k \sum_{j=0}^{\infty} \left(\tfrac{4}{5}\right)^j = \frac{5}{(k+1)!} \cdot \left(\tfrac{4}{5}\right)^k . \end{aligned}$$

Man kann versuchen, durch geschickte Wahl von α und β ein möglichst großes ε zu bekommen. Hier wird stets $\varepsilon < 1$ sein. In Aufgabe 10.2.F wird das maximale Existenzintervall der Lösung mit Hilfe von Unter- und Oberfunktionen abgeschätzt. Dort wird gezeigt, dass die Lösung mindestens im Intervall $[0, 16/17]$ existiert.

B

$$\vec{y}\,' = \begin{pmatrix} y_2 \\ y_1 \end{pmatrix} \quad ; \quad \vec{y}(0) = \begin{pmatrix} 1 \\ 0 \end{pmatrix}$$

Das System ist ein lineares mit konstanten Koeffizienten und außerdem äquivalent zu dem linearen AWP zweiter Ordnung:

$$y'' = y \quad ; \quad y(0) = 1 \quad ; \quad y'(0) = 0 .$$

Mit den Methoden der entsprechenden Abschnitte 5.2.5 und 5.3.5 erhält man die (eindeutig bestimmte) Lösung

$$\vec{y} = \begin{pmatrix} \cosh x \\ \sinh x \end{pmatrix} \qquad \text{bzw} \qquad y = \cosh x .$$

Hier soll das Picardsche Iterationsverfahren angewendet werden. Die rechte Seite $f(x, \vec{y}) := \begin{pmatrix} 0 & 1 \\ 1 & 0 \end{pmatrix} \vec{y}$ ist im ganzen $\mathbb{R}^3$ stetig und global Lipschitz-stetig bzgl $\vec{y}$ mit der Lipschitzkonstanten $L = 1$. Das Iterationsverfahren wird daher in jedem kompakten Intervall $[-M, M] \subset \mathbb{R}$ gleichmäßig gegen die eindeutig bestimmte Lösung konvergieren. Es liefert:

$$\vec{\phi}_0(x) \equiv \begin{pmatrix} 1 \\ 0 \end{pmatrix}$$

$$\vec{\phi}_1(x) = \begin{pmatrix}1\\0\end{pmatrix} + \int_0^x \begin{pmatrix}0\\1\end{pmatrix} dt = \begin{pmatrix}1\\x\end{pmatrix}$$
$$\vec{\phi}_2(x) = \begin{pmatrix}1\\0\end{pmatrix} + \int_0^x \begin{pmatrix}t\\1\end{pmatrix} dt = \begin{pmatrix}1+x^2/2\\x\end{pmatrix}$$

usw. Mit Induktion erhält man

$$\vec{\phi}_{2k}(x) = \begin{pmatrix}\sum_{j=0}^{k} \frac{x^{2j}}{(2j)!}\\ \sum_{j=0}^{k-1} \frac{x^{2j+1}}{(2j+1)!}\end{pmatrix} \quad ; \quad \vec{\phi}_{2k+1}(x) = \begin{pmatrix}\sum_{j=0}^{k} \frac{x^{2j}}{(2j)!}\\ \sum_{j=0}^{k} \frac{x^{2j+1}}{(2j+1)!}\end{pmatrix}$$

Die Folge der Iterierten konvergiert daher gegen $\vec{\varphi}(x) = \begin{pmatrix}\cosh x\\ \sinh x\end{pmatrix}$ und das ist die eindeutig bestimmte Lösung des gegebenen AWP's.

C $\boxed{\vec{y}\,' = \mathbf{A}\,\vec{y}}$

Mit der Anfangsbedingung $\vec{y}(x_0) = \vec{y}_0$ liefert das Picard Verfahren:

$$\vec{\phi}_0(x) \equiv \vec{y}_0$$
$$\vec{\phi}_1(x) = \vec{y}_0 + \int_{x_0}^x \mathbf{A}\vec{y}_0\,dt = [\mathbf{E} + \mathbf{A}(x-x_0)]\,\vec{y}_0$$
$$\vec{\phi}_2(x) = \vec{y}_0 + \int_{x_0}^x \mathbf{A}\,[\mathbf{E} + \mathbf{A}(x-x_0)]\,\vec{y}_0\,dt = \vec{y}_0 + \int_{x_0}^x [\mathbf{A} + \mathbf{A}^2\,(x-x_0)]\,\vec{y}_0\,dt$$
$$= \left[\mathbf{E} + \mathbf{A}(x-x_0) + \mathbf{A}^2\frac{(x-x_0)^2}{2}\right]\vec{y}_0$$
$$\vec{\phi}_3(x) = \vec{y}_0 + \int_{x_0}^x \mathbf{A}\left[\mathbf{E} + \mathbf{A}(x-x_0) + \mathbf{A}^2\,\frac{(x-x_0)^2}{2}\right]\vec{y}_0\,dt$$
$$= \left[\mathbf{E} + \mathbf{A}(x-x_0) + \mathbf{A}^2\,\frac{(x-x_0)^2}{2} + \mathbf{A}^3\,\frac{(x-x_0)^3}{3!}\right]\vec{y}_0$$

usw. Mit Induktion folgt, dass für alle $n \in \mathbb{N}$ gilt

$$\vec{\phi}_n(x) = \left[\sum_{k=0}^{n} \mathbf{A}^k\,\frac{(x-x_0)^k}{k!}\right]\vec{y}_0\,.$$

Die Folge $(\vec{\phi}_n)_n$ der Iterierten konvergiert also gegen

$$\vec{y} = \vec{\varphi}(x) = \left[\sum_{k=0}^{\infty} \mathbf{A}^k\,\frac{(x-x_0)^k}{k!}\right]\vec{y}_0 = \mathrm{e}^{\mathbf{A}(x-x_0)}\vec{y}_0$$

und zwar gleichmäßig in jedem kompakten Intervall $I \subset \mathbb{R}$.

Das Picard Verfahren auf ein lineares System mit konstanten Koeffizienten angewendet liefert also gerade die Exponentialreihe. Für einen Spezialfall siehe Aufgabe 11.3.B.

D

$$\begin{pmatrix} \dot{x} \\ \dot{y} \end{pmatrix} = \begin{pmatrix} 0 & g(t) \\ -g(t) & 0 \end{pmatrix} \begin{pmatrix} x \\ y \end{pmatrix}$$

Die rechte Seite des Systems ist in jedem Streifen $[\alpha, \beta] \times \mathbb{R}^2$ mit kompakten Intervall $[\alpha, \beta] \subset I$ stetig und global Lipschitz-stetig bzgl $\vec{x} = (x, y)$. Das Picard-Verfahren konvergiert daher in jedem solchen Streifen gleichmäßig.

Sei $G(t) := \int_0^t g(\tau)\, d\tau$ und $\vec{x}(0) = \vec{x}_0$. Ferner sei $\mathbf{E} := \begin{pmatrix} 1 & 0 \\ 0 & 1 \end{pmatrix}$ und $\mathbf{I} := \begin{pmatrix} 0 & 1 \\ -1 & 0 \end{pmatrix}$. Dann ist $\mathbf{I}^2 = -\mathbf{E}$ und das Iterationsverfahren ergibt:

$$\begin{aligned}
\vec{\phi}_0(t) &\equiv \vec{x}_0 \\
\vec{\phi}_1(t) &= \left[\mathbf{E} + \int_0^t g(\tau)\mathbf{I}\, d\tau\right] \vec{x}_0 = [\mathbf{E} + G(t)\mathbf{I}]\, \vec{x}_0 \\
\vec{\phi}_2(t) &= \left[\mathbf{E} + \int_0^t g(\tau)\mathbf{I}\left(\mathbf{E} + G(\tau)\mathbf{I}\right)\, d\tau\right] \vec{x}_0 = \left[\mathbf{E} + G(t)\mathbf{I} - \frac{1}{2}G^2(t)\mathbf{E}\right] \vec{x}_0 \\
\vec{\phi}_3(t) &= \left[\mathbf{E} + \int_0^t g(\tau)\mathbf{I}\left(\mathbf{E} + G(\tau)\mathbf{I} - \frac{1}{2}G^2(\tau)\mathbf{E}\right)\, d\tau\right] \vec{x}_0 \\
&= \left[\mathbf{E} + G(t)\mathbf{I} - \frac{1}{2}G^2(t)\mathbf{E} - \frac{1}{3!}G^3(t)\mathbf{I}\right] \vec{x}_0
\end{aligned}$$

usw. Mit Induktion kann man zeigen, dass die Iterationsfolge gegen die Lösung

$$\vec{x}(t) = \begin{pmatrix} x(t) \\ y(t) \end{pmatrix} = [\cos G(t)\mathbf{E} + \sin G(t)\mathbf{I}]\, \vec{x}_0 = \begin{pmatrix} \cos G(t) & \sin G(t) \\ -\sin G(t) & \cos G(t) \end{pmatrix} \cdot \vec{x}_0$$

konvergiert.

E Nach Aufgabenstellung ist $f\colon \mathbb{R}^2 \to \mathbb{R}$ definiert durch

$$f(x, y) := \begin{cases} 2x & \text{für } y < 0 \\ 2x - 4\frac{y}{x} & \text{für } 0 \le y < x^2 \\ -2x & \text{für } y \ge x^2 \end{cases}$$

Die Funktion f ist in der ganzen Ebene $\mathbb{R}^2$ stetig, denn sie ist in den einzelnen Teilbereichen stetig und die Definitionen stimmen an den gemeinsamen Rändern überein.

f ist in keiner Umgebung von $(0,0)$ Lipschitz-stetig bzgl y. Sei nämlich U eine solche Umgebung und $L > 0$ beliebig. Dann gibt es Punkte (x, y_1) und (x, y_2) in U mit $x \neq 0$, $y_1 < 0$, $y_2 > x^2$ und $y_2 - y_1 < 4|x|/L$. Für diese Punkte gilt

$$|f(x,y_1) - f(x,y_2)| \;=\; 4|x| \;>\; L\,|y_1 - y_2| \,.$$

Das AWP ist sicherlich lösbar nach Peano.

Es ist trotz der fehlenden Lipschitz-Stetigkeit auch eindeutig lösbar. Dies kann man einsehen, indem man die Dgl zunächst in den einzelnen Teilbereichen löst.

Im Bereich (1) ($y < 0$) ist die Dgl $y' = 2x$ zu lösen. Entsprechende AWPs sind eindeutig lösbar. Die allgemeine Lösung ist $y_1 = x^2 + C$.

Im Bereich (2) ($0 < y < x^2$) ist die inhomogene lineare Dgl $y' = 2x - \frac{4}{x}\,y$ zu lösen. Entsprechende AWPs sind eindeutig lösbar. Die allgemeine Lösung ist $y_2 = \frac{1}{3}\,x^2 + C\frac{1}{x^4}$. Die spezielle Lösung $y_s := x^2/3$ ist übrigens eine Lösung des gegebenen AWP's.

Im Bereich (3) ($y > x^2$) ist die Dgl $y' = -2x$ zu lösen. Entsprechende AWPs sind eindeutig lösbar. Die allgemeine Lösung ist $y_3 = -x^2 + C$.

Man sieht, dass jede Lösung φ, die in einem Punkt x_1 einen Wert $\varphi(x_1) \neq x_1^2/3$ hat, auf ganz $\mathbb{R}$ fortsetzbar ist und dass sie dabei nicht durch den Ursprung $(0,0)$ läuft. $y_s = x^2/3$ ist also die einzige Lösung des AWP's.

Das Picardsche Iterationsverfahren liefert

$$\begin{aligned}
\phi_0(x) &\equiv 0 \\
\phi_1(x) &= \int_0^x 2t\,dt \;=\; x^2 \\
\phi_2(x) &= \int_0^x -2t\,dt \;=\; -x^2 \\
\phi_3(x) &= \int_0^x 2t\,dt \;=\; x^2
\end{aligned}$$

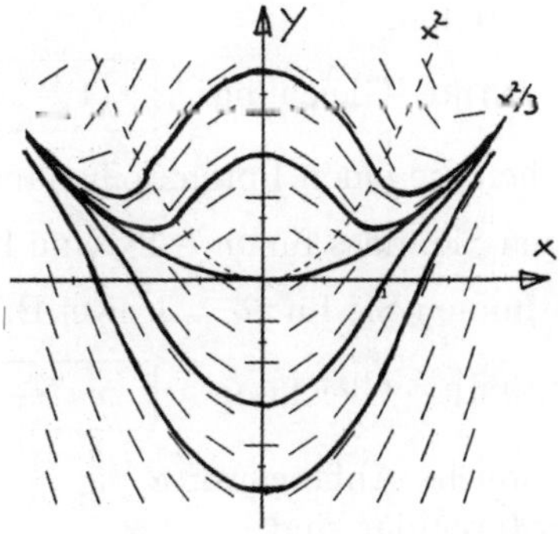

Es konvergiert nicht. Die Iterierten sind

$$\phi_k(x) \;=\; (-1)^{k+1}\,x^2 \quad \text{für } k \geq 1 \;\;.$$

Natürlich konvergiert das Picard-Verfahren, wenn man mit der Lösung y_s startet. Dann sind alle Iterierten gleich y_s.

11.4 Potenzreihenansatz

A Für die Lösungen der folgenden Anfangswertprobleme bestimme man Potenzreihen oder zumindest Anfangsstücke:

1) $y' = 2xy \; ; \; y(0) = 1$
2) $y' = x^3 + y^3 \; ; \; y(0) = 1$
3) $y'' + (x+1)\,y' - y = (x+1)^2 \; ; \; y(-1) = 2 \; ; \; y'(-1) = -2$
4) $y''\,y = x\cos x \; ; \; y(0) = \frac{1}{6} \; ; \; y'(0) = \frac{1}{6}$
5) $y''' - x^2\,y = \ln(2+x) \; ; \; y(0) = y'(0) = y''(0) = 0$
6) $\begin{pmatrix} \dot{x} \\ \dot{y} \end{pmatrix} = \begin{pmatrix} t + t^2 y \\ tx \end{pmatrix} \; ; \; x(0) = y(0) = 0$

B TSCHEBYCHEFF–Gleichung $(1-x^2)\,y'' - xy' + m^2 y = 0$

Lösen Sie die Gleichung durch Potenzreihenansatz um $x_0 = 0$.

Bestimmen Sie Polynomlösungen für $m = 0, 1, 2, 3$.

C HERMITE–Gleichung $y'' - 2xy' + my = 0$

Bestimmen Sie zwei Basislösungen durch Potenzreihenansatz um $x_0 = 0$!

Zeigen Sie, dass für $m = 2n$ Polynomlösungen vom Grad n existieren.

Versuchen Sie, für $m = 0$ und $m = 2$ eine zweite Basislösung geschlossen darzustellen.

D LEGENDRE–Gleichung $(1-x^2)\,y'' - 2xy' + m(m+1)y = 0$

Machen Sie einen Potenzreihenansatz um $x_0 = 0$.

Zeigen Sie, dass für $m \in \mathbb{N}$ eine Polynomlösung der Ordnung m existiert.

Bestimmen Sie für $m = 1$ zwei Basislösungen in geschlossener Form.

E LAGUERRE–Gleichung $xy'' + (1-x)y' + my = 0 \; ; \; m \in \mathbb{R}$

Für welche Anfangswerte $a_0 := y(0)$, $a_1 := y'(0)$ gibt es Lösungen, die bei $x_0 = 0$ regulär sind?

Für welche Werte von m gibt es Polynom-Lösungen?

F BESSEL–Gleichung $x^2\,y'' + x\,y' + (x^2 - m^2)\,y = 0$

Mit Hilfe des Ansatzes $z = \sqrt{x}\,y$ bestimme man ein Fundamentalsystem für $m = 1/2$.

Zeigen Sie, dass für $m = 0$ die Funktionen $J_0(x) := \sum_{k=0}^{\infty} \frac{(-1)^k}{(k!)^2} (\frac{x}{2})^{2k}$ und

$$N_0(x) \;:=\; \left(\ln\frac{x}{2}+\mathrm{C}\right)\,J_0(x) \,+\, \sum_{k=1}^{\infty}(-1)^{k-1}\frac{C_k}{(k!)^2}\left(\frac{x}{2}\right)^{2k}$$

ein Fundamentalsystem der Bessel-Gleichung bilden. Dabei sei

$$C_k := \sum_{j=1}^{k}\frac{1}{j} \quad \text{und} \quad \mathrm{C} := \lim_{k\to\infty}\big(C_k - \ln k\big) \quad \text{die Euler-Mascheroni-Konstante.}$$

Lösungen:

A Gegeben sei ein AWP 1. Ordnung: $y' = f(x,y)\;;\; y(x_0) = y_0$.

Lässt sich die rechte Seite $f(x,y)$ in eine Potenzreihe um (x_0, y_0) entwickeln, so ist die Lösung eindeutig bestimmt und lässt sich um x_0 in eine Potenzreihe entwickeln. Siehe dazu Abschnitt 4.3. Zur Bestimmung der Koeffizienten kann man einen Koeffizientenvergleich durchführen (siehe z.B. Aufgabe **(A.1)**) oder die Dgl weiter differenzieren (siehe z.B. Aufgabe **(A.2)**).

(A.1) $y' = 2xy \quad ; \quad y(0) = 1$

Ist der Koeffizient $a(x)$ einer expliziten homogenen linearen Gleichung 1. Ordnung $y' = a(x)\,y$ in eine in ganz $\mathbb{R}$ konvergente Potenzreihe entwickelbar, so kann man auch die Lösungen in Potenzreihen entwickeln, die in ganz $\mathbb{R}$ konvergieren. Dieser Fall liegt hier vor.

Wir machen den Ansatz $y = \sum_{k=0}^{\infty} a_k x^k$. Dann ist $y' = \sum_{k=0}^{\infty}(k+1)a_{k+1}x^k$.

Einsetzen in die Dgl liefert

$$\begin{aligned} \sum_{k=0}^{\infty}(k+1)a_{k+1}x^k &= 2x\sum_{k=0}^{\infty}a_k x^k = \sum_{k=1}^{\infty}2a_{k-1}x^k \\ a_1 + \sum_{k=1}^{\infty}(k+1)a_{k+1}x^k &= \sum_{k=1}^{\infty}2a_{k-1}x^k \,. \end{aligned}$$

Koeffizientenvergleich ergibt $a_1 = 0$ und $(k+1)a_{k+1} = 2a_{k-1}$ für $k \geq 1$.

Die Anfangsbedingung liefert $a_0 = y(0) = 1$. Mit vollständiger Induktion folgt $a_{2k+1} = 0$ und $a_{2k} = 1/k!$. Die eindeutig bestimmte Lösung des gegebenen AWP's ist daher

$$y(x) \;=\; \sum_{k=0}^{\infty}\frac{x^{2k}}{k!} \;=\; \mathrm{e}^{x^2} \,.$$

Diese Lösung hätte man natürlich schneller durch Trennung der Variablen bekommen.

(A.2) $\boxed{y' = x^3 + y^3 \quad ; \quad y(0) = 1}$

Die rechte Seite $f(x,y) := x^3 + y^3$ der Dgl ist eine in ganz $\mathbb{R}^2$ konvergente Potenzreihe in x und y. Das AWP ist daher eindeutig lösbar und die Lösung ist in eine Potenzreihe entwickelbar.

Wir machen wieder den Ansatz $y = \sum_{k=0}^{\infty} a_k x^k$ und wählen das Verfahren der fortgesetzten Differentiation.

Die Anfangsbedingung gibt $a_0 = y(0) = 1$.

$x = 0$ in die Gleichung einsetzen liefert $a_1 = y'(0) = 0 + y^3(0) = 1$.

Die Dgl differenziert und wiederum $x = 0$ eingesetzt ergibt

$$y'' = 3x^2 + 3y^2\,y' \quad \Longrightarrow \quad 2\,a_2 = y''(0) = 3 \,.$$

Man kann nun die letzte Dgl erneut differenzieren oder erst $y' = x^3 + y^3$ einsetzen und dann differenzieren. Wir wählen die zweite Möglichkeit und erhalten:

$$\begin{aligned} y'' &= 3x^2 + 3x^3\,y^2 + 3y^5 \\ \Longrightarrow \quad y''' &= 6x + 9x^2\,y^2 + (6x^3 y + 15y^4)\,y' \\ \Longrightarrow \quad 3!\,a_3 &= y'''(0) = 15 \,. \end{aligned}$$

Die Potenzreihenentwicklung der eindeutig bestimmten Lösung beginnt also mit

$$y(x) = 1 + x + \frac{3}{2}\,x^2 + \frac{15}{6}\,x^3 + \ldots \,.$$

Die Potenzreihenentwicklung konvergiert sicherlich nicht in ganz $\mathbb{R}$. Mit Hilfe einer Unterfunktion kann man zeigen, dass die Lösung nach rechts höchstens im Intervall $[0, 1/2[$ existiert. Der Konvergenzradius der Reihenentwicklung ist daher bestimmt $\leq 1/2$.

(A.3) $\boxed{y'' + (x+1)\,y' - y = (x+1)^2 \quad ; \quad y(-1) = 2 \quad ; \quad y'(-1) = -2}$

Es handelt sich um eine lineare Gleichung 2. Ordnung. Die Koeffizienten und die Störfunktion sind Polynome, also Potenzreihen, die in ganz $\mathbb{R}$ konvergieren. Die eindeutig bestimmte Lösung dieses AWP's ist daher in eine Potenzreihe entwickelbar, die in ganz $\mathbb{R}$ konvergiert.

Die Anfangsbedingungen sind an der Stelle $x_0 = -1$ gegeben.

Wir machen daher den Ansatz $y = \sum_{k=0}^{\infty} a_k (x+1)^k$.

Einsetzen in die Gleichung liefert

$$\begin{aligned}(x+1)^2 &= \\ &= \sum_{k=0}^{\infty} k(k-1)a_k(x+1)^{k-2} + (x+1)\sum_{k=0}^{\infty} ka_k(x+1)^{k-1} - \sum_{k=0}^{\infty} a_k(x+1)^k \\ &= \sum_{k=0}^{\infty}(k+2)(k+1)a_{k+2}(x+1)^k + \sum_{k=0}^{\infty} ka_k(x+1)^k - \sum_{k=0}^{\infty} a_k(x+1)^k\end{aligned}$$

Die Anfangsbedingungen liefern $a_0 = y(-1) = 2$ und $a_1 = y'(-1) = -2$.
Koeffizientenvergleich ergibt für $k = 0$:

$$2a_2 - a_0 \;=\; 0\;, \qquad \text{also} \quad a_2 \;=\; 1\;.$$

Für $k = 1$ erhält man $6a_3 + a_1 - a_1 = 0$, also $a_3 = 0$.
Für $k = 2$ erhält man $12a_4 + a_2 = 1$, also $a_4 = 0$.
Für $k \geq 3$ schließlich $(k+2)(k+1)\,a_{k+2} + (k-1)\,a_k = 0$.
Mit Induktion folgt $a_k = 0$ für $k \geq 3$. Die Lösung des AWP's ist also ein Polynom, nämlich

$$y(x) \;=\; 2 - 2(x+1) + (x+1)^2 \;=\; x^2 + 1\;.$$

(A.4) $\boxed{y''\,y = x\cos x \quad ; \quad y(0) = \frac{1}{6} \quad ; \quad y'(0) = \frac{1}{6}}$

Das AWP ist eindeutig lösbar und die Lösung ist in eine Potenzreihe um $x_0 = 0$ entwickelbar. Warum?

Wir machen den Ansatz $y = \sum_{k=0}^{\infty} a_k x^k$. Die Anfangsbedingungen ergeben $a_0 = y(0) = \frac{1}{6}$ und $a_1 = y'(0) = \frac{1}{6}$. Einsetzen in die Gleichung liefert

$$y''(0)\,y(0) \;=\; 0\;, \qquad \text{also} \quad 2\,a_2 \;=\; y''(0) \;=\; 0\;.$$

Differentiation der Dgl und wiederum $x = 0$ einsetzen ergibt

$$y'''\,y + y''\,y' \;=\; \cos x - x\sin x \quad ; \quad y'''(0)\,\frac{1}{6} + 0 \;=\; 1\;.$$

Also ist $3!\,a_3 = y'''(0) = 6$ bzw $a_3 = 1$. Analog erhält man $a_4 = -\frac{1}{2}$, $a_5 = \frac{3}{20}$ usw. Die Potenzreihenentwicklung der Lösung beginnt daher mit

$$y(x) \;=\; \frac{1}{6} + \frac{1}{6}\,x + x^3 - \frac{1}{2}\,x^4 + \frac{3}{20}\,x^5 + \ldots\;.$$

(A.5) $$\boxed{y''' - x^2\,y = \ln(2+x) \quad ; \quad y(0) = y'(0) = y''(0) = 0}$$

Die Anfangsbedingungen sind an der Stelle $x_0 = 0$ gegeben. Also machen wir den Ansatz $y = \sum_{k=0}^{\infty} a_k x^k$.

Die Anfangsbedingungen geben $a_0 = y(0) = 0$, $a_1 = y'(0) = 0$ und $2\,a_2 = y''(0) = 0$. Dann ist

$$y''' = \sum_{k=0}^{\infty}(k+1)(k+2)(k+3)a_{k+3}x^k \quad \text{und} \quad x^2\,y = \sum_{k=0}^{\infty} a_k\,x^{k+2} = \sum_{k=2}^{\infty} a_{k-2}\,x^k \,.$$

Will man eine Rekursionsformel für die Koeffizienten haben, muss man die rechte Seite in eine Potenzreihe um $x_0 = 0$ entwickeln. Es gilt

$$\ln(x+2) = \ln 2 + \ln(1+\tfrac{x}{2}) = \ln 2 + \sum_{k=1}^{\infty} \frac{(-1)^{k+1}}{k} \left(\frac{x}{2}\right)^k \,.$$

Einsetzen in die Dgl und Koeffizientenvergleich liefert

$$6a_3 + 24a_4x + \sum_{k=2}^{\infty} \left[(k+1)(k+2)(k+3)a_{k+3} - a_{k-2}\right] x^k = \ln 2 + \sum_{k=1}^{\infty} \frac{(-1)^{k+1}}{k\,2^k}\,x^k \,,$$

$$a_3 = \tfrac{1}{6}\ln 2 \quad ; \quad a_4 = \tfrac{1}{48} \quad ; \quad a_5 = -\tfrac{1}{480} \,.$$

Für $k \geq 2$ gilt die Rekursionsformel $$a_{k+3} = \frac{k\,2^k\,a_{k-2} + (-1)^{k+1}}{k\,2^k\,(k+1)\,(k+2)\,(k+3)} \,.$$

(A.6) $$\boxed{\begin{pmatrix}\dot{x}\\ \dot{y}\end{pmatrix} = \begin{pmatrix} t + t^2 y \\ tx \end{pmatrix} \quad ; \quad x(0) = y(0) = 0}$$

Man kann mit der Eliminationsmethode aus dem System eine Dgl 2. Ordnung für $x(t)$ oder $y(t)$ gewinnen und diese mit der Potenzreihenmethode weiterbehandeln. Man kann aber auch direkt mit den Ansätzen $x(t) = \sum_{k=0}^{\infty} a_k\,t^k$ und $y(t) = \sum_{k=0}^{\infty} b_k\,t^k$ in das System gehen.

Die Anfangsbedingungen geben $a_0 = b_0 = 0$. Die zweite Gleichung gibt

$$\dot{y} = \sum_{k=0}^{\infty}(k+1)b_{k+1}t^k = t\,x(t) = \sum_{k=2}^{\infty} a_{k-1}t^k \,.$$

Also $b_1 = b_2 = 0$ und $b_{k+2} = \dfrac{a_k}{k+2}$ für $k \geq 1$.

Die erste Gleichung gibt

$$\dot{x} = \sum_{k=0}^{\infty}(k+1)a_{k+1}t^k = t + t^2\,y(t) = t + \sum_{k=3}^{\infty} b_{k-2}t^k \,.$$

Also $a_1 = a_3 = 0$, $a_2 = \frac{1}{2}$ und $a_{k+1} = \frac{b_{k-2}}{k+1}$ für $k \geq 3$.

Man erhält $b_3 = a_4 = 0,\; b_4 = \frac{1}{8}$ und für $n \geq 1$ die Rekursionsformeln

$$a_{5n+2} = \frac{a_{5n-3}}{(5n+2)\,(5n-1)} \quad \text{und} \quad b_{5n+4} = \frac{b_{5n-1}}{(5n+4)\,(5n+2)} \,.$$

Insbesondere ist $a_k = 0$ für $k \not\equiv 2 \bmod 5$ und $b_k = 0$ für $k \not\equiv 4 \bmod 5$. Die Lösung beginnt daher mit

$$\vec{x}(t) = \begin{pmatrix} x(t) \\ y(t) \end{pmatrix} = \begin{pmatrix} \frac{1}{2}\,t^2 + \frac{1}{7\cdot 8}\,t^7 + \ldots \\ \frac{1}{2\cdot 4}\,t^4 + \frac{1}{7\cdot 8\cdot 9}\,t^9 + \ldots \end{pmatrix} .$$

B $\boxed{(1-x^2)\,y'' - xy' + m^2y = 0}$ *Tschebycheff Gleichung*

Die Koeffizienten der Gleichung in expliziter Form lassen sich um $x_0 = 0$ in Potenzreihen entwickeln, die im Intervall $]-1,1[$ konvergieren. Daher gilt dies auch für die Lösungen.

Für $y = \sum_{k=0}^{\infty} a_k x^k$ ist $y'' = \sum_{k=0}^{\infty}(k+1)(k+2)a_{k+2}x^k = \sum_{k=0}^{\infty} k(k-1)a_k x^{k-2}$

Einsetzen in die Dgl liefert:

$$\begin{aligned} 0 &= (1-x^2)\,y'' - xy' + m^2y \\ &= \sum_{k=0}^{\infty}(k+1)(k+2)a_{k+2}x^k - \sum_{k=0}^{\infty} k(k-1)a_k x^k - \sum_{k=0}^{\infty} k a_k x^k + \sum_{k=0}^{\infty} m^2 a_k x^k \end{aligned}$$

und daraus die Rekursionsformel $a_{k+2} = \frac{k^2-m^2}{(k+1)(k+2)}\,a_k$.

a_0 und a_1 sind frei wählbar. Wählt man $a_0 = 1$ und $a_1 = 0$, so verschwinden alle Koeffizienten mit ungeradem Index und man erhält eine gerade Funktion y_1 als Lösung. Umgekehrt ergibt sich eine ungerade Lösung y_2. Beide zusammen bilden ein Fundamentalsystem der Tschebycheff–Gleichung.

Wegen des Faktors $k^2 - m^2$ in der Rekursionsformel, bricht die Reihenentwicklung von y_1 ab, wenn $m = 2n$ gerade ist. In diesem Fall ist y_1 ein Polynom vom Grad m.

Entsprechend ist y_2 ein Polynom vom Grad m, wenn $m = 2n+1$ ungerade ist. Für $m = 0, 1, 2, 3 \ldots$ erhält man so die Polynomlösungen

$$T_0(x) \equiv 1 \quad ; \quad T_1(x) = x \quad ; \quad T_2(x) = 1 - 2x^2 \quad ; \quad T_3(x) = x - \tfrac{4}{3}\,x^3 \quad \text{usw.}$$

Bis auf einen Normierungsfaktor sind dies die sog. *Tschebycheff-Polynome* (siehe z.B. [RA1 4.6.2.A]).

C $\boxed{y'' - 2xy' + my = 0}$ *Hermite–Gleichung*

Die Koeffizienten dieser Gleichung lassen sich um $x_0 = 0$ in Potenzreihen entwickeln, die in ganz $\mathbb{R}$ konvergieren. Dies gilt dann auch für die Lösungen.

Für $y = \sum_{k=0}^{\infty} a_k x^k$ ist $y' = \sum_{k=1}^{\infty} k a_k x^{k-1}$ und $y'' = \sum_{k=0}^{\infty} (k+2)(k+1) a_{k+2} x^k$.
Einsetzen liefert

$$\begin{aligned} 0 &= y'' - 2xy' + my \\ &= \sum_{k=0}^{\infty} (k+2)(k+1) a_{k+2} x^k - 2x \sum_{k=1}^{\infty} k a_k x^{k-1} + m \sum_{k=0}^{\infty} a_k x^k \\ &= 2a_2 + m a_0 + \sum_{k=1}^{\infty} \big((k+2)(k+1) a_{k+2} - 2k a_k + m a_k \big) x^k \end{aligned}$$

und daraus die Rekursionsformel $\quad a_{k+2} = \dfrac{2k - m}{(k+1)\,(k+2)}\, a_k$.

a_0 und a_1 sind frei wählbar. Wählt man $a_0 := 0$ und $a_1 := 1$, so erhält man eine ungerade Lösung y_1, umgekehrt eine gerade Lösung y_2. Zusammen bilden sie ein Fundamentalsystem der Hermite-Gleichung. Es ist

$$\begin{aligned} y_1(x) &= x + \sum_{k=1}^{\infty} \frac{(2-m)\cdot(6-m)\cdot \ldots \cdot(4k-2-m)}{(2k+1)!}\, x^{2k+1} \\ y_2(x) &= 1 - \frac{m}{2}\, x^2 - \sum_{k=2}^{\infty} \frac{m(4-m)\cdot(8-m)\cdot \ldots \cdot(4(k-1)-m)}{(2k)!}\, x^{2k} \ . \end{aligned}$$

Die Potenzreihen konvergieren in ganz $\mathbb{R}$.

Für gerades $m = 2n$ bricht genau eine dieser Potenzreihen ab und man erhält Polynomlösungen vom Grad n. Für $m = 0, 2, 4, \ldots$ ergibt sich

$$H_0^*(x) \equiv 1 \quad ; \quad H_2^*(x) = x \quad ; \quad H_4^*(x) = 1 - 2x^2 \quad ; \quad H_6^*(x) = x - \tfrac{2}{3}\, x^3 \quad \ldots$$

Bis auf einen konstanten Normierungsfaktor sind dies die sog. *Hermite–Polynome*
$H_{2n}^*(x) \ = \ H_n(x) \ := \ (-1)^n\, \mathrm{e}^{x^2} \dfrac{d^n}{dx^n}\, \mathrm{e}^{-x^2}$.

<u>Sei $m = 0$.</u> Die Hermite-Gleichung lautet dann $\boxed{y'' - 2xy' = 0}$

Eine Basislösung $y_2 := H_0^* \equiv 1$ liest man sofort ab. Die Standardsubstitution $u = y'$ liefert die lineare Gleichung 1. Ordnung $u' = 2xu$. TdV ergibt speziell $u = \mathrm{e}^{x^2}$ und damit die zweite Basislösung $y_1 = \displaystyle\int_0^x \mathrm{e}^{\xi^2}\, d\xi$. Das Integral kann nicht elementar ausgewertet werden.

Mit Hilfe der gliedweise integrierbaren Exponentialreihe erhält man aber die Reihenentwicklung $y_1 = \sum_{k=0}^{\infty} \frac{1}{k!(2k+1)} x^{2k+1}$. Diese Lösung y_1 stimmt mit der oben angegebenen für $m = 0$ überein.

Sei $m = 2$. Die Hermite-Gleichung lautet dann $\boxed{y'' - 2xy' + 2y = 0}$

Eine Basislösung $y_1 := H_2^* \equiv x$ liest man ab. Wir machen den Reduktionsansatz $y = xz$ und erhalten nach Substitution von $u = z'$ die lineare Gleichung 1. Ordnung $xu' + 2u(1 - x^2) = 0$. TdV ergibt speziell $u = \mathrm{e}^{x^2}/x^2$ und damit die zweite Basislösung $y_2 = x \int \frac{\mathrm{e}^{x^2}}{x^2}\, dx$. Das Integral kann nicht elementar ausgewertet werden und ist bei $x_0 = 0$ auch gar nicht konvergent. Mit Hilfe der gliedweise integrierbaren Exponentialreihe erhält man aber die in $\mathbb{R}$ konvergente Reihenentwicklung $y_2 = \sum_{k=0}^{\infty} \frac{1}{k!(2k-1)} x^{2k}$.

Diese Lösung y_2 ist genau das Negative der oben angegebenen für $m = 2$.

D $\boxed{(1 - x^2)y'' - 2xy' + m(m+1)y = 0}$ *Legendre Dgl*

Die Koeffizienten der Gleichung in expliziter Form lassen sich um $x_0 = 0$ in Potenzreihen entwickeln, die im Intervall $]-1, 1[$ konvergieren. Daher gilt dies auch für die Lösungen.

Für $y = \sum_{k=0}^{\infty} a_k x^k$ ist $y'' = \sum_{k=0}^{\infty} (k+1)(k+2) a_{k+2} x^k = \sum_{k=0}^{\infty} k(k-1) a_k x^{k-2}$.

Einsetzen in die Dgl liefert:

$$\begin{aligned} 0 &= (1 - x^2)\, y'' - 2xy' + m(m+1)y \\ &= \sum_{k=0}^{\infty} (k+1)(k+2) a_{k+2} x^k - \sum_{k=0}^{\infty} (k-1) k a_k x^k \\ &\qquad - \sum_{k=0}^{\infty} 2k a_k x^k + \sum_{k=0}^{\infty} m(m+1) a_k x^k \end{aligned}$$

und daraus die Rekursionsformel $a_{k+2} = a_k \frac{(k-m)\,(k+m+1)}{(k+1)\,(k+2)}$.

a_0 und a_1 sind frei wählbar. Wählt man $a_0 = 1$ und $a_1 = 0$, so verschwinden alle Koeffizienten mit ungeradem Index und man erhält eine gerade Funktion y_1 als Lösung. Umgekehrt ergibt sich eine ungerade Lösung y_2. Beide zusammen bilden ein Fundamentalsystem der Legendre–Gleichung.

Wegen des Faktors $k - m$ in der Rekursionsformel, bricht die Reihenentwicklung von y_1 ab, wenn $m = 2n$ gerade ist. In diesem Fall ist y_1 ein Polynom vom Grad m.

Entsprechend ist y_2 ein Polynom vom Grad m, wenn $m = 2n+1$ ungerade ist. Für $m = 0, 1, 2, 3\ldots$ erhält man so die Polynomlösungen

$$P_0(x) \equiv 1 \quad ; \quad P_1(x) = x \quad ; \quad P_2(x) = 1 - 3x^2 \quad ; \quad P_3(x) = x - \tfrac{5}{3}\,x^3 \quad \text{usw.}$$

Bis auf einen konstanten Normierungsfaktor sind dies die sog. *Legendre-Polynome* $\dfrac{d^n}{dx^n}\,(x^2-1)^n$.

Für $m = 0$ lautet die Legendre-Gleichung $\boxed{(1-x^2)\,y'' - 2xy' = 0}$

Basislösungen sind $y_1 \equiv 1$ und $y_2 = \frac{1}{2}\ln\frac{1+x}{1-x}$.

Für $m = 1$ lautet die Legendre-Gleichung $\boxed{(1-x^2)y'' - 2xy' + 2y = 0}$

$y_2(x) = x$ ist eine spezielle Lösung. Wir machen den Reduktionsansatz $y = xz$ und erhalten nach Substitution von $u = z'$ die lineare Gleichung 1. Ordnung $(1-x^2)xu' + 2(1-2x^2)u = 0$. TdV ergibt speziell $u = z' = \dfrac{1}{x^2} + \dfrac{1/2}{1-x} + \dfrac{1/2}{1+x}$ und damit die zweite Basislösung $y_1 = xz = -1 + \dfrac{x}{2}\ln\dfrac{1+x}{1-x}$.

In Aufgabe 12.4.G wird die gleiche 2. Basislösung mit Hilfe der Liouville Formel bestimmt.

E $\boxed{xy'' + (1-x)y' + my = 0 \quad ; \quad m \in \mathbb{R}}$ *Laguerre-Gleichung*

Die Koeffizienten der entsprechenden expliziten Dgl haben bei $x_0 = 0$ einen Pol. Setzt man $x_0 = 0$ in die Dgl ein, so erhält man keinen Wert für $y''(0)$ sondern nur die Bedingung $y'(0) + my(0) = 0$ für die Anfangswerte. Nur für derartige Anfangswerte kann es reguläre Lösungen geben. Man erhält sie mit dem folgenden Potenzreihenansatz.

Für $y = \sum\limits_{k=0}^{\infty} a_k x^k$ ist $y' = \sum\limits_{k=1}^{\infty} k a_k x^{k-1}$ und $y'' = \sum\limits_{k=1}^{\infty} k(k+1)a_{k+1}x^{k-1}$.
Einsetzen liefert

$$\begin{aligned} 0 &= xy'' + (1-x)y' + my \\ &= x\sum_{k=1}^{\infty} k(k+1)a_{k+1}x^{k-1} + \sum_{k=0}^{\infty}(k+1)a_{k+1}x^k - x\sum_{k=1}^{\infty} k a_k x^{k-1} + m\sum_{k=0}^{\infty} a_k x^k \\ &= ma_0 + a_1 + \sum_{k=1}^{\infty}\left((m-k)a_k + (k+1)^2 a_{k+1}\right)x^k \ . \end{aligned}$$

Koeffizientenvergleich liefert die Rekursionsformel

$$a_1 = -m\,a_0 \qquad \text{und} \qquad a_{k+1} = -\frac{m-k}{(k+1)^2}\,a_k \ .$$

Mit Induktion kann man zeigen, dass $a_k = (-1)^k \binom{m}{k} \frac{a_0}{k!}$.

Die einzigen bei $x_0 = 0$ regulären Lösungen sind die Reihen

$$y(x) \;=\; a_0 \sum_{k=0}^{\infty} \frac{(-1)^k}{k!} \binom{m}{k} x^k \, .$$

Polynomlösungen treten genau dann auf, wenn diese Reihe abbricht, also für $\binom{m}{k} = 0$ ab einer Stelle k_0. Dies ist genau für $m \in \mathbb{N} \cup \{0\}$ der Fall.

Für $a_0 = 1$ und $m = 0, 1, 2, \ldots$ erhält man die Polynomlösungen

$$L_0 \;\equiv\; 1 \quad ; \quad L_1(x) \;=\; 1 - x \quad ; \quad L_2(x) \;=\; \frac{1}{2}\left(2 - 4x + x^2\right) \quad ; \quad \ldots \, .$$

Bis auf (die nicht einheitliche!) Normierung sind dies die sog. *Laguerre-Polynome* $\mathrm{e}^x \frac{d^m}{dx^m}(x^m\,\mathrm{e}^{-x})$.

$x_0 = 0$ ist eine schwach-singuläre Stelle der Laguerre-Dgl (siehe Abschnitt 4.3.3). Die entsprechende Indexgleichung ist $r^2 = 0$. Nach der Theorie gibt es zwei linear unabhängige Lösungen der Form

$$y_1(x) \;=\; \sum_{k=0}^{\infty} a_k x^k \quad \text{und} \quad y_2(x) \;=\; y_1(x) \ln x + \sum_{k=1}^{\infty} b_k x^k \, .$$

Für $m = 0$ erhält man neben $L_0 \equiv 1$ als zweite Basislösung

$$y_2 \;=\; \int \frac{\mathrm{e}^x}{x}\, dx \;=\; \ln x + \sum_{k=1}^{\infty} \frac{(k-1)!}{(k!)^2}\, x^k \, ,$$

die man besser mit Hilfe der Substitution $z = y'$ und nicht mit Potenzreihenansatz berechnet.

Die Berechnung der zweiten Basislösungen für $m \in \mathbb{N}$, $m \geq 1$ ist unangenehm (siehe [HH, Abschnitt V.29]).

F $x_0 = 0$ ist eine schwach-singuläre Stelle der Bessel-Gleichung. Ihre Indexgleichung ist $r^2 - m^2 = 0$. Die exponierten Indices sind daher $r_{1,2} = \pm m$. Wir können hier nicht weiter auf die allgemeine Theorie eingehen und betrachten nur zwei Beispiele.

(F.1) $\boxed{x^2\,y'' + x\,y' + \left(x^2 - \frac{1}{4}\right) y = 0}$ *Bessel-Gleichung* für $m = 1/2$

Der Ansatz $z(x) = \sqrt{x}\, y(x)$ liefert

$$xy' \;=\; \sqrt{x}\, z' - \frac{z}{2\sqrt{x}} \quad ; \quad x^2\, y'' \;=\; x^{3/2}\, z'' - \sqrt{x}\, z' + \frac{3z}{4\sqrt{x}} \, .$$

Einsetzen ergibt die lineare Gleichung $z'' + z = 0$ mit den Basislösungen $z_1 = \cos x$ und $z_2 = \sin x$. Also bilden $y_1 := \dfrac{\cos x}{\sqrt{x}}$ und $y_2 := \dfrac{\sin x}{\sqrt{x}}$ ein Fundamentalsystem der Bessel-Gleichung für $m = 1/2$.

(F.2) $\boxed{x\,y'' + y' + x\,y = 0}$ *Bessel-Gleichung* für $m = 0$

Die Potenzreihe $J_0(x) := \sum\limits_{k=0}^{\infty} \dfrac{(-1)^k}{(k!)^2} \left(\dfrac{x}{2}\right)^{2k}$ konvergiert auf jedem Kompaktum $\{|x| \le R\}$ in $\mathbb{R}$ gleichmäßig. Beweis mit dem Quotientenkriterium:

$$\left|\frac{a_{k+1}}{a_k}\right| = \left|\frac{(-1)^{k+1}(k!)^2(x/2)^{2k+2}}{(-1)^k((k+1)!)^2(x/2)^{2k}}\right| = \frac{(|x|/2)^2}{(k+1)^2} \le \frac{(R/2)^2}{(k+1)^2} \to 0 \quad (k \to \infty)\,.$$

Die in $N_0(x) := \left(\ln\dfrac{x}{2} + \mathrm{C}\right) J_0(x) + \sum\limits_{k=1}^{\infty}(-1)^{k-1}\dfrac{C_k}{(k!)^2}\left(\dfrac{x}{2}\right)^{2k}$ vorkommende Potenzreihe konvergiert ebenfalls nach dem Quotientenkriterium auf jedem Kompaktum $\{|x| \le R\}$ in $\mathbb{R}$ gleichmäßig.

Beide Reihen dürfen als Potenzreihen beliebig oft gliedweise differenziert werden. Durch Einsetzen in die Gleichung prüft man nach einiger Rechnung nach, dass J_0 und N_0 Lösungen sind.

Da $J_0(x) \to 1$ und $N_0(x) \to -\infty$ für $x \to 0^+$, können J_0 und N_0 nicht linear abhängig sein. Sie bilden also ein Fundamentalsystem.

11.5 Aufgaben zu autonomen Systemen

Aufgaben zu linearen autonomen Systemen (linearen Systemen mit konstanten Koeffizienten) finden Sie in Abschnitt 12.3 bzw 12.5. In Abschnitt 11.6 werden Stabilitätsuntersuchungen für autonome Systeme durchgeführt.
Autonome Gleichungen zweiter Ordnung werden auch in den Aufgaben 11.1.B, 11.2.B und 11.2.D behandelt.

A Lösen Sie die folgenden autonomen Systeme:

1) $$\begin{pmatrix}\dot{x}\\ \dot{y}\end{pmatrix} = \begin{pmatrix}-x(x+y)\\ y(x+y)\end{pmatrix}$$

2) $$\begin{pmatrix}\dot{x}\\ \dot{y}\end{pmatrix} = \begin{pmatrix}y\\ 2x-x^2\end{pmatrix}$$

3) $$\begin{pmatrix}\dot{x}\\ \dot{y}\end{pmatrix} = \begin{pmatrix}y+x(1-x^2-y^2)\\ -x+y(1-x^2-y^2)\end{pmatrix}$$

B Gegeben sei das lineare autonome System 2. Ordnung

$$\dot{\vec{x}} = \begin{pmatrix}\dot{x}\\ \dot{y}\end{pmatrix} = \begin{pmatrix}a & b\\ c & d\end{pmatrix}\begin{pmatrix}x\\ y\end{pmatrix} = \mathbf{A}\,\vec{x} \quad ; \quad \mathbf{A} \in \mathbb{R}^{2\times 2} .$$

Skizzieren Sie die *Phasenräume* für verschiedene Paare von Eigenwerten λ, μ der Koeffizientenmatrix $\mathbf{A}$, also die *Bahnen* bzw die Bildkurven der Lösungen $\vec{x}\,(t) = \big(x(t), y(t)\big)$.

C Skizzieren Sie die Phasenbahnen der *gedämpften* und der *ungedämpften Pendelgleichung* $\ddot{x} + \gamma \sin x = 0$ bzw $\ddot{x} + k\,\dot{x} + \gamma \sin x = 0$.

D Bestimmen und skizzieren Sie die Trajektorien des folgenden *Räuber-Beute-Modells* von Volterra und Lotka:

$$\begin{pmatrix}\dot{x}\\ \dot{y}\end{pmatrix} = \begin{pmatrix}ax-bxy\\ -cy+dxy\end{pmatrix} \quad ; \quad a,b,c,d > 0 .$$

Berechnen Sie außerdem den mittleren Räuber- bzw Beutebestand für jeden periodischen Orbit.

Lösungen:

A Es gibt kein allgemeines Verfahren zur Behandlung autonomer Systeme der Form $\dot{\vec{x}} = f(\vec{x})$. Man wird zunächst versuchen, die Gleichgewichtspunkte $f(\vec{x}_0) = \vec{0}$ und das Verhalten der Phasenbahnen in ihrer Nähe zu ermitteln.

Bei autonomen Systemen 2. Ordnung $(\dot{x}, \dot{y}) = \big(f(x,y), g(x,y)\big)$ sollte man außerdem die sog. *'Phasengleichung'* $y' = \dot{y}/\dot{x} = g(x,y)/f(x,y)$ untersuchen, aus der man evt die Phasenbahnen $y = y(x)$ bestimmen kann.

(A.1) $$\begin{pmatrix}\dot{x}\\ \dot{y}\end{pmatrix} = \begin{pmatrix}-x(x+y)\\ y(x+y)\end{pmatrix}$$

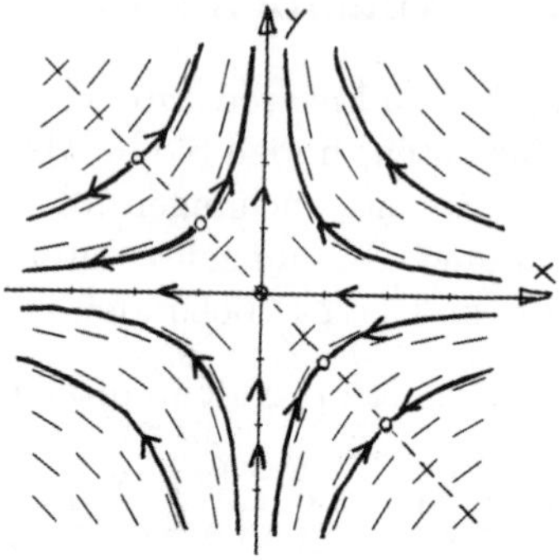

Gleichgewichtspunkte sind genau die Punkte auf der Geraden $\{x+y=0\}$.
Die zugehörige Phasendgl ist die exakte Gleichung $y\,dx + x\,dy = 0$. Phasenbahnen sind daher die Hyperbeln $xy = C$. Einsetzen in das autonome System liefert die getrennten Dgln

$$\dot{x} = -x^2 - C \quad ; \quad \dot{y} = C + y^2 \ .$$

Zumindest lokal erhält man aus ihnen explizite Lösungen $\big(x(t), y(t)\big)$. Auf den Koordinatenachsen liegen die speziellen Bahnen $\big(1/t, 0\big)$ und $\big(0, -1/t\big)$ jeweils für $t \in]0,\infty[$ und $t \in]-\infty, 0[$.

Für $C > 0$, also im 1. und 3. Quadranten, gilt $\dot{x} < 0$ und $\dot{y} > 0$. Dies gibt die Durchlaufungsrichtung der Hyperbeln von Ost nach Nord bzw von Süd nach West. Im 2. Quadranten werden die Hyperbeln von der Winkelhalbierenden $y = -x$ weg und im 4. Quadranten zu ihr hin durchlaufen.

In den Gleichgewichtspunkten $(x,-x)$ ist $\mathbf{J}_{\vec{f}}(x,-x) = -\begin{pmatrix}x & x\\ x & x\end{pmatrix}$ die Jacobi-Matrix von $\vec{f}(x,y) := \big(-x(x+y), y(x+y)\big)^{\top}$. Die Eigenwerte sind 0 und $-2x$. Daraus folgt die Instabilität der Ruhelösungen $(x,-x)$ für $x < 0$.

Aus unserer Kenntnis über die Durchlaufung der Hyperbelbahnen ergibt sich, dass $(0,0)$ ebenfalls ein instabiler Ruhepunkt ist. Die stationären Punkte $(x,-x)$ mit $x > 0$ sind dagegen stabil, aber nicht asymptotisch stabil.

(A.2) $$\begin{pmatrix}\dot{x}\\ \dot{y}\end{pmatrix} = \begin{pmatrix}y\\ 2x - x^2\end{pmatrix}$$

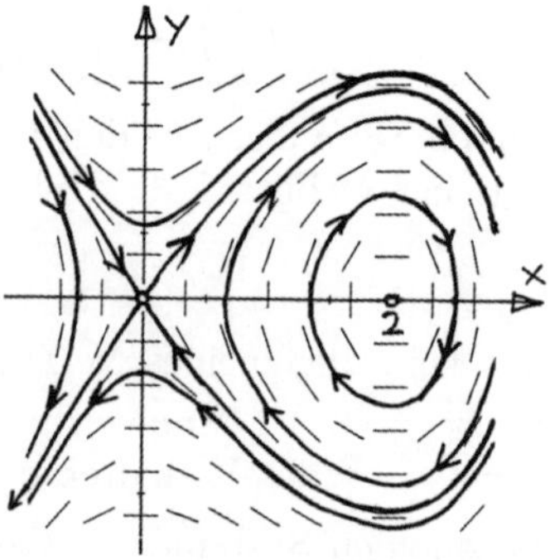

Das System ist äquivalent zur Gleichung

$$\ddot{x} = 2x - x^2 \ .$$

Gleichgewichtspunkte sind die Punkte $(0,0)$ und $(2,0)$. Die zugehörige Phasengleichung ist die Dgl mit getrennten Variablen

$$y' = \frac{dy}{dx} = \frac{\dot{y}}{\dot{x}} = \frac{x(2-x)}{y} \ .$$

Phasenbahnen sind die algebraischen Kurven $3y^2 = 6x^2 - 2x^3 + C$, die spiegelbildlich zur x-Achse liegen. Für $C > 0$ bestehen sie aus einer einzigen Bahn, die von Nord nach Süd durchlaufen wird. Für $C = 0$ ist es eine Kurve mit Selbstdurchdringung im Ruhepunkt $(0,0)$, auf der insgesamt 4 Bahnen liegen. Für $-8 < C < 0$ zerfallen die Kurven in zwei Komponenten, eine ellipsenförmige periodische Bahn um den Ruhepunkt $(2,0)$, die im Uhrzeigersinn durchlaufen wird, und eine nicht-periodische Bahn in der linken Halbebene, die von Nord nach Süd durchlaufen wird. Für $C = -8$ entartet die ellipsenförmige Komponente zum Ruhepunkt $(2,0)$. Für $C < -8$ bleibt nur die Nord-Süd-Bahn übrig.

$(0,0)$ ist instabiler und $(2,0)$ stabiler Gleichgewichtspunkt. Dies erkennt man aus der Linearisierung sowie den oben bestimmten Bahnen und ihrer Durchlaufungsrichtung.

(A.3) $\begin{pmatrix} \dot{x} \\ \dot{y} \end{pmatrix} = \begin{pmatrix} y + x(1 - x^2 - y^2) \\ -x + y(1 - x^2 - y^2) \end{pmatrix}$

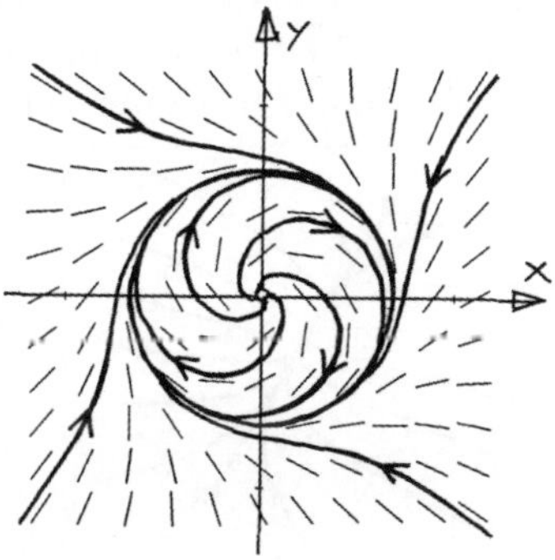

Die zugehörige Phasengleichung ist nicht elementar integrierbar. $(0,0)$ ist der einzige Gleichgewichtspunkt. Er ist instabil. Die periodische Lösung $(\cos t, \sin t)$ kann man raten.
Übergang zu Polarkoordinaten

$$\dot{r} = \frac{x\dot{x}+y\dot{y}}{r} \quad ; \quad \dot{\varphi} = \frac{x\dot{y}-y\dot{x}}{r^2}$$

liefert die getrennten Gleichungen

$$\dot{r} = r\,(1-r^2) \quad ; \quad \dot{\varphi} = -1 \, .$$

Die Lösungen $r(t) = \left(1 + C\,\mathrm{e}^{-2t}\right)^{-1/2}$; $\varphi(t) = -(t - t_0)$

sind Spiralen, die sich um den Einheitskreis wickeln, und zwar für $C < 0$ von außen und für $C > 0$ von innen.

B Skizziert werden die *Phasenräume* für verschiedene Paare von Eigenwerten λ, μ von $\mathbf{A} \in \mathbb{R}^{2\times 2}$, also die *Bahnen* der Lösungen $\vec{x}(t) = \big(x(t), y(t)\big)$ im $\mathbb{R}^2$.

Zwei verschiedene reelle Eigenwerte $\lambda < \mu$:

Wir nehmen zunächst an, dass die kanonischen Einheitsvektoren $\vec{e}_1 = (1,0)$ bzw $\vec{e}_2 = (0,1)$ die Eigenvektoren zu λ bzw μ sind.

Aus den Basislösungen $\vec{e}_1\,\mathrm{e}^{\lambda t}$, $\vec{e}_2\,\mathrm{e}^{\mu t}$ erhält man die allgemeine Lösung $(x,y) = \big(C_1\,\mathrm{e}^{\lambda t}, C_2\,\mathrm{e}^{\mu t}\big)$ bzw $C_1 y^\lambda = C_2 x^\mu$.

Je nach Vorzeichen von λ und μ erhält man die folgenden Phasenporträts:

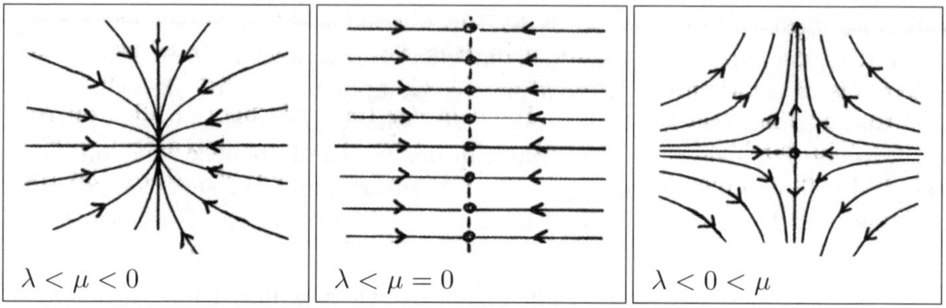

Die Phasenporträts für $\lambda = 0 < \mu$ und $0 < \lambda < \mu$ unterscheiden sich von denen im Fall $\lambda < \mu = 0$ bzw $\lambda < \mu < 0$ nur durch die andere Durchlaufungsrichtung der Bahnen.

Den allgemeinen Fall mit (lin. unabh.) Eigenvektoren $\vec{a}, \vec{b} \in \mathbb{R}^2$ zu den Eigenwerten λ und μ kann man mit einer bijektiven linearen Transformation $(x,y)^\top = (\vec{a},\vec{b})(u,v)^\top$ auf den speziellen Fall zurückführen. Man erhält dann etwa folgende Phasenporträts:

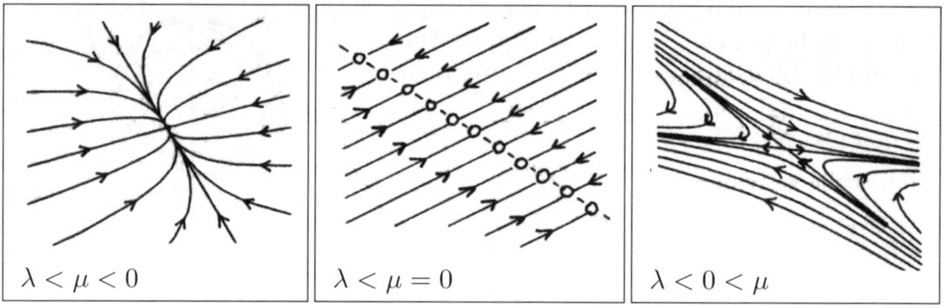

Ein reeller Eigenwert $\lambda = \mu$, zwei lin.unabh. Eigenvektoren :

Dann ist der ganze $\mathbb{R}^2$ Eigenraum und die Bahnen laufen radial auf den Ursprung zu ($\lambda < 0$) oder von ihm weg ($\lambda > 0$) . Ist $\lambda = \mu = 0$, so ist jeder Punkt Gleichgewichtspunkt. Nichts bewegt sich.

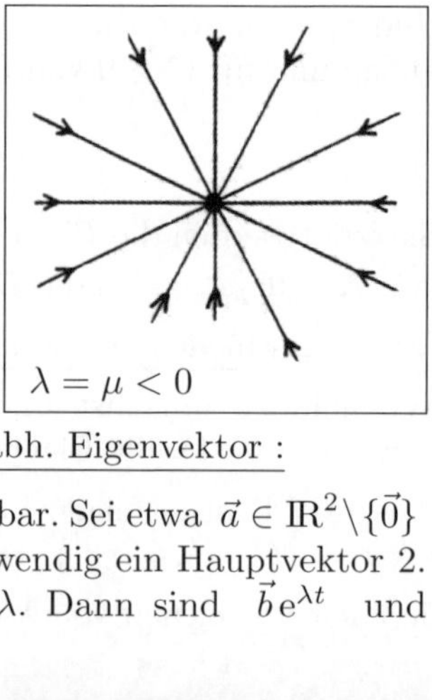

Ein reeller Eigenwert $\lambda = \mu$ mit nur einem lin.unabh. Eigenvektor :

Die Koeffizientenmatrix $\mathbf{A}$ ist also nicht diagonalisierbar. Sei etwa $\vec{a} \in \mathbb{R}^2 \setminus \{\vec{0}\}$ kein Eigenvektor zum Eigenwert λ . Dann ist $\vec{a}$ notwendig ein Hauptvektor 2. Stufe und $\vec{b} := (\mathbf{A} - \lambda\mathbf{E})\vec{a}$ ein Eigenvektor zu λ. Dann sind $\vec{b}\,e^{\lambda t}$ und

$(\vec{a} + t\vec{b})\,e^{\lambda t}$ Basislösungen. Als Phasenporträts erhält man:

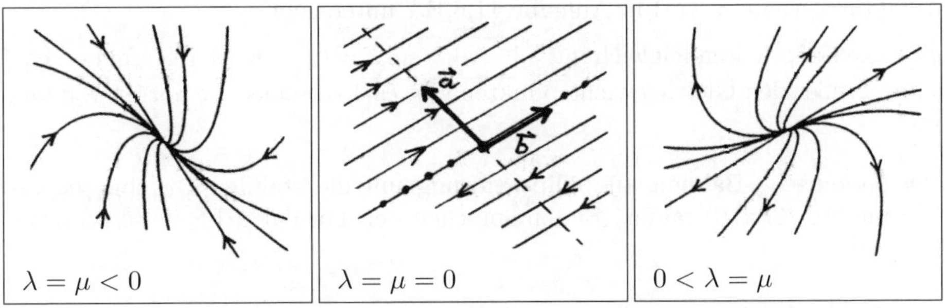

Zwei echt komplexe Eigenwerte $\lambda = \alpha + i\beta$, $\mu = \overline{\lambda}$ $(\alpha, \beta \in \mathbb{R})$:

Sei $\vec{w} = \vec{u} + i\vec{v} \in \mathbb{C}^2$ komplexer Eigenvektor zum Eigenwert λ mit $\vec{u}, \vec{v} \in \mathbb{R}^2$. Dann ist $\overline{\vec{w}} = \vec{u} - i\vec{v} \in \mathbb{C}^2$ komplexer Eigenvektor zum Eigenwert $\overline{\lambda}$ und die reellen Vektoren $\vec{u}, \vec{v}$ bilden eine Basis des $\mathbb{R}^2$.

Reelle Basislösungen sind $\big(\vec{u}\cos\beta t - \vec{v}\sin\beta t\big)\,e^{\alpha t}$ und $\big(\vec{u}\sin\beta t + \vec{v}\cos\beta t\big)\,e^{\alpha t}$.

Wir nehmen zunächst an, dass $\vec{u} = \vec{e}_1 = (1,0)$ und $\vec{v} = \vec{e}_2 = (0,1)$ ist. Dann können wir die reellen Lösungen (x,y) in der komplexen Form $x(t) + iy(t) = z(t) = z_0(t)\,e^{(\alpha+i\beta)t}$ schreiben. Die Gestalt der Phasenporträts kann man daraus ablesen:

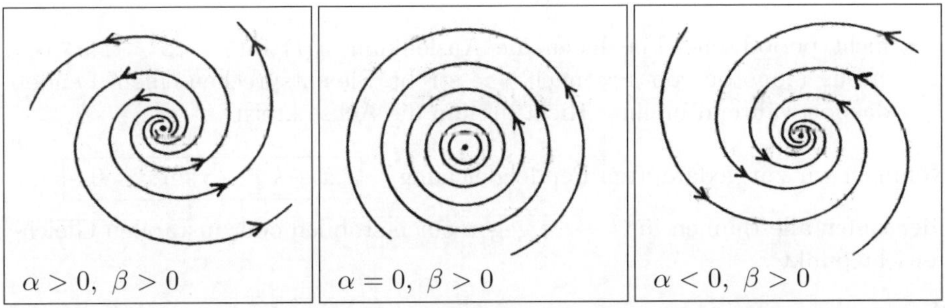

Den allgemeinen Fall ($\vec{u}, \vec{v} \in \mathbb{R}^2$ beliebig linear unabhängig) kann man wieder durch eine bijektive lineare Transformation auf den speziellen Fall zurückführen. Man erhält Phasenporträts der folgenden Form:

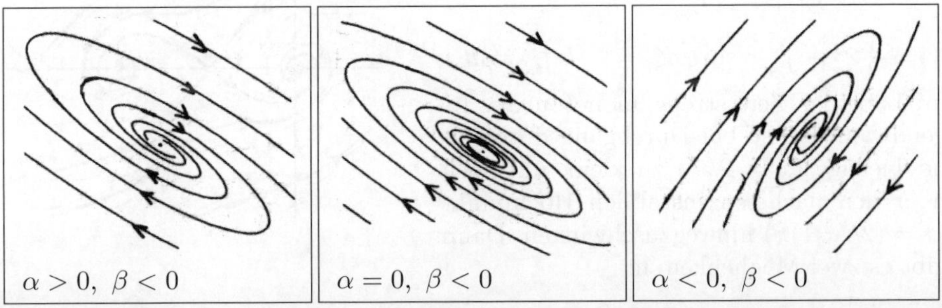

C Für beide Gleichungen sind $x \equiv n\pi$ ($n \in \mathbb{Z}$) die stationären Lösungen. Ihr Stabilitätsverhalten wird in Aufgabe 11.6.B.2 untersucht.

Die ungedämpfte Pendelgleichung $\boxed{\ddot{x} + \gamma \sin x = 0}$ wird in Aufgabe 11.2.D gelöst. Außer den Gleichgewichtspunkten gibt es 3 verschiedene Sorten von Orbits.

- periodische Bahnen, die ellipsenförmig um die stabilen Gleichgewichtspunkte $(2k\pi, 0)$ laufen. Sie entsprechen den normalen Pendelschwingungen.

- nicht periodische, die in einem Bogen von einem instabilen Ruhepunkt $((2k+1)\pi, 0)$ zum nächsten bzw vorhergehenden laufen. Sie entsprechen einer Pendelbewegung, die vor unendlich langer Zeit von einer instabilen senkrechten Hochstellung ausging, einmal durch den Tiefpunkt geht und in unendlich langer Zeit wieder bis senkrecht nach oben schwingt.

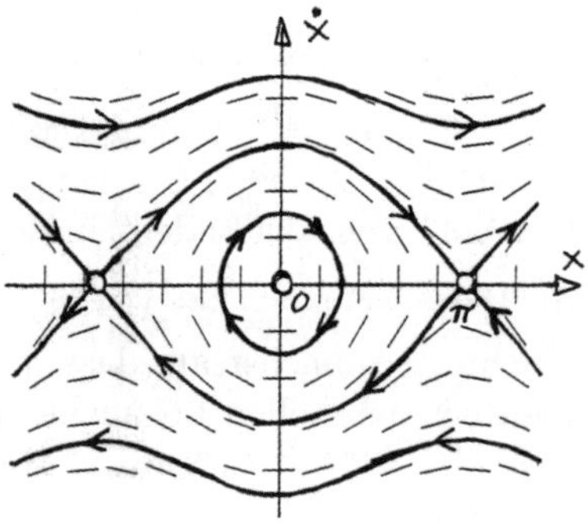

- nicht periodische, bei denen die Auslenkung $x(t)$ für $-\infty < t < \infty$ streng monoton von $\pm\infty$ nach $\mp\infty$ strebt. Sie entsprechen einem Pendel, das fortwährend in einer Richtung um die Achse kreist.

Kommen wir zur gedämpften Pendelgleichung $\boxed{\ddot{x} + k\,\dot{x} + \gamma \sin x = 0}$.

Hier laufen alle Bahnen für $t \to \infty$ gegen einen stabilen oder instabilen Gleichgewichtspunkt .

Wegen $\dot{x}\ddot{x} + \gamma\dot{x}\sin x = -\dot{x}^2$ nimmt die Summe von potentieller und kinetischer Energie

$$E(t) := E_{kin} + E_{pot}$$

$$:= \frac{1}{2}\,\dot{x}^2 + \int_{x_0}^{x} \gamma \sin\xi \, d\xi = -k\int_{t_0}^{t} \dot{x}^2 \, dt$$

im Lauf der Zeit streng monoton ab. Irgendwann ist sie bei Durchgang durch eine Tieflage ($x = 2k\pi$) zu klein, um noch über den nächsten instabilen Hochpunkt ($x = (2k \pm 1)\pi$) hinwegzuschwingen. Dann gibt es zwei Möglichkeiten:

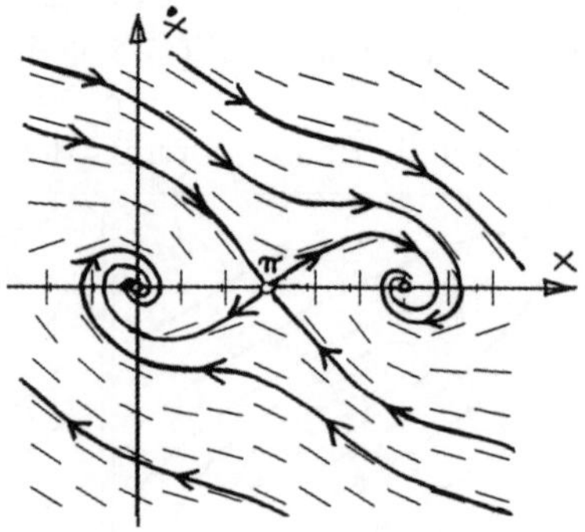

Erstens: Das Pendel schwingt mit abnehmender Amplitude hin und her. Die Auslenkung $x(t)$ strebt für $t \to \infty$ gegen $2k\pi$. Bei starker Dämpfung kann die Annäherung an den stabilen Tiefpunkt auch aperiodisch geschehen.

Zweitens: Die kinetische Energie ist bei Durchgang durch den Tiefpunkt gerade noch so groß, dass das Pendel für $t \to \infty$ noch gegen den nächsten Hochpunkt ($x = (2k \pm 1)\pi$) schwingt.

D $\boxed{\begin{pmatrix} \dot{x} \\ \dot{y} \end{pmatrix} = \begin{pmatrix} \alpha x - \beta xy \\ -\gamma y + \delta xy \end{pmatrix}}$ *Räuber-Beute-Modell*

$(\gamma/\delta, \alpha/\beta)$ ist der einzige Gleichgewichtspunkt. Die Phasendgl ist die Gleichung

$$\frac{dy}{dx} = -\frac{y(\gamma - \delta x)}{x(\alpha - \beta y)}$$

mit getrennten Variablen. Die Lösungen sind die Niveaulinien

$$\frac{y^\alpha}{e^{\beta y}} \cdot \frac{x^\gamma}{e^{\delta x}} = C \, .$$

Die Bahnkurven (Trajektorien) laufen im ersten Quadranten $(x, y > 0)$ als einfach geschlossene Kurven um den Gleichgewichtspunkt $(\gamma/\delta, \alpha/\beta)$. Dies kann man wie folgt einsehen:

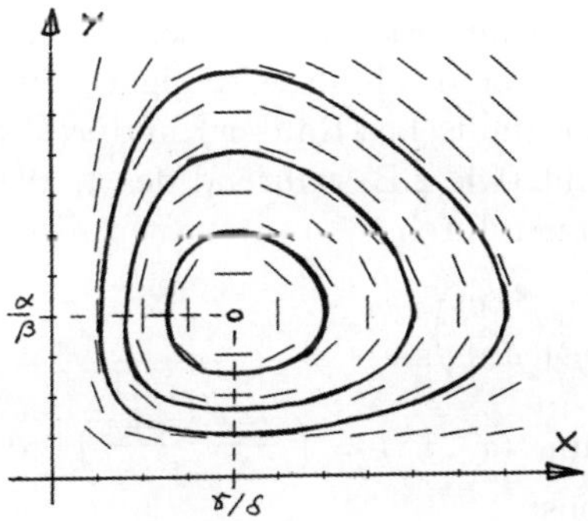

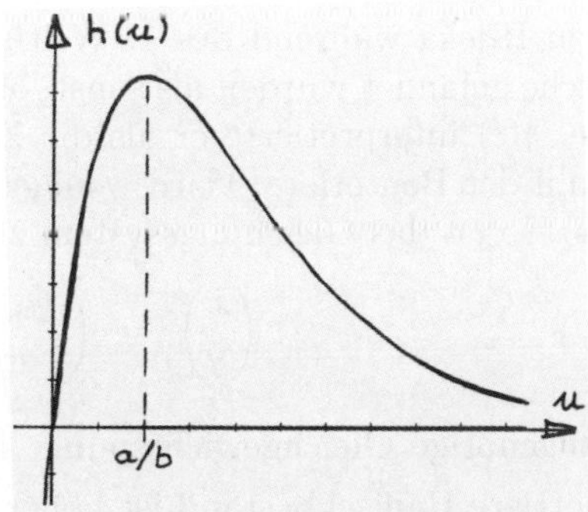

Für $h(u) := u^a \, e^{-bu}$ $(a, b > 0)$ ergibt eine einfache Kurvendiskussion, dass h im Intervall $[0, a/b]$ streng monoton von 0 bis $h(a/b) > 0$ wächst und im Intervall $[a/b, \infty[$ wieder streng monoton von $h(a/b)$ bis 0 fällt. Entsprechendes gilt daher für $f(x) := x^\gamma \, e^{-\delta x}$ und $g(y) := y^\alpha \, e^{-\beta y}$. Seien $M_f := f(\gamma/\delta)$ und $M_g := g(\alpha/\beta)$ die Maximalwerte von f bzw g.

Die fraglichen Bahnkurven sind die Lösungsmengen der Gleichung $f(x) \cdot g(y) = C$. Für $C > M_f \cdot M_g$ gibt es keine Lösung und für $C = M_f \cdot M_g$ genau eine, nämlich $(x, y) = (\gamma/\delta, \alpha/\beta)$.

Sei nun $0 < C < M_f \cdot M_g$. Dann gibt es genau zwei Lösungen x_1, x_2 der Gleichung $f(x) = C/M_g$. Für diese gilt $x_1 < \gamma/\delta < x_2$. $(x_1, \alpha/\beta)$ und $(x_2, \alpha/\beta)$ sind zwei Punkte der gesuchten Bahnkurve.

Für $x_1 < x < x_2$ ist $f(x) > C/M_g$, also $M_g > C/f(x)$. Für $x_1 < x < x_2$ gibt es daher genau zwei Lösungen $y_1(x)$ und $y_2(x)$ der Gleichung $f(x) \cdot g(y) = C$. Und zwar ist (o.B.d.A) $y_1 < \alpha/\beta < y_2$. Für $x \to x_1^+$ und $x \to x_2^-$ streben $y_1(x), y_2(x) \to \alpha/\beta$.

Für $0 < x < x_1$ und $x_2 < x < \infty$ ist $f(x) < C/M_g$, also $M_g > C/f(x)$. Für diese x gibt es daher keine Lösungen der Gleichung $f(x) \cdot g(y) = C$.

Der mittlere Räuber- bzw Beutebestand in einer Zeitperiode T ist

$$\bar{x} = \frac{1}{T} \int_0^T x(t)\, dt \qquad \text{bzw} \qquad \bar{y} = \frac{1}{T} \int_0^T y(t)\, dt .$$

Wegen $y(0) = y(T)$ gilt

$$\int_0^T (\gamma - \delta x)\, dt = \int_0^T \frac{\dot{y}}{y}\, dt = \ln y \Big|_{t=0}^{t=T} = 0 .$$

und daher $\overline{x} = \gamma/\delta$ und analog $\overline{y} = \alpha/\beta$.

Dieses System wurde von Volterra entwickelt, um zu erklären, warum im Hafen von Rijeka während des 1. Weltkriegs von den Fischern prozentual mehr Haifische gelandet wurden als sonst, obwohl wegen des Krieges weniger gefischt wurde. $y(t)$ interpretierte er als die Zahl der Haifische (Räuber) und $x(t)$ als die Zahl der Beutetiere. Wird weniger gefischt (wie z.B. während des 1. Weltkriegs), so ist das Gleichungssystem zu ersetzen durch

$$\begin{pmatrix} \dot{x} \\ \dot{y} \end{pmatrix} = \begin{pmatrix} (\alpha + \varepsilon)x - \beta xy \\ (-\gamma + \varepsilon)y + \delta xy \end{pmatrix} .$$

Der zugehörige Gleichgewichtspunkt ist dann $(\bar{x}^*, \bar{y}^*) = \left(\frac{\gamma - \varepsilon}{\delta}, \frac{\alpha + \varepsilon}{\beta} \right)$, d.h. der mittlere Haifischbestand ist höher als sonst.

11.6 Aufgaben zur Stabilitätstheorie

A Untersuchen Sie die Ruhelagen der folgenden Systeme auf Stabilität:

1) $\begin{pmatrix}\dot{x}\\ \dot{y}\end{pmatrix} = \begin{pmatrix}x+y+2\\ -x^2+y+4\end{pmatrix}$ 2) $\begin{pmatrix}\dot{x}\\ \dot{y}\end{pmatrix} = \begin{pmatrix}4-4x^2-y^2\\ 3xy\end{pmatrix}$

3) $\begin{pmatrix}\dot{x}\\ \dot{y}\end{pmatrix} = \begin{pmatrix}2x(y-x)\\ y(3y-4x)\end{pmatrix}$ 4) $\begin{pmatrix}\dot{x}\\ \dot{y}\end{pmatrix} = \begin{pmatrix}-y-x^3\\ x-y^3\end{pmatrix}$

B Untersuchen Sie die Ruhelagen der folgenden Gleichungen auf Stabilität:

1) $y' = \alpha y + \beta y^3 \quad ; \quad \alpha, \beta \in \mathbb{R}$

2) $\ddot{x} + k\dot{x} + \gamma \sin x = 0 \quad ; \quad \gamma > 0 \ , \ k \geq 0$ *(Pendelgleichung)*

3) $\ddot{x} = \varepsilon(1-x^2)\dot{x} - x$ *(van-der-Pol-Gleichung)*

C Sei g stetig differenzierbar, $g(0) = 0$ und $x\,g(x) < 0$. Dann ist die Nullfunktion $x \equiv 0$ die einzige stationäre Lösung der autonomen Gleichung $\ddot{x} = g(x)$.

Zeigen Sie mit Hilfe einer Ljapunoff-Funktion, dass sie stabil ist.

D Die Matrix $\mathbf{A}(t) := \begin{pmatrix}-1 & e^{2t}\\ 0 & -1\end{pmatrix}$ hat offensichtlich für alle $t \in \mathbb{R}$ den doppelten Eigenwert -1 mit negativem Realteil.

Ist die Ruhelage $\vec{x} \equiv \vec{0}$ stabile Lösung des Systems $\dot{\vec{x}} = \mathbf{A}(t)\,\vec{x}$?

E $\begin{pmatrix}\dot{x}\\ \dot{y}\\ \dot{z}\end{pmatrix} = \begin{pmatrix}ay-ax\\ bx-y-xz\\ xy-cz\end{pmatrix} \quad ; \quad a,b,c > 0$ *(Lorenz-System)*

Diskutieren Sie die Stabilität der Gleichgewichtspunkte.

Zeigen Sie mit Hilfe einer Ljapunoff-Funktion, dass alle Lösungen beschränkt sind.

F *Einfluss medikamentöser Dauertherapie auf den Fötus* [HH, VII.55]

Ein sogenanntes *Kompartimentsmodell* für den Medikamentengehalt $m_k(t)$ in den 'Kompartimenten' Blutkreislauf der Mutter, Blutkreislauf des Fötus, Fruchtblase und Außenwelt führt auf das lineare System

$$\begin{pmatrix}\dot{m}_1\\ \dot{m}_2\\ \dot{m}_3\\ \dot{m}_4\end{pmatrix} = \begin{pmatrix}-(k_{12}+k_{14}) & k_{21} & 0 & 0\\ k_{12} & -(k_{23}+k_{21}) & k_{32} & 0\\ 0 & k_{23}) & -k_{32} & 0\\ k_{14} & 0 & 0 & 0\end{pmatrix}\begin{pmatrix}m_1\\ m_2\\ m_3\\ m_4\end{pmatrix} + \begin{pmatrix}\varepsilon\\ 0\\ 0\\ 0\end{pmatrix}.$$

Dabei sind die $k_{ij} > 0$ die Übergangsraten zwischen den einzelnen Kompartimenten und $\varepsilon > 0$ die konstante zeitliche Rate der mütterlichen Medikamenteneinnahme. Die eigentlich interessierenden Größen m_1, m_2, m_3 erfüllen das

(3×3) System

$$\begin{pmatrix} \dot{m}_1 \\ \dot{m}_2 \\ \dot{m}_3 \end{pmatrix} = \begin{pmatrix} -(k_{12}+k_{14}) & k_{21} & 0 \\ k_{12} & -(k_{23}+k_{21}) & k_{32} \\ 0 & k_{23} & -k_{32} \end{pmatrix} \begin{pmatrix} m_1 \\ m_2 \\ m_3 \end{pmatrix} + \begin{pmatrix} \varepsilon \\ 0 \\ 0 \end{pmatrix} .$$

Zeigen Sie, dass alle Lösungen dieses reduzierten Systems für $t \to \infty$ gegen die konstante Lösung $\vec{m}(t)$ streben, wobei

$$\vec{m}(t) := (m_1, m_2, m_3)(t) := \left(\frac{\varepsilon}{k_{14}\,\varepsilon}, \frac{k_{12}\,\varepsilon}{k_{21}\,k_{14}}, \frac{k_{23}\,k_{12}\,\varepsilon}{k_{32}\,k_{21}\,k_{14}} \right) .$$

G 1) Beweisen Sie den Stabilitätssatz für lineare Systeme mit konstanten Koeffizienten:

Hat die konstante Matrix $\mathbf{A} \in \mathbb{K}^{n\times n}$ nur Eigenwerte mit negativem Realteil, so streben sämtliche (reellen oder komplexen) Lösungen des homogenen linearen Dgl-Systems $\dot{\vec{x}} = \mathbf{A} \cdot \vec{x}$ gegen Null für $t \to \infty$.

2) Unter welchen Bedingungen bleiben die Lösungen des Systems für $t \to \infty$ wenigstens beschränkt?

H Seien $\mathbb{K} = \mathbb{C}$ oder $\mathbb{R}$ und $\mathbf{A}\colon [0,\infty[\to \mathbb{K}^{n\times n}$ und $\vec{b}\colon [0,\infty[\to \mathbb{K}^n$ stetig.

1) Ist eine Lösung des inhomogenen Systems $\dot{\vec{x}} = \mathbf{A}(t)\,\vec{x} + \vec{b}(t)$ asymptotisch stabil, so ist die Nullfunktion asymptotisch stabile Lösung des zugehörigen homogenen Systems $\dot{\vec{x}} = \mathbf{A}(t)\,\vec{x}$.

2) Ist die Nullfunktion asymptotisch stabile Lösung des homogenen Systems, so strebt jede Lösung des homogenen Systems gegen Null für $t \to \infty$ und jede Lösung des inhomogenen Systems ist asymptotisch stabil.

Lösungen:

A Die Stabilität einer Ruhelage $\vec{x}_0$ eines autonomen Systems $\dot{\vec{x}} = f(\vec{x}\,)$ kann man u.a. durch Linearisierung oder mit Hilfe von Ljapunoff-Funktionen untersuchen. Zur Methode von Ljapunoff siehe Abschnitt 7.4.

Bei der Linearisierungsmethode bestimmt man die Eigenwerte der Jacobi-Matrix $\mathbf{J}_f(\vec{x}_0)$ von f in $\vec{x}_0$. Haben sie alle negativen Realteil, so ist $\vec{x}_0$ eine stabile Ruhelage. Hat ein Eigenwert positiven Realteil, so ist $\vec{x}_0$ instabil. Gilt $\operatorname{Re}\lambda \le 0$ für alle Eigenwerte λ und gibt es einen Eigenwert λ mit $\operatorname{Re}\lambda = 0$, so ist im nicht linearen Fall keine allgemeine Aussage möglich.

(A.1) $$\begin{pmatrix} \dot{x} \\ \dot{y} \end{pmatrix} = \begin{pmatrix} x + y + 2 \\ -x^2 + y + 4 \end{pmatrix}$$

Die Ruhelagen eines autonomen Systems $\dot{\vec{x}} = f(\vec{x}\,)$ bestimmt man aus der

Vektorgleichung $f(\vec{x}) = \vec{0}$. Subtraktion der beiden skalaren Gleichungen liefert hier $x^2 + x = 2$. Wieder einsetzen ergibt die beiden Gleichgewichtspunkte $(-2, 0)$ und $(1, -3)$.

Die Jacobi-Matrix von $f(\vec{x})$ ist

$$\mathbf{J}_f(\vec{x}) = \begin{pmatrix} 1 & 1 \\ -2x & 1 \end{pmatrix} .$$

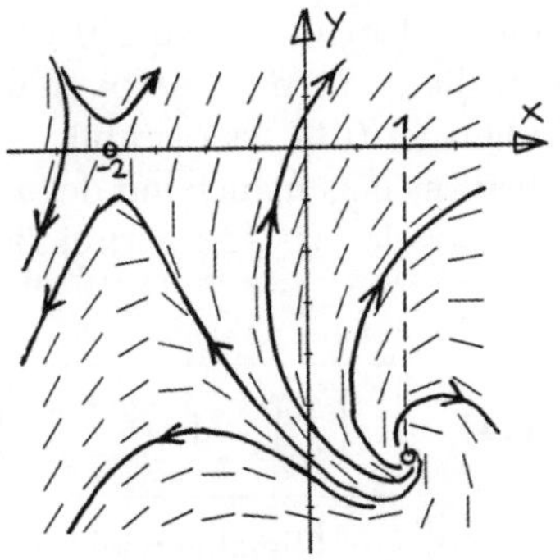

Es ist $det\,\mathbf{J}_f(-2, 0) = -3 < 0$. Also gibt es einen Eigenwert mit positivem Realteil.
Also ist $(-2, 0)$ ein instabiler Ruhepunkt.
$\mathbf{J}_f(1, -3) = \begin{pmatrix} 1 & 1 \\ -2 & 1 \end{pmatrix}$ hat die Eigenwerte $\lambda_{1,2} = 1 \pm i\sqrt{2}$ mit positivem Realteil. Im Punkt $(1, -3)$ ist daher ein instabiler Strudel.

(A.2) $$\begin{pmatrix} \dot{x} \\ \dot{y} \end{pmatrix} = \begin{pmatrix} 4 - 4x^2 - y^2 \\ 3xy \end{pmatrix}$$

Die einzigen Gleichgewichtspunkte sind $(\pm 1, 0)$ und $(0, \pm 2)$. Die Jacobi-Matrix ist

$$\mathbf{J}_f(\vec{x}) = \begin{pmatrix} -8x & -2y \\ 3y & 3x \end{pmatrix} .$$

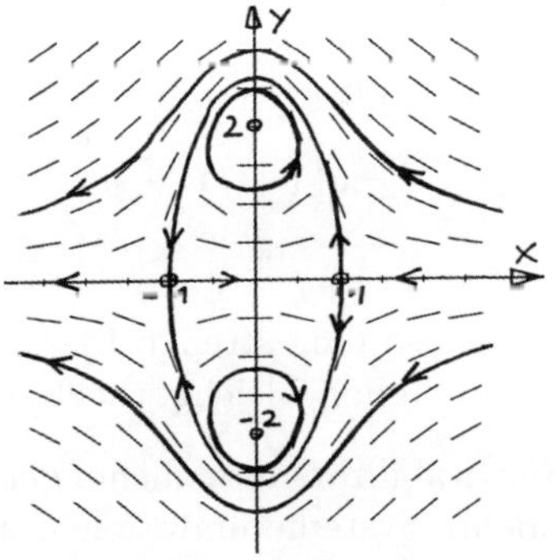

In den Punkten $(\pm 1, 0)$ liegen Sattelpunkte vor, da hier die Jacobi-Matrix einen positiven und einen negativen Eigenwert hat. In den Punkten $(0, \pm 2)$ ist zunächst keine Aussage möglich, da die Eigenwerte $\pm 2i\sqrt{6}$ sind.

Die Phasendgl ist $\quad y' = \frac{\dot{y}}{\dot{x}} = \frac{3xy}{4-4x^2-y^2}$.

Die Lösungen sind gerade Funktionen (siehe Aufgabe 10.2.C). Die Trajektorien liegen daher symmetrisch zur y-Achse. Genauere Diskussion liefert obiges Phasenporträt und die Stabilität der Ruhepunkte $(0, \pm 2)$.

(A.3) $$\begin{pmatrix} \dot{x} \\ \dot{y} \end{pmatrix} = \begin{pmatrix} 2x(y - x) \\ y(3y - 4x) \end{pmatrix}$$

Der einzige Gleichgewichtspunkt ist $(0, 0)$. Die Jacobi-Matrix in diesem Punkt ist die Nullmatrix. Der Linearisierungssatz liefert keine Aussage über Stabilität oder Instabilität.

Auf der y-Achse liegen außer der stationären Lösung $\vec{x} \equiv (0,0)$ die Lösungen

$$\big(0, -1/(3t+C)\big) \ .$$

In jeder Umgebung von $(0,0)$ starten Lösungen, die nicht für $t \to \infty$ definiert sind. Die Ruhelage $(0,0)$ ist instabil.
Übrigens liegen auch auf der x-Achse und auf der Geraden $y = 2x$ je drei Bahnen.

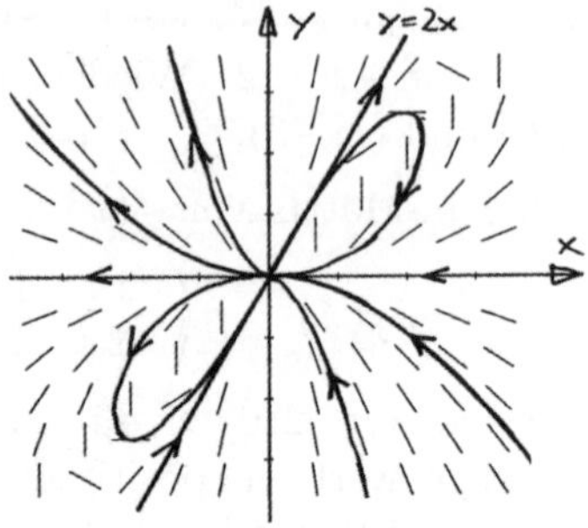

(A.4) $$\begin{pmatrix} \dot{x} \\ \dot{y} \end{pmatrix} = \begin{pmatrix} -y - x^3 \\ x - y^3 \end{pmatrix} =: f(x,y)$$

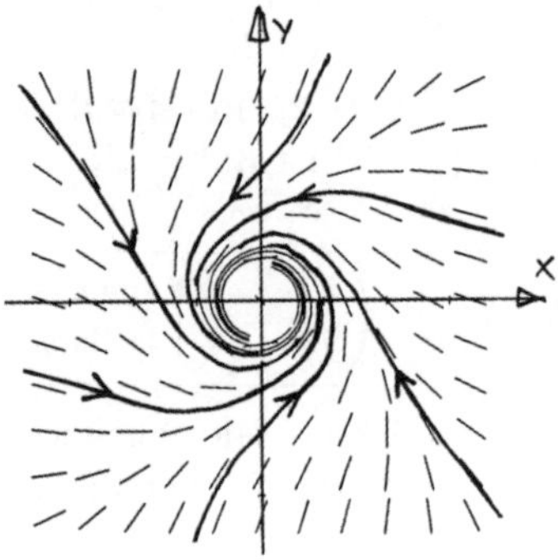

Der einzige Gleichgewichtspunkt ist $(0,0)$. Die Jacobi-Matrix in diesem Punkt hat die beiden Eigenwerte $\pm i$. Der Linearisierungssatz liefert keine Aussage über Stabilität oder Instabilität.
Wir verwenden $V(x,y) := x^2 + y^2$ als Ljapunoff-Funktion. V ist sicherlich positiv definit. Außerdem gilt

$$\begin{aligned} \big(\operatorname{grad} V \cdot f\big)(x,y) &= 2x(-y-x^3) + 2y(x-y^3) \\ &= -2(x^4+y^4) \ < \ 0 \quad \text{für } (x,y) \neq (0,0) \ . \end{aligned}$$

V ist also eine strenge Ljapunoff-Funktion. Der Ursprung ist daher asymptotisch stabiler Gleichgewichtspunkt.

B Für Stabilitätsuntersuchungen autonomer Gleichungen kann man diese in äquivalente Systeme umwandeln und die entsprechenden Methoden anwenden.

(B.1) Die zu untersuchende autonome Gleichung

$$y' = \alpha y + \beta y^3 \qquad (1)$$

besitzt die linearisierte Gleichung

$$y' = \alpha y \ . \qquad (2)$$

Mit dem Stabilitätssatz für autonome Systeme (siehe 7.3) folgt:

Für $\alpha < 0$ ist die Nullfunktion $y \equiv 0$ asymptotisch stabile Lösung der linearisierten Gleichung (2) und damit auch der autonomen Gleichung (1)

Für $\alpha > 0$ besitzen beide Differentialgleichungen 0 als instabile Lösung.

Für $\alpha = 0$ ist 0 stabile Lösung der linearisierten Gleichung (2). Hier liefert der Stabilitätssatz keine Aussage für die Ausgangsgleichung (1). Man kann in diesem Fall aber ihre Lösungen bequem ausrechnen.

Für $\alpha = 0$ ist die Ausgangsgleichung $y' = \beta\, y^3$. TdV liefert mit $y_0 := y(0)$:

$$\frac{1}{2y_0^2} - \frac{1}{2y^2} = \beta x \qquad \text{bzw} \qquad y = \frac{y_0}{\sqrt{1-2\beta y_0^2 x}} .$$

Für $\beta < 0$ sind alle Lösungen in $[0,\infty[$ definiert und streben gegen Null für $x \to \infty$.

Für $\beta = 0$ sind alle Lösungen konstant und damit auch stabil.

Für $\beta > 0$ sind die nicht trivialen Lösungen schon für $x \to 1/2\beta y_0^2 < \infty$ unbeschränkt. Die stationäre Lösung $y \equiv 0$ ist in diesem Fall instabil.

(B.2) $\boxed{\ddot{x} + k\dot{x} + \gamma \sin x = 0}$ *Pendelgleichung*

Nach Voraussetzung sind $\gamma > 0$ und $k \geq 0$. Stationäre Lösungen sind die konstanten Funktionen $x \equiv n\pi$ für $n \in \mathbb{Z}$.

Mit $y := \dot{x}$ ist die Pendelgleichung äquivalent zu dem System

$$\begin{pmatrix} \dot{x} \\ \dot{y} \end{pmatrix} = \begin{pmatrix} y \\ -ky - \gamma \sin x \end{pmatrix} =: f(x,y) .$$

Die Jacobi-Matrix von f ist $\mathbf{J}_f(x,y) = \begin{pmatrix} 0 & 1 \\ -\gamma \cos x & -k \end{pmatrix}$.

Wir untersuchen zunächst die Ruhelagen $x \equiv 2m\pi$.

Die Jacobi-Matrix hat hier die Eigenwerte $\lambda_{1,2} = -\frac{k}{2} \pm \frac{1}{2}\sqrt{k^2 - 4\gamma}$.

Für $k > 0$ (*gedämpfte Pendelgleichung*) haben beide Eigenwerte negativen Realteil. Die Lösungen $x \equiv 2m\pi$ sind daher asymtotisch stabile Lösungen der gedämpften Pendelgleichung. Sie entsprechen einem senkrecht nach unten hängenden Pendel.

Für $k = 0$ (*ungedämpfter Fall*) sind beide Eigenwerte rein imaginär. Der Stabilitätssatz für autonome Systeme liefert hier keine Aussage. Mit Hilfe einer Ljapunoff-Funktion kann man zeigen, dass die stationären Lösungen $x \equiv 2m\pi$ stabile Lösungen der ungedämpften Pendelgleichung sind. Siehe dazu Aufgabe 11.6.C.

In den Ruhelagen $x \equiv (2m+1)\pi$ hat die Jacobi-Matrix die Eigenwerte $\lambda_{1,2} = -\frac{k}{2} \pm \frac{1}{2}\sqrt{k^2 + 4\gamma}$. Sie sind beide reell und einer von ihnen ist positiv. Also sind diese Ruhelagen instabil. Sie entsprechen einem senkrecht nach oben stehenden Pendel.

(B.3) $\boxed{\ddot{x} = \varepsilon(1 - x^2)\dot{x} - x}$ *van-der-Pol-Gleichung*

Mit $y := \dot{x}$ ist die Gleichung äquivalent zu dem System

$$\begin{pmatrix} \dot{x} \\ \dot{y} \end{pmatrix} = \begin{pmatrix} y \\ \varepsilon(1 - x^2)y - x \end{pmatrix} .$$

$x \equiv 0$ ist die einzige Ruhelage.

Die Jacobi-Matrix $\mathbf{J}_f(\vec{x}) = \begin{pmatrix} 0 & 1 \\ -1 & \varepsilon \end{pmatrix}$ hat die Eigenwerte

$$\lambda_{1,2} = \frac{1}{2}\left(\varepsilon \pm \sqrt{\varepsilon^2 - 4}\right).$$

Ist $\varepsilon < 0$, so haben beide Eigenwerte negativen Realteil. Nach dem Stabilitätssatz für fast-lineare Systeme (siehe 7.3) ist die Ruhelage asymptotisch stabil.

Ist $\varepsilon > 0$, so hat ein Eigenwert positiven Realteil. Nach dem Stabilitätssatz für fast-lineare Systeme ist die Ruhelage instabil.

Ist $\varepsilon = 0$, so sind alle Lösungen der Gleichung von der Form $x(t) = C_1 \cos t + C_2 \sin t$. Die Ruhelage $x \equiv 0$ ist daher stabil, aber nicht asymptotisch stabil.

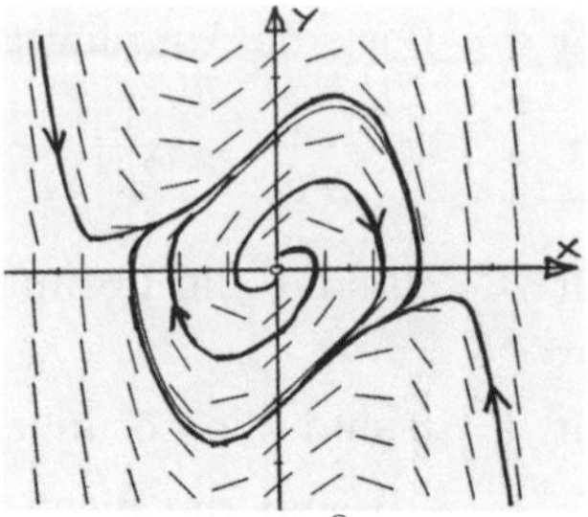

$\varepsilon > 0$

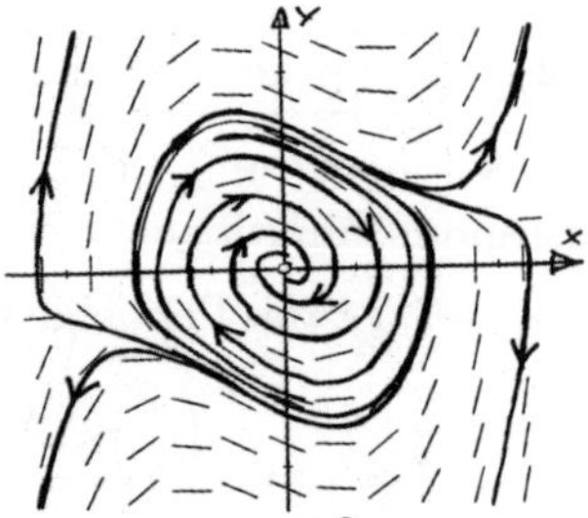

$\varepsilon < 0$

C Mit $y := \dot{x}$ ist die autonome Gleichung $\ddot{x} = g(x)$ äquivalent zu dem System

$$\begin{pmatrix} \dot{x} \\ \dot{y} \end{pmatrix} = \begin{pmatrix} y \\ g(x) \end{pmatrix} . \tag{3}$$

Wir zeigen, dass die *'Gesamtenergie'*

$$V(x,y) := \frac{1}{2}y^2 - \int_0^x g(s)\,ds$$

eine Ljapunoff-Funktion für das System (3) ist.

V ist stetig differenzierbar. Es ist $V(0,0) = 0$ und wegen $x\,g(x) < 0$ gilt $V(x,y) > 0$ für $(x,y) \neq (0,0)$. Außerdem gilt

$$\big(\operatorname{grad} V(x,y)\big) \cdot (\dot{x}, \dot{y}) = -g(x)\,y + y\,g(x) = 0 .$$

Also ist V eine Ljapunoff-Funktion und $(0,0)$ ist eine stabile Ruhelage.

D $$\dot{\vec{x}} = \begin{pmatrix} -1 & e^{2t} \\ 0 & -1 \end{pmatrix} \vec{x}$$

Man kann das System explizit lösen. Aus der zweiten Gleichung $\dot{y} = -y$ ergibt sich $y = C_2\,e^{-t}$.

Einsetzen in die erste Gleichung liefert $\dot{x} = -x + C_2\,\mathrm{e}^t$ mit den Lösungen

$$x = C_1\,\mathrm{e}^{-t} + C_2\,\mathrm{e}^t/2\ .$$

Insbesondere ist $\vec{x}(t) := \left(\delta\ \mathrm{e}^t, 2\delta\ \mathrm{e}^{-t}\right)$ für jedes $\delta > 0$ eine für $t \to \infty$ unbeschränkte Lösung des gegebenen Systems. Also ist die Ruhelage $\vec{x}_0 \equiv 0$ keine stabile Lösung.

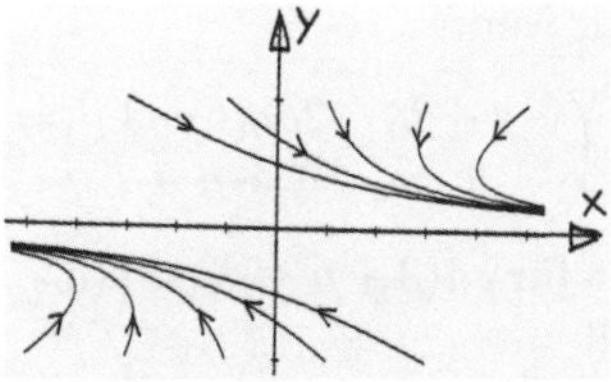

$(x, y) = \pm(C\,\mathrm{e}^{-t} + \mathrm{e}^t, 2\,\mathrm{e}^{-t})$

E $$\begin{pmatrix}\dot{x}\\ \dot{y}\\ \dot{z}\end{pmatrix} = \begin{pmatrix} ay - ax\\ bx - y - xz\\ xy - cz\end{pmatrix} =: f(\vec{x})$$ *Lorenz-Attraktor*

Dies autonome System taucht bei einem einfachen Modell für Turbolenzen in der Erdatmosphäre auf. Dabei sind $y(t)$ und $z(t)$ die horizontale bzw vertikale Temperaturänderung und $x(t)$ die konvektive Luftbewegung.

Aus $f(x, y, z) = \vec{0}$ folgt $y = x$. Einsetzen liefert:

$$(b-1)x = xz \quad \text{und} \quad x^2 = cz\ .$$

$x = 0$ liefert die Ruhelage $\vec{x}_0 := \vec{0}$. Für $x \neq 0$ folgt $z = b - 1$. Für $b \leq 1$ gibt es also keine weiteren Ruhelagen. Für $b > 1$ sind

$$\vec{x}_{1,2} := \left(\pm\sqrt{c(b-1)}\ ,\ \pm\sqrt{c(b-1)}\ ,\ b-1\right)$$

die einzigen anderen stationären Lösungen.

Die Jakobi-Matrix von f ist $\quad \mathbf{J}_f(x, y, z) = \begin{pmatrix} -a & a & 0\\ b-z & -1 & -x\\ y & x & -c\end{pmatrix}$.

Für $\vec{x}_0 = \vec{0}$ hat $\mathbf{J}_f(\vec{0}) = \begin{pmatrix} -a & a & 0\\ b & -1 & 0\\ 0 & 0 & -c\end{pmatrix}$ die Eigenwerte $\lambda_1 = -c$ und $\lambda_{2,3} = \frac{1}{2}\left(-a - 1 \pm \sqrt{(a-1)^2 + 4ab}\right)$. Sie sind für $0 < b < 1$ reell und negativ. Also ist $\vec{x}_0 = \vec{0}$ für $0 < b < 1$ asymptotisch stabil.

Für $b = 1$ ist verschwindet ein Eigenwert und man erhält keine Aussage für das Lorenz-System.

Für $b > 1$ ist ein Eigenwert positiv und die Ruhelage $\vec{0}$ ist instabil.

Für $\vec{x}_{1,2}$ ist die Diskussion der Eigenwerte komplizierter. Man erhält das charakteristische Polynom

$$\chi(\lambda) = \lambda^3 + \lambda^2(1 + a + c) + \lambda(a + c - ab + ac) + ac(b-1)\ .$$

Nach dem Hurwitz-Kriterium (7.2.d) sind die Ruhepunkte $\vec{x}_{1,2}$ sicher dann instabil, wenn

$$\det\begin{pmatrix} c(a+b) & 2ac(b-1) \\ 1 & 1+a+c \end{pmatrix} = c\left[(a+b)(1+a+c)-2ab+2a\right] < 0 .$$

Dies ist für $a(3+a+c) < b(a-c-1)$, also z.B. für $c := 1,\ a := 3$ und $b > 21$ der Fall.

Beh.: Jede Lösung ist beschränkt.

Zum Beweis betrachten wir die 'Ljapunoff-Funktion'

$$V(\vec{x}\,) = V(x,y,z) := bx^2 + ay^2 + a(z-2b)^2 .$$

Es ist $\quad \operatorname{grad} V(\vec{x}\,)\cdot f(\vec{x}\,) = -2a\left(bx^2+y^2+c(z+b)^2+cb^2\right) =: g(\vec{x}\,)$.

Für beliebiges $\delta > 2ab^2c$ ist $M := \{\,\vec{x}\,;\, g(\vec{x}\,) \ge -\delta\,\}$ nicht-leer und kompakt.
Also existiert $\gamma := \max\{\,V(\vec{x}\,)\,;\, \vec{x} \in M\,\}$ und es ist $\gamma > 0$.
Sei $E := \{\,\vec{x}\,;\, V(\vec{x}) \le \gamma\,\}$. E ist ein Ellipsoid und es ist $M \subset E$.

Beh.: Jede Lösung $\vec{x}(t)$ ist und bleibt ab einem t_0 in E.

Sei $\vec{x}$ eine Lösung und $\vec{x}(t) \notin E$ für ein t. Dann ist $\vec{x}(t) \notin M$, also $g(\vec{x}(t)) < -\delta$, also $\dfrac{d}{dt}V\big(\vec{x}(t)\big) < -\delta$. Sei $h(t) := V\left(\vec{x}(t)\right)$.

Gilt $h(t) \le \gamma$ für alle $t \ge 0$, so ist $\vec{x}(t) \in E$ für alle $t \ge 0$ und es ist nichts mehr zu zeigen.

Angenommen, es gibt ein $t_1 > 0$ mit $h(t_1) > \gamma$. Dann folgt aus dem Hauptsatz für $t \ge t_1$ und $h(t) > \gamma$

$$h(t) = h(t_1) + \int_{t_1}^{t} h'(\tau)\,d\tau < h(t_1) - \gamma(t-t_1) .$$

Also gibt es ein $t_0 > t_1$ mit $h(t_0) = \gamma$.

Beh.: Für alle $t \ge t_1$ ist $h(t) \le \gamma$, also $\vec{x}(t) \in E$.

Angenommen, es gibt ein $t_2 > t_0$ mit $h(t_2) > \gamma$.

Dann sei $t_3 := \max\{\,t \in [t_0,t_2]\,;\, h(t) = \gamma\,\}$.
Der Mittelwertsatz ergibt für ein $\tau \in\,]t_3,t_2[$ den Widerspruch

$$0 < \frac{h(t_2)-h(t_3)}{t_2-t_3} = h'(\tau) < -\delta < 0$$

Also bleibt jede Lösung beschränkt. Andererseits sind die Ruhelagen wenigstens für gewisse Parameter a, b, c instabil. Typische Phasenbahnen des Lorenz-Systems sehen in diesem Fall etwa wie in der nebenstehenden, natürlich mit Computerhilfe entstandenen Skizze aus.

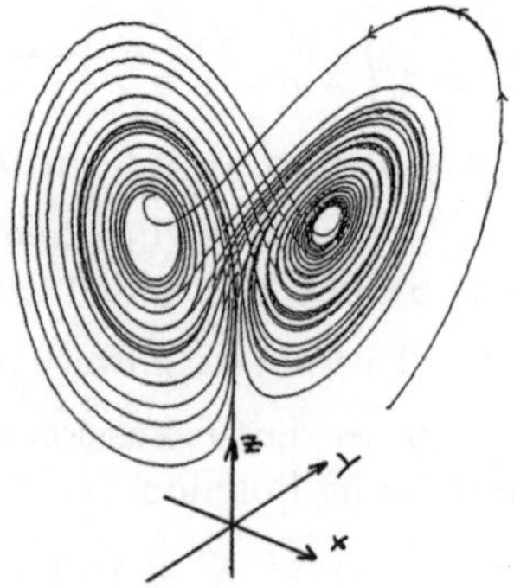

Lorenz-Attraktor

F Mit dem Hilfssatz 12.1.G kann man zeigen, dass für die Komponenten $m_j(t)$ aller Lösungen $\vec{m}(t)$ gilt $0 \le m_j(t) \le M := \sum_{j=1}^{4} m_j(0)$. Also können keine Eigenwerte der Matrix positiven Realteil haben. Noch zu zeigen ist, dass kein Eigenwert Realteil Null hat.

Nach längerer Rechnung ergibt sich das charakteristische Polynom zu

$$\begin{aligned}\chi(\lambda) &= \begin{vmatrix} \lambda + k_{12} + k_{14} & -k_{21} & 0 \\ -k_{12} & \lambda + k_{21} + k_{23} & -k_{32} \\ 0 & -k_{23} & \lambda + k_{32} \end{vmatrix} \\ &= \lambda^3 + (k_{12} + k_{14} + k_{21} + k_{23} + k_{32})\,\lambda^2 \\ &\quad +(k_{21}k_{32} + k_{12}k_{32} + k_{12}k_{23} + k_{14}k_{32} + k_{14}k_{21} + k_{14}k_{23})\lambda + k_{32}k_{21}k_{14}\ .\end{aligned}$$

Alle Koeffizienten des charakteristischen Polynoms sind positiv. Alle reellen Nullstellen müssen daher negativ sein.

Der Grad von $\chi(\lambda)$ ist ungerade, also gibt es eine reelle Nullstelle λ_1. Eine evt. vorhandene echt komplexe Nullstelle kann nicht von der Form $\lambda_2 = i\beta$ sein. Sonst wäre auch $\lambda_3 = -i\beta$ eine Nullstelle und es wäre

$$\chi(\lambda) = (\lambda - \lambda_1)(\lambda^2 + \beta^2) = \lambda^3 - \lambda_1\lambda^2 + \beta^2\lambda - \lambda_1\beta^2\ .$$

Es wäre also (Koeffizient von λ^2)(Koeffizient von λ) = absolutes Glied. Dies ist ein Widerspruch zur oben gegebenen Darstellung von $\chi(\lambda)$.

Also haben alle Eigenwerte der Matrix negativen Realteil und alle Lösungen des reduzierten Systems streben für $t \to \infty$ gegen die spezielle konstante Lösung $(m_1, m_2, m_3)(t) = \left(\frac{\varepsilon}{k_{14}\,\varepsilon}, \frac{k_{12}\,\varepsilon}{k_{21}\,k_{14}}, \frac{k_{23}\,k_{12}\,\varepsilon}{k_{32}\,k_{21}\,k_{14}}\right)$.

G Die Lösungen linearer Systeme mit konstanten Koeffizienten hat man zumindest theoretisch voll im Griff. Siehe dazu Abschnitt 5.2.5.

Die $\mathbb{C}$-wertigen Lösungen des homogenen linearen Systems $\vec{x}\,' = \mathbf{A} \cdot \vec{x}$ bilden einen $\mathbb{C}$-Vektorraum der Dimension n. Es gibt ein komplexes Fundamentalsystem aus n Funktionen der Bauart $\vec{\varphi}(t) = \vec{p}(t)\ \mathrm{e}^{\lambda t}$. Dabei ist $\vec{p}$ ein vektorwertiges Polynom und λ ein Eigenwert der Koeffizientenmatrix $\mathbf{A}$. Dabei taucht ein m-facher Eigenwert m-mal im Exponenten auf. Auch wenn $\mathbf{A}$ reell ist, sind die Eigenwerte i.a. komplex.

(G.1) Es ist $|\,\mathrm{e}^{\lambda t}| = \mathrm{e}^{t\,\mathrm{Re}\,\lambda}$ und $\|\vec{p}(t)\| \le a|t|^{\mathrm{grad}\,p}$ für eine Konstante $a > 0$ und hinreichend große $|t|$.

Ist nun $\mathrm{Re}\,\lambda < 0$, so gilt für eine zugehörige Basislösung $\vec{\varphi}(t) = \vec{p}(t)\ \mathrm{e}^{\lambda t}$

$$\|\vec{\varphi}(t)\| = \|\vec{p}(t)\|\ \mathrm{e}^{t\,\mathrm{Re}\,\lambda} \to 0 \quad \text{für} \quad t \to \infty\ .$$

("Die Exponentialfunktion wächst stärker als jede Potenz.")

Jede komplexe Lösung $\vec{x}(t)$ ist eine Linearkombination der Basislösungen $\vec{\varphi}(t)$. Haben also alle Eigenwerte λ negativen Realteil, so streben alle komplexen Lösungen gegen Null für $t \to \infty$.

Ist die Koeffizientenmatrix $\mathbf{A}$ reell, so bilden die $\mathbb{R}$-wertigen Lösungen einen $\mathbb{R}$-Vektorraum der Dimension n. Die reellen Lösungen sind Real- oder Imaginärteil komplexer Lösungen. Diese müssen dann auch für $t \to \infty$ gegen $\vec{0}$ streben.

(G.2) Hat ein Eigenwert $\lambda = \alpha + i\beta$ von $\mathbf{A}$ positiven Realteil $\alpha > 0$, so strebt jede zugehörige Basislösung $\|\vec{\varphi}(t)\| = \|\vec{p}(t)\| \, e^{\alpha t} \to \infty$ für $t \to \infty$. Es gibt also eine unbeschränkte komplexe Lösung.

Ist $\mathbf{A}$ reell, so ist $\mathsf{Re}\,\varphi(t)$ eine reelle Lösung. Für diese gilt

$$\mathsf{Re}\,\varphi(t) \;=\; e^{\alpha t}\left(\mathsf{Re}\,\vec{p}(t)\cos\beta t - \mathsf{Im}\,\vec{p}(t)\sin\beta t\right) \quad \text{und} \quad \limsup_{t\to\infty} \mathsf{Re}\,\varphi(t) = \infty \,.$$

Also gibt es dann auch eine unbeschränkte reelle Lösung.

Es bleibt der Fall zu diskutieren, dass kein Eigenwert positiven Realteil hat und es Eigenwerte mit Realteil Null gibt.

Sei $\lambda = i\beta$ ein rein imaginärer Eigenwert. Dann ist $\|\vec{\varphi}(t)\| = \|\vec{p}(t)\|$ genau dann beschränkt, wenn $\operatorname{grad} p = 0$, also $p(t) \equiv \vec{a}$ konstant ist. Einsetzen in das System zeigt, dass $\vec{a}$ ein Eigenvektor der Matrix $\mathbf{A}$ zum Eigenwert λ sein muss.

Also sind alle Lösungen des Systems $\dot{\vec{x}} = \mathbf{A} \cdot \vec{x}$ genau dann beschränkt, wenn folgende Bedingung erfüllt ist:

> Alle Eigenwerte λ von $\mathbf{A}$ haben einen Realteil ≤ 0 und ist $\lambda = i\beta$ ein rein imaginärer Eigenwert von $\mathbf{A}$ der Vielfachheit m, so gibt es m linear unabhängige Eigenvektoren von $\mathbf{A}$ zum Eigenwert λ.

H Wir betrachten das lineare System

$$\dot{\vec{x}} \;=\; \mathbf{A}(t)\,\vec{x} + \vec{b}(t) \tag{4}$$

mit stetigen Funktionen $\mathbf{A}\colon [0,\infty[\to \mathbb{K}^{n\times n}$ und $\vec{b}\colon [0,\infty[\to \mathbb{K}^n$. Dann sind alle maximal fortgesetzten Lösungen ebenfalls in $[0,\infty[$ definiert.

(H.1) Sei $\vec{\varphi}(t)$ eine asymptotisch stabile Lösung des Systems (4). D.h. für alle $\varepsilon > 0$ gibt es ein $\delta > 0$ derart, dass für alle Lösungen $\vec{\psi}$ des Systems (4) gilt:

$$\|\vec{\psi}(0) - \vec{\varphi}(0)\| \;<\; \delta \quad \Longrightarrow \quad \begin{cases} \|\vec{\psi}(t) - \vec{\varphi}(t)\| \to 0 & \text{für } t \to \infty \text{ und} \\ \|\vec{\psi}(t) - \vec{\varphi}(t)\| < \varepsilon & \text{für } t \geq 0 \end{cases}$$

Ist nun $\vec{\varphi}_h(t)$ irgendeine Lösung des zugehörigen homogenen Systems $\dot{\vec{x}} = \mathbf{A}\vec{x}$

mit $\|\vec{x}\,(0)\| < \delta$, so ist $\vec{\psi} := \vec{\varphi} + \vec{\varphi}_h$ eine Lösung des inhomogenen Systems (4) mit $\|\vec{\psi}\,(0) - \vec{\varphi}(0)\| < \delta$. Also strebt $\vec{\varphi}_h(t) = \vec{\psi}(t) - \vec{\varphi}(t)$ gegen Null für $t \to \infty$ und $\|\vec{\varphi}_h(t)\| < \varepsilon$ für alle $t \geq 0$. Also ist die Nullfunktion asymptotisch stabile Lösung des inhomogenen Systems.

(H.2) Sei nun die Nullfunktion asymptotisch stabile Lösung des inhomogenen Systems. Dann gibt es insbesondere ein $\delta > 0$ derart, dass für alle Lösungen $\vec{\varphi}_h$ des homogenen Systems gilt:

$$\|\vec{\varphi}_h(0)\| < \delta \quad \Longrightarrow \quad \|\vec{\varphi}_h(t)\| \to 0 \text{ für } t \to \infty \, .$$

Ist $\vec{\psi}_h$ eine beliebige Lösung des homogenen Systems mit $\vec{\psi}(0) \neq 0$, so ist $\vec{\varphi}_h := \delta\vec{\psi}_h/(2\vec{\psi}(0))$ eine Lösung mit $\|\vec{\varphi}(0)\| < \delta$. Also strebt $\vec{\varphi}_h$ und damit auch $\vec{\psi}_h$ gegen Null für $t \to \infty$.

Dass in diesem Fall jede Lösung von (4) asymptotisch stabil ist, zeigt man mit den umgekehrten Argumenten aus **(H.1)**.

12 Aufgaben zu linearen Problemen

12.1 Theoretisches

A Berechnen Sie die folgenden Werte der Matrizen-Exponentialfunktion:

1) $\exp\begin{pmatrix}\lambda & 0\\ 0 & \mu\end{pmatrix} = \begin{pmatrix}e^\lambda & 0\\ 0 & e^\mu\end{pmatrix}$

2) $\exp\begin{pmatrix}x & -y\\ y & x\end{pmatrix} = e^x\begin{pmatrix}\cos y & -\sin y\\ \sin y & \cos y\end{pmatrix}$

3) $\exp\begin{pmatrix}z & 1 & 0\\ 0 & z & 1\\ 0 & 0 & z\end{pmatrix} = e^z\begin{pmatrix}1 & 1 & 1/2\\ 0 & 1 & 1\\ 0 & 0 & 1\end{pmatrix}$

B Beweisen Sie, dass $e^{\mathbf{A}+\mathbf{B}} = e^{\mathbf{A}} \cdot e^{\mathbf{B}}$ für vertauschbare quadratische Matrizen $\mathbf{A}, \mathbf{B} \in \mathbb{K}^{n\times n}$.

Geben Sie außerdem ein Beispiel dafür an, dass die Voraussetzung $\mathbf{AB} = \mathbf{BA}$ wesentlich ist.

C Sei $\mathbf{A}\colon I \to \mathbb{K}^{n\times n}$ stetig differenzierbar und $\mathbf{A}' \cdot \mathbf{A} = \mathbf{A} \cdot \mathbf{A}'$.

Beweisen Sie, dass dann $\left(e^{\mathbf{A}(x)}\right)' = \mathbf{A}'(x)\, e^{\mathbf{A}(x)}$.

Geben Sie ein Beispiel dafür an, dass die Vertauschbarkeit von $\mathbf{A}$ und $\mathbf{A}'$ wesentlich ist.

D Zeigen Sie, dass für beliebige Matrizen $\mathbf{A} \in \mathbb{K}^{n\times n}$ die Reihen

$$\sin\mathbf{A} := \sum_{k=0}^{\infty} \frac{(-1)^k}{(2k+1)!}\mathbf{A}^{2k+1} \qquad \text{und} \qquad \cos\mathbf{A} := \sum_{k=0}^{\infty} \frac{(-1)^k}{(2k)!}\mathbf{A}^{2k}$$

konvergieren, und zwar gleichmäßig auf Kompakta im $\mathbb{K}^{n\times n}$.

Beweisen Sie außerdem, dass für vertauschbare Matrizen $\mathbf{A}, \mathbf{B} \in \mathbb{R}^{n\times n}$ gilt

$$\begin{aligned}\sin(\mathbf{A}+\mathbf{B}) &= \sin\mathbf{A}\cos\mathbf{B} + \cos\mathbf{A}\sin\mathbf{B} \qquad \text{und}\\ \cos(\mathbf{A}+\mathbf{B}) &= \cos\mathbf{A}\cos\mathbf{B} - \sin\mathbf{A}\sin\mathbf{B}\ .\end{aligned}$$

E Sei $\mathbf{A}\colon I \to \mathbb{K}^{n\times n}$ stetig und $\mathbf{Y}_0(x)$ eine fest gewählte Fundamentalmatrix des homogenen linearen Systems $\vec{y}\,' = \mathbf{A}(x)\,\vec{y}$.

Beweisen Sie, dass die Fundamentalmatrizen dieses Systems genau die Matrizen der Form $\mathbf{Y}_0(x) \cdot \mathbf{B}$ mit konstanter invertierbarer Matrix $\mathbf{B}$ sind.

F Zeigen Sie, dass eine Matrix $\mathbf{A} \in \mathbb{R}^{n\times n}$ genau dann schiefsymmetrisch ist, wenn jede Lösung des Systems $\dot{\vec{x}} = \mathbf{A} \cdot \vec{x}$ konstanten Betrag hat.

G Sei $\mathbf{A} \in \mathbb{R}^{n\times n}$ eine konstante reelle Matrix mit den Koeffizienten $a_{i,j}$. Man beweise:

1) Die Koeffizienten der Matrix $e^{\mathbf{A}t}$ sind nicht-negativ für alle $t \geq 0$ genau dann , wenn $a_{i,j} \geq 0$ für alle $i \neq j$.
2) Sei $\vec{x}\,(t)$ Lösung des linearen AWP's $\dot{\vec{x}} = \mathbf{A}\vec{x} + \vec{b}\,(t)$; $\vec{x}(t_0) = \vec{x}_0$.
   Seien alle a_{ij} mit $i \neq j$ ebenso wie alle Koordinaten von $\vec{x}_0$ und alle von $\vec{b}\,(t)$ für $t \geq t_0$ nicht-negativ.
   Beweisen Sie, dass dann auch alle Koordinaten von $\vec{x}\,(t)$ für $t \geq t_0$ nicht-negativ sind.

H Sei $\mathbf{A}\colon \mathbb{R} \to \mathbb{R}^{n\times n}$ stetig und periodisch. Zeigen Sie, dass verschiedene Übergangsmatrizen des periodischen Systems $\dot{\vec{x}} = \mathbf{A}(t)\,\vec{x}$ ähnlich sind.

I Wann ist eine lineare Gleichung n-ter Ordnung exakt?

J Transformieren Sie die homogene Dgl

$$\big[p(x)\,y'\big]' + q(x)\,y \;=\; 0$$

mit der Substitution $y_1 := py'$, $y_2 := y$ zu einem System von zweiter Ordnung.

K Transformieren Sie das System

$$\vec{y}\,' \;=\; \begin{pmatrix} y_1 \\ y_2 \end{pmatrix}' \;=\; \begin{pmatrix} 0 & b(x) \\ a(x) & 0 \end{pmatrix} \cdot \begin{pmatrix} y_1 \\ y_2 \end{pmatrix}$$

durch Übergang zu Polarkoordinaten zu einem nicht-linearen, aber dafür teilentkoppelten System. *(Prüfer-Transformation)*

Lösungen:

A Zur Matrix-Exponentialfunktion siehe Abschnitt 5.1.1.

(A.1) Es ist $\begin{pmatrix} z & 0 \\ 0 & w \end{pmatrix}^k = \begin{pmatrix} z^k & 0 \\ 0 & w^k \end{pmatrix}$. Also

$$\exp\begin{pmatrix} z & 0 \\ 0 & w \end{pmatrix} \;=\; \sum_{k=0}^{\infty} \frac{1}{k!}\begin{pmatrix} z^k & 0 \\ 0 & w^k \end{pmatrix} \;=\; \begin{pmatrix} e^z & 0 \\ 0 & e^w \end{pmatrix}.$$

(A.2) Mit $\mathbf{I} := \begin{pmatrix} 0 & -1 \\ 1 & 0 \end{pmatrix}$ ist $\mathbf{A} := \begin{pmatrix} x & -y \\ y & x \end{pmatrix} = x\,\mathbf{E} + y\mathbf{I}$.

Die Matrizen $x\mathbf{E}$ und $y\mathbf{I}$ sind vertauschbar. Daher gilt $e^{\mathbf{A}} = e^{x\mathbf{E}} \cdot e^{y\mathbf{I}}$.

Es ist $e^{x\mathbf{E}} = e^x\,\mathbf{E}$. Wegen $\mathbf{I}^2 = -\mathbf{E}$, $\mathbf{I}^3 = -\mathbf{I}$, $\mathbf{I}^4 = \mathbf{E}$ usw gilt

$$\begin{aligned} e^{y\mathbf{I}} &= \sum_{k=0}^{\infty} \frac{y^k}{k!}\,\mathbf{I}^k = \sum_{k=0}^{\infty} \frac{(-1)^k\,y^{2k}}{(2k)!}\,\mathbf{E} + \sum_{k=0}^{\infty} \frac{(-1)^k\,y^{2k+1}}{(2k+1)!}\,\mathbf{I} \\ &= \cos x\,\mathbf{E} + \sin x\,\mathbf{I} = \begin{pmatrix} \cos y & -\sin y \\ \sin y & \cos y \end{pmatrix}. \end{aligned}$$

Zusammen folgt $$\exp\begin{pmatrix} x & -y \\ y & x \end{pmatrix} = e^x \begin{pmatrix} \cos y & -\sin y \\ \sin y & \cos y \end{pmatrix}.$$

(A.3) Mit $\mathbf{N} := \begin{pmatrix} 0 & 1 & 0 \\ 0 & 0 & 1 \\ 0 & 0 & 0 \end{pmatrix}$ ist $\mathbf{A} := \begin{pmatrix} z & 1 & 0 \\ 0 & z & 1 \\ 0 & 0 & z \end{pmatrix} = z\,\mathbf{E} + \mathbf{N}$.

Die Matrizen $z\mathbf{E}$ und $\mathbf{N}$ sind vertauschbar. Daher gilt $e^{\mathbf{A}} = e^{z\mathbf{E}} \cdot e^{\mathbf{N}}$.

Es ist $e^{z\mathbf{E}} = e^z\,\mathbf{E}$. Wegen $\mathbf{N}^2 = \begin{pmatrix} 0 & 0 & 1 \\ 0 & 0 & 0 \\ 0 & 0 & 0 \end{pmatrix}$ und $\mathbf{N}^3 = \mathbf{O} =$ Nullmatrix

gilt $$e^{\mathbf{N}} = \mathbf{E} + \mathbf{N} + \tfrac{1}{2}\mathbf{N}^2 = \begin{pmatrix} 1 & 1 & 1/2 \\ 0 & 1 & 1 \\ 0 & 0 & 1 \end{pmatrix}.$$

Zusammen folgt $$\exp\begin{pmatrix} z & 1 & 0 \\ 0 & z & 1 \\ 0 & 0 & z \end{pmatrix} = e^z \begin{pmatrix} 1 & 1 & 1/2 \\ 0 & 1 & 1 \\ 0 & 0 & 1 \end{pmatrix}.$$

B Für den Beweis der Rechenregel kann der übliche Beweis der Funktionalgleichung der e–Funktion $e^{x+y} = e^x \cdot e^y$ mit Hilfe des Cauchy-Produkts der absolut konvergenten Exponentialreihen beinahe wörtlich nachvollzogen werden. Formal läuft die Rechnung etwa so:

$$\begin{aligned} e^{\mathbf{A}} \cdot e^{\mathbf{B}} &= \left(\sum_{k=0}^{\infty} \frac{1}{k!}\,\mathbf{A}^k\right) \cdot \left(\sum_{k=0}^{\infty} \frac{1}{k!}\,\mathbf{B}^k\right) = \sum_{k=0}^{\infty} \left(\sum_{j=0}^{k} \frac{1}{j!(k-j)!}\,\mathbf{A}^j\,\mathbf{B}^{k-j}\right) \\ &= \sum_{k=0}^{\infty} \left(\frac{1}{k!} \sum_{j=0}^{k} \binom{k}{j} \mathbf{A}^j\,\mathbf{B}^{k-j}\right) = \sum_{k=0}^{\infty} \frac{1}{k!}\,(\mathbf{A}+\mathbf{B})^k = e^{\mathbf{A}+\mathbf{B}}. \end{aligned}$$

Die Vertauschbarkeit braucht man beim Ausmultiplizieren mit dem Cauchy-Produkt und bei der binomischen Formel.

Als Beispiel kann man die Matrizen

$$\mathbf{A} := \begin{pmatrix} 1 & 0 \\ 0 & 0 \end{pmatrix} \quad \text{und} \quad \mathbf{B} := \begin{pmatrix} 0 & 1 \\ 0 & 0 \end{pmatrix}, \quad \text{also} \quad \mathbf{A}+\mathbf{B} = \begin{pmatrix} 1 & 1 \\ 0 & 0 \end{pmatrix}$$

nehmen. **A** und **B** sind nicht vertauschbar. Es ist

$$e^{\mathbf{A}} = \begin{pmatrix} e & 0 \\ 0 & 1 \end{pmatrix} \; ; \; e^{\mathbf{B}} = \begin{pmatrix} 1 & 1 \\ 0 & 1 \end{pmatrix} \; ; \; e^{\mathbf{A}+\mathbf{B}} = \begin{pmatrix} e & e-1 \\ 0 & 1 \end{pmatrix}$$

$$e^{\mathbf{A}} \cdot e^{\mathbf{B}} = \begin{pmatrix} e & e \\ 0 & 1 \end{pmatrix} \; ; \; e^{\mathbf{B}} \cdot e^{\mathbf{A}} = \begin{pmatrix} e & 1 \\ 0 & 1 \end{pmatrix} .$$

C Da **A** stetig differenzierbar ist, gibt es zu jedem kompakten Teilintervall $J \subset I$ eine Schranke $M > 0$ mit $\|\mathbf{A}(x)\| < M$ und $\|\mathbf{A}'(x)\| < M$ für alle $x \in J$. Die gliedweise differenzierte Reihe ist daher auf kompakten Intervallen gleichmäßig konvergent. Sie stellt daher die Ableitung der Reihe dar, d.h.

$$\left(e^{\mathbf{A}(x)}\right)' = \left(\sum_{k=0}^{\infty} \frac{1}{k!} \mathbf{A}^k(x)\right)' = \sum_{k=1}^{\infty} \frac{1}{(k-1)!} \mathbf{A}^{k-1}(x)\, \mathbf{A}'(x)$$

$$= \mathbf{A}'(x) \sum_{k=0}^{\infty} \frac{1}{k!} \mathbf{A}^k(x) = \mathbf{A}'(x)\, e^{\mathbf{A}(x)} .$$

Die Vertauschbarkeit von **A** und **A**′ wurde beim Ausklammern und beim Differenzieren von $\mathbf{A}^k(x)$ benutzt.

Für $\mathbf{A}(x) := \begin{pmatrix} x & x^2 \\ 0 & 0 \end{pmatrix}$ gilt $\mathbf{A}'(x) = \begin{pmatrix} 1 & 2x \\ 0 & 0 \end{pmatrix}$ und daher

$$\mathbf{A} \cdot \mathbf{A}' = \begin{pmatrix} x & 2x^2 \\ 0 & 0 \end{pmatrix} \neq \mathbf{A}' \cdot \mathbf{A} = \begin{pmatrix} x & x^2 \\ 0 & 0 \end{pmatrix} .$$

Die Matrizen $\mathbf{A}(x)$ und $\mathbf{A}'(x)$ sind also nicht vertauschbar.

Allgemein gilt $\exp\begin{pmatrix} \alpha & \beta \\ 0 & 0 \end{pmatrix} = \begin{pmatrix} e^{\alpha} & \beta(e^{\alpha}-1)/\alpha \\ 0 & 1 \end{pmatrix}$. Hier folgt

$$e^{\mathbf{A}(x)} = \begin{pmatrix} e^x & x(e^x-1) \\ 0 & 1 \end{pmatrix} \text{ und } \left(e^{\mathbf{A}(x)}\right)' = \begin{pmatrix} e^x & e^x(x+1)-1 \\ 0 & 0 \end{pmatrix} ,$$

$$\mathbf{A}'(x)\, e^{\mathbf{A}(x)} = \begin{pmatrix} e^x & x\,e^x + x \\ 0 & 0 \end{pmatrix} \neq \begin{pmatrix} e^x & 2x\,e^x \\ 0 & 0 \end{pmatrix} = e^{\mathbf{A}(x)} \cdot \mathbf{A}'(x) .$$

D Sei $K \subset \mathbb{K}^{n \times n}$ ein beliebiges Kompaktum und $\| . \|$ irgendeine Norm des $\mathbb{K}^{n\times n}$. Dann gibt es eine Schranke $M \in \mathbb{R}$ so dass $\|\mathbf{A}\| \leq M$ für alle $\mathbf{A} \in K$. Die reelle Sinusreihe konvergiert in ganz $\mathbb{R}$ absolut. Also gibt es zu jedem $\varepsilon > 0$ einen Index $n_0 \in \mathbb{N}$, so dass

$$\left\| \sum_{k=n}^{m} \frac{(-1)^k}{(2k+1)!} \mathbf{A}^{2k+1} \right\| \leq \sum_{k=n}^{m} \frac{\|\mathbf{A}^{2k+1}\|}{(2k+1)!} \leq \sum_{k=n}^{m} \frac{M^{2k+1}}{(2k+1)!} \leq \varepsilon$$

für alle $\mathbf{A} \in K$. Also konvergiert die Matrizen-Sinusreihe gleichmäßig in K und ebenso auch die Matrizen-Cosinusreihe.

Direkt aus den Matrizenreihen folgt für beliebige $\mathbf{A} \in \mathbb{K}^{n\times n}$

$$\mathrm{e}^{i\mathbf{A}} = \cos\mathbf{A} + i\sin\mathbf{A}\ ;\ \cos\mathbf{A} = \frac{1}{2}\left(\mathrm{e}^{i\mathbf{A}} + \mathrm{e}^{-i\mathbf{A}}\right)\ ;\ \sin\mathbf{A} = \frac{1}{2i}\left(\mathrm{e}^{i\mathbf{A}} - \mathrm{e}^{-i\mathbf{A}}\right).$$

Für vertauschbare Matrizen $\mathbf{A}, \mathbf{B} \in \mathbb{K}^{n\times n}$ gilt nun

$$\begin{aligned} \mathrm{e}^{i(\mathbf{A}+\mathbf{B})} &= \cos(\mathbf{A}+\mathbf{B}) + i\sin(\mathbf{A}+\mathbf{B}) = \\ \mathrm{e}^{i\mathbf{A}}\,\mathrm{e}^{i\mathbf{B}} &= \big(\cos\mathbf{A} + i\sin\mathbf{A}\big)\big(\cos\mathbf{B} + i\sin\mathbf{B}\big) \\ &= \big(\cos\mathbf{A}\cos\mathbf{B} - \sin\mathbf{A}\sin\mathbf{B}\big) + i\,\big(\sin\mathbf{A}\cos\mathbf{B} + \cos\mathbf{A}\sin\mathbf{B}\big)\ . \end{aligned}$$

Sind $\mathbf{A}$ und $\mathbf{B}$ reelle Matrizen, so kann man in der obigen Gleichung Real- und Imaginärteile vergleichen und erhält daraus die behaupteten Additionstheoreme für die trigonometrischen Matrizenfunktionen.

Die Additionstheoreme gelten auch für vertauschbare komplexe Matrizen $\mathbf{A}$ und $\mathbf{B}$. Dies kann man direkt ausrechnen, indem man Cosinus und Sinus durch die Exponentialfunktion ausdrückt und deren Additionstheoreme ausnützt.

E Eine Matrix $\mathbf{Y}(x)$ ist genau dann Fundamentalmatrix des homogenen Systems $\vec{y}\,' = A(x)\,\vec{y}$, wenn ihre Spalten $\vec{y}_k(x)$ eine Basis des Lösungsraums bilden.

Ist nun $\mathbf{Y}_0$ eine fest gewählte Fundamentalmatrix und $\mathbf{B} \in \mathbb{K}^{n\times n}$ konstant und invertierbar, so sind auch die n Spalten von $\mathbf{Y}_0 \cdot \mathbf{B}$ linear unabhängige Lösungen des Systems. Also ist dann auch $\mathbf{Y}_0 \cdot \mathbf{B}$ eine Fundamentalmatrix.

Umgekehrt lässt sich jede Basis des Lösungsraumes aus einer anderen linear mit konstanten Koeffizienten kombinieren. D.h. zu jeder Fundamentalmatrix $\mathbf{Y}(x)$ existiert eine konstante Matrix $\mathbf{B}$ mit $\mathbf{Y}(x) = \mathbf{Y}_0(x)\cdot\mathbf{B}$. Als Basistransformationsmatrix ist $\mathbf{B}$ invertierbar.

F Es ist $\|\vec{x}\,\|^2 = \vec{x}^\top \cdot \vec{x}$. Also gilt

$$\begin{aligned} \frac{d}{dt}\|\vec{x}\,\|^2 &= \dot{\vec{x}}^\top \cdot \vec{x} + \vec{x}^\top \cdot \dot{\vec{x}} = (\vec{x}\,)^\top \cdot \mathbf{A}^\top \cdot \vec{x} + \vec{x}^\top \cdot \mathbf{A} \cdot \vec{x} \\ &= \vec{x}^\top \cdot \big(\mathbf{A}^\top + \mathbf{A}\big) \cdot \vec{x}\ . \end{aligned}$$

Ist nun $\mathbf{A}$ schiefsymmetrisch, so ist $\mathbf{A}^\top + \mathbf{A} = \mathbf{O} =$ Nullmatrix. Also gilt $\frac{d}{dt}\|\vec{x}\,\|^2 = 0$ für jede Lösung $\vec{x}$. D.h. $\vec{x}$ hat konstanten Betrag.

Hat andererseits jede Lösung $\vec{x}$ konstanten Betrag, so gilt $\vec{x}^\top\big(\mathbf{A}^\top + \mathbf{A}\big)\vec{x} = 0$ für n linear unabhängige Lösungen $\vec{x}$. Dann muss aber $\mathbf{A}^\top + \mathbf{A} = \mathbf{O}$ sein. D.h. $\mathbf{A}$ ist schiefsymmetrisch.

G **(G.1)** Die Koeffizienten von $\mathrm{e}^{\mathbf{A}t}$ seien $b_{i,j}$. Wegen $\mathbf{A}t = \mathbf{E}+\mathbf{A}t+\frac{1}{2}\mathbf{A}^2t^2+\ldots$ ist $b_{i,j} = ta_{i,j} + o(t)$, also $\dfrac{b_{i,j}}{t} - a_{i,j} \to 0$ für $i \neq j$. Wäre nun ein $a_{i,j} < 0$ für ein Indexpaar $i \neq j$, so wäre auch der Koeffizient $b_{i,j} < 0$ für hinreichend kleine $t > 0$.

Seien nun alle $a_{i,j} \geq 0$ für $i \neq j$. Sei $\lambda \in \mathbb{R}$ so groß gewählt, dass alle Koeffizienten der Matrix $\mathbf{B} := \mathbf{A} + \lambda\mathbf{E}$ nicht-negativ sind. Zum Beispiel reicht $\lambda := \max\{\, |a_{i,i}|\,;\, i = 1,\ldots,n \,\}$.

Für $t \geq 0$ sind alle Koeffizienten von $\mathbf{B}t$ und daher auch die aller Potenzen $\mathbf{B}^k$ und die von $\mathrm{e}^{\mathbf{B}t}$ nicht-negativ.

Die Koeffizienten der Diagonalmatrix $\mathrm{e}^{-\lambda\mathbf{E}t}$ sind ebenfalls alle ≥ 0. Siehe Aufgabe 12.1.A.1.

Wegen $\mathrm{e}^{\mathbf{A}t} = \mathrm{e}^{\mathbf{B}t}\,\mathrm{e}^{-\lambda\mathbf{E}t}$ sind auch alle Koeffizienten von $\mathrm{e}^{\mathbf{A}t}$ für $t \geq 0$ nicht-negativ.

(G.2) Die Behauptung folgt sofort aus dem ersten Teil **(G.1)** und der Darstellung der Lösung mit Hilfe der Matrix-Exponentialfunktion:

$$\vec{x}(t) \;=\; \vec{x}_0\,\mathrm{e}^{\mathbf{A}t} + \int_{t_0}^{t} \mathrm{e}^{\mathbf{A}(t-\tau)}\,\vec{b}(\tau)\,d\tau \;.$$

H Seien $\mathbf{X}(t)$ und $\mathbf{Y}(t)$ zwei Fundamentalmatrizen des homogenen periodischen Systems $\dot{\vec{x}} = \mathbf{A}(t)\,\vec{x}$. Seien $\mathbf{C}$ und $\mathbf{D}$ die zugehörigen Übergangsmatrizen. Es gilt also

$$\mathbf{X}(t+p) \;=\; \mathbf{X}(t)\mathbf{C} \qquad \text{und} \qquad \mathbf{Y}(t+p) \;=\; \mathbf{Y}(t)\mathbf{D} \quad \text{für alle } t \in \mathbb{R}\;.$$

Nach Aufgabe 12.1.E gibt es außerdem eine invertierbare konstante Matrix $\mathbf{B}$ mit $\mathbf{Y}(t) = \mathbf{X}(t)\mathbf{B}$. Es folgt

$$\mathbf{Y}(t+p) \;=\; \mathbf{X}(t+p)\mathbf{B} \;=\; \mathbf{X}(t)\mathbf{C}\mathbf{B} \;=\; \mathbf{Y}(t)\mathbf{B}^{-1}\mathbf{C}\mathbf{B} \quad \text{für alle } t \in \mathbb{R}\;.$$

Also ist $\mathbf{D} = \mathbf{B}^{-1}\mathbf{C}\mathbf{B}$. Die beiden Übergangsmatrizen $\mathbf{C}$ und $\mathbf{D}$ sind also ähnlich.

I Zur Exaktheit von Gleichungen höherer Ordnung siehe Abschnitt 4.1.5.

Gesucht ist ein Kriterium dafür, dass die lineare Gleichung n-ter Ordnung

$$a_n(x)y^{(n)} + a_{n-1}(x)\,y^{(n-1)} + \ldots + a_1(x)\,y' + a_0(x)\,y \;=\; f(x) \tag{1}$$

exakt ist, bzw dafür, dass es eine sog. *Stammfunktion* $\Phi = \Phi\left(x, y, y', \ldots, y^{(n-1)}\right)$ gibt mit

$$a_ny^{(n)} + \ldots + a_1\,y' + a_0\,y \;=\; D_1\Phi + y'D_2\Phi + \ldots + y^{(n)}\,D_n\Phi\;. \tag{2}$$

$D_k\Phi$ ist die partielle Ableitung von Φ nach der k-ten Variablen. Aus Gleichung (2) folgt zunächst $D_n\Phi = a_n$ und damit

$$\Phi\left(x, y, y', \ldots, y^{(n-1)}\right) \;=\; a_n(x)\, y^{(n-1)} + \Psi_1\left(x, y, y', \ldots, y^{(n-2)}\right) .$$

Einsetzen in Gleichung (2) liefert

$$a_{n-1}y^{(n-1)} + \ldots + a_0\, y \;=\; a_n' y^{(n-1)} + D_1\Psi_1 + \ldots + y^{(n-1)}\, D_{n-1}\Psi_1 \,. \qquad (3)$$

Daraus wiederum folgt

$$\Phi \;=\; a_n y^{(n-1)} + (a_{n-1} - a_n')y^{(n-2)} + \Psi_2\left(x, y, y', \ldots, y^{(n-3)}\right)$$

usw. Zum Schluss ergibt sich, dass die lineare Gleichung (1) genau dann exakt ist, wenn

$$a_0 - a_1' + - \ldots + (-1)^n a_n^{(n)} \;\equiv\; 0 \,.$$

In diesem Fall ist $\Phi\left(x, y, y', \ldots, y^{(n-1)}\right) \;:=$

$$a_n y^{(n-1)} + \left(a_{n-1} - a_n'\right) y^{(n-1)} + \ldots + \left(a_1 - a_2' + \ldots + (-1)^n a_n^{(n-1)}\right) y$$

eine Stammfunktion.

J Wegen $y_1' = \left[p\, y'\right]' = -qy = -qy_2$ erhält man das äquivalente System

$$\vec{y}\,' \;=\; \begin{pmatrix} y_1 \\ y_2 \end{pmatrix}' \;=\; \begin{pmatrix} -qy_2 \\ \frac{1}{p} y_1 \end{pmatrix} \;=\; \begin{pmatrix} 0 & -q \\ 1/p & 0 \end{pmatrix} \cdot \begin{pmatrix} y_1 \\ y_2 \end{pmatrix} .$$

K Mit $y_1 = \varrho\cos\varphi,\; y_2 = \varrho\sin\varphi$ erhält man

$$\begin{aligned} y_1' &= \varrho'\,\cos\varphi - \varrho\sin\varphi\,\varphi' \;=\; b\,\varrho\,\sin\varphi \\ y_2' &= \varrho'\,\sin\varphi + \varrho\cos\varphi\,\varphi' \;=\; a\,\varrho\,\cos\varphi \end{aligned}$$

Auflösen nach φ' und ϱ' liefert

$$\begin{aligned} \varphi' &= a\,\cos^2\varphi - b\,\sin^2\varphi \\ \varrho' &= (a+b)\,\varrho\,\cos\varphi\,\sin\varphi\,. \end{aligned}$$

In der ersten Gleichung taucht ϱ nicht mehr auf, das System ist *teilentkoppelt.*

12.2 Lineare Systeme

A Bestimmen Sie eine Fundamentalmatrix des folgenden Systems, berechnen Sie ihre Wronskideterminante und verifizieren Sie den Satz von Liouville (5.2.3) :

$$\begin{pmatrix} y_1' \\ y_2' \end{pmatrix} = \begin{pmatrix} 0 & -2/x^2 \\ -1 & 0 \end{pmatrix} \begin{pmatrix} y_1 \\ y_2 \end{pmatrix} .$$

B Lösen Sie das System $\quad \vec{y}\,' = \begin{pmatrix} 1/x & -1 \\ 1/x^2 & 2/x \end{pmatrix} \vec{y} + \begin{pmatrix} x \\ -1 \end{pmatrix} .$

Zur Lösung des homogenen Systems wandeln Sie es um in eine Eulersche Dgl für y_1. Bestimmen Sie eine spezielle Lösung des inhomogenen Systems durch Variation der Konstanten.

C Lösen Sie das System

$$\vec{y}\,' = \begin{pmatrix} y_1 \\ y_2 \end{pmatrix}' = \begin{pmatrix} 1/x & 3/x \\ 1/x & -1/x \end{pmatrix} \cdot \begin{pmatrix} y_1 \\ y_2 \end{pmatrix} + \begin{pmatrix} 1 \\ 0 \end{pmatrix} .$$

Für eine Lösung des homogenen Systems substituiere man $x = \mathrm{e}^t$, für eine spezielle Lösung des inhomogenen Systems mache man einen Rateansatz.

D Bestimmen Sie die allgemeine Lösung des Systems

$$(x^2+1)\begin{pmatrix} y_1' \\ y_2' \end{pmatrix} = \begin{pmatrix} -1/x & 1/x^2 \\ -x^2 & 2x + \frac{1}{x} \end{pmatrix} \begin{pmatrix} y_1 \\ y_2 \end{pmatrix} + \begin{pmatrix} 1/x \\ 1 \end{pmatrix} .$$

Für die Lösung des homogenen Systems machen Sie einen Polynomansatz und wenden Sie dann das Reduktionsverfahren von d'Alembert an. Machen Sie den VdK-Ansatz für eine spezielle Lösung des inhomogenen Systems.

E Lösen Sie das System $\quad \begin{pmatrix} y_1' \\ y_2' \end{pmatrix} = \begin{pmatrix} -x & x+1 \\ x+1 & -x \end{pmatrix} \begin{pmatrix} y_1 \\ y_2 \end{pmatrix} + \begin{pmatrix} \mathrm{e}^x - 2x - 1 \\ \mathrm{e}^x + 2x + 1 \end{pmatrix} .$

F Lösen Sie das System

$$\begin{aligned} \ddot{x} + \pi t\, \dot{y} &= 0 \\ \ddot{y} - \pi t\, \dot{x} &= 0 \end{aligned}$$

mit den Anfangsbedingungen $\quad x(0) = y(0) = \dot{y}(0) = 0\ ,\ \dot{x}(0) = 1$.

G Seien $f(t), g(t)$ in einem Intervall $I \subset \mathbb{R}$ stetig. Lösen Sie das System

$$\begin{pmatrix} \dot{x} \\ \dot{y} \end{pmatrix} = \begin{pmatrix} f(t) & g(t) \\ -g(t) & f(t) \end{pmatrix} \begin{pmatrix} x \\ y \end{pmatrix} .$$

H Lösen Sie das System $\quad \vec{y}\,' = \dfrac{1}{2x} \begin{pmatrix} -1 & 1/x \\ x & 1 \end{pmatrix} \vec{y} + \begin{pmatrix} x \\ x^2 \end{pmatrix} .$

Weitere Beispiele siehe auch Abschnitt 11.3.

Lösungen:

A $$\boxed{\begin{pmatrix} y_1' \\ y_2' \end{pmatrix} = \begin{pmatrix} 0 & -2/x^2 \\ -1 & 0 \end{pmatrix} \begin{pmatrix} y_1 \\ y_2 \end{pmatrix}}$$

Wir verwenden die Eliminationsmethode und wandeln das System um in eine lineare Gleichung 2. Ordnung für y_2. Das ergibt

$$y_2'' = -y_1' = \frac{2}{x^2}\, y_2 \qquad \text{bzw} \qquad x^2\, y_2'' = 2y_2 \ .$$

Dies ist eine Euler-Gleichung für y_2 . Der Ansatz $y = x^r$ liefert die beiden Basislösungen x^2 und $1/x$.

Einsetzen in $y_2' = -y_1$ ergibt die Basislösungen $\begin{pmatrix} -2x \\ x^2 \end{pmatrix}$ und $\begin{pmatrix} 1/x^2 \\ 1/x \end{pmatrix}$ des gegebenen Systems. Die Wronskideterminante dieses Fundamentalsystems ist

$$W(x) = \det \begin{pmatrix} -2x & 1/x^2 \\ x^2 & 1/x \end{pmatrix} = -3 \ .$$

Wegen $W'(x) \equiv 0$ und $\operatorname{spur} \mathbf{A}(x) \equiv 0$ erfüllt die Wronskideterminante die Differentialgleichung $\quad W'(x) = \operatorname{spur} \mathbf{A}(x)\, W(x)$.

Das ist die Aussage des Satzes von Liouville.

B $$\boxed{\vec{y}\,' = \begin{pmatrix} 1/x & -1 \\ 1/x^2 & 2/x \end{pmatrix} \vec{y} + \begin{pmatrix} x \\ -1 \end{pmatrix}}$$

Zu lösen ist zunächst das homogene System

$$\begin{aligned} y_1' &= \frac{1}{x}\, y_1 - y_2 \\ y_2' &= \frac{1}{x^2}\, y_1 + \frac{2}{x}\, y_2 \ . \end{aligned}$$

Wir bleiben im Intervall $]0, \infty[$ und verwenden die Eliminationsmethode. Differenzieren der ersten Gleichung und Ersetzen von y_2 und y_2' ergibt

$$\begin{aligned} y_1'' &= -\frac{1}{x^2}\, y_1 + \frac{1}{x}\, y_1' - y_2' = -\frac{2}{x^2}\, y_1 + \frac{1}{x}\, y_1' - \frac{2}{x} y_2 = -\frac{4}{x^2}\, y_1 + \frac{3}{x}\, y_1' \\ 0 &= x^2\, y_1'' - 3x\, y_1' + 4\, y_1 \ . \end{aligned}$$

Dies ist eine Euler-Gleichung für y_1. Der übliche Ansatz $y_1(x) = x^r$ ergibt die charakteristische Gleichung $r(r-1) - 3r + 4 = (r-2)^2 = 0$ und damit die Basislösungen x^2 und $x^2 \ln x$. Siehe dazu Abschnitt 5.3.7.

Einsetzen in die erste Gleichung liefert die zugehörigen Funktionen y_2 . Als Basislösungen des Systems für $x > 0$ gewinnt man damit

$$\vec{\varphi}_1(x) = \begin{pmatrix} x^2 \\ -x \end{pmatrix} \qquad \text{und} \qquad \vec{\varphi}_2(x) = \begin{pmatrix} x^2 \ln x \\ -x - x \ln x \end{pmatrix} .$$

Die Wronskideterminante des Fundamentalsystems ist $W(x) = -x^3$.
Sie erfüllt die Liouville-Gleichung $W'(x) = \operatorname{Spur}\mathbf{A}(x)\,W(x) = \dfrac{3}{x}\,W(x)$.
Wir setzen den VdK-Ansatz $\vec{y}_s = C_1(x)\,\vec{\varphi}_1 + C_2(x)\,\vec{\varphi}_2$ in das inhomogene System ein und erhalten

$$(\vec{\varphi}_1(x), \vec{\varphi}_2(x)) \begin{pmatrix} C_1' \\ C_2' \end{pmatrix} = \begin{pmatrix} x^2 & x^2 \ln x \\ -x & -x - x\ln x \end{pmatrix} \begin{pmatrix} C_1' \\ C_2' \end{pmatrix} = \begin{pmatrix} x \\ -1 \end{pmatrix}.$$

Auflösen des Gleichungssystems ergibt

$$C_1'(x) = \frac{1}{x} \quad ; \quad C_1(x) = \ln x \quad ; \quad C_2'(x) = C_2(x) = 0$$

und damit die spezielle Lösung $\vec{y}_s(x) = x \ln x \begin{pmatrix} x \\ -1 \end{pmatrix}$.
Die allgemeine Lösung des inhomogenen Systems ist daher

$$\vec{y} = x\ln x \begin{pmatrix} x \\ -1 \end{pmatrix} + C_1 \begin{pmatrix} 1 \\ x \end{pmatrix} + C_2 \begin{pmatrix} -1/x \\ x^2 \end{pmatrix} \qquad (C_1, C_2 \in \mathbb{R}) .$$

C

$$\boxed{\vec{y}\,' = \begin{pmatrix} y_1 \\ y_2 \end{pmatrix}' = \begin{pmatrix} 1/x & 3/x \\ 1/x & -1/x \end{pmatrix} \cdot \begin{pmatrix} y_1 \\ y_2 \end{pmatrix} + \begin{pmatrix} 1 \\ 0 \end{pmatrix}}$$

Zur Lösung des homogenen Systems substituieren wir nach Hinweis

$$x = \mathrm{e}^t \quad ; \quad \vec{u}(t) = \vec{y}(\mathrm{e}^t) \quad ; \quad \dot{\vec{u}} = \frac{du}{dt} = \mathrm{e}^t\, \vec{y}\,'(\mathrm{e}^t)$$

und erhalten das System mit konstanten Koeffizienten

$$\dot{\vec{u}} = \begin{pmatrix} 1 & 3 \\ 1 & -1 \end{pmatrix} \vec{u} .$$

Die Koeffizientenmatrix hat den doppelten Eigenwert $\lambda = 2$ mit dem Eigenvektor $(3,1)^\top$. Also ist $\vec{\varphi}_1 = \begin{pmatrix} 3 \\ 1 \end{pmatrix} \mathrm{e}^{2t} = \begin{pmatrix} 3 \\ 1 \end{pmatrix} x^2$ eine Basislösung.

Mit dem Ansatz $\vec{u} = \begin{pmatrix} at + b \\ ct + d \end{pmatrix} \mathrm{e}^{2t}$ erhält man die zweite Basislösung

$$\vec{\varphi}_2 = \begin{pmatrix} 3t - 2 \\ t - 1 \end{pmatrix} \mathrm{e}^{2t} = \begin{pmatrix} 3\ln x - 2 \\ \ln x - 1 \end{pmatrix} x^2 .$$

Als Rateansatz liegt $\vec{y}_s = x \begin{pmatrix} a \\ b \end{pmatrix}$ nahe. Er liefert $a = 2/3$ und $b = -1/3$.
Die allgemeine Lösung des Systems ist daher

$$\vec{y} = \begin{pmatrix} 2 \\ -1 \end{pmatrix} \frac{x}{3} + C_1 \begin{pmatrix} 3 \\ 1 \end{pmatrix} x^2 + C_2 \begin{pmatrix} 3\ln x - 2 \\ \ln x - 1 \end{pmatrix} x^2 \qquad (C_1, C_2 \in \mathbb{R}) .$$

D

$$(x^2+1)\begin{pmatrix} y_1' \\ y_2' \end{pmatrix} = \begin{pmatrix} -1/x & 1/x^2 \\ -x^2 & 2x+1/x \end{pmatrix}\begin{pmatrix} y_1 \\ y_2 \end{pmatrix} + \begin{pmatrix} 1/x \\ 1 \end{pmatrix}$$

Ein Polynomansatz etwa der Art $\vec{y} = \begin{pmatrix} ax+b \\ cx+d \end{pmatrix}$ liefert $\vec{\varphi}_1 = \begin{pmatrix} 1 \\ x \end{pmatrix}$ als eine spezielle Lösung des homogenen Systems. Gesucht ist eine weitere Basislösung. Nach d'Alembert macht man den Ansatz

$$\vec{y} = \begin{pmatrix} y_1 \\ y_2 \end{pmatrix} = \begin{pmatrix} 1 \\ x \end{pmatrix} p(x) + \begin{pmatrix} 0 \\ z(x) \end{pmatrix}$$

mit noch zu bestimmenden reellwertigen Funktionen $p(x)$ und $z(x)$. Einsetzen in das homogene System liefert:

$$\vec{y}' = \begin{pmatrix} y_1' \\ y_2' \end{pmatrix} = \begin{pmatrix} p' \\ p+xp'+z' \end{pmatrix} = \frac{1}{1+x^2}\begin{pmatrix} -\frac{1}{x} & \frac{1}{x^2} \\ -x^2 & 2x+\frac{1}{x} \end{pmatrix}\left[\begin{pmatrix} 1 \\ x \end{pmatrix} p + \begin{pmatrix} 0 \\ z \end{pmatrix}\right]$$

$$= \frac{1}{1+x^2}\begin{pmatrix} z/x^2 \\ (x^2+1)p + \left(2x+\frac{1}{x}\right) z \end{pmatrix} .$$

Also $p' = \frac{1}{x^2}\frac{1}{1+x^2} z$ und $xp' + z' = \frac{1}{1+x^2}\left(2x+\frac{1}{x}\right) z$.

Einsetzen der ersten Gleichung in die zweite liefert eine homogene lineare Gleichung erster Ordnung für $z = z(x)$. (Das muss so sein!)

Hier folgt $\frac{z'}{z} = \frac{2x}{1+x^2}$, $z(x) = 1 + x^2$.

Daraus wiederum $p' = \frac{1}{x^2}$, $p = -\frac{1}{x}$ und $\vec{\varphi}_2 := \begin{pmatrix} -1/x \\ x^2 \end{pmatrix}$ als zweite Basislösung des homogenen Systems. Die allgemeine Lösung des homogenen Systems ist daher

$$\vec{y} = C_1\begin{pmatrix} 1 \\ x \end{pmatrix} + C_2\begin{pmatrix} -1/x \\ x^2 \end{pmatrix} .$$

Der VdK-Ansatz für eine spezielle Lösung des inhomogenen Systems ist $\vec{y}_s = C_1(x)\,\vec{\varphi}_1 + C_2(x)\vec{\varphi}_2$. Eingesetzt in das inhomogene System liefert er

$$\Phi(x)\begin{pmatrix} C_1' \\ C_2' \end{pmatrix} = \begin{pmatrix} 1 & -1/x \\ x & x^2 \end{pmatrix}\begin{pmatrix} C_1' \\ C_2' \end{pmatrix} = \frac{1}{1+x^2}\begin{pmatrix} 1/x \\ 1 \end{pmatrix} .$$

Auflösen des Gleichungssystems ergibt

$$C_1'(x) = \frac{1/x}{1+x^2} \quad ; \quad C_1(x) = \ln\frac{x}{\sqrt{1+x^2}} \quad ; \quad C_2'(x) = C_2(x) = 0 .$$

Die allgemeine Lösung des inhomogenen Systems ist daher

$$\vec{y} = \begin{pmatrix} \ln(x/\sqrt{1+x^2}) \\ x\ln(x/\sqrt{1+x^2}) \end{pmatrix} + C_1\begin{pmatrix} 1 \\ x \end{pmatrix} + C_2\begin{pmatrix} -1/x \\ x^2 \end{pmatrix} \qquad (C_1, C_2 \in \mathbb{R}) .$$

E

$$\vec{y}\,' \;=\; \begin{pmatrix} y_1' \\ y_2' \end{pmatrix} \;=\; \begin{pmatrix} -x & x+1 \\ x+1 & -x \end{pmatrix} \begin{pmatrix} y_1 \\ y_2 \end{pmatrix} + \begin{pmatrix} \mathrm{e}^x - 2x - 1 \\ \mathrm{e}^x + 2x + 1 \end{pmatrix}$$

Die spezielle Form der Koeffizientenmatrix legt den Ansatz $y_1 = y_2$ nahe. Er liefert $\vec{\varphi}_1(x) = (\,\mathrm{e}^x;\, \mathrm{e}^x)^\top$ als spezielle Lösung des homogenen Systems.

Für eine weitere Basislösung macht man nach d'Alembert den Ansatz

$$\vec{y} \;=\; \begin{pmatrix} y_1 \\ y_2 \end{pmatrix} \;=\; \begin{pmatrix} \mathrm{e}^x \\ \mathrm{e}^x \end{pmatrix} p(x) + \begin{pmatrix} 0 \\ z(x) \end{pmatrix}$$

mit noch zu bestimmenden reellwertigen Funktionen $p(x)$ und $z(x)$. Einsetzen in das homogene System liefert:

$$\begin{aligned} \vec{y}\,' \;=\; \begin{pmatrix} y_1' \\ y_2' \end{pmatrix} \;=\; \begin{pmatrix} \mathrm{e}^x p + \mathrm{e}^x p' \\ \mathrm{e}^x p + \mathrm{e}^x p' + z' \end{pmatrix} \;&=\; \begin{pmatrix} -x & x+1 \\ x+1 & -x \end{pmatrix} \left[\begin{pmatrix} \mathrm{e}^x \\ \mathrm{e}^x \end{pmatrix} p + \begin{pmatrix} 0 \\ z \end{pmatrix} \right] \\ &=\; \begin{pmatrix} \mathrm{e}^x p + (x+1) z \\ \mathrm{e}^x p - xz \end{pmatrix} . \end{aligned}$$

Also $\quad \mathrm{e}^x p' \;=\; (x+1) z \quad$ und $\quad \mathrm{e}^x p' + z' \;=\; -xz$.

Einsetzen der ersten Gleichung in die zweite liefert $z' = -(2x+1)\,z$. Eine Lösung ist $z(x) = \mathrm{e}^{-(x^2+2x)}$. Dies in die erste Gleichung eingesetzt ergibt $p' = (x+1)\,\mathrm{e}^{-x} z = (x+1)\,\mathrm{e}^{-x^2-2x}$. Eine Lösung ist $p(x) = -\frac{1}{2}\,\mathrm{e}^{-x^2-2x}$.

Zusammen erhält man als 2. Basislösung des homogenen Systems

$$\vec{\varphi}_2 \;:=\; \begin{pmatrix} -\,\mathrm{e}^{-x^2-x} \\ \mathrm{e}^{-x^2-x} \end{pmatrix} .$$

Zur Lösung des inhomogenen Systems setzen wir den VdK-Ansatz $\vec{y}_s = C_1(x)\,\vec{\varphi}_1 + C_2(x)\,\vec{\varphi}_2$ in das inhomogene System ein und erhalten

$$\begin{pmatrix} \mathrm{e}^x & -\,\mathrm{e}^{-x^2-x} \\ \mathrm{e}^x & \mathrm{e}^{-x^2-x} \end{pmatrix} \begin{pmatrix} C_1' \\ C_2' \end{pmatrix} \;=\; \begin{pmatrix} \mathrm{e}^x - 2x - 1 \\ \mathrm{e}^x + 2x + 1 \end{pmatrix} .$$

Auflösen des Gleichungssystems ergibt

$$C_1'(x) \;=\; 1 \;; \quad C_1(x) \;=\; x \;; \quad C_2'(x) \;=\; (2x+1)\,\mathrm{e}^{x^2+x} \;; \quad C_2(x) \;=\; \mathrm{e}^{x^2+x} .$$

Die allgemeine Lösung des inhomogenen Systems ist daher

$$\vec{y} \;=\; \begin{pmatrix} x\,\mathrm{e}^x - 1 \\ x\,\mathrm{e}^x + 1 \end{pmatrix} + C_1 \begin{pmatrix} \mathrm{e}^x \\ \mathrm{e}^x \end{pmatrix} + C_2 \begin{pmatrix} -\,\mathrm{e}^{-x^2-x} \\ \mathrm{e}^{-x^2-x} \end{pmatrix} \qquad (C_1, C_2 \in \mathbb{R}) .$$

F

$$\begin{aligned} \ddot{x} + \pi t\,\dot{y} &= 0 \\ \ddot{y} - \pi t\,\dot{x} &= 0 \end{aligned}$$

Mit $z_1 := \dot{x}$, $z_2 := \dot{y}$ und $g(t) := \pi t^2/2$ ist dies das System

$$\begin{aligned} \dot{z}_1 + \dot{g}(t)\,z_2 &= 0 \\ \dot{z}_2 - \dot{g}(t)\,z_1 &= 0 \end{aligned}$$

Nach Aufgabe 11.3.D oder 12.2.G ist $\vec{z}\,(t) = \begin{pmatrix} \cos g(t) \\ \sin g(t) \end{pmatrix}$ die Lösung mit den Anfangsbedingungen $z_1(0) = 1$ und $z_2(0) = 1$. Damit erhält man

$$\vec{x} = \begin{pmatrix} x(t) \\ y(t) \end{pmatrix} = \begin{pmatrix} \displaystyle\int_0^t \cos \tfrac{\pi}{2}\tau^2\, d\tau \\ \displaystyle\int_0^t \sin \tfrac{\pi}{2}\tau^2\, d\tau \end{pmatrix}$$

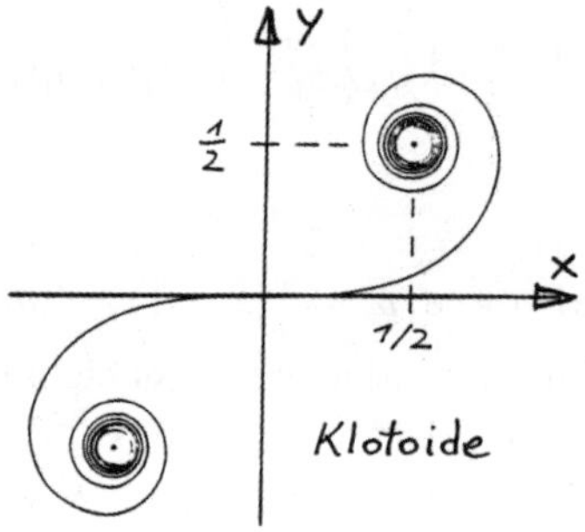

Diese ebene Kurve heißt *Klotoide.* Sie hat die Eigenschaft, dass ihre Krümmung im Punkt $\vec{x}\,(t)$ proportional zur Länge des Kurvenbogens $\vec{0}, \vec{x}$ ist. Sie findet daher Anwendung beim Straßenbau.

Es ist $\displaystyle\int_0^\infty \cos \tfrac{\pi}{2}\tau^2\, d\tau = \int_0^\infty \sin \tfrac{\pi}{2}\tau^2\, d\tau = \frac{1}{2}$.

Siehe z.B. Aufgabe 5.5.2.D aus [RA 1] (*Fresnel-Integrale*).

G

$$\begin{pmatrix} \dot{x} \\ \dot{y} \end{pmatrix} = \begin{pmatrix} f(t) & g(t) \\ -g(t) & f(t) \end{pmatrix} \begin{pmatrix} x \\ y \end{pmatrix}$$

Seien $F(t) := \int f(t)\,dt$ und $G(t) := \int g(t)\,dt$ Stammfunktionen von f bzw g. Für $\mathbf{B}(t) := \begin{pmatrix} F(t) & G(t) \\ -G(t) & F(t) \end{pmatrix}$ gilt $\mathbf{A}(t) := \mathbf{B}'(t) = \begin{pmatrix} f(t) & g(t) \\ -g(t) & f(t) \end{pmatrix}$.

Die Matrizen $\mathbf{B}$ und $\mathbf{B}'$ sind vertauschbar. Daher erhält man eine Fundamentalmatrix, also eine Lösungsbasis des homogenen Systems mit Hilfe der Exponentialfunktion in der Form

$$\exp \begin{pmatrix} F(t) & G(t) \\ -G(t) & F(t) \end{pmatrix} = \mathrm{e}^{F(t)} \begin{pmatrix} \cos G(t) & \sin G(t) \\ -\sin G(t) & \cos G(t) \end{pmatrix} .$$

Zur Berechnung der Exponentialreihe siehe Aufgabe 12.1.A.2.

H

$$\boxed{\begin{pmatrix} y_1' \\ y_2' \end{pmatrix} = \frac{1}{2x}\begin{pmatrix} -1 & 1/x \\ x & 1 \end{pmatrix}\begin{pmatrix} y_1 \\ y_2 \end{pmatrix} + \begin{pmatrix} x \\ x^2 \end{pmatrix}}$$

Ein Polynomansatz etwa der Art $\vec{y} = \begin{pmatrix} ax+b \\ cx+d \end{pmatrix}$ liefert $\vec{\varphi}_1 = \begin{pmatrix} 1 \\ x \end{pmatrix}$ als eine spezielle Lösung des homogenen Systems.

Wir setzen jetzt den d'Alembert-Ansatz

$$\vec{y} = \begin{pmatrix} y_1 \\ y_2 \end{pmatrix} = \begin{pmatrix} 1 \\ x \end{pmatrix} p(x) + \begin{pmatrix} 0 \\ z(x) \end{pmatrix}$$

mit noch zu bestimmenden reellwertigen Funktionen $p(x)$ und $z(x)$ in das *inhomogene* System ein und erhalten:

$$p'\begin{pmatrix} 1 \\ x \end{pmatrix} + \begin{pmatrix} 0 \\ z' \end{pmatrix} = \frac{1}{2x}\begin{pmatrix} z/x \\ z \end{pmatrix} + \begin{pmatrix} x \\ x^2 \end{pmatrix}.$$

Die erste Gleichung in die zweite eingesetzt ergibt $z' = 0$, also $z = C = const.$ Daraus folgt $p' = \frac{C}{2x^2} + x$, $p = -\frac{C}{2x} + \frac{1}{2}x^2$ und damit

$$\vec{y} = \left(-\frac{C}{2x} + \frac{1}{2}x^2\right)\begin{pmatrix} 1 \\ x \end{pmatrix} + \begin{pmatrix} 0 \\ C \end{pmatrix} = -\frac{C}{2}\begin{pmatrix} 1/x \\ -1 \end{pmatrix} + \frac{1}{2}\begin{pmatrix} x^2 \\ x^3 \end{pmatrix}$$

Also ist $\vec{\varphi}_2 = \binom{1/x}{-1}$ eine zweite Basislösung und $\frac{1}{2}\binom{x^2}{x^3}$ eine spezielle Lösung des inhomogenen Systems.

Die allgemeine Lösung des inhomogenen Systems ist daher

$$\vec{y} = \frac{1}{2}\begin{pmatrix} x^2 \\ x^3 \end{pmatrix} + C_1\begin{pmatrix} 1 \\ x \end{pmatrix} + C_2\begin{pmatrix} 1/x \\ -1 \end{pmatrix}.$$

12.3 Lineare Systeme mit konstanten Koeffizienten

A Seien $\alpha, \beta \in \mathbb{R}$. Berechnen Sie eine Fundamentalmatrix für das homogene System $\dot{\vec{x}} = \begin{pmatrix} \alpha & -\beta \\ \beta & \alpha \end{pmatrix} \vec{x}$ mit Hilfe der Matrix-Exponentialfunktion und mit Hilfe der Eigenwertmethode.

B Lösen Sie die folgenden Systeme mit der Eigenwertmethode:

1) $\begin{pmatrix} \dot{x} \\ \dot{y} \end{pmatrix} = \begin{pmatrix} 1 & -1 \\ 4 & -3 \end{pmatrix} \begin{pmatrix} x \\ y \end{pmatrix} + \begin{pmatrix} e^{-t} \\ 0 \end{pmatrix}$

2) $\begin{pmatrix} \dot{x} \\ \dot{y} \\ \dot{z} \end{pmatrix} = \begin{pmatrix} -2 & 1 & -2 \\ 1 & -2 & 2 \\ 3 & -3 & 5 \end{pmatrix} \begin{pmatrix} x \\ y \\ z \end{pmatrix}$

3) $\begin{pmatrix} \dot{x} \\ \dot{y} \\ \dot{z} \end{pmatrix} = \begin{pmatrix} 0 & 0 & 1 \\ 1 & 0 & 1 \\ 8 & -3 & -1 \end{pmatrix} \begin{pmatrix} x \\ y \\ z \end{pmatrix} + \begin{pmatrix} 0 \\ -2t \\ 2t \end{pmatrix}$

4) $\begin{pmatrix} \dot{x} \\ \dot{y} \\ \dot{z} \end{pmatrix} = \begin{pmatrix} 1 & -2 & 0 \\ 2 & 0 & -1 \\ 4 & -2 & -1 \end{pmatrix} \begin{pmatrix} x \\ y \\ z \end{pmatrix} + \begin{pmatrix} \cos t \\ \sin t \\ 0 \end{pmatrix}$

C Lösen Sie das folgende (2×2)–Systeme mit Hilfe der *Eliminationsmethode*, d.h. gewinnen Sie aus ihm zunächst eine lineare Dgl 2. Ordnung für eine Koordinatenfunktion und lösen Sie diese.

$$\begin{pmatrix} \dot{x} \\ \dot{y} \end{pmatrix} = \begin{pmatrix} -3 & -1 \\ 1 & -1 \end{pmatrix} \begin{pmatrix} x \\ y \end{pmatrix} + \begin{pmatrix} t \\ t^2 \end{pmatrix}$$

D Zwei Tanks K_1 und K_2 enthalten je 1000 Liter 5%-ige bzw 2%-ige Salzlösung. Beginnend zur Zeit $t_0 = 0$ laufen pro Minute 60 Liter reines Wasser in den Tank K_1, werden 80 Liter von K_1 nach K_2 und 20 Liter von K_2 zurück nach K_1 gepumpt, und laufen 60 Liter aus K_2 ab.

Wie groß ist der Salzgehalt $m_i(t)$ im Tank K_i zur Zeit t ? Wie verhält er sich für $t \to \infty$?
Was ergibt sich, wenn in den Tank K_1 eine 10%-ige Salzlösung zufließt?

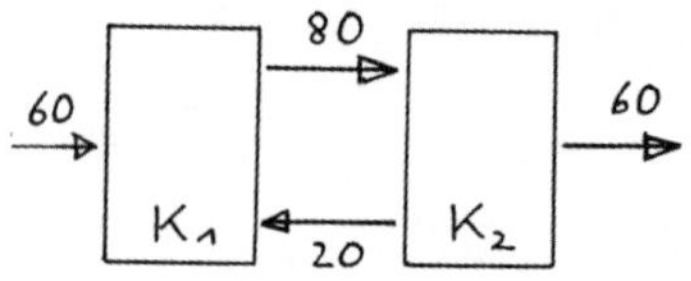

E Sei $\mathbf{A} \in \mathbb{K}^{n \times n}$ eine konstante Matrix und λ kein Eigenwert von $\mathbf{A}$.
Sei $\vec{p}(t)$ ein Polynom k-ten Grades mit Werten im $\mathbb{K}^n$.

Dann gibt es genau ein Polynom $\vec{q}\colon \mathbb{R} \to \mathbb{K}^n$ vom Grad k derart, dass $\vec{x}(t) = \vec{q}(t)\, e^{\lambda t}$ eine spezielle Lösung des Systems $\dot{\vec{x}} = \mathbf{A}\vec{x} + \vec{p}(t)\, e^{\lambda t}$ ist.

Lösungen:

A $\quad \dot{\vec{x}} = \begin{pmatrix} \alpha & -\beta \\ \beta & \alpha \end{pmatrix} \vec{x}$

Ist $\mathbf{A} \in \mathbb{K}^{n\times n}$ eine konstante reelle oder komplexe Matrix, so ist $\mathbf{X}(t) = \mathrm{e}^{\mathbf{A}t}$ eine Fundamentalmatrix des homogenen Systems $\dot{\vec{x}} = \mathbf{A}\vec{x}$.

In Aufgabe 12.1.A.2 wird $\exp\begin{pmatrix} a & -b \\ b & a \end{pmatrix} = \mathrm{e}^a \begin{pmatrix} \cos b & -\sin b \\ \sin b & \cos b \end{pmatrix}$ berechnet.

Also bilden die Spalten von $\mathrm{e}^{\alpha t}\begin{pmatrix} \cos\beta t & -\sin\beta t \\ \sin\beta t & \cos\beta t \end{pmatrix}$ ein Fundamentalsystem des gegebenen homogenen Systems.

Nun zur Eigenwertmethode:

Die reelle Matrix $\begin{pmatrix} \alpha & -\beta \\ \beta & \alpha \end{pmatrix}$ hat die komplexen Eigenwerte $\lambda = \alpha + i\beta$ und $\overline{\lambda} = \alpha - i\beta$. $\vec{c} := (1, -i)^\top$ ist Eigenvektor zum Eigenwert λ . Infolgedessen ist $\overline{\vec{c}} = (1, i)^\top$ Eigenvektor zu $\overline{\lambda}$.

$\varphi_1(t) := \vec{c}\,\mathrm{e}^{\lambda t}$ und $\varphi_2(t) := \overline{\vec{c}}\ \mathrm{e}^{\overline{\lambda}t} = \overline{\vec{c}\,\mathrm{e}^{\lambda t}}$ bilden daher ein komplexes Fundamentalsystem.

$\mathsf{Re}\,\varphi_1$ und $\mathsf{Im}\,\varphi_1$ bilden ein reelles Fundamentalsystem. Es ist

$$\begin{aligned} \varphi_1(t) &= \begin{pmatrix} 1 \\ -i \end{pmatrix} \mathrm{e}^{(\alpha+i\beta)t} = \begin{pmatrix} 1 \\ -i \end{pmatrix} \mathrm{e}^{\alpha t}\left(\cos\beta t + i\sin\beta t\right) \\ &= \begin{pmatrix} \mathrm{e}^{\alpha t}\cos\beta t \\ \mathrm{e}^{\alpha t}\sin\beta t \end{pmatrix} + i\begin{pmatrix} \mathrm{e}^{\alpha t}\sin\beta t \\ -\mathrm{e}^{\alpha t}\cos\beta t \end{pmatrix} . \end{aligned}$$

Eine reelle Fundamentalmatrix ist daher $\mathrm{e}^{\alpha t}\begin{pmatrix} \cos\beta t & \sin\beta t \\ \sin\beta t & -\cos\beta t \end{pmatrix}$.

B **(B.1)** $\quad \dot{\vec{x}} = \begin{pmatrix} 1 & -1 \\ 4 & -3 \end{pmatrix} \vec{x} + \begin{pmatrix} \mathrm{e}^{-t} \\ 0 \end{pmatrix}$

Zunächst zur Lösung des homogenen Systems $\dot{\vec{x}} = \begin{pmatrix} 1 & -1 \\ 4 & -3 \end{pmatrix} \vec{x}$.

Die Koeffizientenmatrix hat den doppelten Eigenwert $\lambda = -1$ mit dem Eigenvektor $\begin{pmatrix} 1 \\ 2 \end{pmatrix}$. Eine Basislösung ist daher $\vec{\varphi}_1 := \begin{pmatrix} 1 \\ 2 \end{pmatrix} \mathrm{e}^{-t}$.

Der Ansatz $\vec{x} = (\vec{a}+\vec{b}t)\,\mathrm{e}^{-t}$ liefert $\vec{\varphi}_2 = \begin{pmatrix} t \\ 2t-1 \end{pmatrix} \mathrm{e}^{-t}$ als zweite Basislösung.

Das homogene System besitzt also die Fundamentalmatrix

$$\mathbf{X}(t) = \mathrm{e}^{-t} \begin{pmatrix} 1 & t \\ 2 & 2t-1 \end{pmatrix} .$$

Nun zur Lösung des inhomogenen Systems:

Das Störglied ist von der Bauart $\vec{b}(t) = \vec{p}\,\mathrm{e}^{-t}$ mit einem konstanten Vektor $\vec{p}$. $\lambda = -1$ ist doppelter Eigenwert der Koeffizientenmatrix. Es liegt doppelte Resonanz vor. Also führt der Rateansatz $\vec{x}_s = q(t)\,\mathrm{e}^{-t}$ mit einem vektorwertigen Polynom $\vec{q}(t) = \vec{a} + \vec{b}t + \vec{c}t^2$ vom Grad 2 zum Ziel. Einsetzen in die inhomogene Gleichung liefert

$$\dot{\vec{x}} \;=\; \left[(\vec{b} - \vec{a}\,) + (2\vec{c} - \vec{b}\,)t - \vec{c}t^2\right] \mathrm{e}^{-t} \;=\; \mathbf{A}(\vec{a} + \vec{b}t + \vec{c}t^2)\,\mathrm{e}^{-t} + (1,0)^\top\,\mathrm{e}^{-t} .$$

Koeffizientenvergleich ergibt

$$(\mathbf{A}+\mathbf{E})\vec{c} \;=\; \vec{0} \quad , \quad (\mathbf{A}+\mathbf{E})\vec{b} \;=\; 2\vec{c} \quad \text{und} \quad (\mathbf{A}+\mathbf{E})\vec{a} = \vec{b} - (1,0)^\top .$$

Also ist $\vec{b}$ ein Hauptvektor 2. Stufe und $\vec{c}$ ein Eigenvektor zum Eigenwert -1. Man erhält $\vec{a} = \vec{0}$, $\vec{b} = (1,0)^\top$, $\vec{c} = (1,2)^\top$ und damit die spezielle Lösung $\vec{x}_s = \mathrm{e}^{-t}\begin{pmatrix} t^2+t \\ 2t^2 \end{pmatrix}$. Die allgemeine Lösung des inhomogenen Systems ist daher

$$\vec{x} \;=\; \begin{pmatrix} t^2+t \\ 2t^2 \end{pmatrix} \mathrm{e}^{-t} + C_1 \begin{pmatrix} 1 \\ 2 \end{pmatrix} \mathrm{e}^{-t} + C_2 \begin{pmatrix} t \\ 2t-1 \end{pmatrix} \mathrm{e}^{-t} .$$

(B.2)
$$\boxed{\begin{pmatrix} \dot{x} \\ \dot{y} \\ \dot{z} \end{pmatrix} = \begin{pmatrix} -2 & 1 & -2 \\ 1 & -2 & 2 \\ 3 & -3 & 5 \end{pmatrix} \begin{pmatrix} x \\ y \\ z \end{pmatrix}}$$

Das charakteristische Polynom der Koeffizientenmatrix ist

$$\chi(\lambda) \;=\; \det(\mathbf{A} - \lambda\mathbf{E}) \;=\; -\lambda^3 + \lambda^2 + 5\lambda + 3 \;=\; -(\lambda-3)(\lambda+1)^2 .$$

Ein Eigenvektor zum Eigenwert $\lambda_1 := 3$ ist $\vec{c}_1 := (1,-1,-3)^\top$.

Zum doppelten Eigenwert $\lambda_{2,3} := -1$ finden wir zwei linear unabhängige Eigenvektoren (glücklicher Zufall), etwa $\vec{c}_2 := (1,1,0)^\top$ und $\vec{c}_3 := (0,2,1)^\top$.

Die allgemeine Lösung des homogenen Systems ist daher

$$\begin{pmatrix} x \\ y \\ z \end{pmatrix} \;=\; C_1 \begin{pmatrix} 1 \\ -1 \\ -3 \end{pmatrix} \mathrm{e}^{3t} + C_2 \begin{pmatrix} 1 \\ 1 \\ 0 \end{pmatrix} \mathrm{e}^{-t} + C_3 \begin{pmatrix} 0 \\ 2 \\ 1 \end{pmatrix} \mathrm{e}^{-t} \quad (C_k \in \mathrm{I\!R}) .$$

(B.3) $$\begin{pmatrix} \dot{x} \\ \dot{y} \\ \dot{z} \end{pmatrix} = \begin{pmatrix} 0 & 0 & 1 \\ 1 & 0 & 1 \\ 8 & -3 & -1 \end{pmatrix} \begin{pmatrix} x \\ y \\ z \end{pmatrix} + \begin{pmatrix} 0 \\ -2t \\ 2t \end{pmatrix}$$

Zunächst zur Lösung des homogenen Systems:

Das charakteristische Polynom der Koeffizientenmatrix ist

$$\chi(\lambda) = \det(\mathbf{A} - \lambda\mathbf{E}) = -\lambda^3 - \lambda^2 + 5\lambda - 3 = -(\lambda+3)(\lambda-1)^2 .$$

Ein Eigenvektor zum Eigenwert $\lambda_1 := -3$ ist $\vec{c}_1 := (3, 2, -9)^\top$. Die entsprechende Basislösung ist $\vec{x}_1 = \vec{c}_1 \, \mathrm{e}^{-3t}$.

Zum doppelten Eigenwert $\lambda := 1$ gibt es hier nur einen linear unabhängigen Eigenvektor, etwa $\vec{c}_2 := (1, 2, 1)^\top$. Außer der zugehörigen Basislösung $\vec{x}_2 = \vec{c}_2 \, \mathrm{e}^t$ gibt es eine weitere der Form $\vec{x} = (\vec{a} + \vec{b}t) \, \mathrm{e}^t$. Einsetzen in das gegebene homogene System $\dot{\vec{x}} = \mathbf{A}\vec{x}$ liefert

$$\dot{\vec{x}} = (\vec{a} + \vec{b}) \, \mathrm{e}^t + \vec{b}t \, \mathrm{e}^t = \mathbf{A}(\vec{a} + \vec{b}t) \, \mathrm{e}^t$$

$$(\vec{a} + \vec{b}) + \vec{b}t = \mathbf{A}\vec{a} + \mathbf{A}\vec{b}t$$

Koeffizientenvergleich ergibt $\mathbf{A}\vec{b} = \vec{b}$ (also muss $\vec{b}$ ein Eigenvektor der Matrix $\mathbf{A}$ zum Eigenwert $\lambda = 1$ sein) und $(\mathbf{A} - \lambda\mathbf{E})\vec{a} = \vec{b}$. Einen Eigenvektor hatten wir schon oben bestimmt. Wir können $\vec{b} := \vec{c}_2 := (1, 2, 1)^\top$ setzen und dazu $\vec{a} = (0, -1, 1)^\top$ berechnen. Dies liefert $\vec{x}_3 := (\vec{a} + \vec{b}t) \, \mathrm{e}^t$ als dritte Basislösung und zusammen

$$\mathbf{X}(t) = \begin{pmatrix} 3\,\mathrm{e}^{-3t} & \mathrm{e}^t & t\,\mathrm{e}^t \\ 2\,\mathrm{e}^{-3t} & 2\,\mathrm{e}^t & (-1+2t)\,\mathrm{e}^t \\ -9\,\mathrm{e}^{-3t} & \mathrm{e}^t & (1+t)\,\mathrm{e}^t \end{pmatrix}$$

als Fundamentalmatrix des homogenen Systems. Man kann auch umgekehrt einen sog. Hauptvektor $\vec{a}$ zweiter Stufe zum doppelten Eigenwert $\lambda = 1$, also eine Lösung von $(\mathbf{A} - \lambda\mathbf{E})^2\vec{a} = \vec{0}$ berechnen, für die $(\mathbf{A} - \lambda\mathbf{E})\vec{a} =: \vec{b} \neq \vec{0}$ ist. Dieser Vektor $\vec{b}$ ist dann garantiert Eigenvektor von $\mathbf{A}$ zum Eigenwert λ .

Nun zur Lösung des inhomogenen Systems:

Das Störglied ist von der Form $\vec{p}(t) \, \mathrm{e}^{0t}$ mit einem Vektorpolynom $\vec{p}(t)$ vom Grad 1. $\lambda = 0$ ist kein Eigenwert der Koeffizientenmatrix. Wir machen daher den Rateansatz $\vec{x} = \vec{a} + \vec{b}t$. Einsetzen in die inhomogene Gleichung ergibt:

$$\dot{\vec{x}} = \vec{b} = \mathbf{A}(\vec{a} + \vec{b}t) + (0, -2t, 2t)^\top$$

Koeffizientenvergleich liefert $\mathbf{A}\vec{a} = \vec{b}$ und $\mathbf{A}\vec{b} = (0, 2, -2)^\top$. Man erhält $\vec{a} = (4, 10, 2)^\top$ und $\vec{b} = (2, 6, 0)^\top$ und damit die allgemeine Lösung des inhomogenen Systems

$$\begin{pmatrix} x \\ y \\ z \end{pmatrix} = C_1 \begin{pmatrix} 3 \\ 2 \\ -9 \end{pmatrix} \mathrm{e}^{-3t} + C_2 \begin{pmatrix} 1 \\ 2 \\ 1 \end{pmatrix} \mathrm{e}^{t} + C_3 \begin{pmatrix} t \\ -1+2t \\ 1+t \end{pmatrix} \mathrm{e}^{t} + \begin{pmatrix} 4+2t \\ 10+6t \\ 2 \end{pmatrix} .$$

(B.4) $$\boxed{\begin{pmatrix} \dot{x} \\ \dot{y} \\ \dot{z} \end{pmatrix} = \begin{pmatrix} 1 & -2 & 0 \\ 2 & 0 & -1 \\ 4 & -2 & -1 \end{pmatrix} \begin{pmatrix} x \\ y \\ z \end{pmatrix} + \begin{pmatrix} \cos t \\ \sin t \\ 0 \end{pmatrix}}$$

Zunächst zur Lösung des <u>homogenen Systems</u>:

Das charakteristische Polynom der Koeffizientenmatrix ist

$$\chi(\lambda) = \det(\mathbf{A} - \lambda\mathbf{E}) = -\lambda^3 - \lambda + 2 = -(\lambda - 1)(\lambda^2 + \lambda + 2) .$$

Ein Eigenvektor zum Eigenwert $\lambda_1 := 1$ ist $\vec{c}_1 := (1, 0, 2)^\top$. Die entsprechende Basislösung ist $\vec{x}_1 = \vec{c}_1 \, \mathrm{e}^t$.

Zu den konjugiert komplexen Eigenwerten $\lambda_{2,3} := -\frac{1}{2} \pm \frac{i}{2}\sqrt{7}$ gibt es konjugiert komplexe Eigenvektoren, etwa $\vec{c}_{2,3} := (4, 3 \mp i\sqrt{7}, 6 \mp 2i\sqrt{7})^\top$. Die Koeffizientenmatrix ist reell! Die zugehörigen komplexen Basislösungen $\vec{x}_{2,3} = \vec{c}_{2,3} \, \mathrm{e}^{\lambda_{2,3} t}$ sind ebenfalls konjugiert komplex zueinander. Real- und Imaginärteil einer von beiden liefert reelle Basislösungen. Es ist

$$\begin{aligned} \vec{x}_2 &= \begin{pmatrix} 4 \\ 3 - i\sqrt{7} \\ 6 - 2i\sqrt{7} \end{pmatrix} \mathrm{e}^{-t/2} \left(\cos \frac{\sqrt{7}}{2} t + i \sin \frac{\sqrt{7}}{2} t \right) \\ &= \left[\begin{pmatrix} 4 \\ 3 \\ 6 \end{pmatrix} \cos \frac{\sqrt{7}}{2} t + \begin{pmatrix} 0 \\ \sqrt{7} \\ 2\sqrt{7} \end{pmatrix} \sin \frac{\sqrt{7}}{2} t \right] \mathrm{e}^{-t/2} \\ &\qquad + i \left[\begin{pmatrix} 0 \\ -\sqrt{7} \\ -2\sqrt{7} \end{pmatrix} \cos \frac{\sqrt{7}}{2} t + \begin{pmatrix} 4 \\ 3 \\ 6 \end{pmatrix} \sin \frac{\sqrt{7}}{2} t \right] \mathrm{e}^{-t/2} \end{aligned}$$

Eine Fundamentalmatrix des homogenen Systems ist daher

$$\begin{pmatrix} \mathrm{e}^t & 4\cos\frac{\sqrt{7}}{2}t\,\mathrm{e}^{-t/2} & 4\sin\frac{\sqrt{7}}{2}t\,\mathrm{e}^{-t/2} \\ 0 & \left(3\cos\frac{\sqrt{7}}{2}t + \sqrt{7}\sin\frac{\sqrt{7}}{2}t\right)\mathrm{e}^{-t/2} & \left(-\sqrt{7}\cos\frac{\sqrt{7}}{2}t + 3\sin\frac{\sqrt{7}}{2}t\right)\mathrm{e}^{-t/2} \\ 2\,\mathrm{e}^t & \left(6\cos\frac{\sqrt{7}}{2}t + 2\sqrt{7}\sin\frac{\sqrt{7}}{2}t\right)\mathrm{e}^{-t/2} & \left(-2\sqrt{7}\cos\frac{\sqrt{7}}{2}t + 6\sin\frac{\sqrt{7}}{2}t\right)\mathrm{e}^{-t/2} \end{pmatrix}$$

Nun zur Lösung des <u>inhomogenen Systems</u>:

Es liegt keine Resonanz vor. Dies wäre der Fall, wenn $\lambda = \pm i$ ein Eigenwert der Koeffizientenmatrix des homogenen Systems wäre. Wir machen den Rateansatz $\vec{x} = \vec{a}\cos t + \vec{b}\sin t$. Einsetzen in die inhomogene Gleichung ergibt:

$$\dot{\vec{x}} = -\vec{a}\sin t + \vec{b}\cos t = \mathbf{A}(\vec{a}\cos t + \vec{b}\sin t) + (\cos t, \sin t, 0)^\top .$$

Koeffizientenvergleich liefert $-\vec{a} = \mathbf{A}\vec{b} + (0,1,0)^\top$ und $\vec{b} = \mathbf{A}\vec{b} + (1,0,0)^\top$. Nach Einsetzen der 2. Gleichung in die 1. erhält man

$$\left(\mathbf{A}^2 + \mathbf{E}\right)\vec{a} = (-1,-3,-4)^\top \quad , \quad \vec{a} = (5/2,1,3)^\top \quad , \quad \vec{b} = (3/2,2,5)^\top$$

und damit die spezielle Lösung des inhomogenen Systems

$$\vec{x}_s = \begin{pmatrix} 5/2 \\ 1 \\ 3 \end{pmatrix} \cos t + \begin{pmatrix} 3/2 \\ 2 \\ 5 \end{pmatrix} \sin t \, .$$

C

$$\boxed{\begin{pmatrix} \dot{x} \\ \dot{y} \end{pmatrix} = \begin{pmatrix} -3 & -1 \\ 1 & -1 \end{pmatrix} \begin{pmatrix} x \\ y \end{pmatrix} + \begin{pmatrix} t \\ t^2 \end{pmatrix}}$$

Wir differenzieren die erste Gleichung nach t, setzen darin die 2. und dann die 1. Gleichung ein und erhalten

$$\begin{aligned} \ddot{x} = -3\dot{x} - \dot{y} + 1 &= -3\dot{x} - \left(x - y + t^2\right) + 1 \\ &= -3\dot{x} - x + \left(-\dot{x} - 3x + t\right) - t^2 + 1 \\ \ddot{x} + 4\dot{x} + 4x &= 1 + t - t^2 \end{aligned}$$

$\lambda^2 + 4\lambda + 4 = (\lambda + 2)^2$ ist das charakteristische Polynom dieser linearen Gleichung. Die allgemeine Lösung der homogenen Gleichung ist daher

$$x_h(t) = C_1 \,\mathrm{e}^{-2t} + C_2 \, t \,\mathrm{e}^{-2t} \, .$$

Das Störglied ist ein Polynom 2. Grades, also von der Form $p_2(t)\,\mathrm{e}^{0\cdot t}$. Null ist kein Eigenwert der Gleichung. Es liegt *keine Resonanz* vor. Um eine spezielle Lösung der inhomogenen Gleichung zu bestimmen, kann man daher den Ansatz $x_s(t) = A + Bt + Ct^2$ machen. Man erhält damit die allgemeine Lösung

$$x = x_h + x_s = C_1 \,\mathrm{e}^{-2t} + C_2 \, t \,\mathrm{e}^{-2t} - \tfrac{3}{8} + \tfrac{3}{4} t - \tfrac{1}{4} t^2 \, .$$

Wegen $y = -3x - \dot{x} + t$ ergibt sich für die 2. Koordinate

$$y = (-C_1 - C_2)\,\mathrm{e}^{-2t} - C_2 \, t \,\mathrm{e}^{-2t} + \tfrac{3}{8} - \tfrac{3}{4} t + \tfrac{3}{4} t^2 \, .$$

Die allgemeine Lösung des Systems ist daher

$$\begin{pmatrix} x \\ y \end{pmatrix} = C_1 \begin{pmatrix} 1 \\ -1 \end{pmatrix} \mathrm{e}^{-2t} + C_2 \begin{pmatrix} t \\ -t-1 \end{pmatrix} \mathrm{e}^{-2t} + \tfrac{1}{8} \begin{pmatrix} -3 + 6t - 2t^2 \\ 3 - 6t + 6t^2 \end{pmatrix} .$$

D Das Salz sei stets gleichmäßig im Tank verteilt. Sei $m_i(t)$ der Salzgehalt in $[Kilo]$ im Tank i zur Zeit t, also $m_1(0) = 50[Kilo]$ und $m_2(0) = 20[Kilo]$.

Die Funktionen m_i erfüllen das Dgl-System

$$\begin{pmatrix} \dot{m}_1 \\ \dot{m}_2 \end{pmatrix} = \begin{pmatrix} -\frac{80}{1000} m_1 + \frac{20}{1000} m_2 \\ \frac{80}{1000} m_1 - \frac{80}{1000} m_2 \end{pmatrix} = \begin{pmatrix} -\frac{2}{25} & \frac{1}{50} \\ \frac{2}{25} & -\frac{2}{25} \end{pmatrix} \begin{pmatrix} m_1 \\ m_2 \end{pmatrix} \qquad (1)$$

Die konstante Koeffizientenmatrix $\mathbf{A} := \frac{1}{50}\begin{pmatrix}-4 & 1\\ 4 & -4\end{pmatrix}$ hat die Eigenwerte $\lambda_1 = -1/25$ und $\lambda_2 = -3/25$.

Zugehörige Eigenvektoren sind $\vec{c}_1 = \begin{pmatrix}1\\2\end{pmatrix}$ und $\vec{c}_2 = \begin{pmatrix}1\\-2\end{pmatrix}$.

Die allgemeine Lösung des Systems ist daher

$$\vec{m}\,(t) \;=\; \begin{pmatrix}m_1(t)\\ m_2(t)\end{pmatrix} \;=\; C_1\begin{pmatrix}1\\2\end{pmatrix}\,\mathrm{e}^{-t/25} + C_2\begin{pmatrix}1\\-2\end{pmatrix}\,\mathrm{e}^{-3t/25}\,.$$

Die Anfangsbedingungen liefern $C_1 = 30$ und $C_2 = 20$. Wie nicht anders zu erwarten, gehen die Salzgehalte

$$m_1(t) \;=\; 30\,\mathrm{e}^{-t/25} + 20\,\mathrm{e}^{-3t/25} \quad \text{und} \quad m_2(t) \;=\; 60\,\mathrm{e}^{-t/25} - 40\,\mathrm{e}^{-3t/25}$$

gegen Null für $t \to \infty$. Der Quotient m_2/m_1 strebt dabei gegen 2 für $t \to \infty$. Es gilt nämlich:

$$\frac{m_2(t)}{m_1(t)} \;=\; \frac{60\,\mathrm{e}^{-t/25} - 40\,\mathrm{e}^{-3t/25}}{30\,\mathrm{e}^{-t/25} + 20\,\mathrm{e}^{-3t/25}} \;=\; \frac{6 - 4\,\mathrm{e}^{-2t/25}}{3 + 2\,\mathrm{e}^{-2t/25}} \;\to\; \frac{6}{3} \;=\; 2 \quad \text{für } t \to \infty\,.$$

Wenn in den Tank K_1 nicht reines Wasser sondern eine 10%-ige Salslösung zufließt, so ist das System (1) durch das folgende inhomogene System zu ersetzen:

$$\begin{pmatrix}\dot{m}_1\\ \dot{m}_2\end{pmatrix} \;=\; \begin{pmatrix}-\frac{80}{1000}\,m_1 + \frac{20}{1000}\,m_2\\ \frac{80}{1000}\,m_1 - \frac{80}{1000}\,m_2\end{pmatrix} + \begin{pmatrix}6\\0\end{pmatrix} \;=:\; \mathbf{A}\,\vec{m} + \begin{pmatrix}6\\0\end{pmatrix} \qquad (2)$$

Eine spezielle Lösung ist $\vec{m}_s \equiv (100, 100)^\top$. Die Nullösung des homogenen Systems war stabil. Beide Eigenwerte haben negativen Realteil. Also streben alle Lösungen für $t \to \infty$ gegen diese spezielle Lösung. Für große Zeiten ist also in beiden Tanks eine annähernd 10%-ige Salzlösung vorhanden. Auch das war nicht anders zu erwarten, da ja konstant eine 10%-ige Lösung zufließt.

Die spezielle Lösung mit den gegebenen Anfangsbedingungen ist übrigens

$$\vec{m}\,(t) \;=\; \begin{pmatrix}m_1(t)\\ m_2(t)\end{pmatrix} \;=\; \begin{pmatrix}100\\100\end{pmatrix} - 45\begin{pmatrix}1\\2\end{pmatrix}\,\mathrm{e}^{-t/25} - 5\begin{pmatrix}1\\-2\end{pmatrix}\,\mathrm{e}^{-3t/25}\,.$$

E Sei $\vec{p}(t) = \vec{a}_k t^k + \ldots + \vec{a}_0$ mit $\vec{a}_k \neq \vec{0}$. Für die gesuchte spezielle Lösung des inhomogenen Systems $\dot{\vec{x}} = \mathbf{A}\vec{x} + \vec{p}_k(x)\,\mathrm{e}^{\lambda t}$ machen wir den Ansatz $\vec{x}(t) = \left(\vec{b}_k t^k + \ldots + \vec{b}_0\right)\mathrm{e}^{\lambda t}$. Einsetzen und Koeffizientenvergleich liefert

$$\begin{aligned}\dot{\vec{x}} \;&=\; \left[\lambda\vec{b}_k t^k + (k\vec{b}_k + \lambda\vec{b}_{k-1})t^{k-1} + \ldots + (\vec{b}_1 + \lambda\vec{b}_0)\right]\mathrm{e}^{\lambda t}\\ &=\; \mathbf{A}\left(\vec{b}_k t^k + \ldots + \vec{b}_0\right)\mathrm{e}^{\lambda t} + \left(\vec{a}_k t^k + \ldots + \vec{a}_0\right)\mathrm{e}^{\lambda t}\end{aligned}$$

$$\begin{aligned}
(\mathbf{A}-\lambda\mathbf{E})\vec{b}_k &= -\vec{a}_k \\
(\mathbf{A}-\lambda\mathbf{E})\vec{b}_{k-1} &= k\vec{b}_k - \vec{a}_{k-1} \\
&\dots \\
(\mathbf{A}-\lambda\mathbf{E})\vec{b}_0 &= \vec{b}_1 - \vec{a}_0
\end{aligned}$$

Da λ kein Eigenwert der Koeffizientenmatrix **A** ist, ist dies Gleichungssystem eindeutig lösbar. Also gibt es ein derartiges Vektorpolynom $\vec{q}(t)$ und seine Koeffizientenvektoren $\vec{b}_j$ sind eindeutig bestimmt.

Wegen $\vec{a}_k \neq \vec{0}$ ist auch $\vec{b}_k \neq \vec{0}$, also $\operatorname{grad}\vec{q}(t) = k$.

12.4 Lineare Differentialgleichungen

Klassische Gleichungen zweiter Ordnung werden in Abschnitt 11.4 behandelt.

A Lösen Sie die folgenden linearen Gleichungen:

1) $(x^2+2)\,y''' - 2x\,y'' + (x^2+2)\,y' - 2x\,y \;=\; 0$
2) $y''' - 9xy'' + 27x^2y' - 27x^3y \;=\; 0$
3) $(1+x^2)\,y'' - 2y \;=\; 0$
4) $x\,y'' - (2x+1)\,y' + (x+1)y \;=\; 0$

B Lösen Sie die folgenden Euler-Gleichungen:

1) $x^2y'' - 7xy' + 15y \;=\; x \quad ; \quad y(1) \;=\; y'(1) \;=\; 0\,.$
2) $x^3y''' + xy' - y \;=\; 3x^4$
3) $x^2y'' - 2xy' + 2y \;=\; x^3\sin x$
4) $2x^3y''' + 5x^2y'' + 3xy' - y \;=\; \sqrt{x}$

C Lösen Sie die folgenden linearen Gleichungen. Sie sind entweder exakt, oder man kann einen integrierenden Faktor finden.

1) $x(x-1)y'' + ay' - 2y \;=\; 0$
2) $x(x^2+1)y'' + 2(x^2-1)y' - 2xy \;=\; 0$
3) $(1+x+x^2)\,y''' + (3+6x)\,y'' + 6y' \;=\; 6x$

D *Hagen-Poiseuillesches-Gesetz:*

Eine Flüssigkeit ströme wirbelfrei durch ein Rohr (Kreiszylinder) mit Radius $R > 0$. Die Geschwindigkeitsverteilung $v = v(r)$ der Flüssigkeit im Rohr hängt dann nur vom Abstand r von der Symmetrieachse ab und erfüllt die Differentialgleichung

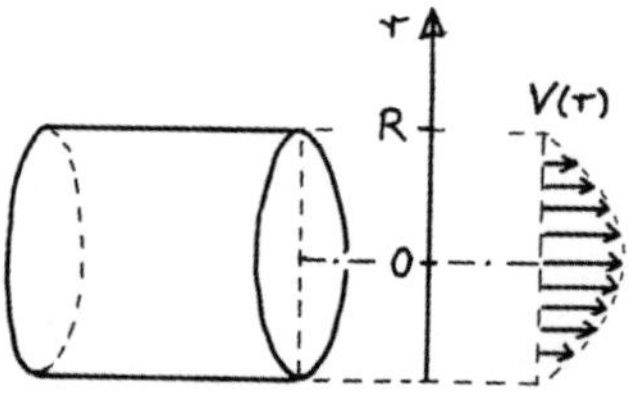

$$v''(r) + \frac{1}{r}\,v'(r) \;=\; -\gamma\,.$$

Bestimmen Sie die allgemeine Lösung dieser Gleichung ($\gamma = const$).

Welche spezielle Lösung ist als einzige physikalisch sinnvoll?

Berechnen Sie daraus die Flüssigkeitsmenge $V = \int_0^R 2\pi r\,v(r)\,dr$, die pro Zeiteinheit durch das Rohr fließt.

E Sind die Funktionen $\varphi_1,\ldots,\varphi_n$ in einem echten Intervall n–mal stetig differenzierbar, und ist ihre Wronski-Determinante $W(x) \neq 0$ in I , so gibt es genau eine lineare homogene Gleichung n-ter Ordnung mit höchstem Koeffizienten 1, für die sie ein Fundamentalsystem bilden.

F Seien $\lambda_1, \ldots, \lambda_n$ verschiedene komplexe Zahlen. Beweisen Sie die lineare Unabhängigkeit der Funktionen $\varphi_j(x) := e^{\lambda_j x}$.

G Sei $y_1 = \varphi(x) \neq 0$ eine Lösung der homogenen linearen Dgl 2. Ordnung

$$y'' + a_1(x)\, y' + a_0(x)\, y \;=\; 0 \;.$$

Gewinnen Sie mit Hilfe der Liouville-Formel eine lineare Dgl 1. Ordnung für die allgemeine Lösung.

Lösen Sie auf diese Weise die Legendre-Dgl $(1-x^2)y'' - 2x\,y' + 2y = 0$.

H *Beseitigung des zweithöchsten Gliedes:*

Zeigen Sie, dass man durch eine Substitution der Form $y(x) = z(x)\,u(x)$ mit geeignetem $u(x)$ den zweithöchsten Koeffizienten einer linearen Gleichung beseitigen kann.

I Zeigen Sie, dass eine *Eulersche Differentialgleichung*

$$L[y] \;=\; a_n\, x^n\, y^{(n)} + a_{n-1}\, x^{n-1}\, y^{(n-1)} + \ldots + a_1\, x\, y' + a_0\, y \;=\; 0$$

im Intervall $]0, \infty[$ durch die Substitution $x = e^t$ in eine lineare Differentialgleichung n-ter Ordnung mit konstanten Koeffizienten für die Funktion $z = z(t) := y(x(t))$ umgewandelt wird.

J Zum *d'Alembertschen Reduktionsverfahren:*

Gegeben sei die inhomogene lineare Gleichung $L[y] = f(x)$ n-ter Ordnung und eine spezielle Lösung $u(x) \neq 0$ der homogenen Gleichung $L[y] = 0$.

Substituiert man $y(x) = u(x)\,z(x)$ in der inhomogenen Gleichung, so erhält man eine inhomogene Gleichung der Ordnung $(n-1)$ für $v = z'$.

Ist $v(x)$ die allgemeine Lösung dieser Gleichung, so ist $y(x) := u(x) \int v(x)\,dx + C$ die allgemeine Lösung der Ausgangsgleichung.

Beweisen Sie dies und lösen Sie auf diese Art und Weise die Gleichung

$$x\,y'' - (2x+1)\,y' + (x+1)\,y \;=\; x^2(x+1)\,e^{2x} \;.$$

Lösungen:

A Es gibt kein allgemeines Verfahren zum Lösen linearer Dgln mit nicht-konstanten Koeffizienten. In den Beispielen dieser Aufgabe kann man ausnahmsweise Basislösungen explizit angeben.

(A.1) $(x^2+2)\,y''' - 2x\,y'' + (x^2+2)\,y' - 2x\,y = 0$

Auf Grund der Symmetrie in den Koeffizienten erkennt man $y_1 = \cos x$ und $y_2 = \sin x$ als Lösungen. Für eine dritte Lösung kann man die d'Alembert-Reduktion versuchen. Einfacher geht es mit einem Polynomansatz. Man erhält

$y_3 = x^2$ als dritte Basislösung. Die allgemeine Lösung ist daher

$$y = C_1 \cos x + C_2 \sin x + C_3 x^2 \ .$$

(A.2) $\boxed{y''' - 9xy'' + 27x^2y' - 27x^3y = 0}$

Wir substituieren $y = \mathrm{e}^{3x^2/2} z$ und erhalten $z''' + 9z' = 0$. Diese lineare Dgl mit konstanten Koeffizienten hat die Basislösungen

$$z_1 \equiv 1 \quad ; \quad z_2 = \cos 3x \quad ; \quad z_3 = \sin 3x$$

aus denen sich die allgemeine Lösung der Ausgangsgleichung ergibt.

(A.3) $\boxed{(1+x^2)\, y'' - 2y = 0}$

Eine spezielle Lösung $y_1 := 1 + x^2$ erhält man mit einem Polynomansatz. Mit dem d'Alembertschen Reduktionsansatz erhält man die zweite Basislösung $y_2 = x + (1+x^2) \arctan x$ und die allgemeine Lösung

$$y = C_1(1+x^2) + C_2 \left(x + (1+x^2) \arctan x \right) \ .$$

Dies ist übrigens eine exakte Gleichung. Sie entsteht durch Differentiation aus der Gleichung $(1+x^2)\, y' - 2x\, y = C$.

(A.4) $\boxed{x\, y'' - (2x+1)\, y' + (x+1) y = 0}$

Die Koeffizientensumme ist Null. Also ist $y_1 = \mathrm{e}^x$ eine Lösung.

Mit dem Reduktionsansatz $y = z(x)\ \mathrm{e}^x$ erhält man die zweite Basislösung und die allgemeine Lösung $y = C_1\ \mathrm{e}^x + C_2\, x^2\ \mathrm{e}^x$.

B **(B.1)** $\boxed{x^2y'' - 7xy' + 15y = x \quad ; \quad y(1) = y'(1) = 0}$

Wir arbeiten mit dem Kochrezept aus Abschnitt 5.3.7.

Das charakteristische Polynom ist $\chi(\lambda) = \lambda(\lambda-1) - 7\lambda + 15 = (\lambda-3)(\lambda-5)$ mit den beiden einfachen Nullstellen $\lambda_1 = 3$ und $\lambda_2 = 5$. Daher bilden $y_1 = x^3$ und $y_2 = x^5$ ein Fundamentalsystem der homogenen Gleichung.

Das Störglied ist von der Form $p(\ln x)\, x^\lambda$ mit $\lambda = 1$ und einem konstanten Polynom p. Da $\lambda = 1$ keine Nullstelle des charakteristischen Polynoms ist, liegt keine Resonanz vor. Für eine spezielle Lösung der inhomogenen Gleichung reicht daher der Ansatz $y_s = Ax$. Einsetzen und Koeffizientenvergleich liefert die spezielle Lösung $y_s = \frac{1}{8}x$. Die allgemeine Lösung ist daher

$$y = y_s + C_1\, y_1 + C_2\, y_2 = \tfrac{1}{8}x + C_1\, x^3 + C_2\, x^5 \ .$$

Einsetzen der Anfangsbedingungen $y(1) = y'(1) = 0$ liefert $C_1 + C_2 = -\frac{1}{8}$ und $3C_1 + 5C_2 = -\frac{1}{8}$, also $C_1 = -\frac{1}{4}$ und $C_2 = \frac{1}{8}$.

(B.2) $\boxed{x^3y''' + xy' - y = 3x^4}$

Wir arbeiten mit der Substitution $x = e^t$, $z = z(t) = y(x(t))$. Sie führt die Euler-Gleichung über in die lineare Dgl $z''' - 3z'' + 3z' - z = 3\,e^{4t}$.

Diese hat die allgemeine Lösung $z = z(t) = C_1\,e^t + C_2 t\,e^t + C_3 t^2\,e^t + \frac{1}{9}\,e^{4t}$. Rücksubstitution liefert die allgemeine Lösung der Euler Gleichung für $x > 0$:

$$y \;=\; y(x) \;=\; C_1\,x + C_2\,x\ln x + C_3\,x\ln^2 x + \tfrac{1}{9}x^4 \;.$$

Im Intervall $x < 0$ muss $\ln x$ durch $\ln|x|$ ersetzt werden.

(B.3) $\boxed{x^2y'' - 2xy' + 2y = x^3\sin x}$

Zur Bestimmung eines Fundamentalsystems der homogenen Dgl machen wir für $x > 0$ den Ansatz $y = x^\lambda$ und erhalten

$$\begin{aligned} x^2\,\lambda(\lambda-1)x^{\lambda-2} - 2x\lambda x^{\lambda-1} + 2x^\lambda &= 0 \\ \chi(\lambda) \;=\; \lambda(\lambda-1) - 2\lambda + 2 \;=\; (\lambda-1)(\lambda-2) &= 0\;. \end{aligned}$$

Natürlich ist dies genau die charakteristische Gleichung der Euler-Dgl. Die charakteristischen Exponenten sind $\lambda_1 = 1$ und $\lambda_2 = 2$. Also sind

$$y_1 \;=\; x \quad \text{und} \quad y_2 \;=\; x^2$$

Basislösungen für $x > 0$. Hier übrigens auch für $x < 0$.

Das Störglied rechtfertigt keinen speziellen Rateansatz, also Variation der Konstanten! $y_s = C_1(x)x + C_2(x)x^2$ und $C_1'(x)\,y_1 + C_2'(x)\,y_2 = 0$ in die inhomogene Gleichung eingesetzt, ergibt das lineare Gleichungssystem

$$\begin{aligned} x\,C_1' + x^2\,C_2' &= 0 \\ C_1' + 2x\,C_2' &= x\sin x \end{aligned}$$

Man erhält $C_1'(x) = -x\sin x$, $C_2'(x) = \sin x$ und daraus

$$C_1(x) \;=\; x\cos x - \sin x \quad ; \quad C_2(x) \;=\; -\cos x\;.$$

Eine spezielle Lösung ist $y_s \;=\; -x\sin x$. Die allgemeine Lösung ist

$$y \;=\; y_s + C_1y_1 + C_2y_2 \;=\; -x\sin x + C_1(x)x + C_2(x)x^2 \qquad (C_j \in \mathbb{R})\;.$$

(B.4) $\boxed{2x^3y''' + 5x^2y'' + 3xy' - y \;=\; \sqrt{x}}$

Die Gleichung ist nur für $x > 0$ definiert. Das charakteristische Polynom ist

$$\begin{aligned} \chi(\lambda) &= 2\lambda(\lambda-1)(\lambda-2) + 5\lambda(\lambda-1) + 3\lambda - 1 \;=\; 2\lambda^3 - \lambda^2 + 2\lambda - 1 \\ &= (2\lambda-1)(\lambda^2+1) \end{aligned}$$

mit den einfachen Nullstellen $\lambda_1 = 1/2$ und $\lambda_{2,3} = \pm i$. Basislösungen der homogenen Gleichung sind daher

$$y_1 = x^{1/2} \quad ; \quad y_2 = \cos(\ln x) \quad ; \quad y_3 = \sin(\ln x) \ .$$

Die rechte Seite $\sqrt{x}$ ist Lösung der homogenen Gleichung. Es liegt einfache Resonanz vor. Um eine spezielle Lösung der inhomogenen Gleichung zu bestimmen, machen wir daher den Ansatz $y_s = A\sqrt{x}\,\ln x$. Einsetzen und Koeffizientenvergleich liefert $A = 2/5$ und damit die allgemeine Lösung

$$y \ = \ y_s + C_1\,y_1 + C_2\,y_2 + C_3\,y_3 \ = \ \tfrac{2}{5}\sqrt{x}\ln x + C_1 x^{1/2} + C_2\cos(\ln x) + C_3\sin(\ln x) \ .$$

C Zur Behandlung exakter Gleichungen höherer Ordnung siehe Abschnitte 4.1.5 und 11.2.C.

(C.1) $x(x-1)y'' + ay' - 2y = 0$

Die Gleichung ist exakt. Die Lösungen erhält man aus der linearen Gleichung

$$x(x-1)y' - (2x - a - 1)y \ = \ C_1 \ .$$

(C.2) $x(x^2+1)y'' + 2(x^2-1)y' - 2xy = 0$

Nach Division durch x^3 erhält man die Gleichung

$$\left(1 + \frac{1}{x^2}\right)y'' + \left(\frac{2}{x} - \frac{2}{x^3}\right)y' - \frac{2}{x^2}y \ = \ 0 \ .$$

Sie ist exakt und zwar entsteht sie durch Differentiation aus der Gleichung

$$\left(1 + \frac{1}{x^2}\right)y' + \frac{2}{x}\,y \ = \ C_1 \ .$$

Lösungen sind $\quad (1+x^2)y \ = \ C_2 + \dfrac{C_1}{3}\,x^3 \ .$

(C.3) $(1+x+x^2)\,y''' + (3+6x)\,y'' + 6y' = 6x$

Die Gleichung entsteht durch Differentiation der Gleichung

$$(1+x+x^2)\,y'' + (2+4x)\,y' + 2y \ = \ 3x^2 + C_1 \ .$$

Diese Gleichung ist ebenfalls exakt. Sie entsteht durch Differentiation der Gleichung $(1+x+x^2)\,y' + (1+2x)\,y = x^3 + C_1 x + C_2$. Auch diese ist wiederum exakt und man erhält die allgemeine Lösung

$$(1+x+x^2)\,y \ = \ \frac{1}{4}\,x^4 + \frac{C_1}{2}x^2 + C_2 x + C_3 \ .$$

Natürlich hätte man auch zunächst durch die Substitution $z = y'$ die Ordnung erniedrigen können.

D *Hagen-Poiseuillesches-Gesetz:*

Die Differentialgleichung $v'' + \frac{1}{r}v' = -\gamma$ ist eine Euler-Gleichung (sieht man spätestens nach Multiplikation mit r^2). Da v nicht vorkommt, kann man sofort die Ordnung reduzieren und die Gleichung auch ohne die Theorie der Euler-Dgl (siehe 5.3.7) lösen. Man erhält auf beiden Wegen die allgemeine Lösung

$$v(r) \;=\; -\frac{\gamma r^2}{4} + C_1 + C_2 \ln r \;.$$

Die einzig physikalisch sinnvolle Lösung muss auch für $r = 0$ stetig sein und die Randbedingung $v(R) = 0$ erfüllen. Dies geht nur für $C_2 = 0$ und $C_1 = \dfrac{\gamma R^2}{4}$.
Also ist $v(r) = \frac{\gamma}{4}(R^2 - r^2)$ die einzig physikalisch sinnvolle Lösung.
Eine einfache Integration liefert

$$V \;=\; \int_0^R 2\pi r\, v(r)\, dr \;=\; \frac{\pi\gamma R^4}{8} \;.$$

Die Flüssigkeitsmenge V, die pro Zeiteinheit durch das Rohr fließt, ist also proportional zur 4. Potenz des Rohrradius R. Eine Halbierung des Rohrdurchmessers verringert also den Durchlass auf 1/16 !

E Zunächst zur Existenz einer solchen Gleichung. Wir schreiben

$$W(\psi_1, \ldots, \psi_k)(x) \;:=\; \det \begin{pmatrix} \psi_1 & \cdots & \psi_k \\ \psi_1' & \cdots & \psi_k' \\ \vdots & & \vdots \\ \psi_1^{(k-1)} & \cdots & \psi_k^{(k-1)} \end{pmatrix} (x)$$

für die *Wronski-Determinante* der $(k-1)$-mal stetig differenzierbaren Funktionen $\psi_1, \ldots, \psi_k$. Die Funktionen $y, \varphi_1, \ldots, \varphi_n$ seien in dem echten Intervall $I \subset \mathbb{R}$ n–mal stetig differenzierbar. Dann ist

$$\frac{W(y,\varphi_1,\ldots,\varphi_n)}{W(\varphi_1,\ldots,\varphi_n)} \;=\; 0$$

eine lineare homogene Dgl für y der Ordnung n mit höchstem Koeffizienten 1. Zum Beweis muss man nur die Determinante $W(y, \varphi_1, \ldots, \varphi_n)$ nach der ersten Spalte entwickeln.

Die n Funktionen $\varphi_1, \ldots, \varphi_n$ sind Lösungen dieser Gleichung. Setzt man nämlich $y = \varphi_j$, so stimmen 2 Spalten der Determinante $W(y, \varphi_1, \ldots, \varphi_n)$ überein.

Die n Funktionen $\varphi_1, \ldots, \varphi_n$ sind auch linear unabhängig, denn sonst müsste ihre Wronski-Determinante $W = W(\varphi_1, \ldots, \varphi_n)$ verschwinden.

Also gibt es eine lineare Gleichung n-ter Ordnung der Form

$$L[y] \;:=\; y^{(n)} + a_{n-1}(x)\, y^{(n-1)} + \ldots + a_0(x)\, y \;=\; 0$$

mit dem Fundamentalsystem $(\varphi_1, \ldots, \varphi_n)$.

Nun zur Eindeutigkeit:

Angenommen, es gibt zwei Gleichungen $L[y] = 0$ und $L^*[y] = 0$ der obigen Bauart, deren Koeffizienten a_j bzw a_j^* nicht paarweise übereinstimmen und für die die gegebenen n Funktionen φ_j Lösungen sind. Dann sind die φ_j auch Lösungen der Gleichung

$$L[y] - L^*[y] \;=\; 0 \, .$$

Diese homogene Gleichung hat höchstens die Ordnung $(n-1)$ und mindestens einer ihrer stetigen Koeffizienten $a_j(x) - a_j^*(x)$ ist auf einem echten Intervall $J \subset I$ ungleich Null. Eine solche Gleichung kann aber nicht n linear unabhängige Lösungen haben. Widerspruch.

F Die k-te Ableitung von $\varphi_j(x) = \mathrm{e}^{\lambda_j x}$ ist $\varphi_j^{(k)}(x) = \lambda_j^k \, \mathrm{e}^{\lambda_j x} = \lambda_j^k \, \varphi_j(x)$.

Daher ist die Wronski-Determinante W der n Funktionen φ_j

$$\begin{vmatrix} \varphi_1 & \varphi_2 & \ldots & \varphi_n \\ \varphi_1' & \varphi_2' & \ldots & \varphi_n' \\ \vdots & \vdots & \ddots & \vdots \\ \varphi_1^{(n-1)} & \varphi_2^{(n-1)} & \ldots & \varphi_n^{(n-1)} \end{vmatrix} = \begin{vmatrix} 1 & 1 & \ldots & 1 \\ \lambda_1 & \lambda_2 & \ldots & \lambda_n \\ \vdots & \vdots & \ddots & \vdots \\ \lambda_1^{n-1} & \lambda_2^{n-1} & \ldots & \lambda_n^{n-1} \end{vmatrix} \mathrm{e}^{\lambda_1 x} \cdot \ldots \cdot \mathrm{e}^{\lambda_n x}$$

$$= \; \mathrm{e}^{(\lambda_1 + \ldots + \lambda_n)x} \prod_{1 \le j < k \le n} (\lambda_j - \lambda_k) \, .$$

Die rechts stehende Determinante heißt *Vandermonde-Determinante*; zu ihrer Berechnung siehe z.B. [RLA, 2.6.10]. Da die λ_j alle verschieden sein sollten, ist die Wronskideterminante $\neq 0$. Die φ_j sind daher linear unabhängig.

G Seien y_1 und y Lösungen einer linearen Dgl 2. Ordnung

$$y'' + a_1(x)\, y' + a_0(x)\, y \;=\; 0 \, . \tag{1}$$

Die entsprechende Wronski-Determinante ist $W(x) = \begin{vmatrix} y_1 & y \\ y_1' & y' \end{vmatrix} = y_1 y' - y_1' y.$

Für sie gilt die Liouville-Formel $W'(x) \;=\; -a_1(x)\, W(x)$.

ies ist eine homogene Gleichung 1. Ordnung für $W(x)$, die man durch Tren-g der Variablen lösen kann. Es folgt

$$y_1 y' - y_1' y \;=\; W(x) \;=\; C \exp\left(- \int_{x_0}^{x} a_1(t)\, dt \right)$$

st eine inhomogene Dgl 1. Ordnung für die allgemeine Lösung y der eichung (1).

piel $\boxed{(1 - x^2)y'' - 2x\, y' + 2y = 0}$.

Dies ist die LEGENDRE–Gleichung für $m = 1$ (siehe Aufgabe 11.4.D). Wir betrachten sie im Intervall $]-1,1[$. $y_1(x) := x$ ist eine spezielle Lösung. Aus der oben bewiesenen Formel ergibt sich die Gleichung

$$xy' - y = C \exp\Big(\int \frac{2x}{1-x^2}\,dx\Big) = C \exp\big(-\ln(1-x^2)\big) = \frac{C}{1-x^2} .$$

Die allgemeine Lösung der homogenen Gleichung $xy' = y$ ist $y_h = Dx$.

Eine spezielle Lösung der inhomogenen erhält man durch Variation der Konstanten. Der Ansatz $y_s = xD(x)$ liefert die direkt zu integrierende Gleichung

$$D'(x) = \frac{C}{x^2-1} = \frac{C}{2}\left[\frac{1}{x-1} - \frac{1}{x+1}\right] .$$

Man erhält $D(x) = \frac{C}{2} \ln \frac{1-x}{1+x} + D$ und damit die allgemeine Lösung der Legendre Dgl

$$y = Dx + C\,\frac{x}{2} \ln \frac{1-x}{1+x} \qquad (C, D \in \mathbb{R}) .$$

H Gegeben sei die lineare Gleichung n-ter Ordnung

$$L[y] := y^{(n)} + a_{n-1}(x)\,y^{(n-1)} + \ldots a_1(x)\,y' + a_0(x)\,y = f(x) . \qquad (2)$$

Die Koeffizienten seien in einem Intervall $I \subset \mathbb{R}$ stetig, der zweithöchste Koeffizient $a_{n-1}(x)$ sei $(n-1)$–mal stetig differenzierbar.

Wir substituieren

$$y(x) = z(x)\,u(x) \qquad \text{mit} \qquad u(x) := \exp\Big(-\frac{1}{n}\int a_{n-1}(x)\,dx\Big) .$$

Dann geht die Dgl (2) über in eine lineare Gleichung n-ter Ordnung für $z(x)$, deren zweithöchster Koeffizient $\equiv 0$ ist.

Nach der Leibniz'schen Regel für die höheren Ableitungen eines Produkts gilt nämlich (siehe z.B. [RA 1, 4.1.3.f])

$$y^{(k)}(x) = \frac{d^k}{dx^k}\,[z(x)\,u(x)] = \sum_{j=0}^{k} \binom{k}{j} z^{(j)}(x)\,u^{(k-j)}(x) .$$

Terme mit $z^{(n-1)}$ kommen nur bei der n-ten und $(n-1)$–ten Ableitung von $y = zu$ vor. Es ist

$$y^{(n)} = u\,z^{(n)} + nu'z^{(n-1)} + \ldots \quad \text{und} \quad y^{(n-1)} = u\,z^{(n-1)} + \ldots .$$

Dies eingesetzt in die Gleichung (2) ergibt

$$L^*[z] = uz^{(n)} + \big[nu' + ua_{n-1}\big]\,z^{(n-1)} + \ldots + a_1^*\,z' + a_0^*\,z = f(x) . \qquad (3)$$

Wegen $nu' + u\,a_{n-1} = n\Big(-\frac{1}{n}a_{n-1}u\Big) + ua_{n-1} \equiv 0$, verschwindet der Koeffizient von $z^{(n-1)}$. Fertig!

I Wir arbeiten mit der Operatorschreibweise (siehe Abschnitt 5.3.5) und benutzen den Differentialoperator $D := \frac{d}{dt}$. Für konstante $\alpha \in \mathbb{R}$ gilt

$$D[\mathrm{e}^{\alpha t} z] \; = \; D[\mathrm{e}^{\alpha t}]\, z + \mathrm{e}^{\alpha t}\, D[z] \; = \; \mathrm{e}^{\alpha t}(D+\alpha)[z] \,.$$

Die Binomialkoeffizienten $\binom{D}{k}$ werden wie üblich rekursiv durch $\binom{D}{0} := \mathrm{id}$ und $\binom{D}{k+1} := \binom{D}{k}\frac{D-k}{k+1}$ definiert.

Sei zunächst $y(x)$ eine Lösung der Euler-Dgl

$$L[y] \; := \; a_n\, x^n\, y^{(n)} + a_{n-1}\, x^{n-1}\, y^{(n-1)} + \ldots + a_1\, x\, y' + a_0 y \; = \; 0 \qquad (4)$$

im Bereich $x > 0$. Mit $t := \ln x$ bzw $x = \mathrm{e}^t$ folgt für $z(t) := y(\mathrm{e}^t)$:

$$\begin{aligned}
y' &= \frac{dy}{dx} = \frac{dz}{dt}\frac{dt}{dx} = \mathrm{e}^{-t}\, D[z] \\
y'' &= \frac{d}{dt}\left[\mathrm{e}^{-t}\, D[z]\right]\frac{dt}{dx} = D\left[\mathrm{e}^{-t}\, D[z]\right]\, \mathrm{e}^{-t} = \mathrm{e}^{-2t}(D-1)D[z] \\
y^{(k)} &= \frac{d^k y}{dx^k} = \mathrm{e}^{-kt}(D-k+1)\cdot\ldots\cdot(D-1)D[z] = k!\; \mathrm{e}^{-kt}\binom{D}{k}[z] \\
x^k\, y^{(k)} &= k!\binom{D}{k}[z] \,.
\end{aligned}$$

$z(t)$ erfüllt also die lineare Dgl mit konstanten Koeffizienten

$$L^*[z] \; := \; \left(\sum_{k=0}^{n} a_k k! \binom{D}{k}\right)[z] \; = \; 0 \,. \qquad (5)$$

Ist umgekehrt $z(t)$ eine Lösung der linearen Dgl (5), so ist $y(x) := z(\ln x)$ eine Lösung von (4) im Bereich $x > 0$.

J Gegeben sei die lineare Gleichung n-ter Ordnung

$$L[y] \; := \; a_n(x)\, y^{(n)} + a_{n-1}(x)\, y^{(n-1)} + \ldots + a_1(x)\, y' + a_0(x)\, y \; = \; f(x) \qquad (6)$$

mit stetigen Funktionen $a_k(x)$ und $f(x)$. Es sei $a_n(x) \neq 0$ in einem echten Intervall $I \subset \mathbb{R}$. Ferner sei $u(x)$ eine spezielle Lösung der homogenen Gleichung $L[y] = 0$.

Für $y(x) = u(x)\, z(x)$ erhält man nach der Leibnizschen Regel für die Ableitungen eines Produkts (siehe z.B. [RA1, 4.1.3.f])

$$\begin{aligned}
a_0\, y &= a_0\, u\, z \\
a_1\, y' &= a_1\, u'\, z + a_1\, u\, z' \\
a_n\, y^{(n)} &= a_n\, u^{(n)}\, z + n a_n\, u^{(n-1)}\, z' + \ldots + n a_n\, u'\, z^{(n-1)} + a_n\, u\, z^{(n)} \,.
\end{aligned}$$

Addition liefert $L[y] = z\,L[u] + b_0(x)\,z' + \ldots + b_{n-1}(x)\,z^{(n)}$ mit gewissen stetigen Funktionen $b_k(x)$. Wegen $L[u] = 0$ genügt $y(x) = u(x)\,z(x)$ der Gleichung (6) genau dann, wenn $v(x) = z'(x)$ der linearen Gleichung $(n\text{–}1)$-ter Ordnung

$$L^*[v] \;=\; b_{n-1}(x)\,v^{(n-1)} + \ldots + b_0(x)\,v \;=\; f(x) \tag{7}$$

genügt. Noch zu zeigen: Ist $v_1(x), \ldots v_{n-1}(x)$ eine Lösungsbasis der homogenen Gleichung $L^*[v] = 0$, so bilden $y_1 := u,\; y_2 := u\int v_1,\; \ldots,\; y_n := u\int v_{n-1}$ eine Lösungsbasis der homogenen Gleichung $L[y] = 0$.

Sicherlich ist $L[y_k] = 0$. Angenommen, die y_k sind linear abhängig. Dann gibt es Konstanten C_k, die nicht alle verschwinden, mit

$$\sum_{k=1}^{n} C_k\,y_k \;=\; C_1 u + C_2 u \int v_1 + \ldots + C_n u \int v_{n-1} \;\equiv\; 0\,.$$

Division durch $u \neq 0$ und Differenzieren liefert $\sum\limits_{k=2}^{n} C_k v_{k-1} \equiv 0$. Die v_k sind linear unabhängig. Also ist $C_2 = \ldots C_n = 0$. Dann ist aber auch $C_1 = 0$. Widerspruch.

Nun zum Beispiel $\boxed{x\,y'' - (2x+1)\,y' + (x+1)\,y = x^2(x+1)\,\mathrm{e}^{2x}}$.

Die Koeffizientensumme ist Null, also ist $u(x) := \mathrm{e}^x$ eine spezielle Lösung der homogenen Gleichung. Für $y(x) = u(x)\,z(x)$ ist $y' = u'z + uz'$ und $y'' = u''z + 2u'z' + uz''$. Hier ist $u = u' = u'' = \mathrm{e}^x$.
Einsetzen liefert mit $v := z'$

$$\begin{aligned} \mathrm{e}^x\,(xz'' - z') &= x^2(x+1)\,\mathrm{e}^{2x} \\ xv' - v &= x^2(x+1)\,\mathrm{e}^x \end{aligned}$$

Die zugehörige homogene Gleichung $xv' - v = 0$ hat die allgemeine Lösung $v_h = C_1 x$. Variation der Konstanten liefert die spezielle Lösung $v_s = x^2\,\mathrm{e}^x$ und die allgemeine Lösung $v = z' = x^2\,\mathrm{e}^x + C_1 x$.

Integration und Rücksubstitution ergibt die allgemeine Lösung der Ausgangsgleichung

$$\begin{aligned} y = u\int z'\,dx &= \mathrm{e}^x \int \left(x^2\,\mathrm{e}^x + C_1 x\right)dx \\ &= \mathrm{e}^{2x}(x^2 - 2x + 2) + \mathrm{e}^x\left(C_2 x^2 + C_3\right)\,. \end{aligned}$$

12.5 Lineare Gleichungen mit konstanten Koeffizienten

A *Inhomogene Gleichungen mit speziellen Störgliedern:*

Bestimmen Sie die allgemeine Lösung der folgenden linearen Gleichungen. Bestimmen Sie dabei eine Partikularlösung der inhomogenen Dgl durch spezielle 'Rateansätze'.

1) $y'' - 5\,y' + 6y \;=\; \mathrm{e}^{-2x}$
2) $y'' - 4\,y' + 4y \;=\; (1 + x^{17})\,\mathrm{e}^{2x}$
3) $y''' - y'' + y' - y \;=\; \sin x$
4) $y''' - y'' \;=\; \cos x + \sin x$
5) $y''' + y \;=\; x^2\,\mathrm{e}^{x}$
6) $y''' - 9\,y'' + 27\,y' - 27\,y \;=\; \cosh x$
7) $y'''' + y''' \;=\; 1$
8) $y'''' - 2\,y''' + 2\,y'' - 2\,y' + y \;=\; x$

B *Inhomogene Gleichungen mit VdK:*

Bestimmen Sie spezielle Lösungen der folgenden inhomogenen Gleichungen durch Variation der Konstanten:

1) $y'' + y \;=\; \tan x$
2) $y'' - 2\,y' + y \;=\; \dfrac{\mathrm{e}^{x}}{\sqrt{x}}$
3) $y''' - 2\,y'' - y' + 2\,y \;=\; \dfrac{\mathrm{e}^{2x}}{1+\mathrm{e}^{x}}$

C *Freier Fall mit Reibung:*

Lösen Sie die Differentialgleichung $\ddot{x} + \gamma\,\dot{x} = c$. Bestimmen Sie insbesondere das Verhalten der Geschwindigkeit $v = \dot{x}$ für $t \to \infty$.

D *Gedämpfte und ungedämpfte freie Schwingung:*

Seien $m, k > 0$ und $\lambda \geq 0$. Bestimmen Sie die allgemeine Lösung der homogenen Gleichung

$$m\,\ddot{x} + \lambda\,\dot{x} + k\,x \;=\; 0$$

und diskutieren Sie ihr Verhalten für verschiedene Werte von m, k, λ.

E *Erzwungene Schwingung:*

Seien $K_1, \omega_1 > 0$ und m, k, λ wie in Aufgabe 12.5.D. Bestimmen Sie die allgemeine Lösung der inhomogenen Gleichung

$$m\,\ddot{x} + \lambda\,\dot{x} + k\,x = K_1\,\cos\omega_1 t\ .$$

Zeigen Sie, dass die Lösungen im Fall $\lambda > 0$ für $t \to \infty$ gegen eine Schwingung der Form $x_s = A\sin(\omega_1 t - \alpha)$ gehen.

Bestimmen Sie die Amplitude A und die Phasenverschiebung α dieser erzwungenen Schwingung x_s.

F Gegeben sei die Differentialgleichung n-ter Ordnung

$$L[y] \;:=\; y^{(n)} + a_{n-1}\, y^{(n-1)} + \ldots + a_0\, y \;=\; f(x)\, \mathrm{e}^{\alpha x}$$

mit konstanten Koeffizienten $a_k \in \mathbb{K}$ und stetiger Funktion $f\colon I \to \mathbb{K}$.

Das charakteristische Polynom sei $\chi(\lambda) = (\lambda - \alpha)^n$, d.h. α sei n-facher Eigenwert der homogenen Gleichung.

Zeigen Sie, dass $y_s(x) := u(x)\, \mathrm{e}^{\alpha x}$ genau dann eine spezielle Lösung der inhomogenen Gleichung ist, wenn $u^{(n)}(x) = f(x)$ ist.

Lösungen:

A Zum Kochrezept für lineare Gleichungen mit konstanten Koeffizienten siehe Abschnitt 5.3.5.

(A.1) $y'' - 5\,y' + 6y \;=\; \mathrm{e}^{-2x}$

Homogene Gleichung $y'' - 5\,y' + 6y \;=\; 0$

charakteristisches Polynom: $\chi(\lambda) = \lambda^2 - 5\lambda + 6 = (\lambda - 2)(\lambda - 3)$

Eigenwerte: $\lambda_1 = 2$; $\lambda_2 = 3$ (beide einfach)

Fundamentalsystem: $y_1 = \mathrm{e}^{2x}$; $y_2 = \mathrm{e}^{3x}$

Inhomogene Gleichung $y'' - 5\,y' + 6y \;=\; \mathrm{e}^{-2x}$

Störglied: e^{-2x}

Es liegt keine Resonanz vor, da $\lambda = -2$ keine Nullstelle von $\chi(\lambda)$ ist.

Ansatz für spezielle Lösung: $y_s = A\, \mathrm{e}^{-2x}$

Einsetzen und Koeffizientenvergleich ergibt $A = \frac{1}{20}$.

Allgemeine Lösung: $y \;=\; y_s + C_1\, y_1 + C_2\, y_2 \;=\; \frac{1}{20}\, \mathrm{e}^{-2x} + C_1\, \mathrm{e}^{2x} + C_2\, \mathrm{e}^{3x}$

(A.2) $y'' - 4\,y' + 4\,y = (1 + x^{17})\, \mathrm{e}^{2x}$

Das charakteristische Polynom $\chi(\lambda) = \lambda^2 - 4\lambda + 4$ hat die doppelte Nullstelle $\lambda_{1,2} = 2$.

Also bilden $y_1 := \mathrm{e}^{2x}$ und $y_2 := x\, \mathrm{e}^{2x}$ ein Fundamentalsystem der homogenen Gleichung $y'' - 4y' + 4y = 0$.

Das Störglied ist $(1 + x^{17})\, \mathrm{e}^{2x}$ und $\lambda = 2$ ist doppelte Nullstelle von $\chi(\lambda)$. Es liegt also *doppelte Resonanz* vor. Der Standardansatz für eine spezielle Lösung wäre $y_s = x^2(A_0 + A_1 x + \ldots A_{17} x^{17})\, \mathrm{e}^{2x}$. Davon wird dringend abgeraten.

Stattdessen machen wir den Ansatz $y_s = u(x)\, \mathrm{e}^{2x}$ mit unbekannter Hilfsfunktion $u(x)$. Siehe dazu Aufgabe 12.5.F. Einsetzen liefert $u'' = 1 + x^{17}$. Zweimalige Integration ergibt die spezielle Lösung $y_s = \left(\frac{x^2}{2} + \frac{x^{19}}{18\cdot 19}\right) \mathrm{e}^{2x}$.

(A.3) $\boxed{y''' - y'' + y' - y = \sin x}$

<u>Homogene Gleichung</u> $y''' - y'' + y' - y = 0$

charakteristisches Polynom: $\chi(\lambda) = \lambda^3 - \lambda^2 + \lambda - 1 = (\lambda - 1)(\lambda^2 + 1)$

Eigenwerte: $\lambda_1 = 1$; $\lambda_{2,3} = \pm i$ (alle einfach)

Komplexes Fundamentalsystem: $y_1 = \mathrm{e}^x$; $y_{2,3} = \mathrm{e}^{\pm ix}$

Reelles Fundamentalsystem: $y_1 = \mathrm{e}^x$; $y_2 = \cos x$; $y_3 = \sin x$

<u>Inhomogene Gleichung</u> $y''' - y'' + y' - y = \sin x$

Störglied: $\sin x = \mathsf{Im}\, \left(\mathrm{e}^{ix}\right)$

Einfache Resonanz, da $\lambda = i$ einfache Nullstelle von $\chi(\lambda)$ ist.

Komplexer Ansatz für spezielle Lösung mit Störglied e^{ix} :

$y_s = C\, x\, \mathrm{e}^{ix}$ mit $C \in \mathbb{C}$

Einsetzen und Koeffizientenvergleich ergibt $C = -\frac{1}{4}(1 - i)$.

Spezielle Lösung für das Störglied e^{ix} : $y_s = -\frac{x}{4}(1 - i)\, e^{ix}$

Reeller Ansatz für spezielle Lösung mit Störglied $\sin x$:

$y_s = A\, x \cos x + Bx \sin x$ mit $A, B \in \mathbb{R}$

Einsetzen und Koeffizientenvergleich ergibt $A = \frac{1}{4}$; $B = -\frac{1}{4}$.

Spezielle Lösung: $y_s = -\frac{x}{4}(\sin x - \cos x) = \mathsf{Im}\, \left(-\frac{x}{4}(1 - i)\, e^{ix}\right)$

Allgemeine Lösung: $y = y_s + C_1\, y_1 + C_2\, y_2 + C_3\, y_3$

(A.4) $\boxed{y''' - y'' = \cos x + \sin x}$

<u>Homogene Gleichung</u> $y''' - y'' = 0$

charakteristisches Polynom: $\chi(\lambda) = \lambda^3 - \lambda^2 = \lambda^2(\lambda - 1)$

Eigenwerte: $\lambda_1 = 1$ (einfach) ; $\lambda_{2,3} = 0$ (doppelt)

Fundamentalsystem: $y_1 = \mathrm{e}^x$; $y_2 = 1$; $y_3 = x$

<u>Inhomogene Gleichung</u> $y''' - y'' = \cos x + \sin x$

Störglied: $\cos x + \sin x = \mathsf{Re}\, \left((1 - i)\, \mathrm{e}^{ix}\right)$

Es liegt keine Resonanz vor, da $\lambda = i$ keine Nullstelle von $\chi(\lambda)$ ist.

Ansatz für spezielle Lösung: $y_s = C\, \mathrm{e}^{ix}$ $(C \in \mathbb{C})$ oder
$y_s = A \cos x + B \sin x = D \cos(x + \alpha)$ $(A, B, D, \alpha \in \mathbb{R})$

Einsetzen und KV ergibt $A = C = 1 \; ; \; B = 0 \; ; \; D = 1 \; ; \; \alpha = 0$

Allgemeine (reelle) Lösung: $y = \cos x + C_1 \, \mathrm{e}^x + C_2 + C_3 x$

(A.5) $\boxed{y''' + y = x^2 \, \mathrm{e}^x}$

<u>Homogene Gleichung</u> $y''' + y = 0$

charakteristisches Polynom: $\chi(\lambda) = \lambda^3 + 1 = (\lambda + 1)(\lambda^2 - \lambda + 1)$

Eigenwerte: $\lambda_1 = -1 \quad ; \quad \lambda_{2,3} = \frac{1}{2}(1 \pm i\sqrt{3})$ (alle einfach)

Reelles Fundamentalsystem:

$$y_1 = \mathrm{e}^{-x} \quad ; \quad y_2 = \mathrm{e}^{x/2} \cos \tfrac{\sqrt{3}}{2} x \quad ; \quad y_3 = \mathrm{e}^{x/2} \sin \tfrac{\sqrt{3}}{2} x$$

<u>Inhomogene Gleichung</u> $y''' + y = x^2 \, \mathrm{e}^x$

Es liegt keine Resonanz vor, da $\lambda = 1$ keine Nullstelle von $\chi(\lambda)$ ist.

Ansatz für spezielle Lösung: $y_s = (Ax^2 + Bx + C) \, \mathrm{e}^x$

Einsetzen und KV ergibt $A = \frac{1}{2} \; ; \; B = -\frac{3}{2} \; ; \; C = \frac{3}{4}$

Allgemeine (reelle) Lösung: $y = \frac{1}{4}(2x^2 - 6x + 3) \, \mathrm{e}^x + C_1 \, y_1 + C_2 \, y_2 + C_3 \, y_3$

(A.6) $\boxed{y''' - 9\,y'' + 27\,y' - 27\,y = \cosh x}$

Das charakteristische Polynom ist $\chi(\lambda) = (\lambda - 3)^3$.

Die homogene Gleichung hat daher den dreifachen Eigenwert $\lambda = 3$. Ein Fundamentalsystem ist

$$y_1 = \mathrm{e}^{3x} \quad ; \quad y_2 = x \, \mathrm{e}^{3x} \quad , \quad y_3 = x^2 \, \mathrm{e}^{3x} \, .$$

Die Störfunktion ist $\cosh x = \frac{1}{2}(\mathrm{e}^x - \mathrm{e}^{-x})$. Weder $\lambda = 1$ noch $\lambda = -1$ sind Nullstellen von $\chi(\lambda)$. Es liegt also keine Resonanz vor.

Wir machen den Ansatz $y_s = A \cosh x + B \sinh x$. Einsetzen und KV liefert $A = -\frac{9}{128}$ und $B = -\frac{7}{128}$.

Der Ansatz $y_s = C \, \mathrm{e}^x + D \, \mathrm{e}^{-x}$ würde auch zum Ziel führen.

(A.7) $\boxed{y'''' + y''' = 1}$

Das charakteristische Polynom ist $\chi(\lambda) = \lambda^4 + \lambda^3 = \lambda^3(\lambda + 1)$.

Die homogene Gleichung hat daher den dreifachen Eigenwert $\lambda = 0$ und den einfachen Eigenwert $\lambda = -1$. Ein Fundamentalsystem ist

$$y_1 = 1 \quad ; \quad y_2 = x \quad ; \quad y_3 = x^2 \quad ; \quad y_4 = \mathrm{e}^{-x} \, .$$

Die Störfunktion ist $1 = \mathrm{e}^{0x}$. Es liegt also dreifache Resonanz vor.

Wir machen den Ansatz $y_s = Ax^3$. Einsetzen und KV liefert $A = -\frac{1}{6}$.

(A.8) $\boxed{y'''' - 2\,y''' + 2\,y'' - 2\,y' + y \;=\; x}$

Das charakteristische Polynom ist

$$\chi(\lambda) = \lambda^4 - 2\lambda^3 + 2\lambda^2 - 2\lambda + 1 = (\lambda - 1)^2(\lambda^2 + 1)\ .$$

Die homogene Gleichung hat daher den doppelten Eigenwert $\lambda = 1$ und die einfachen Eigenwerte $\lambda = \pm i$. Ein Fundamentalsystem ist

$$y_1 \;=\; \mathrm{e}^x \quad ; \quad y_2 \;=\; x\,\mathrm{e}^x \quad ; \quad y_3 \;=\; \cos x \quad ; \quad y_4 \;=\; \sin x\ .$$

Die Störfunktion ist $x = x\,\mathrm{e}^{0x})$. Es liegt also keine Resonanz vor.

Der Ansatz $y_s = Ax + B$ liefert $y_s = x + 2$ als spezielle Lösung der inhomogenen Dgl.

B **(B.1)** $\boxed{y'' + y = \tan x}$

Wir behandeln die Gleichung im Intervall $]-\frac{\pi}{2}, \frac{\pi}{2}[$. Dort ist die rechte Seite definiert und stetig.

$y_1 := \cos x$ und $y_2 = \sin x$ bilden ein Fundamentalsystem der homogenen Gleichung $y'' + y = 0$. Die entsprechende Wronski-Determinante ist

$$W \;=\; \begin{vmatrix} \cos x & \sin x \\ -\sin x & \cos x \end{vmatrix} \;=\; 1\ .$$

Die Formel aus Abschnitt 5.3.6.a liefert die spezielle Lösung

$$y_s \;=\; -\cos x \int_0^x \sin t\, \tan t\, dt + \sin x \int_0^x \cos t\, \tan t\, dt$$

$$\begin{aligned} &= -\cos x\,\big(-\sin x + \ln\tan(\tfrac{x}{2} + \tfrac{\pi}{4})\big) + \sin x\,\big(-\cos x\big) \\ &= -\cos x\, \ln\tan(\tfrac{x}{2} + \tfrac{\pi}{4})\ . \end{aligned}$$

Die allgemeine Lösung ist $y = y_s + C_1 \cos x + C_2 \sin x$.

(B.2) $\boxed{y'' - 2\,y' + y = \dfrac{\mathrm{e}^x}{\sqrt{x}}}$

$y_1 := \mathrm{e}^x$ und $y_2 := x\ \mathrm{e}^x$ bilden ein Fundamentalsystem der homogenen Gleichung. Der VdK-Ansatz ist

$$y_s \;=\; C_1(x)\ \mathrm{e}^x + C_2(x)\,x\ \mathrm{e}^x$$

$$C_1'(x)\ \mathrm{e}^x + C_2'(x)\,x\ \mathrm{e}^x \;=\; 0$$

Einsetzen in die inhomogene Gleichung liefert

$$C_1'(x)\,\mathrm{e}^x + C_2'(x)\,(x+1)\ \mathrm{e}^x \;=\; \frac{\mathrm{e}^x}{\sqrt{x}}$$

als zweite Gleichung für die Ableitungen C_k' . Man erhält

$$\begin{aligned} C_1'(x) &= -x^{1/2} & C_2'(x) &= x^{-1/2} \\ C_1(x) &= -\tfrac{2}{3}x^{3/2} & C_2(x) &= 2x^{1/2} \end{aligned}$$

Eine spezielle Lösung ist daher $y_s = \frac{4}{3}x\sqrt{x}\,\mathrm{e}^x$.

Der Ansatz $y_s = u(x)\,\mathrm{e}^x$ würde hier übrigens schneller zum Ziel führen, da das charakteristische Polynom der Gleichung von der Form $\chi(\lambda) = (\lambda - 1)^2$ ist. Siehe dazu Aufgabe 12.5.F.

(B.3) $$y''' - 2y'' - y' + 2y = \frac{\mathrm{e}^{2x}}{1+\mathrm{e}^x}$$

$y_1 := \mathrm{e}^x$, $y_2 = \mathrm{e}^{-x}$ und $y_3 := \mathrm{e}^{2x}$ bilden ein Fundamentalsystem der homogenen Gleichung. Der VdK-Ansatz ist

$$\begin{aligned} y_s &= C_1(x)\,y_1 + C_2(x)\,y_2 + C_3(x)\,y_3 \\ C_1'(x)\,y_1 + C_2'(x)\,y_2 + C_3'(x)\,y_3 &= 0 \\ C_1'(x)\,y_1' + C_2'(x)\,y_2' + C_3'(x)\,y_3' &= 0 \end{aligned}$$

Einsetzen in die inhomogene Gleichung liefert

$$C_1'(x)\,y_1'' + C_2'(x)\,y_2'' + C_3'(x)\,y_3'' = \frac{\mathrm{e}^{2x}}{1+\mathrm{e}^x}$$

als dritte Gleichung für die Ableitungen C_k' . Auflösen und Integrieren ergibt

$$C_1'(x) = -\frac{1}{2}\frac{\mathrm{e}^x}{1+\mathrm{e}^x} \;;\quad C_2'(x) = \frac{1}{6}\frac{\mathrm{e}^{3x}}{1+\mathrm{e}^x} \;;\quad C_3'(x) = \frac{1}{3}\frac{1}{1+\mathrm{e}^x}$$

$$C_1(x) = \frac{1}{2}\ln(1+\mathrm{e}^x) \;;\quad C_2(x) = \frac{1}{12}\left(\mathrm{e}^{2x} - 2\,\mathrm{e}^x + 2\ln(1+\mathrm{e}^x)\right)$$

$$C_3(x) = \frac{1}{3}\left(x - \ln(1+\mathrm{e}^x)\right) .$$

Eine spezielle Lösung ist daher

$$y_s = -\frac{1}{6} + \frac{1}{12}\,\mathrm{e}^x + \frac{1}{3}\,x\,\mathrm{e}^{2x} + \frac{1}{6}\,\ln(1+\mathrm{e}^x)\left(3\,\mathrm{e}^x + \mathrm{e}^{-x} - 2\,\mathrm{e}^{2x}\right) .$$

C $\ddot{x} + \gamma\,\dot{x} = c$ *Freier Fall mit Reibung*

Dies ist eine lineare Gleichung 2. Ordnung mit konstanten Koeffizienten.

Das charakterische Polynom ist $\chi(\lambda) = \lambda(\lambda+\gamma)$. Ein Fundamentalsystem der homogenen Gleichung ist daher $x_1(t) :\equiv 1$ und $x_2(t) := \mathrm{e}^{-\gamma t}$.

Es liegt Resonanz vor. Mit dem Ansatz $x_s = At$ erhält man die spezielle Lösung $x_s(t) = ct/\gamma$. Die allgemeine Lösung ist daher

$$x(t) = C_1 + C_2\,\mathrm{e}^{-\gamma t} + \frac{ct}{\gamma} \quad \text{und} \quad \dot{x}(t) = -\gamma C_2\,\mathrm{e}^{-\gamma t} + \frac{c}{\gamma} .$$

Die Geschwindigkeit strebt gegen $v_\infty := c/\gamma$ für $t \to \infty$.

Die Anfangsbedingungen $x(0) = x_0$ und $\dot{x}(0) = v_0$ liefern $C_2 = \frac{c}{\gamma^2} - \frac{v_0}{\gamma}$ und $C_1 = x_0 - C_2$. Für $v_0 = x_0 = 0$ erhält man die spezielle Lösung

$$x(t) \;=\; \frac{c}{\gamma^2}\left(\gamma t - 1 + \mathrm{e}^{-\gamma t}\right) \;=\; \frac{c}{2}t^2 - \frac{c}{6\gamma}t^3 + \dots .$$

D $\boxed{m\,\ddot{x} + \lambda\,\dot{x} + k\,x = 0}$ *Freie Schwingung*

Das charakteristische Polynom dieser homogenen Gleichung hat die Nullstellen $\sigma_{1,2} = -\frac{\lambda}{2m} \pm \frac{1}{2m}\sqrt{\lambda^2 - 4mk}$.

Je nach Grad der Dämpfung ergibt sich ein wesentlich verschiedenes Lösungsverhalten:

Keine Dämpfung ($\lambda = 0$) :

Die Nullstellen des charakteristischen Polynoms sind hier $\sigma_{1,2} = \pm i\sqrt{k/m}$. Die homogene Gleichung $m\,\ddot{x} + k\,x = 0$ hat daher die allgemeine Lösung

$$x(t) \;=\; C_1 \sin\omega_0 t + C_2 \cos\omega_0 t \;=\; A\sin(\omega_0 t + \alpha) .$$

Dabei ist $\omega_0 := \sqrt{k/m}$ die sog. *Eigenfrequenz* des ungedämpften Oszillators. Abhängig von den Anfangswerten $x(0) =: x_0$ und $\dot{x}(0) =: v_0$ erhält man

$$A \;=\; \sqrt{C_1^2 + C_2^2} = \sqrt{x_0^2 + v_0^2/\omega_0^2} \quad ; \quad \tan\alpha \;=\; \frac{C_2}{C_1} = \frac{\omega_0 x_0}{v_0}$$

bzw $C_1 \;=\; v_0/\omega_0 \quad ; \quad C_2 \;=\; x_0$.

Mit schwacher Dämpfung ($0 < \lambda^2 < 4mk$) :

Die Nullstellen des charakteristischen Polynoms sind wiederum echt komplex, nämlich

$$\sigma_{1,2} \;=\; -\frac{\lambda}{2m} \pm i\sqrt{k/m - \lambda^2/4m^2} \;=\; -\gamma \pm i\sqrt{\omega_0^2 - \gamma^2}$$

mit $\gamma := \lambda/2m$ und der Eigenfrequenz $\omega_0 = \sqrt{k/m}$ des ungedämpften Systems. Die homogene Gleichung hat in diesem Fall die allgemeine Lösung

$$x(t) \;=\; \mathrm{e}^{-\gamma t}\left[C_1 \sin\omega t + C_2 \cos\omega t\right] \;=\; A\,\mathrm{e}^{-\gamma t}\,\sin(\omega t + \alpha) .$$

Dabei ist $\omega := \sqrt{\omega_0^2 - \gamma^2}$. Die Konstanten C_1 und C_2, sowie $A := \sqrt{C_1^2 + C_2^2}$ und $\tan\alpha = C_2/C_1$ hängen von den Anfangswerten x_0 und v_0 ab.

Die Bewegung $x(t)$ schwingt zwar noch unendlich oft hin und her, die Amplitude $A\,\mathrm{e}^{-\gamma t}$ geht aber für $t \to \infty$ gegen Null. Die Frequenz ω der gedämpften Schwingung ist kleiner als die der ungedämpften ω_0.

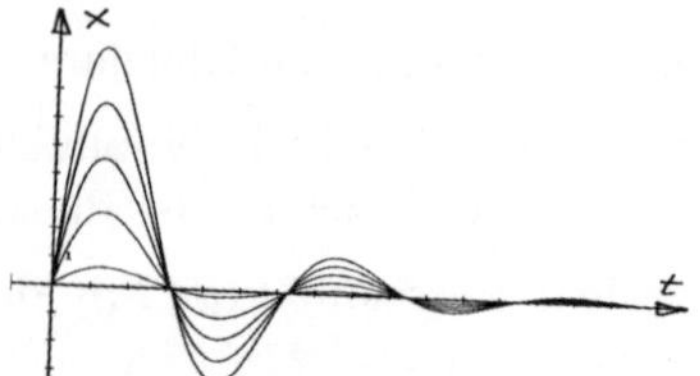

Gedämpfte Schwingung

Mit starker Dämpfung $(\ \lambda^2 > 4mk\ )$:

Die Nullstellen des charakteristischen Polynoms sind in diesem Fall beide reell, nämlich $\sigma_{1,2} = -\dfrac{\lambda}{2m} \pm \sqrt{\lambda^2/4m^2 - k/m}$ und es ist $\sigma_1 \neq \sigma_2$. Die homogene Gleichung hat daher die allgemeine Lösung

$$x(t) \;=\; C_1\, e^{\sigma_1 t} + C_2\, e^{\sigma_2 t}\ .$$

Die Bewegung $x(t)$ schwingt nicht mehr, sondern kriecht für $t \to \infty$ gegen Null. Je nach Wahl der Anfangswerte x_0 und v_0 ergeben sich Lösungen $x(t)$ der nebenstehenden Art.

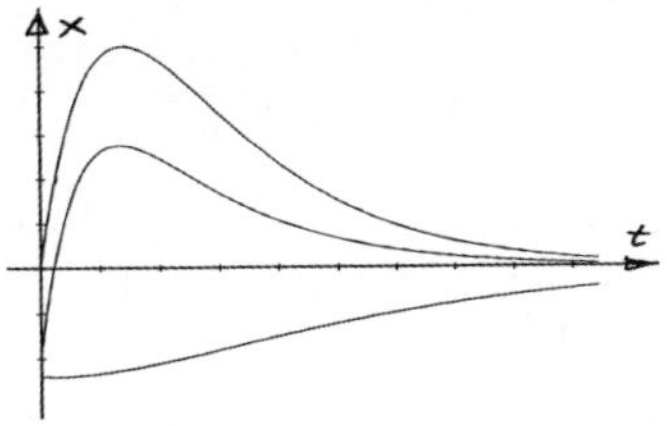

Kriechfall

Grenzfall $(\ \lambda^2 = 4mk\ )$:

$\sigma := -\lambda/2m = -\gamma$ ist jetzt doppelte Nullstelle des charakteristischen Polynoms. Die allgemeine Lösung ist $x(t) \;=\; \big(C_1 t + C_2\big)\, e^{\sigma t}$ mit qualitativ ähnlichem Verlauf wie im Fall starker Dämpfung.

E $\boxed{m\,\ddot{x} + \lambda\,\dot{x} + k\,x = K_1\,\cos\omega_1 t}$

Die homogene Gleichung wird in Aufgabe 12.5.D behandelt.

Es muss nur noch eine spezielle Lösung der inhomogenen Dgl bestimmt werden. Wir verwenden die Bezeichnungen aus Aufgabe 12.5.D. Es ist $\omega_0 := \sqrt{k/m}$ die Eigenschwingung des ungedämpften Systems und $\gamma := \lambda/2m$.

1. Fall: $\lambda > 0$ (Dämpfung)

Hier liegt nie Resonanz vor, da die Nullstellen des charakteristischen Polynoms negativen Realteil haben, also sicher ungleich $\pm i\omega_1$ sind. Der Standardansatz ist $x_s(t) = A\sin(\omega_1 t - \alpha)$. Er liefert

$$A \;=\; \frac{K_1}{\sqrt{m^2(\omega_0^2 - \omega_1^2)^2 + \lambda^2\omega_1^2}} \qquad ; \qquad \tan\alpha \;=\; \frac{\omega_1^2 - \omega_0^2}{\lambda\omega_1/m}\ .$$

Die Lösung x_s ist (ebenso wie alle anderen) asymptotisch stabil, denn alle Lösungen der homogenen Gleichung gehen gegen Null.

Für $\omega_0^2 \geq \lambda/2m^2$ ist die Amplitude A bei festem K_1 am größten, wenn $\omega_1 = \sqrt{\omega_0^2 - \lambda/2m^2}$, also kleiner als ω_0 ist.

Für $\omega_1 \to \infty$ geht die Amplitude A der erzwungenen Schwingung gegen Null.

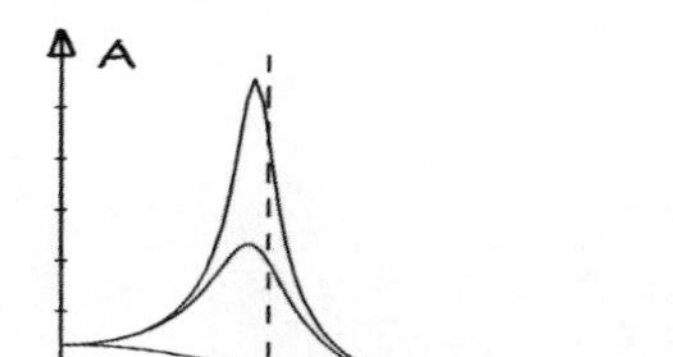

Resonanzkatastrophe

2. Fall: $\lambda = 0$ (keine Dämpfung)

Für $\omega_1 \neq \omega_0$ liegt keine Resonanz vor. Der Standardansatz ist derselbe wie oben, also $x_s(t) = A\sin(\omega_1 t - \alpha)$.
Einsetzen in die inhomogene Gleichung liefert $(-m\omega_1^2 + k)A\sin(\omega_1 t - \alpha) = K_1 \cos\omega_1 t$ und daraus

$$A = \frac{K_1/m}{|\omega_1^2 - \omega_0^2|} \qquad \text{und} \qquad \alpha = \frac{\pi}{2} \cdot \operatorname{sgn}(\omega_1^2 - \omega_0^2) .$$

Für $\omega_1 = \omega_0 = \sqrt{k/m}$ liegt Resonanz vor. Hier ist $x_s(t) = At\sin(\omega_1 t - \alpha)$ ein geeigneter Rateansatz. Einsetzen in die inhomogene Gleichung ergibt die spezielle Lösung

$$x_s(t) = \frac{K_1}{2\sqrt{km}}\, t\, \sin(\omega_1 t) .$$

Die Schwingung schaukelt sich auf, die Amplitude geht mit $t \to \infty$ gegen ∞. *(Resonanzkatastrophe)*

F Da das charakteristische Polynom der Gleichung von der Form $\chi(\lambda) = (\lambda - \alpha)^n$ ist, gilt in Operatorschreibweise $L[y] = (D - \alpha)^n[y]$ mit dem Ableitungsoperator $D[y] = y'$.

Es ist $(D - \alpha)[u(x)\, e^{\alpha x}] = u'(x)\, e^{\alpha x}$ und mit Induktion folgt

$$L[u(x)\, e^{\alpha x}] = (D - \alpha)^n[u(x)\, e^{\alpha x}] = D^n[u]\, e^{\alpha x} .$$

Also gilt $L[u(x)\, e^{\alpha x}] = f(x)\, e^{\alpha x}$ genau dann, wenn $u^{(n)}(x) = f(x)$.

12.6 Aufgaben zur Laplace-Transformation

A Man löse die folgenden Anfangswertprobleme durch Laplace-Transformation:

1) $\ddot{x} - \dot{x} - x = 0 \quad ; \quad x(0) = \dot{x}(0) = 1$

2) $x^{(3)} - 6\ddot{x} + 12\dot{x} - 8x = \mathrm{e}^{2t} \quad ; \quad x(0) = \dot{x}(0) = \ddot{x}(0) = 0$

3) $\ddot{x} + 4x = H(t - \pi) \quad ; \quad x(0) = \dot{x}(0) = 0$

B Man löse die folgenden Systeme durch Laplace-Transformation:

1) $\begin{array}{rcl} \dot{x} + 2y &=& \mathrm{e}^t \\ \dot{y} + 2x &=& \mathrm{e}^{-t} \end{array} \quad ; \quad x(0) = y(0) = 0$

2) $\begin{array}{rcl} \ddot{x} + \dot{y} + 3x &=& 1 \\ \ddot{y} - 4\dot{x} + 3y &=& 0 \end{array} \quad ; \quad x(0) = y(0) = \dot{x}(0) = \dot{y}(0) = 0$

C Man löse die Euler-Gleichung $t\ddot{x} - \dot{x} = 0$ durch Laplace-Transformation.

D Sei $f\colon [0, \infty[\to \mathbb{R}$ in jedem endlichen Intervall absolut integrierbar und höchstens von exponentiellem Wachstum. D.h. es gibt Konstanten $M, k \in \mathbb{R}$ mit $|f(t)| \leq M\,\mathrm{e}^{kt}$ für alle t ab einem $T > 0$. Man beweise:

1) $f(t)$ ist L-transformierbar und das Laplace-Integral konvergiert für $s > k$ absolut.
2) Konvergiert das Laplace-Integral für s_0 absolut, so konvergiert es im Intervall $[s_0, \infty[$ gleichmäßig.
3) Die L-Transformierte von $f(t)$ strebt gegen 0 für $s \to \infty$.

E *Laplace-Transformation periodischer Funktionen:*

Sei $f\colon [0, \infty[\to \mathbb{R}$ L-transformierbar und periodisch mit der Periode $T > 0$.

Zeigen Sie, dass dann $L\{f(t)\} = F(s) = \dfrac{1}{1 - \mathrm{e}^{-sT}} \displaystyle\int_0^T \mathrm{e}^{-st} f(t)\, dt$.

F Beweisen Sie den Differentiationssatz 6.2.(8).

Finden Sie außerdem ein Beispiel einer L-transformierbaren Funktion $f(t)$, deren Ableitung nicht L-transformierbar ist.

G *Grenzwerte von Bild und Urbild:*

Sei $f(t)$ für $t > 0$ differenzierbar. Man beweise:

1) Ist $f'(t)$ L-transformierbar, so gilt $\lim\limits_{s \to \infty} sF(s) = \lim\limits_{t \to 0+} f(t) =: f(0+)$.
2) Ist $f'(t)$ in $[0, \infty[$ absolut integrierbar, so gilt $\lim\limits_{s \to 0} sF(s) = \lim\limits_{t \to \infty} f(t)$.

H Sei $f(t) := \begin{cases} 0 & \text{für} \quad 0 \leq t < \ln\ln 3 \\ (-1)^n \, \mathrm{e}^{\mathrm{e}^t/2} & \text{für} \quad \ln\ln n \leq t < \ln\ln(n+1) \ (n \geq 3) \end{cases}$

Zeigen Sie, dass das Laplace-Integral $\int_0^\infty \mathrm{e}^{-st} f(t)\,dt$ für alle $s \in \mathbb{R}$ konvergiert und für alle $s \in \mathbb{R}$ absolut divergiert.

Lösungen:

A Zur Laplace-Transformation siehe Abschnitt 6 . Eine kleine Tabelle von L-Transformierten finden Sie im Anhang.

(A.1) $\ddot{x} - \dot{x} - x = 0 \quad ; \quad y(0) = \dot{x}(0) = 1$

Laplace-Transformation liefert

$$\begin{aligned} \mathcal{L}\{\ddot{x} - \dot{x} - x\} &= \mathcal{L}\{\ddot{x}\} - \mathcal{L}\{\dot{x}\} - \mathcal{L}\{x\} \\ &= \big(s^2 X(s) - sx(0) - \dot{x}(0)\big) - \big(sX(s) - x(0)\big) - X(s) \\ &= (s^2 - s - 1)\,X(s) - s \;=\; 0\,. \end{aligned}$$

Mit $a_1 := \frac{1}{2}(1+\sqrt{5})$ und $a_2 := \frac{1}{2}(1-\sqrt{5})$ gilt $s^2 - s - 1 = (s-a_1)(s-a_2)$. Auflösen nach $X(s)$ und Rücktransformation nach Tabelle liefert:

$$\begin{aligned} X(s) &= \frac{s}{s^2-s-1} = \frac{s}{(s-a_1)(s-a_2)} \\ &= \underbrace{\tfrac{1}{10}(5+\sqrt{5})}_{=:A_1}\frac{1}{s-a_1} + \underbrace{\tfrac{1}{10}(5-\sqrt{5})}_{=:A_2}\frac{1}{s-a_2} \\ x(t) &= A_1\,\mathrm{e}^{a_1 t} + A_2\,\mathrm{e}^{a_2 t}\,. \end{aligned}$$

Hier gibt es übrigens einen Zusammenhang mit den Fibonacci-Zahlen F_k (siehe z.B. [RA 1, 4.4.6.E]). Für die Lösung $x(t)$ gilt $\ddot{x} = \dot{x} + x$. n-maliges Differenzieren liefert $x^{(n+2)} = x^{(n+1)} + x^{(n)}$. Wegen $x(0) = \dot{x}(0) = 1$ folgt $F_k = x^{(k)}(0)$. Andererseits ist $x^{(k)}(t) = A_1\,a_1^k\,\mathrm{e}^{a_1 t} + A_2\,a_2^k\,\mathrm{e}^{a_2 t}$ und daher

$$F_k \;=\; x^{(k)}(0) \;=\; A_1\,a_1^k + A_2\,a_2^k\,.$$

(A.2) $x^{(3)} - 6\ddot{x} + 12\dot{x} - 8x = \mathrm{e}^{2t} \quad ; \quad x(0) = \dot{x}(0) = \ddot{x}(0) = 0$

Es sind homogene Anfangsbedingungen gegeben. L-Transformation liefert:

$$s^3\,X(s) - 6s^2\,X(s) + 12s\,X(s) - 8\,X(s) \;=\; \mathcal{L}\{\mathrm{e}^{2t}\}$$

$$(s-2)^3\,X(s) \;=\; \frac{1}{s-2} \quad ; \quad X(s) \;=\; \frac{1}{(s-2)^4}$$

$$x(t) \;=\; \frac{1}{3!}\,t^3\,\mathrm{e}^{2t}\,.$$

(A.3) $\ddot{x} + 4x = H(t-\pi) \quad ; \quad x(0) = \dot{x}(0) = 0$

Dabei ist $H(t)$ die Heaviside-Funktion. Laplace-Transformation nach Tabelle und Verschiebungssatz ergibt

$$\begin{aligned} X(s) &= \frac{1}{s}\,\frac{1}{s^2+4}\,\mathrm{e}^{-\pi s} \\ x(t) &= \frac{1-\cos 2(t-\pi)}{4}\,H(t-\pi) \;=\; \frac{\sin^2 t}{2}\,H(t-\pi)\,. \end{aligned}$$

B **(B.1)** $\begin{aligned} \dot{x} + 2y &= \mathrm{e}^{t} \\ \dot{y} + 2x &= \mathrm{e}^{-t} \end{aligned} \quad ; \quad x(0) = y(0) = 0$

Wegen der homogenen Anfangsbedingungen ergibt Laplace-Transformation das System

$$\begin{aligned} s\,X(s) + 2\,Y(s) &= \mathcal{L}\{\,\mathrm{e}^{t}\} \;=\; \frac{1}{s-1} \\ 2\,X(s) + s\,Y(s) &= \mathcal{L}\{\,\mathrm{e}^{-t}\} \;=\; \frac{1}{s+1} \end{aligned}$$

Auflösen und Partialbruchzerlegung liefert

$$\begin{aligned} X(s) &= \frac{s^2-s+2}{(s^2-1)(s^2-4)} \;=\; \frac{1}{3}\left(\frac{2}{s+1} - \frac{1}{s-1} - \frac{2}{s+2} + \frac{1}{s-2}\right) \\ Y(s) &= \frac{s^2-3s-2}{(s^2-1)(s^2-4)} \;=\; \frac{1}{3}\left(\frac{1}{s+1} + \frac{2}{s-1} - \frac{2}{s+2} - \frac{1}{s-2}\right) \end{aligned}$$

Rücktransformation liefert die Lösung des Systems:

$$\begin{aligned} x(t) &= \frac{1}{3}\left(2\,\mathrm{e}^{-t} - \mathrm{e}^{t} - 2\,\mathrm{e}^{-2t} + \mathrm{e}^{2t}\right) \\ y(t) &= \frac{1}{3}\left(\mathrm{e}^{-t} + 2\,\mathrm{e}^{t} - 2\,\mathrm{e}^{-2t} - \mathrm{e}^{2t}\right)\,. \end{aligned}$$

(B.2) $\begin{aligned} \ddot{x} + \dot{y} + 3x &= 1 \\ \ddot{y} - 4\dot{x} + 3y &= 0 \end{aligned} \quad ; \quad x(0) = y(0) = \dot{x}(0) = \dot{y}(0) = 0$

Laplace-Transformation ergibt das Gleichungssystem

$$\begin{aligned} (s^2+3)\,X(s) + s\,Y(s) &= \frac{1}{s} \\ -4s\,X(s) + (s^2+3)Y(s) &= 0 \end{aligned}$$

Auflösung, Partialbruchzerlegung und Rücktransformation liefert

$$X(s) = \frac{s^2+3}{s(s^2+9)(s^2+1)} = \frac{1/3}{s} - \frac{s/12}{s^2+9} - \frac{s/4}{s^2+1}$$

$$\begin{aligned} Y(s) &= \frac{4}{(s^2+9)(s^2+1)} = -\frac{1/2}{s^2+9} + \frac{1/2}{s^2+1} \\ x(t) &= \frac{1}{3} - \frac{1}{12}\cos 3t - \frac{1}{4}\cos t \\ y(t) &= -\frac{1}{6}\sin 3t + \frac{1}{2}\sin t \end{aligned}$$

C $\boxed{t\ddot{x} - \dot{x} = 0}$

L-Transformation liefert mit Regeln (6.2.10) und (6.2.9)

$$\begin{aligned} -\frac{d}{ds}\mathcal{L}\{\ddot{x}\} - \mathcal{L}\{\dot{x}\} &= -\frac{d}{ds}\left(s^2X(s) - sx(0) - \dot{x}(0)\right) - \left(sX(s) - x(0)\right) \\ &= -2sX(s) - s^2X'(s) + x(0) - sX(s) + x(0) \\ &= -3sX(s) - s^2X'(s) + 2x(0) \;=\; 0 \end{aligned}$$

Diese lineare Differentialgleichung für $X(s)$ besitzt die allgemeine Lösung

$$X(s) = \frac{x(0)}{s} + \frac{C}{s^3} \quad (C \in \mathbb{R})$$

Rücktransformation liefert die allgemeine Lösung der Ausgangsgleichung

$$x(t) = x(0) + \frac{C}{2}t^2 .$$

Man hätte diese Dgl natürlich auch anders lösen können, etwa als Euler-Dgl oder durch Reduktion auf eine lineare Dgl 1. Ordnung mit Hilfe der Substitution $u(t) := \dot{x}(t)$.

D Nach Voraussetzung ist $f\colon [0,\infty[\to \mathbb{R}$ in jedem endlichen Intervall absolut integrierbar und es gibt Konstanten $M, k \in \mathbb{R}$ mit $|f(t)| \le M\,\mathrm{e}^{kt}$ für alle t ab einem $T > 0$.

(D.1) Für $s > k$ gilt dann

$$\begin{aligned} \int_0^\infty \mathrm{e}^{-st}\,|f(t)|\,dt &\le \int_0^T \mathrm{e}^{-st}\,|f(t)|\,dt + M\int_T^\infty \mathrm{e}^{-st}\,\mathrm{e}^{kt}\,dt \\ &\le \int_0^T |f(t)|\,dt + \frac{M}{k-s} \;<\; \infty . \end{aligned}$$

Beachte, dass $f(t)$ in endlichen Intervallen $[0,T]$ absolut integrierbar ist. Also ist das Laplace-Integral von $f(t)$ für $s > k$ absolut konvergent und die L-Transformierte $F(s)$ von $f(t)$ existiert mindestens im Intervall $]k,\infty[$.

(D.2) Sei $f(t)$ L-transformierbar und das Laplace-Integral von $f(t)$ konvergiere für $s = s_0$ absolut.

Dann gibt es zu vorgegebenem $\varepsilon > 0$ ein $T_0 > 0$ mit $\displaystyle\int_T^\infty \mathrm{e}^{-s_0 t}\,|f(t)|\,dt < \varepsilon$ für alle $T > T_0$. Dann gilt für alle $s > s_0$, $T > T_0$:

$$\left|\int_T^\infty \mathrm{e}^{-st}\,f(t)\,dt\right| < \int_T^\infty \mathrm{e}^{-s_0 t}\,|f(t)|\,dt < \varepsilon\,.$$

Also konvergiert das L-Integral von $f(t)$ gleichmäßig im Intervall $[s_0, \infty[$.

Das Resultat gilt unter schwächeren Voraussetzungen (siehe Doetsch).

(D.3) Für $s > s_0$ zerlegen wir das L-Integral von $f(t)$ in

$$F(s) = \int_0^{T_1} \mathrm{e}^{-st} f(t)\,dt + \int_{T_1}^{T_2} \mathrm{e}^{-st} f(t)\,dt + \int_{T_2}^\infty \mathrm{e}^{-st} f(t)\,dt\,.$$

Zu vorgegebenem $\varepsilon > 0$ wähle man $T_1 > 0$ so klein, dass für $s \geq 0$ gilt

$$\left|\int_0^{T_1} \mathrm{e}^{-st} f(t)\,dt\right| \leq \int_0^{T_1} |f(t)|\,dt \leq \frac{\varepsilon}{3}\,.$$

Nach Teil (D.2) kann man $T_2 > T_1$ so groß wählen, dass für $s > s_0$

$$\left|\int_{T_2}^\infty \mathrm{e}^{-st} f(t)\,dt\right| \leq \frac{\varepsilon}{3}\,.$$

Schließlich wähle man $s_1 > s_0$ so groß, dass für $s \geq s_1$ gilt

$$\left|\int_{T_1}^{T_2} \mathrm{e}^{-st} f(t)\,dt\right| \leq \mathrm{e}^{-s_1 T_1} \int_{T_1}^{T_2} |f(t)|\,dt \leq \frac{\varepsilon}{3}\,.$$

Also ist $|F(s)| < \varepsilon$ für $s > s_1$.

E *Laplace-Transformation periodischer Funktionen:*

Sei $f\colon [0, \infty[\to \mathbb{R}$ L-transformierbar und periodisch mit der Periode $T > 0$.

Sei $f(t) :\equiv 0$ für $t < 0$. Nach dem Verschiebungssatz 6.2.(4) ist dann mit $f(t)$ auch $f(t-T)$ transformierbar und es gilt

$$\mathcal{L}\{f(t)\} = F(s) \quad \Longrightarrow \quad \mathcal{L}\{f(t-T)\} = \mathrm{e}^{-Ts} F(s)\,.$$

Nun ist $f(t) - f(t-T) = \begin{cases} f(t) & \text{für } 0 \leq t < T \\ 0 & \text{für } t \geq T \end{cases}$ und daher

$$\left(1 - \mathrm{e}^{-Ts}\right) F(s) = \mathcal{L}\{f(t) - f(t-T)\}(s) = \int_0^T \mathrm{e}^{-st} f(t)\,.$$

Die Behauptung folgt.

F *Beweis des Differentiationssatzes:*

Sei $f(t)$ im Intervall $]0,\infty[$ differenzierbar und die Ableitung $f'(t)$ L-transformierbar. Nach Definition ist dann $f'(t)$ in jedem endlichen Intervall $[0,T]$ (sogar absolut) integrierbar und es gilt

$$\int_0^T f'(t)\,dt = \lim_{\varepsilon\to 0^+}\int_\varepsilon^T f'(t)\,dt = \lim_{\varepsilon\to 0^+} f(T)-f(\varepsilon) = f(T)-\lim_{\varepsilon\to 0^+} f(\varepsilon)\,.$$

Also existiert der Grenzwert $f(0^+) := \lim\limits_{t\to 0^+} f(t)\,.$

Setzt man voraus, dass $f(t)$ höchstens exponentielles Wachstum hat, so folgt für alle hinreichend großen s mit partieller Integration:

$$\int_0^\infty \mathrm{e}^{-st} f'(t)\,dt = \underbrace{\mathrm{e}^{-st} f(t)\Big|_{t=0}^{t\to\infty}}_{=0} + s\int_0^\infty \mathrm{e}^{-st} f(t)\,dt\,.$$

Allgemeiner kann man so schließen:

Sei $s>0$ und das L-Integral $\displaystyle\int_0^\infty \mathrm{e}^{-st} f'(t)\,dt$ der Ableitung konvergent.

Sei $\displaystyle\psi(x) := \int_0^x \mathrm{e}^{-st} f(t)\,dt\,,\quad g(x) := \mathrm{e}^{sx}\,\psi(x)$ und $h(x) := \mathrm{e}^{sx}\,.$

Zu zeigen ist: Der Grenzwert $\displaystyle F(s) = \lim_{x\to\infty}\psi(x) = \lim_{x\to\infty}\frac{g(x)}{h(x)}$ existiert und es gilt $\displaystyle sF(s) + f(0^+) = \int_0^\infty \mathrm{e}^{-st} f'(t)\,dt\,.$

ψ, g und h sind differenzierbar, denn f ist stetig. Es gilt $h'(x)\neq 0$ und $h(x)\to\infty$ für $x\to\infty$. Ferner gilt

$$\begin{aligned}
\frac{g'(x)}{h'(x)} &= \frac{1}{s}\left[s\psi(x)+\psi'(x)\right] = \frac{1}{s}\left[s\int_0^x \mathrm{e}^{-st} f(t)\,dt + \mathrm{e}^{-sx} f(x)\right]\\
&= \frac{1}{s}\left[-\,\mathrm{e}^{-st} f(t)\Big|_{t=0}^{t=x} + \int_0^x \mathrm{e}^{-st} f'(t)\,dt + \mathrm{e}^{-sx} f(x)\right]\\
&= \frac{1}{s}\left[\int_0^x \mathrm{e}^{-st} f'(t)\,dt + f(0^+)\right]\\
&\to \frac{1}{s}\left[\int_0^\infty \mathrm{e}^{-st} f'(t)\,dt + f(0^+)\right]\,.
\end{aligned}$$

l'Hospital liefert die Behauptung.

Zusätzlich erhält man $\lim\limits_{x\to\infty}\psi'(x) = \lim\limits_{x\to\infty}\mathrm{e}^{-sx} f(x) = 0$. Unter den gemachten Voraussetzungen kann also $f(t)$ nur von höchstens exponentiellem Wachstum sein.

Beispiel 1: $f(t) := \ln t$ ist L-transformierbar, denn $f(t)$ ist in jedem endlichen Intervall $[0, T]$ absolut integrierbar und der Logarithmus wächst nicht mal linear, geschweige denn exponentiell.

Die Ableitung $f'(t) = 1/t$ ist nicht L-transformierbar, da das uneigentliche Integral $\int_0^1 \mathrm{e}^{-st}/t\,dt$ für alle $s \in \mathbb{R}$ divergiert.

Beispiel 2: Für $f(t) := 1 - \mathrm{e}^{-t}$ ist $f'(t) = \mathrm{e}^{-t}$. Das Laplace-Integral von $f'(t)$ konvergiert für $s > -1$, das L-Integral von $f(t)$ nur für $s > 0$.

Beispiel 3: Für $f(t) := \mathrm{e}^t \sin t^2$ ist $f'(t) = \mathrm{e}^t(\sin t^2 + 2t\cos t^2)$. Das Laplace-Integral von $f(t)$ konvergiert für $s = 1$, das L-Integral von $f'(t)$ divergiert für $s = 1$.

Beispiel 4: Für $f(t) := \mathrm{e}^{\mathrm{e}^t} \sin \mathrm{e}^{\mathrm{e}^t}$ ist $f'(t) = \mathrm{e}^t\,\mathrm{e}^{\mathrm{e}^t}(\sin \mathrm{e}^{\mathrm{e}^t} + \mathrm{e}^{\mathrm{e}^t}\cos \mathrm{e}^{\mathrm{e}^t})$. Das Laplace-Integral von $f(t)$ konvergiert für $s > -1$, das L-Integral von $f'(t)$ divergiert für alle s.

G *Grenzwerte von Bild und Urbild:*

$f(t)$ erfüllt in beiden Aussagen die Voraussetzungen des Differentiationssatzes 6.2.(8). Insbesondere existiert $\lim\limits_{t\to 0^+} f(t) =: f(0^+)$ und es ist

$$\mathcal{L}\{f'(t)\}(s) \;=\; \int_0^{\infty} \mathrm{e}^{-st} f'(t)\,dt \;=\; s\,F(s) - f(0^+)\,. \tag{1}$$

Nach Aufgabe 12.6.D.3 gilt $\mathcal{L}\{f'(t)\}(s) \to 0$ für $s \to \infty$. Also folgt die Behauptung (G.1);

$$\lim_{s\to\infty} sF(s) = \lim_{t\to 0^+} f(t) =: f(0+)\,.$$

Existiert zusätzlich das Laplace-Integral $\int_0^{\infty} \mathrm{e}^{-st} f'(t)\,dt$ für $s = 0$, so existiert der Grenzwert

$$f(\infty) \;:=\; \lim_{t\to\infty} f(t) \;=\; \lim_{t\to\infty} \int_0^t f'(\tau)\,d\tau\,.$$

Nach dem Differentiationssatz konvergiert das Laplace-Integral $F(s)$ von $f(t)$ für $s > 0$. Nach Aufgabe 12.6.D.2 konvergiert das Laplace Integral von $f'(t)$ für $s \geq 0$ sogar gleichmäßig. Man kann in Gleichung (1) den Limes für $s \to 0^+$ mit dem Integral vertauschen und erhält

$$\lim_{s\to 0^+} \int_0^{\infty} \mathrm{e}^{-st} f'(t)\,dt \;=\; \int_0^{\infty} f'(t)\,dt \;=\; f(\infty) - f(0^+) \;=\; \lim_{s\to 0^+} s\,F(s) - f(0^+)\,.$$

Also wie behauptet $\lim\limits_{s\to 0} sF(s) = \lim\limits_{t\to\infty} f(t)$.

H Sei $f(t) := \begin{cases} 0 & \text{für } 0 \leq t < \ln\ln 3\ , \\ (-1)^n \, \mathrm{e}^{\mathrm{e}^t/2} & \text{für } \ln\ln n \leq t < \ln\ln(n+1)\ (n \geq 3)\ . \end{cases}$

Das Laplace-Integral von $f(t)$ ist sicherlich für kein $s \in \mathbb{R}$ absolut konvergent, denn

$$\int_0^\infty \left|\mathrm{e}^{-st} f(t)\right| dt \;=\; \int_0^\infty \exp\big(-st + \mathrm{e}^t/2\big)\, dt$$

und es ist $\mathrm{e}^t/2 > -st$ für alle t ab einem gewissen t_0 .

Zur Untersuchung der einfachen Konvergenz betrachten wir zunächst

$$\begin{aligned} I_n \;&:=\; \int_{\ln\ln n}^{\ln\ln(n+1)} \exp\big(-st + \mathrm{e}^t/2\big)\, dt \\ &=\; \int_n^{n+1} \frac{(\ln x)^{-s-1}}{x^{1/2}}\, dx\ . \end{aligned}$$

Dabei wurde $\ln x = \mathrm{e}^t$ substituiert. Der Integrand nimmt ab einer Stelle monoton gegen Null ab. Also gilt $I_n \to 0$ für $n \to \infty$ und $I_n > I_{n+1}$ ab einem n_0.

Die alternierende Reihe der Integrale $\sum_{n=3}^{\infty} (-1)^n I_n$ konvergiert daher nach dem Leibnizkriterium. Dann konvergiert auch das Integral $\int_0^\infty \mathrm{e}^{-st} f(t)\, dt$, denn für $\ln\ln n < u < \ln\ln(n+1)$ gilt

$$\begin{aligned} \int_0^u \mathrm{e}^{-st} f(t)\, dt \;&=\; \int_0^{\ln\ln n} \mathrm{e}^{-st} f(t)\, dt \;+ \int_{\ln\ln n}^u \mathrm{e}^{-st} f(t)\, dt \\ &=\; \sum_{k=3}^{n-1} (-1)^k I_k \;+\; \int_{\ln\ln n}^u \mathrm{e}^{-st} f(t)\, dt \end{aligned}$$

und das letzte Integral ist betragsmäßig kleiner als I_n.

Für dies Beispiel ist die Konvergenzabszisse $\sigma = -\infty$ und die Abszisse der absoluten Konvergenz $\sigma_a = +\infty$.

12.7 Randwertprobleme

A Lösen Sie (falls möglich) das RWP $y'' = 2y'^3$; $y(0) = 0$, $y(1) = y_1$.

B Man untersuche, ob die folgende RWA mit *periodischen Randbedingungen* lösbar ist und bestimme ggfs die Lösungen:

$$L[y] = y'' + \omega^2 y = x \quad ; \quad R_1[y] = y(0) - y(1) = 0 \, ; \; R_2[y] = y'(0) - y'(1) = 0 \, .$$

C Bestimmen Sie die Greensche Funktion für das folgende Sturm-Liouville'sche Randwertproblem:

$$y'' - y = r(x) \quad ; \quad y(0) = 0 \quad ; \quad y(1) = 0$$

D Beweisen Sie die Lagrange-Identität (12) und die Integralformel (13) aus Abschnitt 8.2.

E Bringen Sie die Gleichungen

$$y'' - 2xy' + 4y = e^{x^2} \qquad \text{und} \qquad y'' + \frac{1}{x}\,y' + 2xy = 1$$

in die selbstadjungierte Form.

Lösungen:

A $y'' = 2y'^3$; $y(0) = 0$, $y(1) = b$

Die Dgl ist vom Typ *'ohne y'*. Man substituiert $z = y'$ und erhält die Dgl $z' = 2z^3$.

Stationäre Lösungen sind die Geraden $z \equiv 0$ bzw $y \equiv const$. Trennung der Variablen liefert die weiteren Lösungen

$$z^{-2} = 4(C_1 - x) \quad ; \quad y' = \frac{\pm 1}{2\sqrt{C_1 - x}}$$

$$y = \pm\sqrt{C_1 - x} + C_2 \quad ; \quad (y - C_2)^2 = C_1 - x$$

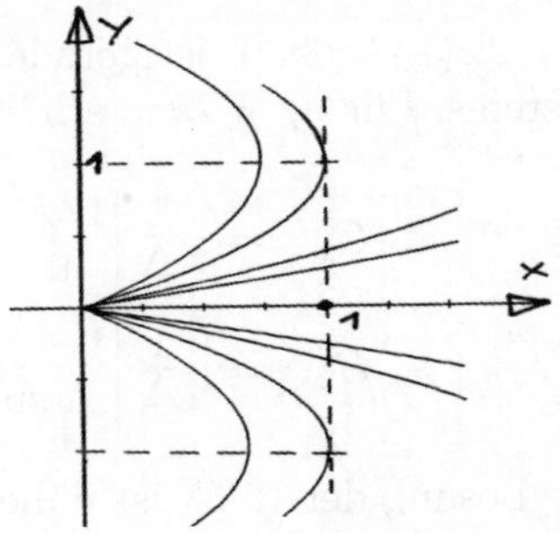

Sie sind nur für $x \leq C_1$ definiert. Für unser Problem muss also $C_1 \geq 1$ sein.
Die Randbedingungen $y(0) = 0$ und $y(1) = b$ liefern $C_1 = C_2^2$ und $|b| = \sqrt{C_1} - \sqrt{C_1 - 1}$.

Das Randwertproblem ist also nur für $|b| \leq 1$ lösbar und dann eindeutig. Die konstante Lösung $y \equiv 0$ löst es für $b = 0$.

B

$$L[y] = y'' + \omega^2 y = x \quad ; \quad \begin{array}{l} R_1[y] = y(0) - y(1) = 0 \\ R_2[y] = y'(0) - y'(1) = 0 \end{array}$$

Sei zunächst $\underline{\omega \neq 0}$.

$y_1 := \cos\omega x$ und $y_2 := \sin\omega x$ bilden ein Fundamentalsystem der homogenen Gleichung $y'' + \omega^2 y = 0$. Für die Basislösungen y_k erhält man

$$\begin{array}{lllllllll} R_1[y_1] & = & y_1(0) - y_1(1) & = & 1 - \cos\omega & ; & R_1[y_2] & = & -\sin\omega \\ R_2[y_1] & = & y_1'(0) - y_1'(1) & = & \omega\sin\omega & ; & R_2[y_2] & = & \omega(1-\cos\omega) \end{array}$$

und damit

$$\begin{aligned} \Delta &:= \begin{vmatrix} R_1[y_1] & R_1[y_2] \\ R_2[y_1] & R_2[y_2] \end{vmatrix} = \omega(1-\cos\omega)^2 + \omega\sin^2\omega \\ &= 2\omega(1-\cos\omega) \ . \end{aligned}$$

Das Randwertproblem ist genau dann eindeutig lösbar, wenn $\Delta \neq 0$ ist, also für $\omega \neq 2k\pi$, $k \in \mathbb{Z}$.

Mit dem Rateansatz $y_s = ax$ erhält man die spezielle Lösung $y_s = \frac{x}{\omega^2}$ der inhomogenen Dgl $y'' + \omega^2 y = x$. Die allgemeine Lösung der inhomogenen Dgl ist daher

$$y = \frac{x}{\omega^2} + C_1 \cos\omega x + C_2 \sin\omega x \ .$$

Setzt man die allgemeine Lösung in die Randbedingungen $R_{1,2}[y] = 0$ ein, so erhält man das lineare Gleichungssystem

$$\begin{aligned} C_1(1-\cos\omega) - C_2\sin\omega &= \frac{1}{\omega^2} \\ C_1\omega\sin\omega + C_2\omega(1-\cos\omega) &= 0. \end{aligned}$$

$\Delta = 2\omega(1-\cos\omega)$ ist gerade die Determinante der Koeffizientenmatrix dieses Systems. Für $\omega \neq 2k\pi$ erhält man z.B. mit der Cramerschen Regel

$$\begin{aligned} C_1 &= \frac{1}{\Delta} \begin{vmatrix} 1/\omega^2 & -\sin\omega \\ 0 & \omega(1-\cos\omega) \end{vmatrix} = \frac{1-\cos\omega}{\omega\Delta} = \frac{1}{2\omega^2} \\ C_2 &= \frac{1}{\Delta} \begin{vmatrix} 1-\cos\omega & 1/\omega^2 \\ \omega\sin\omega & 0 \end{vmatrix} = -\frac{\sin\omega}{\omega\Delta} = -\frac{\sin\omega}{2\omega^2\Delta} \end{aligned}$$

Die Lösung der RWA ist daher

$$y = \frac{1}{2\omega^2}\left(2x + \cos\omega x - \frac{\sin\omega}{1-\cos\omega}\sin\omega x\right) \ .$$

Für $\omega = 2k\pi$, $k \in \mathbb{Z} \setminus \{0\}$, ist $\Delta = 0$ und das obige Gleichungssystem besitzt keine Lösungen (C_1, C_2) . Die RWA ist also in diesem Fall nicht lösbar.

Sei nun $\underline{\omega = 0}$.

$y_1 :\equiv 1$ und $y_2 := x$ bilden ein Fundamentalsystem der homogenen Dgl $y'' = 0$.

Zweimalige Integration liefert die spezielle Lösung $y_s = \frac{1}{6}x^3$ der inhomogenen Dgl $y'' = x$. Die allgemeine Lösung der inhomogenen Dgl ist daher

$$y = \frac{1}{6}x^3 + C_1 + C_2 x \ .$$

Setzt man die allgemeine Lösung in die Randbedingungen $R_{1,2}[y] = 0$ ein, so erhält man das unlösbare lineare Gleichungssystem

$$\begin{aligned} C_1 \cdot 0 + C_2 \cdot (-1) &= \tfrac{1}{6} \\ C_1 \cdot 0 + C_2 \cdot 0 &= \tfrac{1}{2} \ . \end{aligned}$$

Das Randwertproblem hat also im Fall $\omega = 0$ keine Lösung.

C $\boxed{y'' - y = r(x) \quad ; \quad y(0) = 0 \quad ; \quad y(1) = 0}$

Zur Existenz und Bestimmung Greenscher Funktionen siehe Abschnitt 8.3.

$\tilde{y}_1 := \mathrm{e}^x$ und $\tilde{y}_2 := \mathrm{e}^{-x}$ bilden ein Fundamentalsystem der homogenen Gleichung $y'' - y = 0$ Hier ist

$$\det \begin{pmatrix} R_0[\tilde{y}_1] & R_0[\tilde{y}_2] \\ R_1[\tilde{y}_1] & R_1[\tilde{y}_2] \end{pmatrix} = \det \begin{pmatrix} \tilde{y}_1(0) & \tilde{y}_2(0) \\ \tilde{y}_1(1) & \tilde{y}_2(1) \end{pmatrix} \neq 0 \ ,$$

so dass die Eindeutige Lösbarkeitsbedingung 8.2.(14) erfüllt ist. Also gibt es ein Fundamentalsystem (y_1, y_2) der homogenen Dgl mit

$$y_1(0) = y_2(1) = 1 \qquad \text{und} \qquad y_1(1) = y_2(0) = 0 \ .$$

Man erhält es durch geeignete Linearkombinationen aus $\tilde{y}_1$ und $\tilde{y}_2$. Hier ergibt sich $y_1 = \dfrac{\sinh(1-x)}{\sinh 1}$ und $y_2 = \dfrac{\sinh x}{\sinh 1}$.

Für dies Fundamentalsystem ist

$$p(x)\,[y_1'(x)\,y_2(x) - y_1(x)\,y_2'(x)] \equiv -\frac{1}{\sinh 1} \ .$$

Also ist

$$\Gamma(x,\xi) := \frac{1}{\sinh 1} \begin{cases} \sinh x \, \sinh(\xi - 1) & \text{falls } 0 \le x \le \xi \le 1 \\ \sinh \xi \, \sinh(x - 1) & \text{falls } 0 \le \xi \le x \le 1 \end{cases}$$

die gesuchte Greensche Funktion zum gegebenen RWP.

D Die Lagrange-Identität ergibt sich durch Nachrechnen. Es ist

$$\begin{aligned} vL[u]-uL[v] &= v\left[(pu')'+qu\right]-u\left[(pv')'+qv\right] \\ &= v(pu''+p'u'+qu)-u(pv''+p'v'+qv) \\ &= p'(u'v-v'u)+p(u''v-v''u) \\ &= \left[p(u'v-v'u)\right]' . \end{aligned}$$

Seien nun u, v zweimal stetig differenzierbar. Für $R_a[y] := \alpha_0 y(a)+\alpha_1\, p(a)\, y'(a)$ gelte $R_a[u] = R_b[u] = R_a[v] = R_b[v] = 0$.

Für $\alpha_1 = 0$ folgt $u(a) = v(a) = 0$. Für $\alpha_1 \neq 0$ folgt $u'(a) = -\frac{\alpha_0}{\alpha_1}u(a)$, $v'(a) = -\frac{\alpha_0}{\alpha_1}v(a)$. In beiden Fällen also $p(a)\left[u'(a)v(a)-v'(a)u(a)\right] = 0$. Ebenso ist $p(b)\left[u'(b)v(b)-v'(b)u(b)\right] = 0$. Die Integralformel ergibt sich damit aus der Lagrange-Identität

$$\int_a^b \big(vL[u]-uL[v]\big)\, dx = \left[p(x)(u'v-v'u)\right]\Big|_a^b = 0 .$$

E Um eine lineare Gleichung 2. Ordnung der Form $y''+a_1y'+a_0 = f(x)$ auf die selbstadjungierte Form zu bringen, reicht es, sie mit dem Faktor $\mathrm{e}^{A(x)}$ zu multiplizieren, wobei $A(x) = \int a_1(x)\, dx$ eine Stammfunktion des Koeffizienten von y' ist.

Für die erste Gleichung leistet dies $\exp\left(\int -2x\right) = \mathrm{e}^{-x^2}$ und liefert

$$\mathrm{e}^{-x^2}y''-2x\,\mathrm{e}^{-x^2}y'+4y\,\mathrm{e}^{-x^2} = \left(\mathrm{e}^{-x^2}y'\right)'+4y\,\mathrm{e}^{-x^2} = 1 .$$

Für die zweite Gleichung ergibt der Faktor $\exp\left(\int 1/x\right) = x$ die selbstadjungierte Gleichung

$$xy''+y'+2x^2y = \left(xy'\right)'+2x^2y = x .$$

12.8 Eigenwertprobleme

A Man bestimme die Eigenwerte und zugehörige Eigenfunktionen der EWA

$$-y^{(4)} = \lambda y'' \quad ; \quad y(0)=0 \quad ; \quad y(1)=0 \quad ; \quad y'(1)=0 \quad ; \quad y''(0)=0\,.$$

B Sei $0<a<b$. Bestimmen Sie Eigenwerte und zugehörige Eigenfunktionen der EWA $\quad y'' = -\dfrac{\lambda y}{x^2} \quad ; \quad y(a)=y(b)=0\,.$

C Zeigen Sie, dass $\lambda = i$ ein komplexer Eigenwert des Problems

$$y'' + \frac{\cos^2 x}{1+\cos^2 x}\,y = \lambda\,\frac{\cos^2 x}{1+\cos^2 x}\,y \quad ; \quad y'(0)=0\,;\; y''(\pi)=0$$

ist und bestimmen Sie eine zugehörige Eigenfunktion.

D Zeigen Sie, dass das Sturm-Liouville-Problem

$$\begin{aligned} L[y] &:= \left[p(x)\,y'\right]' + q(x)\,y &&= -\lambda\,r(x)\,y \\ R_a[y] &:= \alpha_0\,y(a) + \alpha_1\,p(a)\,y'(a) &&= 0 \\ R_b[y] &:= \beta_0\,y(b) + \beta_1\,p(b)\,y'(b) &&= 0 \end{aligned}$$

mit reellwertigen stetigen Koeffizienten $p,q,r\colon [a,b] \to \mathbb{R}$ und $r(x) \neq 0$ in $[a,b]$ nur reelle Eigenwerte hat.

Beachte aber das Beispiel aus Aufgabe 12.8.C

Lösungen:

A $\boxed{-y^{(4)} = \lambda\,y'' \quad ; \quad y(0)=y(1)=0 \quad ; \quad y'(1)=0 \quad ; \quad y''(0)=0}$

Sei $\lambda \in \mathbb{C}$ ein Eigenwert und $y \neq 0$ eine zugehörige Eigenfunktion. Dann gilt

$$-y^{(4)} = \lambda\,y'' \implies -\int_0^1 y\,y^{(4)}\,dx = \lambda \int_0^1 y\,y''\,dx\,.$$

Auf Grund der Randbedingungen ist

$$\int_0^1 y\,y''\,dx = y\,y'|_{x=0}^1 - \int_0^1 y'^2\,dx = -\int_0^1 y'^2\,dx\,.$$

Es ist $\displaystyle\int_0^1 y'^2\,dx \geq 0$. Gleichheit kann nur für $y' \equiv 0$, also für $y \equiv const$ eintreten. Wegen $y(0)=0$ wäre dann y doch die Nullfunktion. Widerspruch!

Also ist $\displaystyle\int_0^1 y'^2\,dx > 0$.

Zweimalige partielle Integration liefert

$$\begin{aligned}\int_0^1 y\,y^{(4)}\,dx &= \underbrace{y'''\,y\Big|_{x=0}^{1}}_{=0} - \int_0^1 y'\,y'''\,dx \\ &= \underbrace{-y''\,y'\Big|_{x=0}^{1}}_{=0} + \int_0^1 (y'')^2\,dx \\ &= \int_0^1 (y'')^2\,dx \;\geq 0\,.\end{aligned}$$

Gleichheit kann nur für $y'' \equiv 0$, also für $y' \equiv const$ eintreten. Wegen $y'(0) = 0$ wäre dann $y' \equiv 0$, also $y \equiv const$. Widerspruch wie oben!

Also ist $\displaystyle\int_0^1 (y'')^2\,dx > 0$. Wegen $\displaystyle\lambda = -\frac{\int_0^1 y\,y^{(4)}\,dx}{\int_0^1 y\,y''\,dx} = \frac{\int_0^1 (y'')^2\,dx}{\int_0^1 y'^2\,dx} > 0$

kann man $\lambda = \mu^2$ mit $\mu > 0$ setzen.

Die allgemeine Lösung der homogenen Gleichung $-y^{(4)} = \mu^2\,y''$ ist

$$y = C_1 + C_2 x + C_3 \cos\mu x + C_4 \sin\mu x\,.$$

Aus $y(0) = 0 = y''(0)$ und $\mu > 0$ folgt $C_1 = C_3 = 0$.

Aus $y(1) = 0 = y'(1)$ ergibt sich das lineare Gleichungssystem

$$\begin{aligned} C_2 + C_4\,\mu\cos\mu &= 0 \\ C_2 + C_4 \sin\mu &= 0 \end{aligned}$$

Damit es hier nicht-triviale Lösungen gibt, ist notwendig und hinreichend, dass

$$\begin{vmatrix} 1 & \mu\cos\mu \\ 1 & \sin\mu \end{vmatrix} = \sin\mu - \mu\cos\mu = 0\,,$$

bzw dass $\mu = \tan\mu$. Diese Gleichung hat abzählbar unendlich viele Lösungen $\mu_k = \frac{2k+1}{2}\pi - \eta_k$ $(k \in \mathbb{N})$ mit $0 < \eta_k < \pi/2$ und $\eta_k \to 0+$ für $k \to \infty$.

Die Zahlen $\lambda_k = \mu_k^2$, $k \in \mathbb{N}$, sind die Eigenwerte der EWA. Die zugehörigen Eigenfunktionen sind

$$y_k = C_4\left(\sin\mu_k x - x\sin\mu_k\right) \quad (C_4 \neq 0)\,.$$

B

$$y'' = -\frac{\lambda y}{x^2} \quad ; \quad y(a) = y(b) = 0$$

Es handelt sich um ein S-L-Problem, dessen Gewichtsfunktion $r(x) := 1/x^2$ in $[a, b]$ einheitliches Vorzeichen hat. Es kann daher nur reelle Eigenwerte geben. Siehe Aufgabe 12.8.D.

Die Gleichung $x^2 y'' + \lambda y = 0$ ist eine Euler-Dgl. Der Ansatz $y = x^r$ führt auf die Gleichung $r(r-1) + \lambda = 0$ mit den Lösungen $r_{1,2} = \frac{1}{2} \pm \sqrt{\frac{1}{4} - \lambda}$.

Ist $\lambda < \frac{1}{4}$, so sind die Exponenten $r_j \in \mathbb{R}$ und $r_1 \neq r_2$. Die allgemeine Lösung ist $y(x) = C_1 x^{r_1} + C_2 x^{r_2}$. Die Randbedingungen liefern $C_1 = C_2 = 0$. Also gibt es keinen Eigenwert $\lambda < \frac{1}{4}$.

Ist $\lambda = \frac{1}{4}$, so ist $r_1 = r_2 = \frac{1}{2}$. Hier ist $y(x) = C_1 x^{1/2} + C_2 x^{1/2} \ln x$ die allgemeine Lösung. Die Randbedingungen liefern wieder $C_1 = C_2 = 0$. Also ist $\lambda = \frac{1}{4}$ kein Eigenwert.

Ist $\lambda > \frac{1}{4}$, so sind die Exponenten r_j echt komplex und konjugiert komplex zueinander. Wir setzen $r_1 = \frac{1}{2} + i\sqrt{\lambda - \frac{1}{4}} =: \alpha + i\beta$. Die allgemeine Lösung der Dgl ist in diesem Fall

$$y(x) \;=\; x^\alpha \left(C_1 \cos(\beta \ln x) + C_2 \sin(\beta \ln x)\right) .$$

Die Randbedingungen liefern

$$C_1 \cos(\beta \ln a) + C_2 \sin(\beta \ln a) \;=\; 0$$
$$C_1 \cos(\beta \ln b) + C_2 \sin(\beta \ln b) \;=\; 0$$

und daraus folgt $C_2 \sin(\beta \ln b/a) = 0$.

Ist $C_2 \neq 0$ so ist $\beta \ln b/a = n\pi$ und daher $\beta^2 = \lambda - \frac{1}{4} = \left(\frac{n\pi}{\ln b/a}\right)^2$.

Ist $C_2 = 0$, so folgt $\cos(\beta \ln a) = 0 = \cos(\beta \ln b)$, und damit ebenfalls $\beta \ln b/a = n\pi$.

Die einzig möglichen Eigenwerte sind daher $\lambda_n = \frac{1}{4} + \left(\frac{n\pi}{\ln b/a}\right)^2$, $n = 1, 2, \ldots$.

Zu diesen Werten gibt es in der Tat Eigenfunktionen. Für diese λ ist nämlich $\beta_n = \dfrac{n\pi}{\ln b/a}$. Setzt man $C_1 = -C_2 \tan(\beta_n \ln a)$ falls $\beta_n \ln a = m\pi$ und $C_2 = -C_1 \cot(\beta_n \ln a)$ sonst, so sind die Randbedingungen erfüllt. Die zugehörigen Eigenfunktionen sind

$$y(x) \;=\; x^{1/2} \left[C_1 \cos(\beta_n \ln x) + C_2 \sin(\beta_n \ln x)\right] .$$

C Eine zugehörige Eigenfunktion ist $y(x) := \cos x + i$.

Beweis durch Einsetzen.

D Gegeben ist das Sturm-Liouville-Problem

$$\begin{aligned} L[y] &:= \left[p(x)\,y'\right]' + q(x)\,y &= -\lambda\,r(x)\,y \\ R_a[y] &:= \alpha_0\,y(a) + \alpha_1\,p(a)\,y'(a) &= 0 \\ R_b[y] &:= \beta_0\,y(b) + \beta_1\,p(b)\,y'(b) &= 0 \end{aligned} \tag{1}$$

mit reellwertigen stetigen Koeffizienten $p, q, r\colon [a,b] \to \mathbb{R}$ und $r(x) \neq 0$ in $[a,b]$. Durch

$$\langle u, v \rangle := \int_a^b u(x)\,v(x)\,r(x)\,dx \tag{2}$$

wird im Vektorraum $\mathcal{C}^2[a,b]$ ein Skalarprodukt definiert.

Sei nun $\lambda \in \mathbb{C}$ ein Eigenwert und $y(x) \not\equiv 0$ eine zugehörige Eigenfunktion. Wegen der Selbst-Adjungiertheit des S-L-Problems gilt dann

$$(\lambda - \overline{\lambda})\,\langle y, \overline{y}\,\rangle = \langle \lambda y, \overline{y}\,\rangle - \langle y, \overline{\lambda}\,\overline{y}\,\rangle = \int_a^b \left(L[y]\,\overline{y} - y\,L[\overline{y}\,]\right) dx = 0\,.$$

Für $y \not\equiv 0$ und positives $r(x)$ ist $\langle y, \overline{y}\,\rangle > 0$. Also folgt $\lambda = \overline{\lambda}$.

Literaturverzeichnis

BR M. Braun, *Differential Equations and Their Applications*
Springer 1975

DOE G.Doetsch, *Theorie und Anwendung der Laplace-Transformation*
Birkhäuser, Basel 1958

HH H.Heuser, *Gewöhnliche Differentialgleichungen*
B.G.Teubner, Stuttgart 1989

HI E.Hille, *Lectures on Ordinary Differential Equations*
Addison-Wesley 1969

JÄ K.Jänich, *Analysis für Physiker und Ingenieure*
Springer 1983

KA1 E.Kamke, *Differentialgleichungen reeller Funktionen*
Akad.Verlagsges. Leipzig, 1956

KA2 E.Kamke, *Differentialgleichungen, Lösungsmethoden und Lösungen*
Akad.Verlagsges. Leipzig, 1959

KK H.W. Knobloch u. F. Kappel, *Gewöhnliche Differentialgleichungen*
B.G.Teubner, Stuttgart 1974

MV K.Meyberg u. P.Vachenauer, *Höhere Mathematik*, Bd 1,2,
Springer-Verlag, 1990

PI A.Peyerimhoff, *Gewöhnliche Differentialgleichungen*, Teile I, II,
AVG, Frankfurt aM, 1970

RA *Repetitorium der Analysis*, Teile 1, 2,
Binomi Verlag, Springe, 1991

RLA *Repetitorium der Linearen Algebra*, Teile 1, 2,
Binomi Verlag, Springe, 1989

RMI *Repetitorium der Höheren Mathematik*,
Binomi Verlag, Springe, 1999

SW U.Storch, H.Wiebe, *Lehrbuch der Mathematik*, Bd I, II,
BI Wissenschaftsverlag, Mannheim/Wien/Zürich, 1989

WA W.Walter, *Gewöhnliche Differentialgleichungen*
Springer Verlag, Berlin, 1972

ZW D.Zwillinger, *Handbook of Differential Equations*
Academic Press, 1989

Symbolverzeichnis

Abkürzungen

VdK	Variation der Konstanten
TdV	Trennung der Veränderlichen
AWP (AWA)	Anfangswertproblem (- aufgabe)
EWP (EWA)	Eigenwertproblem (- aufgabe)
RWP (RWA)	Randwertproblem (- aufgabe)
Dgl	Differentialgleichung
KV	Koeffizientenvergleich
S-L-	Sturm-Liouville-
L-	Laplace-

Index

Laplace-Transformation

$f(t)=\mathcal{L}^{-1}(F(s))$	$F(s)=\mathcal{L}(f(t))$	$f(t)=\mathcal{L}^{-1}(F(s))$	$F(s)=\mathcal{L}(f(t))$
$\delta(t)$	1	$\delta(t-a)$	e^{-as}
1	$1/s$	t	$1/s^2$
$\frac{t^{n-1}}{(n-1)!}$	$\frac{1}{s^n}\ (n\in\mathbb{N})$	$\frac{t^{a-1}}{\Gamma(a)}$	$\frac{1}{s^a}\ (a>0)$
e^{-at}	$\frac{1}{s+a}$	$\frac{t^{n-1}\,\mathrm{e}^{-at}}{(n-1)!}$	$\frac{1}{(s+a)^n}\ (n\in\mathbb{N})$
$\frac{\mathrm{e}^{-at}-\mathrm{e}^{-bt}}{b-a}$	$\frac{1}{(s+a)(s+b)}$	$\frac{1}{a-b}\left(a\,\mathrm{e}^{-at}-b\,\mathrm{e}^{-bt}\right)$	$\frac{s}{(s+a)(s+b)}$
$\frac{1}{a}\sin at$	$\frac{1}{s^2+a^2}$	$\cos at$	$\frac{s}{s^2+a^2}$
$\frac{1}{a}\sinh at$	$\frac{1}{s^2-a^2}$	$\cosh at$	$\frac{s}{s^2-a^2}$
$\frac{1-\cos at}{a^2}$	$\frac{1}{s(s^2+a^2)}$	$\frac{at-\sin at}{a^3}$	$\frac{1}{s^2(s^2+a^2)}$
$\frac{\sin at-at\cos at}{2a^3}$	$\frac{1}{(s^2+a^2)^2}$	$\frac{t\sin at}{2a}$	$\frac{s}{(s^2+a^2)^2}$
$\frac{\sin at+at\cos at}{2a}$	$\frac{s^2}{(s^2+a^2)^2}$	$\frac{1}{2}\left(2\cos at-at\sin at\right)$	$\frac{s^3}{(s^2+a^2)^2}$
$\frac{b\sin at-a\sin bt}{ab(b^2-a^2)}$	$\frac{1}{(s^2+a^2)(s^2+b^2)}$	$\frac{\cos at-\cos bt}{(b^2-a^2)}$	$\frac{s}{(s^2+a^2)(s^2+b^2)}$
$\frac{1}{b}\,\mathrm{e}^{-at}\sin bt$	$\frac{1}{(s+a)^2+b^2}$	$\mathrm{e}^{-at}\cos bt$	$\frac{s+a}{(s+a)^2+b^2}$
$\frac{\sinh at-\sin at}{2a^3}$	$\frac{1}{s^4-a^4}$	$\frac{\sin at\sinh at}{2a^2}$	$\frac{s}{s^4+4a^4}$
$\frac{\sin at}{t}$	$\arctan\frac{a}{s}$	$\frac{1}{\sqrt{\pi t}}$	$\frac{1}{\sqrt{s}}$
$\lvert\sin at\rvert$	$\frac{a\coth(\pi s/2a)}{s^2+a^2}$	$\frac{1}{2}\left(\sin t+\lvert\sin t\rvert\right)$	$\frac{1}{(s^2+1)(1-\mathrm{e}^{-\pi s})}$
$H(t)-H(t-a)$	$\frac{1-\mathrm{e}^{-as}}{s}$	$\frac{(t-a)^{b-1}}{\Gamma(b)}\,H(t-a)$	$\frac{1}{s^b}\,\mathrm{e}^{-as}\ (b>0)$
$f(t)\ \circ\!\!-\!\!\bullet$	$F(s)$	$f(t)\ \circ\!\!-\!\!\bullet$	$F(s)$